Gustav Kortüm

Reflexionsspektroskopie

Grundlagen, Methodik, Anwendungen

Mit 160 Abbildungen

Springer-Verlag Berlin Heidelberg GmbH 1969

Professor Dr. *Gustav Kortüm*
Institut für Physikalische Chemie der Universität
74 Tübingen, Wilhelmstraße 56

ISBN 978-3-662-28270-0   ISBN 978-3-662-29788-9 (eBook)
DOI 10.1007/978-3-662-29788-9

Library of Congress Catalog Number 69-14536

Titel-Nr. 1547

Vorwort

Unter Reflexionsspektroskopie versteht man die Untersuchung der von einer Oberfläche reflektierten Strahlung in bezug auf ihre spektrale Zusammensetzung im Vergleich zu der Zusammensetzung der einfallenden Primärstrahlung und auf die Winkelverteilung der Strahlungsleistung. Zwei Grenzfälle sind dabei wichtig: Entweder es handelt sich um *reguläre* (Spiegel-) Reflexion von einer ideal ebenen Oberfläche, oder es handelt sich um *diffuse* Reflexion von einer ideal matten Oberfläche. Zwischen beiden Grenzfällen gibt es in Praxis alle möglichen Übergänge. Entsprechend diesen Grenzfällen gibt es zwei prinzipiell verschiedene Methoden der Reflexionsspektroskopie:

Die eine besteht darin, aus der gemessenen regulären Reflexion die optischen Konstanten n (Brechungsindex) und $\varkappa$ (Absorptionsindex) des betreffenden Stoffes mit Hilfe der Fresnelschen Gleichungen in Abhängigkeit von der Wellenlänge λ zu berechnen. Dieses ältere und recht umständliche Verfahren, das außerdem keine sehr genauen Resultate liefert, ist neuerdings von *Fahrenfort* insofern modifiziert worden, als man für die Reflexion nicht die Phasengrenzfläche Luft/Probe benutzt, sondern die Phasengrenze zwischen einem Dielektrikum höheren Brechungsvermögens (n_1) und der Probe (n_2). Absorbiert die Probe nicht, so beobachtet man oberhalb eines bestimmten Einfallswinkels Totalreflexion. Trotzdem tritt bei engem (optischen) Kontakt der beiden Phasen doch eine geringe Energie infolge von Beugungserscheinungen an den Rändern des Bündels in die dünnere Phase über, jedoch ist der Energiefluß in beiden Richtungen durch die Phasengrenze hindurch gleich groß, so daß man Totalreflexion findet. Absorbiert dagegen die Probe, so geht ein Teil der überführten Strahlungsenergie verloren, die Totalreflexion wird geschwächt. Diese Erscheinung hat sich zur Ermittlung von Absorptionsspektren von flüssigen und festen Stoffen als außerordentlich erfolgreich erwiesen, besonders im Infrarot („innere" Reflexionsspektroskopie). Sie wird in Kapitel VIII beschrieben.

Bei der zweiten Methode der diffusen Reflexion an matten Oberflächen setzt man in der Regel voraus, daß die Winkelverteilung der reflektierten Strahlungsleistung *isotrop* ist, d. h. daß die reflektierte Strahlungsdichte (Flächenhelligkeit) richtungsunabhängig ist (Gültigkeit des Lambertschen Cosinusgesetzes). Für das Zustandekommen dieser isotropen Winkelverteilung gibt es zwei Vorstellungen: Bei

Teilchendurchmessern $d > \lambda$ wird die Strahlung teils durch reguläre Reflexion an unter allen möglichen Winkeln zur makroskopischen Oberfläche geneigten Elementarspiegeln (Kristallflächen) reflektiert, teils dringt sie ins Innere der Probe ein, erleidet dort zahlreiche Reflexionen, Brechungen und Beugungen an den unregelmäßig gelagerten Teilchen und tritt schließlich diffus wieder aus der Oberfläche aus. Bei Teilchendurchmessern $d \gtrsim \lambda$ tritt Streuung auf, deren Winkelverteilung nach der Mieschen Theorie der Einfachstreuung an Gasen oder Kolloiden keineswegs isotrop ist. Für Mehrfachstreuung existiert bisher keine Theorie, doch man kann zeigen, daß bei genügend großer Zahl und Schichtdicke eng gepackter Teilchen wieder eine isotrope Streuverteilung erwartet werden kann. Dies wird auch durch Messungen unter geeigneten Bedingungen bestätigt.

Da eine strenge Theorie der Mehrfachstreuung nicht existiert, ist von einer großen Zahl von Autoren versucht worden, eine phänomenologische Theorie der Absorption und Streuung solcher dicht gepackter Teilchenschichten zu entwickeln. Um den Strahlungstransport in einem gleichzeitig streuenden und absorbierenden Medium zu beschreiben, teilt man das Strahlungsfeld in zwei oder auch mehrere gegenläufige Strahlungsflüsse auf und beschreibt die Änderung der Strahlungsleistung längs eines Weges ds durch zwei Konstanten, den Absorptionskoeffizienten und den Streukoeffizienten, die als Eigenschaften der untersuchten Schicht/cm Dicke aufgefaßt werden und aus Reflexions- und Durchsichtsmessungen an solchen Schichten ermittelt werden können. Diese Zweikonstanten-Theorien führen im allgemeinen zu ähnlichen Formeln, als gebräuchlichste und einfachste Theorie kann die von *Kubelka* und *Munk* angesehen werden, die deshalb auch in diesem Buch im einzelnen behandelt wird. Ihre Prüfung ergibt, daß sie sich zur Darstellung der Meßergebnisse unter geeigneten Bedingungen ausgezeichnet eignet.

Die Bedeutung der Reflexionsspektroskopie für die quantitative und qualitative Analyse von Kristallpulvern, Pigmenten oder Körperfarben sowohl wie für zahlreiche Probleme der Molekülstruktur, der Adsorption, der Katalyse an Oberflächen, der Ligandenfeldtheorie, der Kinetik von Reaktionen an Oberflächen oder von festen Stoffen, der Photochemie, der Bestimmung optischer Konstanten (n und $\varkappa$) usw. ist in den letzten Jahren außerordentlich gewachsen. Tatsächlich werden Messungen der diffusen Reflexion schon seit Jahrzehnten ausgeführt, doch wurde die Methode nur in seltenen Fällen voll ausgeschöpft und in vielen Fällen ohne die notwendige Kritik angewendet.

Es ist der Zweck des vorliegenden Buches, die Leistungsfähigkeit dieser Methoden, der „diffusen" und der „inneren" Reflexion, die Abhängigkeit ihrer Ergebnisse von äußeren Parametern wie Korngröße, reguläre Reflexionsanteile, Konzentration absorbierender Komponenten, Feuchtigkeitsgehalt, Einfluß von zusätzlichen Phasengrenzen (z. B. Deckgläsern) usw. theoretisch zu untersuchen und anhand von Meßergebnissen zu demonstrieren. Damit soll erreicht werden, daß die Reflexionsspektroskopie unter den übrigen Methoden der Spektroskopie den ihr gebührenden Platz einnimmt, weil mit ihrer Hilfe zahlreiche Probleme gelöst werden können, die mit den bisherigen Methoden einer Lösung nicht oder nur unzureichend zugänglich waren.

Tübingen, im August 1968   G. Kortüm

Inhaltsverzeichnis

Kapitel I. Einführung

Unter Absorptionsspektroskopie versteht man die qualitative oder quantitative Messung des Absorptionsvermögens eines Stoffes als Funktion der Wellenlänge oder Wellenzahl. Bei quantitativen Messungen in Durchsicht mißt man die sog. *Durchlässigkeit* (Transmission) einer planparallelen Schicht für ein paralleles Lichtbündel

$$T(\lambda) \equiv \frac{I}{I_0}, \tag{1}$$

wobei I und I_0 die Strahlungsleistung nach bzw. vor Durchgang der Strahlung durch die absorbierende Schicht bedeuten[1]. Aber schon eine derartige einfache Messung bringt gewisse Komplikationen mit sich. Dringt ein paralleles Strahlenbündel in ein homogenes, von planparallelen Fenstern begrenztes Medium ein, so wird es an jeder Phasengrenze teilweise *reflektiert*, innerhalb des Mediums teilweise *absorbiert* und teilweise *gestreut*.

Handelt es sich um Gase oder verdünnte Lösungen, so kann man die durch *Reflexion* an den Phasengrenzflächen bedingten Energieverluste durch geeignete experimentelle Maßnahmen weitgehend eliminieren: Man läßt die Strahlung zeitlich nacheinander zwei gleiche Küvetten durchsetzen, von denen die eine die absorbierende Lösung bzw. das absorbierende Gas enthält, die andere das nichtabsorbierende Lösungsmittel bzw. Luft gleichen Drucks. Dann sind die Reflexionsverluste gleich bis auf einen sehr geringen Rest, der durch den verschiedenen Brechungsindex der (verdünnten) Lösungen und des Lösungsmittels bzw. der beiden Gase bedingt ist und der fast immer weitaus in die Fehlergrenzen der Meßmethoden fällt. Bei konzentrierten Lösungen, reinen Flüssigkeiten oder durchsichtigen festen Stoffen (Kristallen, Gläsern, Folien usw.), bei denen dies nicht mehr der Fall ist, kann man die Reflexionsverluste an den Phasengrenzen dadurch eliminieren, daß man den absorbierenden Stoff in verschiedener Schichtdicke durchstrahlt[2]. Das Intensitätsverhältnis $\Delta I/I_0$ ergibt dann, bezogen auf die Schichtdicken*differenz* die wirkliche Durchlässigkeit, da die Reflexionsverluste bei beiden Messungen die gleichen sind. In diesem Fall, d. h. nach Ausschaltung der

---

[1] Über spektroskopische Meßmethoden vgl. *Kortüm, G.:* Kolorimetrie, Photometrie und Spektrometrie, 4. Aufl. Berlin-Göttingen-Heidelberg: Springer 1962.

[2] *Schachtschabel, K.:* Ann. Physik [4] **81**, 929 (1926).

Reflexionsverluste, nennt man das durch Gl. (1) definierte T die „wahre"
oder „innere" Durchlässigkeit.

Nicht eliminierbar ist dagegen der Strahlungsverlust, der durch
Streuung an den gelösten Molekülen oder durch die Streuungsdifferenz
an verschiedenen Gasen entsteht, jedoch bleibt auch dieser Fehler innerhalb der Fehlergrenze der Meßmethoden, sofern es sich um echte, d. h.
molekulardisperse Lösungen handelt, und die Durchlässigkeit nicht
unter etwa 0,03 % sinkt. Dagegen entstehen bei kolloiden Lösungen durch
Streuung außerordentlich große Fehler, da Strahlungsverluste durch
Absorption und durch Streuung sich nicht ohne weiteres trennen lassen,
denn die Streuung hängt von der Gestalt und sehr stark von der Größe
und Konzentration der kolloiden Teilchen, außerdem von der Wellenlänge der Strahlung ab und läßt sich nur in einfachen Fällen theoretisch
erfassen (vgl. S. 83 ff.).

Die Schwierigkeiten werden noch bedeutend größer, wenn man versucht, das Absorptionsspektrum von festen pulverförmigen Stoffen
(z. B. Pigmenten), von Suspensionen, von an festen Oberflächen adsorbierten Stoffen u. a. in streuender Transmission aufzunehmen. Gerade
in neuerer Zeit sind auf diese Weise vielfach Infrarotspektren adsorbierter
Molekeln aufgenommen worden, wobei natürlich wegen der undefinierten Schichtdicken nur qualitative Ergebnisse erwartet werden können.
Daß man dabei zufriedenstellende Ergebnisse erhält, beruht darauf, daß
die Streukoeffizienten relativ klein sind, solange die Teilchen klein gegenüber der Wellenlänge der benutzten Strahlung sind, was besonders im
mittleren und langwelligen Infrarot zu erreichen ist[3]. Man kann außerdem versuchen, durch Einbettung des zu untersuchenden Pulvers in eine
geeignete, nicht absorbierende Immersionsflüssigkeit von ähnlichem
Brechungsindex die Strahlungsverluste durch Streuung weitgehend auszuschalten. Dieses Verfahren ist ebenfalls gerade im Infrarot häufig angewendet worden, wobei z. B. Paraffinöl, Perfluorkerosin, Nujol und
andere Immersionsflüssigkeiten verwendet werden. Abgesehen davon,
daß es häufig schwierig ist, geeignete Flüssigkeiten zu finden, bleibt die
Undefiniertheit der durchlaufenen Schichtdicke bestehen, so daß diese
Methode auch nur qualitative Ergebnisse liefert. Einen Fortschritt
brachte die sog. KBr-Methode[4], bei der man das zu untersuchende
feinzerteilte Pulver mit festem KBr (oder auch AgCl) im Überschuß
vermahlt und aus dem Gemisch unter hohem Druck durchsichtige
Platten preßt, deren Absorption relativ zu einer gleichdicken Platte aus
dem reinen Verdünnungsmittel gemessen wird. Auch die Grenzen dieses

---

[3] Hierauf beruht die bekannte Durchdringungsfähigkeit der Infrarotstrahlung
durch Nebel oder Dunst.

[4] *Stimson, M. M.*, and *J. O'Donnell:* J. Am. Chem. Soc. **74**, 1805 (1952). —
Schiedt, U., u. *H. Reinwein:* Z. Naturforsch. **7b**, 270 (1952); **8b**, 66 (1953).

Verfahrens für eine quantitative Auswertung sind durch die nicht vollständig vermeidbaren Streuungsverluste gegeben, die teils durch Unterschiede des Brechungsindex von Stoff und Einbettungsmittel, teils durch den unzureichenden Verteilungsgrad, schließlich auch durch schwer zu entfernende Feuchtigkeitsspuren bedingt sind[5].

Schon im kurzwelligen Infrarot und weit mehr noch im Sichtbaren und im Ultraviolett ist die Bedingung, daß die Teilchendimensionen klein sind gegenüber der Wellenlänge, nicht mehr zu erfüllen, d. h. die Streuung überlagert die Absorption dann so stark, daß sich in Durchsicht keine brauchbaren Spektren mehr gewinnen lassen, ohne die Streuung zu berücksichtigen. Es erhebt sich also die Frage, ob es möglich ist, aus der gemessenen Durchlässigkeit oder der gemessenen diffusen Reflexion einer zugleich streuenden und absorbierenden Schicht oder evtl. auch aus einer dieser Messungen allein das Absorptionsspektrum des betreffenden Stoffes zu gewinnen.

Diese Frage ist nicht nur von theoretischem, sondern auch von größtem praktischen Interesse, in erster Linie für die Charakterisierung und Normung industrieller Produkte aller Art (Pigmente, Kunststoffe, Textilien, Papiere, Farbanstriche usw.), d. h. für die quantitative physikalische Analyse von Körperfarben. Darüber hinaus könnte die Lösung dieser Frage die Untersuchung zahlreicher anderer Probleme ermöglichen, für die es bisher an geeigneten Methoden fehlte. Erwähnt seien z. B.: die kinetische Verfolgung von Reaktionen zwischen festen Stoffen, Farbänderungen fester Stoffe unter dem Einfluß von Temperatur und Druck (Thermochromie und Piezochromie), Einfluß der Adsorption von Molekülen an festen Phasen auf ihr Spektrum, katalytische Einflüsse fester Oberflächen auf die Reaktionsfähigkeit adsorbierter Molekeln mit Gasen oder mit der Oberfläche selbst, Photochemie adsorbierter Stoffe, quantitative Analyse von Gemischen fester Stoffe, quantitative Analyse von Papier- und Dünnschicht-Chromatogrammen usw.

Zur Trennung des Einflusses von Streu- und Absorptionsvorgängen auf die spektrale Zusammensetzung der von einer streuenden und absorbierenden Schicht reflektierten oder durchgelassenen Strahlung ist eine Reihe von Theorien entwickelt worden, die sämtlich von der Durchlässigkeit und der Reflexion einer infinitesimalen Schicht für monochromatische Strahlung ausgehen. Die aufgestellten Differentialgleichungen werden dann über die gesamte Schicht integriert. Damit man zu praktisch brauchbaren Formeln gelangt. die man am Experiment prüfen kann, dürfen die Ausgangsgleichungen nicht zu kompliziert sein, d. h. nicht zu viele, später aus den Messungen zu entnehmende Konstanten enthalten, was bedeutet, daß man stets vereinfachende und in Praxis nicht immer erfüllbare Voraussetzungen macht, wàs den Anwendungs-

---

[5] Vgl. z. B.: *Lejeune, R.*, u. *G. Duyckaerts:* Spectrochim. Acta **6**, 194 (1954).

1*

bereich der entwickelten Formeln häufig eingeschränkt. Bei der Mehrzahl
der aufgestellten Theorien begnügte man sich mit der Einführung von
zwei Konstanten, dem *Absorptionskoeffizienten* und dem *Streukoeffizienten*, mit deren Hilfe sich Durchlässigkeit und Reflexion einer Schicht
endlicher Dicke ausdrücken läßt. Diese sog. *Zweikonstanten-Theorien*
führten im allgemeinen zu ähnlichen Formeln, die häufig durch Umrechnung der benutzten Parameter ineinander übergehen. Sie haben
sich für die Lösung des oben genannten Problems, aus der Reflexion und
der streuenden Transmission einer gleichzeitig absorbierenden und
streuenden Schicht das Absorptionsspektrum des betreffenden Stoffes
zu ermitteln, als brauchbar erwiesen, wenn man geeignete Meßbedingungen einhält. Insbesondere gelingt es, allein aus dem sog. diffusen
Reflexionsvermögen einer „unendlich dicken", d. h. nicht mehr durchlässigen Schicht („halbunendliches Medium") die sog. „*typische Farbkurve*" des betreffenden Stoffes zu gewinnen, die häufig bis auf eine
Parallelverschiebung in der Ordinate mit dem wahren Spektrum des
Stoffes übereinstimmt. Damit wurde nicht nur die quantitative physikalische Analyse sog. Körperfarben, sondern auch die Inangriffnahme
von zahlreichen Problemen der oben erwähnten Art ermöglicht.

Kapitel II. Reguläre und diffuse Reflexion

Läßt man ein paralleles Strahlenbündel auf die ebene Oberfläche eines festen Stoffes fallen, so gibt es für den reflektierten Anteil der Strahlung zwei Grenzfälle: Entweder er wird spiegelnd, d. h. „regulär" reflektiert, oder er wird gleichmäßig in alle Richtungen des Halbraumes, d. h. „diffus" reflektiert. Im ersten Fall ist die Oberfläche ideal spiegelnd (poliert), im zweiten Fall ideal matt (streuend). Diese beiden idealen Grenzfälle einer Oberfläche werden in Praxis niemals erreicht. Auch auf den besten Spiegeln (z. B. einer Hg-Oberfläche) sieht man (selbst außerhalb der Einfallsebene) die Stelle, wo ein Lichtbündel auftrifft. Es ist aber zweckmäßig, das Verhalten solcher idealen Oberflächen zunächst theoretisch zu betrachten und daraus das Verhalten realer Oberflächen abzuleiten.

a) Reguläre Reflexion an nichtabsorbierenden Medien

In Abb. 1 falle ein paralleles monochromatisches Strahlenbündel unter dem Winkel α auf die Trennfläche zweier Medien mit den Brechungsindices n_0 und n_1, wobei $n_1 > n_0$ sei. Ferner sei vorausgesetzt, daß beide Medien praktisch kein Absorptionsvermögen besitzen. Nach dem Energiesatz muß die einfallende Strahlungsleistung/ Flächeneinheit des Bündelquerschnitts I_e (gemessen in Watt/cm^2) gleich der Summe der

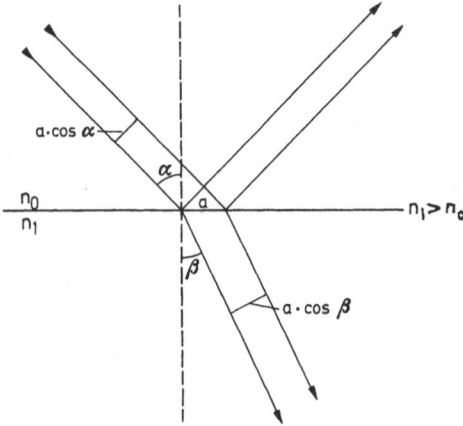

Abb. 1. Spiegelreflexion eines parallelen Strahlenbündels an einer ebenen Phasengrenze

Strahlungsleistungen des reflektierten I_r und des gebrochenen Bündels I_g sein, d. h. es ist

$$I_e = I_r + I_g \cdot \frac{\cos\beta}{\cos\alpha}. \tag{1}$$

Der Faktor $\cos\beta/\cos\alpha$ berücksichtigt die Vergrößerung des Bündelquerschnitts durch die Brechung, wie aus Abb. 1 hervorgeht. Da die Strahlungsleistung dem Quadrat des elektrischen Vektors $\vec{E}$ und der Geschwindigkeit $v = c/n$ der Strahlung in dem betreffenden Medium proportional ist

$$I = \frac{\varepsilon}{4\pi} E^2 v \quad \text{oder} \quad I = \frac{n^2}{4\pi} E^2 v, \tag{2}$$

kann man Gl. (1) in der Form schreiben

$$n_0 E_e^2 = n_0 E_r^2 + n_1 E_g^2 \cdot \frac{\cos\beta}{\cos\alpha}. \tag{3}$$

Zerlegt man nun den elektrischen Vektor in die beiden zur Einfallsebene senkrecht bzw. parallel schwingenden Komponenten $\vec{E}_\perp$ und $\vec{E}_{||}$, dann gilt für die senkrecht schwingende Komponente auf Grund der Stetigkeit der Tangentialkomponenten an der Phasengrenzfläche

$$E_{e\perp} + E_{r\perp} = E_{g\perp}. \tag{4}$$

Da Gl. (3), die aus dem Energiesatz folgt, natürlich für beide Komponenten gilt, folgt für die *senkrechte* Komponente

$$n_0(E_{e\perp}^2 - E_{r\perp}^2) = n_0(E_{e\perp} + E_{r\perp})\,(E_{e\perp} - E_{r\perp}) = n_1 E_{g\perp}^2 \cdot \frac{\cos\beta}{\cos\alpha}$$

oder unter Berücksichtigung von (4)

$$n_0(E_{e\perp} - E_{r\perp}) = n_1 E_{g\perp} \cdot \frac{\cos\beta}{\cos\alpha}. \tag{5}$$

Aus (4) und (5) erhält man durch Eliminierung von $E_{g\perp}$

$$E_{r\perp} = -E_{e\perp} \cdot \frac{n_1 \cos\beta - n_0 \cos\alpha}{n_1 \cos\beta + n_0 \cos\alpha}. \tag{6}$$

Da ferner nach dem Snelliusschen Brechungsgesetz $\dfrac{\sin\beta}{\sin\alpha} = \dfrac{n_0}{n_1}$, folgt schließlich für die senkrechte Komponente der reflektierten Strahlung

$$E_{r\perp} = -E_{e\perp} \cdot \frac{\sin(\alpha - \beta)}{\sin(\alpha + \beta)}. \tag{7}$$

Eliminiert man dagegen aus (4) und (5) $E_{r\perp}$, so erhält man analog für die gebrochene Komponente

$$E_{g\perp} = E_{e\perp} \frac{2n_0 \cos\alpha}{n_1 \cos\beta + n_0 \cos\alpha} = E_{e\perp} \frac{2\cos\alpha \sin\beta}{\sin(\alpha + \beta)} . \qquad (8)$$

Für die *parallel* zur Einfallsebene schwingende Komponente lautet die zu (4) analoge Gleichung

$$E_{e\parallel} - E_{r\parallel} = E_{g\parallel} \cdot \frac{\cos\beta}{\cos\alpha} , \qquad (9)$$

wie man aus Abb. 2 unmittelbar ablesen kann.

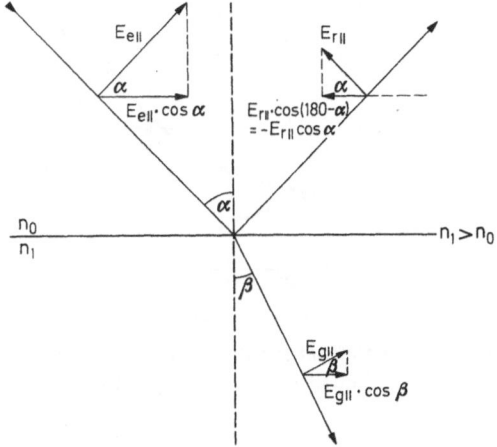

Abb. 2. Parallelkomponenten der einfallenden, reflektierten und gebrochenen Strahlung bei Spiegelreflexion

Aus (3) und (9) erhält man analog zu (5)

$$n_0(E_{e\parallel} + E_{r\parallel}) = n_1 E_{g\parallel} , \qquad (10)$$

und durch Eliminierung aus (9) und (10) einmal von $E_{g\parallel}$ und einmal von $E_{r\parallel}$ die beiden Beziehungen

$$E_{r\parallel} = E_{e\parallel} \cdot \frac{n_1 \cos\alpha - n_0 \cos\beta}{n_1 \cos\alpha + n_0 \cos\beta} = E_{e\parallel} \cdot \frac{\mathrm{tg}(\alpha - \beta)}{\mathrm{tg}(\alpha + \beta)} , \qquad (11)$$

$$E_{g\parallel} = E_{e\parallel} \cdot \frac{2n_0 \cos\alpha}{n_1 \cos\alpha + n_0 \cos\beta} = E_{e\parallel} \cdot \frac{2\cos\alpha \sin\beta}{\sin(\alpha + \beta)\cos(\alpha - \beta)} . \qquad (12)$$

Die Gln. (7), (8), (11) und (12) sind die bekannten *Fresnelschen Gleichungen*, sie beschreiben die Reflexion, Brechung und Polarisation nichtabsorbierender Medien. Man mißt das Verhältnis der Strahlungs-leistungen $I_{r\perp}/I_{e\perp}$ und $I_{r\|}/I_{e\|}$ als Funktion des Einfallswinkels α. Die Wurzeln daraus liefern die „Reflexionskoeffizienten" $E_{r\perp}/E_{e\perp}$ und $E_{r\|}/E_{e\|}$. Trägt man beides gegen α auf, so erhält man in Übereinstimmung mit den Fresnelschen Gleichungen (7) und (11) die beiden Kurven der Abb. 3, in der $n_0 = 1$ und $n_1 = 1,5$ gesetzt ist, wie es z. B. bei der Phasengrenze Luft–Kronglas angenähert der Fall ist. Man sieht, wie auch aus den

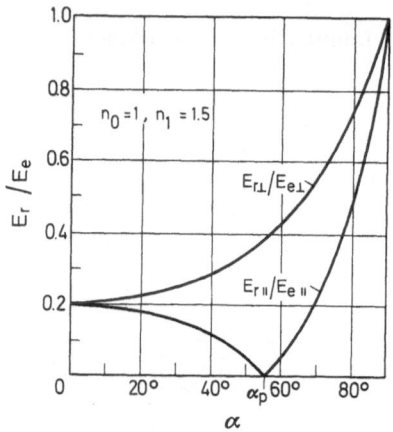

Abb. 3. Reflexionskoeffizienten der Parallel- bzw. Senkrechtkomponente der Strah-lung in Abhängigkeit vom Einfallswinkel α bei Spiegelreflexion und $n_0 = 1, n_1 = 1,5$

Formeln folgt, daß bei senkrechtem und bei streifendem Einfall $E_{r\perp}/E_{e\perp}$ und $E_{r\|}/E_{e\|}$ gleich werden, und daß $E_{r\|}/E_{e\|}$ für einen bestimmten Ein-fallswinkel α_P gleich Null wird, für den nach Gl. (11) $\alpha_P + \beta = \pi/2$ ist (reflektierter und gebrochener Strahl stehen senkrecht aufeinander) und deshalb $\sin\beta = \cos\alpha_P$. Da ferner nach dem Brechungsgesetz $\dfrac{\sin\alpha_P}{\sin\beta} = n_1$, folgt

$$\operatorname{tg}\alpha_P = n_1 . \tag{13}$$

Man nennt α_P den „*Polarisationswinkel*", und Gl. (13) ist das bekannte Brewstersche Gesetz, das man z. B. zur Herstellung polarisierter IR-Strahlung durch Reflexion an Selenspiegeln benutzt.

Trägt man in analoger Weise die „Durchlässigkeitskoeffizienten" $E_{g\perp}/E_{e\perp}$ und $E_{g\|}/E_{e\|}$ gegen den Einfallswinkel α auf, wobei natürlich wieder wie in Gl. (3) der geänderte Querschnitt des Lichtbündels und sein Brechungsindex n_1 zu berücksichtigen ist[6], so erhält man die Kurven der Abb. 4.

Das *reguläre Reflexionsvermögen* eines nichtabsorbierenden Mediums ist nach Gl. (7) für die senkrecht zur Einfallsebene polarisierte Komponente durch

$$R_{\text{reg}\perp} = \frac{\sin^2(\alpha - \beta)}{\sin^2(\alpha + \beta)}, \tag{14}$$

für die parallel zur Einfallsebene polarisierte Komponente nach Gl. (11) durch

$$R_{\text{reg}\parallel} = \frac{\text{tg}^2(\alpha - \beta)}{\text{tg}^2(\alpha + \beta)} \tag{15}$$

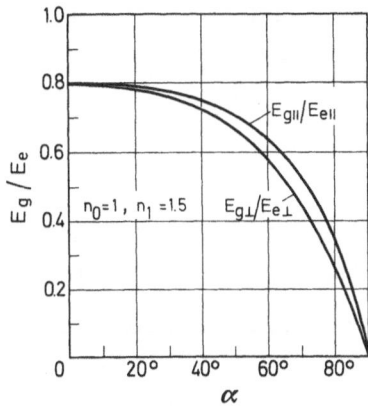

Abb. 4. Durchlässigkeitskoeffizienten der Parallel- bzw. Senkrechtkomponente der gebrochenen Strahlung in Abhängigkeit vom Einfallswinkel α und $n_0 = 1$, $n_1 = 1{,}5$

gegeben. Für natürliche Strahlung ergibt sich daraus

$$R_{\text{reg}} = \frac{1}{2}\left[\frac{\sin^2(\alpha - \beta)}{\sin^2(\alpha + \beta)} + \frac{\text{tg}^2(\alpha - \beta)}{\text{tg}^2(\alpha + \beta)} \right]. \tag{16}$$

Bei senkrechtem Einfall ($\alpha = \beta = 0$) verschwindet der Unterschied zwischen der senkrecht und der parallel polarisierten Komponente, weil die Einfallsebene nicht mehr definiert ist. Man erhält dann aus (6) bzw. (11)

$$R_{\text{reg}} = \left(\frac{n_1 - n_0}{n_1 + n_0} \right)^2. \tag{16a}$$

---

[6] Die Strahlungsleistung des gebrochenen Bündels ist nach (3) gegeben durch $E_g^2 \dfrac{n_1 \cos\beta}{n_0 \cos\alpha}$.

Das reguläre Reflexionsvermögen nichtabsorbierender Stoffe ist klein, weil die meisten Brechungsindices unterhalb von 2 liegen. So ist z. B. für Kronglas ($n_1 = 1{,}5$) und Luft ($n_0 = 1$) $R_{reg} \cong 0{,}04$, d. h. nur 4 % der Strahlung wird bei senkrechtem Einfall reflektiert. Mit zunehmendem Einfallswinkel nimmt R_{reg} jedoch ständig zu, wie aus Abb. 3 zu entnehmen ist. Für den durchgelassenen Anteil der Strahlung erhält man bei senkrechter Inzidenz aus (8) bzw. (12) unter Berücksichtigung des Korrekturfaktors $n_1 \cos \beta / n_0 \cos \alpha$

$$T = n_1 \frac{4 n_0^2}{(n_0 + n_1)^2} . \tag{17}$$

Für das oben erwähnte Beispiel der Phasengrenze Luft–Kronglas ($n_0 = 1$; $n_1 = 1{,}5$) erhält man $T = 0{,}96$; R_{reg} und T ergänzen sich also zu 1, wie es sein muß.

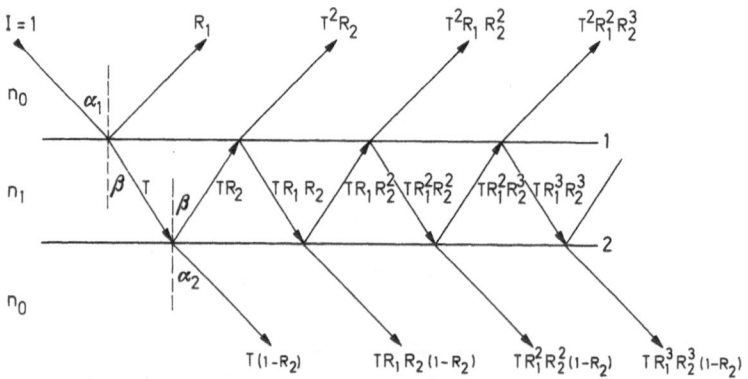

Abb. 5. Vielfachreflexion zwischen den Phasengrenzen einer planparallelen Platte.
$R = $ Reflexion; $T = $ Durchlässigkeit

Wir berechnen schließlich noch das reguläre Reflexionsvermögen einer planparallelen Platte mit dem Brechungsindex n_1, die in ein Medium vom Brechungsindex n_0 eingelagert ist, im einfachsten Fall sich also in Luft befindet ($n_0 = 1$). In diesem Fall muß man die Vielfachreflexion zwischen den beiden Phasengrenzen berücksichtigen, wie sie in Abb. 5 angedeutet ist. Nach dem Snelliusschen Gesetz ist (bei $n_0 = 1$) $\sin \alpha = n_1 \sin \beta$. Ferner folgt aus dem Helmholtzschen Reziprozitätsgesetz $\alpha_1 = \alpha_2$, d. h. durch die planparallele Platte wird ein paralleles Strahlenbündel lediglich parallel zu sich verschoben. Ferner wird an der inneren Fläche 2 gerade soviel Licht unter dem Winkel β reflektiert wie an der äußeren Fläche 1 unter dem Winkel α. Das folgt aus den Fresnelschen Gleichungen (14) und (15) bzw. (16), denn es ist $\sin^2 (\alpha - \beta) = \sin^2 (\beta - \alpha)$

und $\mathrm{tg}^2(\alpha - \beta) = \mathrm{tg}^2(\beta - \alpha)$. Bei vorgegebenem Einfallswinkel bleiben die Winkel α und β bei Vielfachreflexion erhalten. Die Summe aller nach oben reflektierten Anteile ergibt sich also, wenn man die Durchlässigkeit mit T bezeichnet, zu

$$
\begin{aligned}
R_{12} &= R_1 + T^2 R_2 + T^2 R_1 R_2^2 + T^2 R_1^2 R_2^3 + \cdots \\
&= R_1 + T^2 R_2 (1 + R_1 R_2 + R_1^2 R_2^2 + \cdots) \\
&= R_1 + \frac{T^2 R_2}{1 - R_1 R_2},
\end{aligned}
\tag{18}
$$

wenn man die Summenformel für die geometrische Reihe einsetzt. Da, wie oben gezeigt, $R_1 = R_2 \equiv R(\alpha)$, erhält man

$$
R_{12}(\alpha) = R(\alpha) + \frac{T^2 R(\alpha)}{1 - R^2(\alpha)}.
\tag{19}
$$

Mit $T = 1 - R$ wird schließlich

$$
R_{12}(\alpha) = R(\alpha) + \frac{R(\alpha)\,(1 - R(\alpha))}{1 + R(\alpha)} = \frac{2 R(\alpha)}{1 + R(\alpha)}.
\tag{20}
$$

Dabei ist nach (16)

$$
R(\alpha) = \frac{1}{2}\left[\frac{\sin^2(\alpha - \beta)}{\sin^2(\alpha + \beta)} + \frac{\mathrm{tg}^2(\alpha - \beta)}{\mathrm{tg}^2(\alpha + \beta)}\right].
$$

Man sieht aus (20), daß die beiden Grenzflächen zusammen nicht doppelt soviel reflektieren wie die obere allein. Für die gesamte Durchlässigkeit der Platte erhält man durch analoge Summierung der durchgelassenen Anteile

$$
T_{12} = \frac{T(1 - R_2)}{1 - R_1 R_2},
\tag{21}
$$

was mit $R_1 = R_2 \equiv R(\alpha)$ übergeht in

$$
T_{12} = \frac{T(1 - R(\alpha))}{1 - R^2(\alpha)} = \frac{T}{1 + R(\alpha)}.
\tag{22}
$$

R_{12} und T_{12} ergänzen sich wieder zu 1, wie man erwarten muß.

Von besonderem Interesse für später auftretende Probleme ist das reguläre Reflexionsvermögen für *diffus einfallende Strahlung*, wie man sie mit Hilfe einer Photometerkugel (vgl. S. 225) erzeugen kann. Dabei trifft die Strahlung unter allen möglichen Einfallswinkeln α zwischen 0 und $\pi/2$ und allen Azimuten zwischen 0 und 2π auf die Phasengrenzfläche auf, d. h. man muß über alle diese Winkel integrieren und das Mittel bilden. Da ferner die auf die Flächeneinheit auftreffende Strahlungsleistung dem Cosinus des Einfallswinkels proportional ist (vgl. S. 27),

ergibt sich für das reguläre Reflexionsvermögen bei diffus einfallender
Strahlung aus dem Mittelwertssatz

$$R_{\text{reg(diff.Einstr.)}} = \frac{2\pi \int\limits_{0}^{\pi/2} \sin\alpha \cos\alpha\, f(\alpha, n)\, d\alpha}{2\pi \int\limits_{0}^{\pi/2} \sin\alpha \cos\alpha\, d\alpha}$$

$$= 2 \int\limits_{0}^{\pi/2} \sin\alpha \cos\alpha\, f(\alpha, n)\, d\alpha , \tag{23}$$

wobei $f(\alpha, n)$ durch (16) gegeben ist. Die Integration wurde von *Walsh*[7]
ausgeführt und ergab die Beziehung

$$R_{\text{reg(diff.Einstr.)}} = \frac{(n-1)(3n+1)}{6(n+1)^2} + \left[\frac{n^2(n^2-1)^2}{(n^2+1)^3}\right] \log\frac{n-1}{n+1}$$
$$- \frac{2n^3(n^2+2n-1)}{(n^2+1)(n^4-1)} + \left[\frac{8n^4(n^4+1)}{(n^2+1)(n^4-1)^2}\right] \log n . \tag{24}$$

Tabelle 1. R_{reg} *und* $R_{\text{reg(diff.Einstr.)}}$ *für verschiedene Werte von* n

n	$R_{\text{reg(senkr. Einstr.)}}$	$R_{\text{reg(diff. Einstr.)}}$	n	$R_{\text{reg(senkr. Einstr.)}}$	$R_{\text{reg(diff. Einstr.)}}$
1,00	0,0000	0,000	1,45	0,033	0,085
1,10	0,0023	0,026	1,50	0,040	0,092
1,15	0,0049	0,035	1,55	0,047	0,100
1,20	0,0083	0,045	1,60	0,053	0,107
1,25	0,012	0,053	1,65	0,060	0,114
1,30	0,017	0,061	1,70	0,067	0,121
1,35	0,022	0,069	1,80	0,082	0,134
1,40	0,028	0,077	1,90	0,096	0,146

In Tab. 1 ist R_{reg} nach (16) und (24) berechnet für verschiedene Werte
von n wiedergegeben[8]. Dabei ist $n = n_1$ und $n_0 = 1$ gesetzt.

Man sieht, daß das reguläre Reflexionsvermögen bei diffuser Einstrahlung stets größer ist als das bei senkrechter Einstrahlung; es beträgt
z. B. für Kronglas mit $n = 1,5$ mehr als das doppelte. Die regulären
Reflexionsverluste sind also beim Durchgang durch Phasengrenzflächen
ebenfalls erheblich größer.

Setzt man in Gl. (23) für $f(\alpha, n)$ den Ausdruck (20) für das reguläre
Reflexionsvermögen $R_{12}(\alpha)$ einer planparallelen Platte ein, so erhält

[7] *Walsh, J. W. T.:* Dept. Sci. Ind. Res. Illum. Res. Techn. Pap. **2**, 10 (1926);
Vgl. ferner *Judd, D. B.:* J. Res. Natl. Bur. Std. **29**, 329 (1942).

[8] Vgl. *Ryde, J. W.*, and *B. S. Cooper:* Proc. Roy. Soc. London A **131**, 464 (1931).

man das Reflexionsvermögen einer solchen Platte für diffuse Einstrahlung zu

$$R_{12\,\text{reg(diff. Einstr.)}} = 2 \int\limits_0^{\pi/2} \frac{2R(\alpha)}{1 + R(\alpha)} \sin\alpha \cos\alpha \, d\alpha \,. \qquad (25)$$

Auch hier ist wieder $R(\alpha)$ durch (16) gegeben. Eine graphische Integration ergab für $n = 1,5$ den Wert $R_{12\,\text{reg(diff. Einstr.)}} = 0,155$, d. h. ebenfalls weniger als das Doppelte der Reflexion von der Oberseite, die nach Tab. 1 bei diffuser Einstrahlung 0,092 beträgt.

b) Totalreflexion

Wir betrachten jetzt den umgekehrten Vorgang, daß ein Lichtbündel aus dem optisch dichteren Medium (n_1) in ein optisch dünneres Medium (n_0), also z. B. aus Glas in Luft übertritt (Abb. 6). In diesem Fall wird das

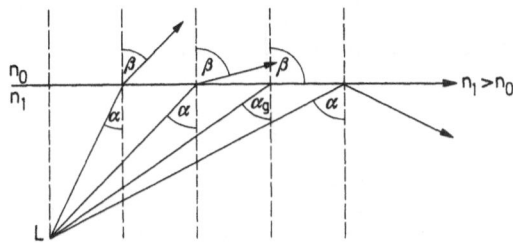

Abb. 6. Grenzwinkel α_g der Totalreflexion beim Austritt eines Strahlungsbündels aus einem dichteren in ein dünneres Medium. $n_1 > n_0$

Bündel vom Einfallslot weggebrochen, und das Brechungsgesetz lautet

$$\frac{\sin\beta}{\sin\alpha} = \frac{n_1}{n_0} \,. \qquad (26)$$

Man beobachtet, daß für einen bestimmten Einfallswinkel α_g, den man als *Grenzwinkel* bezeichnet, das Bündel streifend zur Grenzfläche austritt, so daß $\beta = 90°$ und $\sin\beta = 1$. Für diesen Grenzwinkel gilt also

$$\sin\alpha_g = \frac{n_0}{n_1} \,. \qquad (27)$$

Für noch größere Einfallswinkel α wird die Strahlung *total reflektiert*, es tritt keine Strahlungsenergie in das dünnere Medium ein.

Für $\alpha \leqq \alpha_g$ bleiben auch hier die Fresnelschen Formeln gültig. Trägt man wieder $E_{r\perp}/E_{e\perp}$ bzw. $E_{r\parallel}/E_{e\parallel}$ gegen α auf, so erhält man die zu Abb. 3

analogen Kurven (Abb. 7). Auch hier verschwindet die Parallel-Komponente des reflektierten Bündels beim Polarisationswinkel α_p, der stets kleiner ist als α_g, und bei $\alpha = 0$ und $\alpha = \alpha_g$ werden $E_{r\perp}/E_{e\perp}$ und $E_{r\parallel}/E_{e\parallel}$ gleich, wie es die Fresnelschen Gleichungen verlangen. Ebenso gilt für das reguläre Reflexionsvermögen die Gl. (16). In analoger Weise kann man auch für das Intervall $0 \leqq \alpha \leqq \alpha_g$ die Durchlässigkeitskoeffizienten bestimmen, die hier im Gegensatz zu Abb. 4 mit wachsendem α ansteigen, um bei α_g die maximalen Werte $E_{g\perp}/E_{e\perp} = 2$ und $E_{g\parallel}/E_{e\parallel} = 3$ anzunehmen

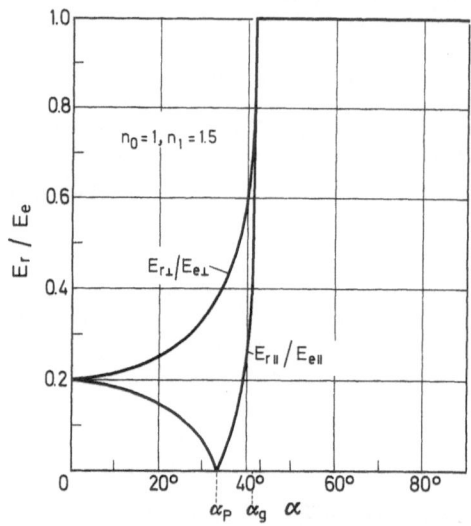

Abb. 7. Reflexionskoeffizienten der Parallel- bzw. Senkrechtkomponente der Strahlung in Abhängigkeit vom Einfallswinkel α für den Fall der Reflexion am dünneren Medium ($n_1 = 1,5$; $n_0 = 1$)

(vgl. Abb. 8 linke Hälfte). Auch in diesem Fall ist die geänderte Fortpflanzungsgeschwindigkeit und die Querschnittsänderung des Bündels durch den Korrekturfaktor $\dfrac{n_0 \cos\beta}{n_1 \cos\alpha}$ zu berücksichtigen. So ist z. B. bei $\alpha = \beta = 0$ der durchgelassene Anteil der Strahlung nach Abb. 8 gegeben durch $T = (1{,}2)^2 \cdot \dfrac{1}{1{,}5} \cdot \dfrac{\cos\beta}{\cos\alpha} = 0{,}96$, d. h. gleich groß wie bei umgekehrter Strahlungsrichtung, wie das Reziprozitätsgesetz es verlangt.

Von Interesse für das später auftretende Problem der sog. „inneren Reflexion" ist auch hier die Durchlässigkeit und das Reflexionsvermögen der Phasengrenze für diffuse Strahlung, wenn diese aus dem dichteren in das dünnere Medium einfällt. Da die räumliche Energiedichte einer elektromagnetischen Welle nach (2) gegeben ist durch $\dfrac{n^2}{4\pi}E^2$, verhalten sich die Strahlungsintensitäten in den beiden Medien wie n_0^2/n_1^2. Da andererseits der Strahlungsfluß durch die Phasengrenze in beiden Richtungen gleich sein muß, wird der durchgelassene Anteil T für die diffuse Strahlung vom dichteren ins dünnere Medium sich um den Faktor $1/n_1^2$

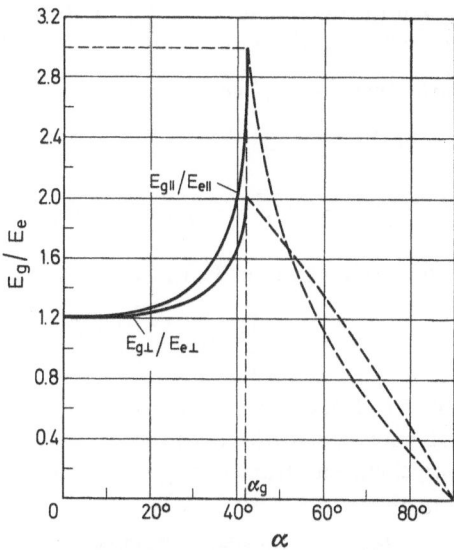

Abb. 8. Durchlässigkeitskoeffizienten der Parallel- bzw. Senkrechtkomponente der gebrochenen Strahlung in Abhängigkeit vom Einfallswinkel α beim Übergang vom dichteren ins dünnere Medium ($n_1 = 1,5$; $n_0 = 1$)

von dem in umgekehrter Richtung unterscheiden, wenn wir wieder $n_0 = 1$ setzen. Es gilt also[9] für das Reflexionsvermögen

$$R_{n_0 \to n_1} = 1 - T_{n_0 \to n_1}\;;\qquad R_{n_1 \to n_0} = 1 - \dfrac{T_{n_0 \to n_1}}{n_1^2}. \qquad (28)$$

Man erhält also das sog. „innere Reflexionsvermögen" an der Phasengrenze zum dünneren Medium aus den Zahlenwerten der Tab. 1. So ist z. B. für $n_1 = 1,5$ und $n_0 = 1$

$$R_{1,5 \to 1} = 1 - \dfrac{0{,}908}{2{,}25} = 0{,}596\,.$$

Dies gilt für ebene Phasengrenzen, doch ist das innere Reflexionsvermögen von der Beschaffenheit der Oberfläche weitgehend unabhängig[10].

---

[9] Vgl. *Judd, D. B.*: J. Res. Natl. Bur. Std. **29**, 329 (1942).

[10] *Giovanelli, R. G.*: Opt. Acta **3**, 127 (1956).

Im Bereich $\alpha_g \leqq \alpha \leqq \pi/2$ der *Totalreflexion* ist stets $E_{r\perp} = E_{e\perp}$ und $E_{r\parallel} = E_{e\parallel}$, d. h. die Energie der reflektierten Strahlung ist gleich der der einfallenden Strahlung[11]. Außerdem beobachtet man, daß das total reflektierte Licht nicht mehr linear, sondern elliptisch polarisiert ist, wenn das einfallende Licht linear polarisiert war, d. h. zwischen $E_\parallel$ und $E_\perp$ tritt eine Phasendifferenz Δ auf, die ihrerseits von α abhängt. Das läßt sich ebenfalls aus den Fresnelschen Gleichungen ableiten:

Da für α_g nach Gl. (27) $\sin\beta = 1$, muß für $\alpha > \alpha_g$ nach dem Brechungsgesetz Gl. (26) $\sin\beta = \sin\alpha \dfrac{n_1}{n_0} > 1$ werden, d. h. es existiert kein reeller Brechungsindex mehr. Es folgt, daß

$$\cos\beta = \pm\sqrt{1 - \sin^2\beta} = \pm\sqrt{1 - \sin^2\alpha \cdot \left(\frac{n_1}{n_0}\right)^2}$$

komplex wird, so daß man es in der Form schreiben kann

$$\cos\beta = \pm i \frac{n_1}{n_0} \sqrt{\sin^2\alpha - \left(\frac{n_0}{n_1}\right)^2}. \tag{29}$$

Nur das negative Vorzeichen der Wurzel führt zu physikalisch sinnvollen Folgerungen. Setzt man dies in die Fresnelsche Formel (6) ein, wobei diese wegen des umgekehrten Strahlengangs (vom dichteren ins dünnere Medium) in der Form

$$\frac{E_{r\perp}}{E_{e\perp}} = -\frac{n_0\cos\beta - n_1\cos\alpha}{n_0\cos\beta + n_1\cos\alpha} \tag{6a}$$

zu schreiben ist, so erhält man nach einfacher Umformung

$$\frac{E_{r\perp}}{E_{e\perp}} = \frac{\left[\cos\alpha + i\sqrt{\sin^2\alpha - \left(\frac{n_0}{n_1}\right)^2}\right]^2}{1 - \left(\frac{n_0}{n_1}\right)^2}, \tag{30}$$

und in analoger Weise aus (11)

$$\frac{E_{r\parallel}}{E_{e\parallel}} = \frac{\left[\frac{n_0}{n_1}\cos\alpha + i\frac{n_1}{n_0}\sqrt{\sin^2\alpha - \left(\frac{n_0}{n_1}\right)^2}\right]^2}{\left(\frac{n_0}{n_1}\right)^2\cos^2\alpha + \left(\frac{n_1}{n_0}\right)^2\left[\sin^2\alpha - \left(\frac{n_0}{n_1}\right)^2\right]}. \tag{31}$$

---

[11] Eine total reflektierende Grenzfläche stellt also einen idealen Spiegel dar, verglichen etwa mit einem Metallspiegel, der 98% der Strahlung reflektiert. Bei diesem würde die Strahlungsleistung nach 10maliger Reflexion bereits auf $(0,98)^{10}$ = 0,82 zurückgehen, während in der sog. Fiberoptik tausende von Reflexionen praktisch ohne Energieverlust möglich sind.

Die Reflexionskoeffizienten sind also ebenfalls komplexe Größen, und wir können sie in der üblichen Schreibweise komplexer Zahlen in der folgenden Form schreiben:

$$E_{r\perp} = |A| \cdot e^{i\delta_\perp} \quad \text{bzw.} \quad E_{r\parallel} = |B| \cdot e^{i\delta_\parallel}.$$

Dabei ist $|A|$ bzw. $|B|$ der Absolutbetrag der reflektierten Amplituden und δ eine Größe, die die Phasenverschiebung gegenüber der einfallenden Welle angibt. In unserem Fall ist $|E_{r\perp}| = E_{e\perp}$ und $|E_{r\parallel}| = E_{e\parallel}$, so daß

$$\left. \begin{aligned} E_{r\perp} &= E_{e\perp} \cdot e^{i\delta_\perp} = E_{e\perp}(\cos\delta_\perp + i\sin\delta_\perp) \\ E_{r\parallel} &= E_{e\parallel} \cdot e^{i\delta_\parallel} = E_{e\parallel}(\cos\delta_\parallel + i\sin\delta_\parallel) \end{aligned} \right\}. \tag{32}$$

Den Phasenwinkel δ erhält man auf folgendem Wege: Aus (30) und (32) ergibt sich z. B. für die senkrecht schwingende Komponente

$$\cos\delta_\perp + i\sin\delta_\perp = \frac{\cos^2\alpha - \sin^2\alpha + \left(\dfrac{n_0}{n_1}\right)^2}{1 - \left(\dfrac{n_0}{n_1}\right)^2}$$

$$+ i\frac{2\cos\alpha\sqrt{\sin^2\alpha - \left(\dfrac{n_0}{n_1}\right)^2}}{1 - \left(\dfrac{n_0}{n_1}\right)^2}.$$

Daraus folgt

$$\mathrm{tg}\frac{\delta_\perp}{2} \equiv \frac{\sin\delta_\perp}{1 + \cos\delta_\perp} = \frac{\sqrt{\sin^2\alpha - \left(\dfrac{n_0}{n_1}\right)^2}}{\cos\alpha}. \tag{33}$$

Entsprechend erhält man aus (31) und (32)

$$\mathrm{tg}\frac{\delta_\parallel}{2} = \frac{\sqrt{\sin^2\alpha - \left(\dfrac{n_0}{n_1}\right)^2}}{\left(\dfrac{n_0}{n_1}\right)^2\cos\alpha}. \tag{34}$$

Die Formeln (32) bedeuten, weil $|E_{r\perp}| = E_{e\perp}$ und $|E_{r\parallel}| = E_{e\parallel}$, daß die Absolutbeträge der Reflexionskoeffizienten gleich 1 sind; die Reflexion ist *total*; ferner zeigen sie, daß zwischen den reflektierten und den einfallenden Wellen jedesmal eine Phasendifferenz $\delta_\perp$ bzw. $\delta_{\|}$ auftritt. $\delta_\perp$ und $\delta_{\|}$ sind verschieden, so daß auch zwischen den reflektierten Wellen eine Phasendifferenz $\delta_{\|} - \delta_\perp \equiv \varDelta$ besteht, was bedeutet, daß das totalreflektierte Licht elliptisch polarisiert sein muß, was durch die Erfahrung bestätigt wird[12]. Wir erhalten aus (33) und (34)

$$\operatorname{tg}\frac{\varDelta}{2} = \operatorname{tg}\left(\frac{\delta_{\|}}{2} - \frac{\delta_\perp}{2}\right) \equiv \frac{\operatorname{tg}\dfrac{\delta_{\|}}{2} - \operatorname{tg}\dfrac{\delta_\perp}{2}}{1 + \operatorname{tg}\dfrac{\delta_{\|}}{2} \cdot \operatorname{tg}\dfrac{\delta_\perp}{2}}$$

$$= \frac{\cos\alpha \sqrt{\sin^2\alpha - \left(\dfrac{n_0}{n_1}\right)^2}}{\sin^2\alpha} = \frac{\sqrt{(1 - \sin^2\alpha)\left(\sin^2\alpha - \left(\dfrac{n_0}{n_1}\right)^2\right)}}{\sin^2\alpha} \tag{35}$$

Für $\alpha = \pi/2$ und ebenso für $\alpha_g = n_0/n_1$ wird die Phasendifferenz nach (27) gleich Null, und das total reflektierte Licht bleibt linear polarisiert. Für alle dazwischenliegenden Einfallswinkel ist es elliptisch polarisiert und bei gegebenem n_0/n_1 muß $\varDelta$ durch ein Maximum gehen, für das $\dfrac{d}{d\sin^2\alpha}\left(\operatorname{tg}\dfrac{\varDelta}{2}\right) = 0$. Man erhält

$$\sin^2\alpha_{max} = \frac{2\left(\dfrac{n_0}{n_1}\right)^2}{1 + \left(\dfrac{n_0}{n_1}\right)^2} .$$

Setzt man dies in (35) ein, so erhält man für die maximale Phasendifferenz

$$\operatorname{tg}\frac{\varDelta_{max}}{2} = \frac{1 - \left(\dfrac{n_0}{n_1}\right)^2}{2\dfrac{n_0}{n_1}}, \tag{36}$$

d. h. je kleiner n_0/n_1, um so größer wird die maximale Phasendifferenz. Auch dies wird vom Experiment bestätigt und es beweist, daß die Fresnelschen Gleichungen auch für die Totalreflexion gültig bleiben.

Führt man im Gebiet der Totalreflexion $\alpha_g \leqq \alpha \leqq \pi/2$ den durch Gl. (29) gegebenen komplexen Ausdruck für $\cos\beta$ auch in die durch (8) und (12) definierten „Durchlässigkeitskoeffizienten" ein, so findet man

---

[12] $\varDelta$ läßt sich mit Hilfe des „Babinetschen Kompensators" auf Null bringen, d. h. das elliptisch polarisierte Licht kann wieder in linear polarisiertes Licht umgewandelt werden, wodurch $\varDelta$ des Messung zugänglich wird.

die folgenden Ausdrücke:

$$\frac{E_{g\perp}}{E_{e\perp}} = \frac{2\cos\alpha\left(\cos\alpha + i\sqrt{\sin^2\alpha - \left(\frac{n_0}{n_1}\right)^2}\right)}{1 - \left(\frac{n_0}{n_1}\right)^2}, \qquad (37)$$

$$\frac{E_{g\|}}{E_{e\|}} = \frac{2\cos\alpha\left(\frac{n_0}{n_1}\cos\alpha + i\frac{n_1}{n_0}\sqrt{\sin^2\alpha - \left(\frac{n_0}{n_1}\right)^2}\right)}{\left(\frac{n_0}{n_1}\right)^2\cos^2\alpha + \left(\frac{n_1}{n_0}\right)^2\left[\sin^2\alpha - \left(\frac{n_0}{n_1}\right)^2\right]}. \qquad (38)$$

Schreibt man die komplexen Amplituden wieder in der Normalform

$$E_{g\perp} = E_{e\perp}\frac{2\cos\alpha}{\sqrt{1 - \left(\frac{n_0}{n_1}\right)^2}} \cdot \frac{\cos\alpha + i\sqrt{\sin^2\alpha - \left(\frac{n_0}{n_1}\right)^2}}{\sqrt{1 - \left(\frac{n_0}{n_1}\right)^2}}$$

$$\equiv |A|e^{i\delta_\perp} = |A|\left(\cos\delta_\perp + i\sin\delta_\perp\right)$$

und

$$E_{g\|} = E_{e\|}\frac{2\cos\alpha}{\sqrt{\left(\frac{n_0}{n_1}\right)^2\cos^2\alpha + \left(\frac{n_1}{n_0}\right)^2\left[\sin^2\alpha - \left(\frac{n_0}{n_1}\right)^2\right]}}$$

$$\cdot \frac{\frac{n_0}{n_1}\cos\alpha + i\frac{n_1}{n_0}\sqrt{\sin^2\alpha - \left(\frac{n_0}{n_1}\right)^2}}{\sqrt{\left(\frac{n_0}{n_1}\right)^2\cos^2\alpha + \left(\frac{n_1}{n_0}\right)^2\left[\sin^2\alpha - \left(\frac{n_0}{n_1}\right)^2\right]}}$$

$$\equiv |B|e^{i\delta_\|} = |B|\left(\cos\delta_\| + i\sin\delta_\|\right),$$

so sieht man unmittelbar, daß

$$|E_{g\perp}| = E_{e\perp} \cdot \frac{2\cos\alpha}{\sqrt{1 - \left(\frac{n_0}{n_1}\right)^2}}, \qquad (39)$$

$$|E_{g\|}| = E_{e\|} \cdot \frac{2\cos\alpha}{\sqrt{\left(\frac{n_0}{n_1}\right)^2\cos^2\alpha + \left(\frac{n_1}{n_0}\right)^2\left[\sin^2\alpha - \left(\frac{n_0}{n_1}\right)^2\right]}} \qquad (40)$$

und für

$$\text{tg}\,\delta = \frac{\sin\delta}{\cos\delta}$$

2*

erhält man

$$\operatorname{tg}\delta_{\perp} = \frac{\sqrt{\sin^2\alpha - \left(\dfrac{n_0}{n_1}\right)^2}}{\cos\alpha}, \tag{41}$$

$$\operatorname{tg}\delta_{\parallel} = \frac{\sqrt{\sin^2\alpha - \left(\dfrac{n_0}{n_1}\right)^2}}{\left(\dfrac{n_0}{n_1}\right)^2 \cos\alpha}. \tag{42}$$

Es ergibt sich das zunächst überraschende Resultat, daß trotz der Totalreflexion doch im optisch dünneren Medium eine Strahlung vorhanden ist, bei der zwischen den senkrecht bzw. parallel zur Einfallsebene polarisierten Komponenten eine Phasendifferenz auftritt, so daß die Strahlung wieder eine von α abhängige elliptische Polarisation aufweist. Trägt man

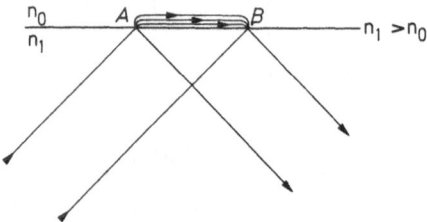

Abb. 9. Einfluß der Beugung an den Rändern des einfallenden Strahlenbündels auf die Totalreflexion

die Absolutbeträge (39) und (40) der komplexen Amplituden als Funktion von α auf, so erhält man die gestrichelten Kurven der rechten Hälfte der Abb. 8.

Diese Strahlung im dünneren Medium kommt dadurch zustande, daß an den Rändern des einfallenden Bündels *Beugungserscheinungen* auftreten (vgl. Abb. 9), so daß in der Umgebung von *A* Energie in das dünnere Medium eindringt, die bei *B* wieder in das dichtere Medium zurückkehrt. Zwischen *A* und *B* verläuft also im dünneren Medium eine quergedämpfte Oberflächenwelle, deren Amplitude innerhalb von wenigen Wellenlängen bereits abgeklungen ist. Während also zwischen *A* und *B* keine Energie in das dünnere Medium eindringt (Totalreflexion), wird an den Grenzen des Bündels auf Grund der Beugung doch Energie durch die Phasengrenze transportiert (die sich durch geeignete Vorrichtungen auch unmittelbar nachweisen läßt, wobei natürlich die Totalreflexion gestört wird). Daß diese Deutung richtig ist, geht daraus hervor, daß das Strahlenbündel bei der Totalreflexion um den Bruchteil einer Wellenlänge seitlich verschoben wird.[13]. Wir werden auf die Ausnutzung dieser Erscheinung zur Messung von Absorptionen später zurückkommen (vgl. S. 324 ff.).

c) Reguläre Reflexion an stark absorbierenden Medien

Der Brechungsindex absorbierender Stoffe geht bekanntlich formal aus dem nichtabsorbierender Stoffe hervor, indem man das reelle n durch das komplexe

$$n' = n(1 - i\varkappa) \tag{43}$$

ersetzt. Dabei ist $\varkappa$ der aus der Dispersionstheorie stammende „*Absorptionsindex*", der durch das Lambertsche Absorptionsgesetz

$$I = I_0 \cdot \exp\left[- \frac{4\pi n \varkappa}{\lambda_0} \cdot s \right] \tag{44}$$

definiert ist. Diese Gleichung besagt, daß die Strahlungsleistung beim Durchgang durch ein Medium mit dem *Absorptionskoeffizienten* $n \cdot \varkappa$ längs der Schichtdicke $s = \lambda_0$ (Vakuumwellenlänge) auf den Bruchteil $e^{-4\pi n \varkappa}$ absinkt[14].

Die komplexe Schreibweise in Gl. (43) faßt die beiden Größen zusammen, die durch die Dispersionstheorie miteinander verknüpft sind, nämlich den Brechungsindex n und den Absorptionskoeffizienten $n\varkappa$. Die Fresnelschen Gleichungen (6) und (11) für die Reflexion nicht absorbierender Medien werden durch Einführung des komplexen Brechungsindex (43) wiederum (wie bei der Totalreflexion) komplex und vermögen auch die Reflexion absorbierender Stoffe richtig wiederzugeben.

Wir betrachten den wichtigsten Fall, daß linear polarisierte Strahlung aus einem durchsichtigen Medium mit dem reellen Brechungsindex n_0 unter dem Azimut $\varphi = 45°$ ($E_{r\perp} = E_{r\parallel}$) auf die Grenzfläche eines stark absorbierenden Mediums mit dem komplexen Brechungsindex $n_1' = n_1(1 - i\varkappa_1)$ fällt. Dann müssen die reflektierten Komponenten sich analog zu (32) in der komplexen Form

$$E_{r\perp} = |E_{r\perp}|e^{i\delta_\perp} \quad \text{bzw.} \quad E_{r\parallel} = |E_{r\parallel}|e^{i\delta_\parallel} \tag{45}$$

---

[13] *Goos, F.,* u. *H. Hähnchen:* Ann. Physik **1**, 333 (1947); **5**, 251 (1949). Vgl. auch *Fragstein, C. v.:* Ann. Physik **4**, 271 (1949); — *Renard, R. H.:* J. Opt. Soc. Am. **54**, 1190 (1964).

[14] Ist z. B. für $\lambda_0 = 500 \text{ m}\mu = 5 \cdot 10^{-5}$ cm der Absorptionskoeffizient $n\varkappa = 0,08$, so sinkt I innerhalb von $s = \lambda_0$ auf den e-ten Teil. Das entspricht einem natürlichen Extinktionsmodul m_n, definiert durch $I = I_0 e^{-m_n \cdot s}$, von $2 \cdot 10^4$. Da $m_n = \frac{4\pi n \varkappa}{\lambda_0}$ die Dimension $[\text{cm}^{-1}]$ hat, ist $\varkappa$ selbst dimensionslos.

schreiben lassen, und zwischen $E_{r\perp}$ und $E_{r\parallel}$ muß auch hier eine Phasendifferenz Δ auftreten, was bedeutet, daß die reflektierte Strahlung (außer bei $\alpha = 0$ und $\alpha = \pi/2$) elliptisch polarisiert ist. Dagegen gibt es hier keinen Polarisationswinkel, für den $E_{r\parallel}$ gleich Null wird, sondern die Reflexion durchläuft mit wachsendem Einfallswinkel α lediglich ein Minimum. Der zugehörige Winkel wird meistens als „Haupteinfallswinkel" α_H bezeichnet. Bei ihm ist $\Delta = 90°$. Schließlich ist auch der Brechungsindex n_1 keine Konstante mehr, sondern wird ebenfalls vom Einfallswinkel abhängig, wie dies übrigens auch im Gebiet der Totalreflexion an nichtabsorbierenden Medien der Fall ist. Zur Messung von n_1 und $\varkappa_1$ beschränkt man sich deshalb in der Regel auf die Bestimmung des Haupteinfallswinkels α_H, bei dem $\Delta = \pi/2$. Man kompensiert Δ mit Hilfe eines Kompensators, so daß das elliptisch polarisierte Licht wieder in linear polarisiertes übergeht, und mißt dessen Azimut, das nach der Reflexion nicht mehr 45° beträgt. Aus diesem sog. „Hauptazimut" φ_H und dem „Haupteinfallswinkel" α_H kann man n_1 und $\varkappa_1$ berechnen, muß jedoch dabei einige Vernachlässigungen einführen, so daß die gewonnenen Gleichungen nur näherungsweise gültig sind[15].

Einfacher ist es, zur Bestimmung von n_1 und $\varkappa_1$ den Fall senkrechter Inzidenz ($\alpha = 0$) zu betrachten. Dann kann man natürlich nicht mehr zwischen senkrecht und parallel zur Einfallsebene polarisierten Komponenten unterscheiden, da es keine definierte Einfallsebene mehr gibt. Läßt man deshalb natürliche Strahlung mit der Amplitude E_e senkrecht auffallen, so kann man die reflektierte komplexe Amplitude analog zu (45) schreiben

$$E_r = |E_{r_0}|e^{i\delta}. \tag{46}$$

$|E_{r_0}|$ ist der Absolutbetrag der Amplitude, δ die bei der Reflexion auftretende Phasendifferenz. Unter Benutzung von (43) erhält man dann aus den Fresnelschen Gleichungen (6) oder (11) mit $\alpha = \beta = 0$

$$\frac{|E_{r_0}|}{E_e} e^{i\delta} = \frac{n_1' - n_0}{n_1' + n_0} = \frac{n_1 - n_0 - in_1\varkappa_1}{n_1 + n_0 - in_1\varkappa_1}. \tag{47}$$

Multipliziert man beide Seiten der Gleichung mit den konjugiert komplexen Größen, so ergibt sich für das *reguläre Reflexionsvermögen* des

---

[15] Vgl. dazu die Lehrbücher der Optik, z. B. *Pohl, R. W.* Allgemein lassen sich die optischen Konstanten n_1 und $\varkappa_1$ aus zwei Messungen, z. B. von R_{reg} bei zwei verschiedenen Einfallswinkeln oder von $R_\perp$ und $R_\parallel$ bei einem bestimmten Einfallswinkel ermitteln. Eine Übersicht über die Methoden geben z. B. *Wendlandt, W. M.,* and *H. G. Hecht:* In: Reflectance Spectroscopy, Chap. II. New York: John Wiley and Sons 1966. — *Nassenstein, H.:* Ber. Bunsenges. **71,** 303 (1967).

absorbierenden Stoffes 1:

$$R_{reg} \equiv \frac{|E_{r0}|^2}{E_e^2} = \frac{(n_1 - n_0 - in_1\varkappa_1)(n_1 - n_0 + in_1\varkappa_1)}{(n_1 + n_0 - in_1\varkappa_1)(n_1 + n_0 + in_1\varkappa_1)}$$

$$= \frac{(n_1 - n_0)^2 + (n_1\varkappa_1)^2}{(n_1 + n_0)^2 + (n_1\varkappa_1)^2},$$ (48)

was der Gl. (16) für das reguläre Reflexionsvermögen nicht absorbierender Stoffe entspricht. In Spektralgebieten, in denen das Absorptionsvermögen des Stoffes 1 groß wird ($n_1\varkappa_1 \gg n_1$), muß auch das Reflexionsvermögen hohe Werte besitzen, eine Tatsache, die von dem Reflexionsvermögen der Metalle oder von der sog. „Reststrahlmethode" im Infrarot her wohlbekannt ist.

Das reguläre Reflexionsvermögen R_{reg} läßt sich photometrisch leicht messen, wobei man allerdings für α etwas von Null verschiedene Werte wählen muß, doch bleibt (48) auch dann noch mit guter Näherung gültig. Da E_e^2 auf gleiche Weise zugänglich ist, erhält man so den Absolutbetrag $|E_{r0}|$ als eine experimentelle Größe zur Ermittlung von n_1 und $\varkappa_1$. Als zweite Meßgröße muß man die Phasenverschiebung δ bestimmen. Aus (47) folgt

$$\frac{|E_{r0}|}{E_e}(\cos\delta + i\sin\delta) = \frac{(n_1 - n_0 - in_1\varkappa_1)(n_1 + n_0 + in_1\varkappa_1)}{(n_1 + n_0)^2 + n_1^2\varkappa_1^2}$$

$$= \frac{n_1^2 - n_0^2 + n_1^2\varkappa_1^2 - i2n_0n_1\varkappa_1}{(n_1 + n_0)^2 + n_1^2\varkappa_1^2}$$

und daraus

$$\left.\begin{array}{l}\dfrac{|E_{r0}|}{E_e}\cos\delta = \dfrac{n_1^2 - n_0^2 + n_1^2\varkappa_1^2}{(n_1 + n_0)^2 + n_1^2\varkappa_1^2} \\[3mm] \dfrac{|E_{r0}|}{E_e}\sin\delta = \dfrac{-2n_0n_1\varkappa_1}{(n_1 + n_0)^2 + n_1^2\varkappa_1^2}\end{array}\right\}$$ (49)

bzw. $$tg\,\delta = \frac{2n_0n_1\varkappa_1}{n_0^2 - n_1^2 - n_1^2\varkappa_1^2}.$$ (50)

Aus (48) und (49) kann man die gesuchten Größen n_1 und $\varkappa_1$ berechnen:

$$n_1 = n_0 \cdot \frac{1 - \dfrac{|E_{r0}|^2}{E_e^2}}{1 + 2\dfrac{|E_{r0}|}{E_e}\cos\delta + \dfrac{|E_{r0}|^2}{E_e^2}},$$ (51)

$$\varkappa_1 = n_0 \cdot \frac{2\dfrac{|E_{r0}|}{E_e}\sin\delta}{1 + 2|E_{r0}|\cos\delta + |E_{r0}|^2}.$$ (52)

Zur Messung der Phasendifferenz δ benutzt man die Interferenzmethode nach *Th. Young*, die in Abb. 10 schematisch wiedergegeben ist.
Man läßt zwei kohärente Strahlenbündel 1 und 2 senkrecht auf einen
Glaskeil auffallen, an dessen Rückseite sie unter dem (kleinen) Einfallswinkel ε reflektiert werden. Solange sei beide an der Grenzfläche Glas–Luft
reflektiert werden, tritt kein Phasensprung auf, und man erhält auf einer
photographischen Platte ein durch die Interferenz der beiden Bündel 1′
und 2′ entstehendes Interferenzbild. Verschiebt man nun den Keil parallel

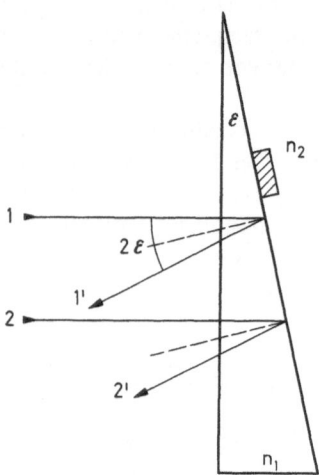

Abb. 10. Interferenzmethode zur Messung der Phasenverschiebung bei der Reflexion an Metallen

zu sich so weit, daß das Bündel 1 an dem dichteren Medium der aufgedampften Metallschicht reflektiert wird, so daß bei der Reflexion ein
Phasensprung δ auftritt, so verschiebt sich auch das Interferenzbild der
beiden reflektierten Bündel 1′ und 2′ um einen Betrag, aus dem sich δ
ermitteln läßt, da eine Verschiebung um eine ganze Streifenbreite einem
Phasensprung bei der Reflexion des Bündels 1 von π bzw. $\lambda/2$ entsprechen würde.

In Tab. 2 sind einige Messungen an Metallen zusammengestellt. Man
entnimmt der Tabelle, daß der Brechungsindex infolge der anomalen
Dispersion im Absorptionsgebiet unter den Wert 1 absinken kann, und
daß für $n\varkappa \gg n$ das Reflexionsvermögen bis in die Nähe von 1 anzusteigen
vermag. Weiter sieht man, daß die Brechungsindizes nur bis auf die
zweite Dezimale angegeben werden (statt auf die 5. Dezimale bei nichtabsorbierenden Stoffen), was teils auf die Beobachtung in Reflexion, teils
darauf zurückzuführen ist, daß reine Metalloberflächen kaum herzustellen

Tabelle 2. *Reguläres Reflexionsvermögen von Metallen*

Metall	λ [μ]	n	$n\varkappa$	R_{reg} %
Silber	4,04	2,98	28,8	99,5
	2,10	1,00	14,3	98,0
	1,00	0,24	6,96	98,1
	0,578	0,106	3,59	97,0
	0,546	0,108	3,25	96,3
	0,4916	0,123	2,72	94,3
	0,4358	0,149	2,16	90,0
	0,302	1,2	0,7	12,0
	0,2653	1,1	1,3	20,4
Kupfer	4,20	1,92	22,8	98,7
	1,03	0,43	5,6	94,5
	0,660	0,996	3,70	77,7
	0,5461	0,74	3,19	65,0
	0,520	1,434	2,40	51,2
	0,3656	1,58	1,17	37,0
	0,3129	1,71	0,91	30,0
	0,2536	1,96	0,80	25,0
Gold	4,13	1,60	28,8	99,2
	1,07	0,25	7,1	98,0
	0,870	0,21	5,4	97,0
	0,680	0,617	3,859	85,3
	0,5893	0,469	2,826	81,5
	0,520	1,104	2,817	53,0
	0,3611	1,300	1,750	37,7
	0,2573	0,918	1,142	27,6

sind und stets eine äußere Oxidschicht besitzen. Da sich die Reflexionsvorgänge innerhalb dünner Oberflächenschichten abspielen, schwanken die Angaben verschiedener Beobachter sehr stark. Allgemein sind auch die in Reflexion beobachteten Absorptionskoeffizienten sehr ungenau, was bedeutet, daß schwache Absorptionen mit dieser Methode praktisch überhaupt nicht erfaßt werden können (vgl. dazu S. 320).

d) Definition und Gesetze der diffusen Reflexion

Während Reflexion und Brechung eines Strahlenbündels an makroskopischen ebenen Phasengrenzen sich mit Hilfe der geometrischen Optik vollständig beschreiben lassen, tritt ein neues Phänomen auf, wenn die Wellenfront nicht in ihrer gesamten Ausdehnung an dem betreffenden optischen Vorgang beteiligt ist. Bei einem Kristall z. B., dessen

Dimensionen groß gegen die Wellenlänge, aber klein gegen den Querschnitt des Strahlenbündels sind, kann man unterscheiden zwischen
Strahlen, die den Kristall treffen und solchen, die am Kristall vorbei-
gehen. Erstere werden teils reflektiert, teils gebrochen, in der Regel mehrmals hintereinander, und ergeben so eine bestimmte Winkelverteilung
der zugehörigen Strahlungsdichte; letztere stellen eine unvollständige
Wellenfront dar und führen auf Grund des Huygensschen Prinzips durch
Interferenz der Elementarwellen zu Beugungserscheinungen, die zu
einer ganz anderen Winkelverteilung der zugehörigen Strahlungsdichte
führen, die von Form und Größe des Kristalls abhängt, aber von der
Art des Kristalls und seiner Oberfläche ganz unabhängig ist.

Läßt man bei festgehaltener Größe des Kristalls die Wellenlänge der
Strahlung allmählich abnehmen, so zieht sich die Intensitätsverteilung
des Beugungsanteils immer mehr zusammen auf einen schmalen Winkelbereich in der Vorwärtsrichtung des Strahlenbündels, während die Intensitätsverteilung des reflektierten und gebrochenen Anteils sich immer
mehr derjenigen nähert, die aus der geometrischen Optik folgt. Bei $\lambda \to 0$
würde überhaupt keine Beugung mehr stattfinden, d. h. bei verschwindender Wellenlänge würde wieder die geometrische Optik streng gelten.

Läßt man umgekehrt λ allmählich wachsen, so daß es mit den Dimensionen des Kristalls vergleichbar oder sogar größer wird, so wird auch
Dichte- und Winkelverteilung des gebeugten einerseits und des reflektierten bzw. gebrochenen Anteils andererseits miteinander vergleichbar,
die beiden Anteile lassen sich nicht mehr voneinander trennen, d. h. die
Phänomene Reflexion, Brechung und Beugung sind nicht mehr einzeln
definierbar. In diesem Fall spricht man von „Streuung" der Welle an
dem Teilchen (vgl. S. 74).

Wir betrachten im folgenden zunächst den Fall, daß die Dimensionen
der vom Strahlenbündel getroffenen Teilchen (z. B. ein Kristallpulver)
groß sind gegenüber der Wellenlänge, so daß die Phänomene Reflexion,
Brechung und Beugung für die einzelnen Teilchen noch gut definiert sind.
Da die Kristallflächen in allen möglichen Richtungen orientiert sein
können, wird die Strahlung nunmehr in alle Raumwinkelelemente des
Halbraums reflektiert, aus dem die Strahlung einfällt. In solchen Fällen
spricht man von „*diffuser Reflexion*" im Gegensatz zur regulären (gerichteten) Reflexion einer ebenen Phasengrenze. Ideal diffuse Reflexion sei
dadurch definiert, daß die Winkelverteilung der reflektierten Strahlung
unabhängig vom Einfallswinkel ist.

Das erste Gesetz der diffusen Reflexion wurde von *Lambert*[16] auf-
gestellt, der auf Grund der Beobachtung, daß eine von der Sonne beleuchtete weiße Wand unter allen Beobachtungswinkeln gleich hell erscheint,

---

[16] *Lambert, J. H.*: Photometria Augsburg 1760; Deutsche Ausgabe. Leipzig:
Anding 1892.

annahm, daß eine solche Fläche sich verhält wie ein Eigenstrahler, unabhängig davon, unter welchem Winkel eingestrahlt wird. Die „matte" makroskopisch ebene Oberfläche eines festen Stoffes (z. B. eine mit MgO berauchte Scheibe) werde durch ein paralleles Strahlenbündel unter dem Einfallswinkel α gleichmäßig bestrahlt. Ist S_0 die *Bestrahlungsstärke* z. B. in [Watt/cm^2] bei senkrechtem Einfall, so ist die auf die Flächeneinheit einfallende Strahlungsleistung gegeben durch

$$\frac{dI_e}{df} = S_0 \cos\alpha \,. \tag{53}$$

Die remittierte Strahlungsleistung je Flächeneinheit des Rückstrahlers hängt vom Cosinus des Winkels ϑ ab, unter dem man die strahlende

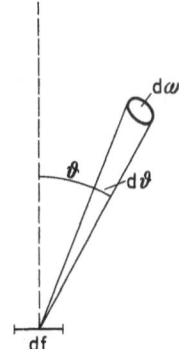

Abb. 11. Zur Definition der Strahlungsdichte einer Fläche

Fläche beobachtet (Abb. 11) und ist dem Raumwinkel proportional, d. h.

$$\frac{dI_r}{df} = B \cos\vartheta \, d\omega \,. \tag{54}$$

Der Proportionalitätsfaktor

$$B = \frac{dI_r/df}{\cos\vartheta \, d\omega} \tag{55}$$

wird als *Strahlungsdichte* (Flächenhelligkeit) bezeichnet, er hat die Dimension [Watt/$\omega \cdot$cm^2], wenn man die Strahlungsleistung wieder in Watt mißt. Ersetzt man den Raumwinkel $d\omega$ durch das Flächenelement auf der Einheitskugel

$$d\omega = \sin\vartheta \, d\vartheta \, d\varphi \tag{56}$$

und integriert über den Winkelbereich ϑ von 0 bis $\pi/2$ und das Azimut φ

von 0 bis 2π (d. h. über den gesamten Halbraum der Ausstrahlung), so erhält man für die gesamte (integrale) *Ausstrahlungsstärke* nach (54)

$$\int_0^{\pi/2} \int_0^{2\pi} B \cos\vartheta \sin\vartheta \, d\vartheta \, d\varphi = \pi B \, . \tag{57}$$

Da Bestrahlungsstärke und Ausstrahlungsstärke einander proportional sein müssen, folgt aus (53) und (57)

$$\pi B = \text{Const} \, S_0 \cos\alpha \tag{58}$$

oder unter Benutzung von (55)

$$\frac{dI_r/df}{d\omega} = \frac{\text{Const} \, S_0}{\pi} \cos\alpha \cos\vartheta = B \cos\vartheta \, . \tag{59}$$

Die remittierte Strahlungsleistung je cm² und Einheitsraumwinkel ist dem Cosinus des Einfallswinkels α und dem Cosinus des Beobachtungswinkels ϑ proportional (Lambertsches Cosinusgesetz). Die Konstante gibt den Teil der auffallenden Strahlungsleistung an, der wieder remittiert wird, sie ist stets kleiner als 1, weil stets ein Teil der Strahlung absorbiert wird, und wird häufig als „Albedo" bezeichnet. Das Lambertsche Cosinusgesetz gilt für die Emission eines schwarzen Strahlers streng, es ist aber auch für die Reflexion kein bloßer Erfahrungssatz, sondern läßt sich für den oben definierten „ideal diffusen Reflektor" aus dem 2. Hauptsatz der Thermodynamik ableiten[17]. Daß in Praxis stets mehr oder weniger große Abweichungen vom Lambert-Gesetz gefunden werden, weist darauf hin, daß es den „ideal diffusen Reflektor" tatsächlich nicht gibt.

v. Seeliger[18] geht zur Ableitung eines Gesetzes für die diffuse Reflexion von der Vorstellung aus, daß die Strahlung ins Innere des Pulvers eindringt, dort teils absorbiert wird, teils nach zahlreichen Reflexionen, Brechungen und Beugungen an die Oberfläche zurückgelangt. Zu dieser remittierten Strahlung tragen alle Elemente dV des durchstrahlten Volumens bei. Summiert man über alle diese Volumenelemente, so gelangt man für die remittierte Strahlungsleistung je cm² und Raumwinkeleinheit zu der Beziehung

$$\frac{dI_r/df}{d\omega} = \text{Const} \frac{\cos\alpha \cos\vartheta}{\cos\alpha + \cos\vartheta} \, , \tag{60}$$

wobei die Konstante außer S_0 auch die Absorptionskonstante k enthält. Wie man aus dem Vergleich mit (59) sieht, ist die durch (55) definierte

---

[17] *Witte, W.:* im Druck.
[18] *v. Seeliger, R.:* Münch. Akad. II. Kl. Sitz.Ber. **18**, 201 (1888).

Strahlungsdichte der remittierten Strahlung nach *Lambert* unabhängig vom Beobachtungswinkel ϑ, nach *Seeliger* dagegen nicht. Setzt man z. B. $\alpha = 0$ (senkrechte Einstrahlung) und $\vartheta = 0$ bzw. $\vartheta = 90°$, so ist die Strahlungsdichte nach *Seeliger* im ersten Fall Const/2, im zweiten Fall Const, d. h. nach *Seeliger* sollte die Strahlungsdichte B mit wachsendem ϑ zunehmen. Die Seeligersche Formel stellt allerdings nur eine erste Näherung dar insofern, als die Bestrahlung des Volumenelements dV durch die Nachbarelemente vernachlässigt wird. In Wirklichkeit wird natürlich jedes Volumenelement nicht nur die direkt durch Einstrahlung empfangene Strahlungsleistung diffus reflektieren, sondern auch die von allen anderen Volumenelementen empfangene. Falls man dies berücksichtigt[19], gelangt man zu sehr komplizierten Ausdrücken, deren praktische Bedeutung gering ist.

Zur Prüfung der Gln. (59) bzw. (60) kann man zwei verschiedene Meßverfahren benutzen:

1. Man hält die gleichmäßig bestrahlte Fläche konstant und mißt die unter verschiedenen Winkeln ϑ zur Normalen remittierte Strahlungsleistung bei gegebenem $d\omega$. Dabei verengt sich das zur Messung gelangende Strahlenbündel proportional zu $\cos\vartheta$, d. h. auch die gemessene Strahlungsleistung muß proportional zu $\cos\vartheta$ mit wachsendem ϑ abnehmen.

2. Man benutzt zur Messung eine variable Fläche $df = df_0/\cos\vartheta$, indem man den Querschnitt des zur Messung verwendeten Strahlenbündels konstant hält. Die gemessene Größe ist dann nach (59) der Strahlungsdichte B proportional und sollte deshalb von ϑ unabhängig sein, während sie nach (60) mit wachsendem ϑ zunehmen sollte.

Zur graphischen Darstellung der beobachteten Strahlungsleistung in Abhängigkeit von ϑ trägt man entweder die Strahlungsdichte B als Funktion von ϑ auf, wobei nach *Lambert* eine Parallele zur Abszisse resultieren sollte, oder man trägt nach einem Vorschlag von *Bouguer* die gemessene Strahlungsleistung unter sonst konstanten Bedingungen als Radiusvektor in der zugehörigen Richtung ϑ auf und erhält so eine Polarkurve, die als *Indikatrix* bezeichnet wird. Für einen Lambert-Strahler ist diese Indikatrix nach Gl. (59) ein Kreis, der die strahlende Fläche berührt (Abb. 12a). Der Durchmesser der Indikatrix ist der Bestrahlungsstärke proportional. Die von der Flächeneinheit in die Raumwinkeleinheit remittierte Strahlungsleistung ist also winkelisotrop nur in bezug auf das Azimut φ, nicht dagegen in bezug auf den Winkel ϑ. Man spricht deshalb zuweilen auch von „zirkularer diffuser" Reflexion. Dagegen ist die Flächenhelligkeit B von ϑ und natürlich auch von φ unabhängig. Für den Seeliger-Strahler ist die Indikatrix ein Ellipsoid (Abb. 12b), das um so flacher wird, je größer der Einfallswinkel ist.

---

[19] *Lommel, E.:* Sitz.-Ber. Münch. Akad. II. Kl. **17**, 95 (1887).

Der erste Versuch, die diffuse Reflexion makroskopischer Oberflächen theoretisch zu deuten, wurde von *Bouguer*[20] gemacht. Er nahm
an, die diffuse Reflexion komme durch reguläre Reflexion an den Elementarspiegeln der Kristallflächen zustande, deren Normalen statistisch

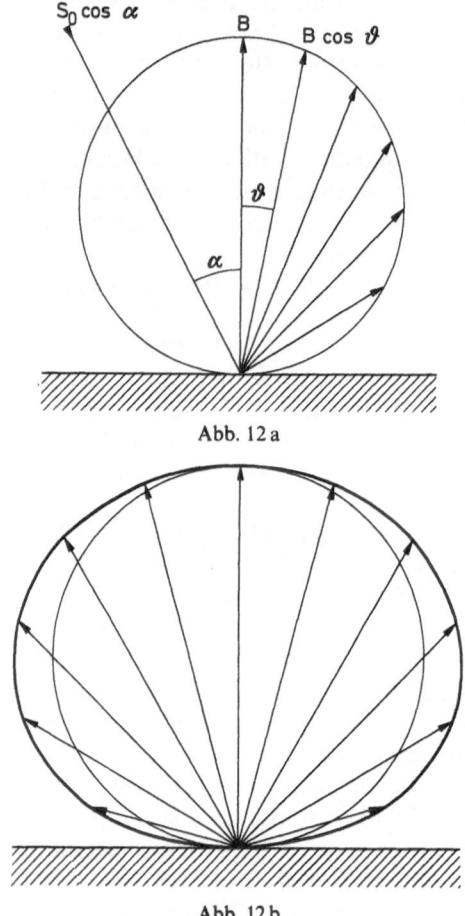

Abb. 12a

Abb. 12b

Abb. 12. a Winkelverteilung des Lambertschen Strahlers (Indikatrix); b. Winkelverteilung des Seeligerschen Strahlers bei senkrechtem Einfall ($\alpha = 0$)

über alle Winkel verteilt seien. Dabei wird also die in die Kristalle durch
Brechung eindringende Strahlung, die, soweit sie nicht absorbiert wird,
schließlich nach mehrfacher Reflexion und Beugung wieder an die Oberfläche zurückgelangt, nicht berücksichtigt, während *Seeliger* gerade
diesen Anteil der Strahlung für die diffuse Reflexion verantwortlich

---

[20] *Bouguer, P.:* Traité d'optique sur la gradation de la lumière. Paris 1760.

macht (S. 28). Die gleiche Vorstellung wurde schon früher von *Zöllner*[21] entwickelt, der jedoch – im Gegensatz zur Rechnung von *v. Seeliger* – annahm, daß daraus eine isotrope Winkelverteilung der remittierten Strahlungsdichte entsprechend dem Lambertschen Gesetz resultiere.

Pokrowski[22] fand bei Messungen an Papieren bzw. MgO nach der Methode I Abweichungen vom Lambertschen $\cos \vartheta$-Gesetz. Um diese zu deuten, zerlegte er die remittierte Strahlungsleistung in zwei Anteile

$$I(\vartheta) = I_{reg} + I_{diff} \tag{61}$$

und versuchte, die beiden Anteile zu berechnen. Für I_{diff} benutzt er den Lambertschen Ansatz

$$I_{diff} = \frac{I(\vartheta)}{I(0)} \cos \vartheta, \tag{62}$$

für I_{reg} die Fresnelsche Formel (16)

$$I_{reg} = \frac{a}{2} \left[\frac{\sin^2(i-\beta)}{\sin^2(i+\beta)} + \frac{tg^2(i-\beta)}{tg^2(i+\beta)} \right] \equiv \frac{a}{2} f(i, \beta). \tag{63}$$

Dabei ist i der Einfallswinkel der Primärstrahlung auf eine einzelne Kristallfläche (Elementarspiegel) und nach dem Snelliusschen Brechungsgesetz $\sin \beta = \dfrac{\sin i}{n}$. a soll eine Konstante sein, die nur von der Zahl der Elementarspiegel und der Bestrahlungsstärke abhängt, was bedeutet, daß über die statistische Verteilung der Neigungswinkel der Kristallflächen gegen die makroskopische Oberfläche nichts ausgesagt wird, d. h. a wird den Messungen entnommen. Es bleibt unklar, ob er den diffusen Anteil I_{diff} als von der Oberfläche oder aus dem Innern der Probe remittierte Strahlung auffaßt. Da die Funktion $f(i, \beta)$ mit zunehmendem i wächst, kann man die Abweichungen vom Lambertschen Gesetz mit wachsendem Einfallswinkel, die fast immer beobachtet werden, jedenfalls qualitativ verstehen.

Wie jedoch *Schulz*[23] anhand eigener Messungen gezeigt hat, kann der Ansatz den experimentellen Ergebnissen schon deshalb nicht genügen, weil a keine Konstante sein kann. Es muß vielmehr angenommen werden, daß für die Neigungswinkel der Elementarspiegel eine Verteilungsfunktion existiert der Art, daß flache Neigungswinkel gegenüber der makroskopischen Oberfläche häufiger vorkommen als steile. Je nach der benutz-

---

[21] *Zöllner, J. C. F.*: Photometrische Untersuchungen. Leipzig: 1865. Seine Annahme ging auf eine von *J. B. Fourier* [Ann. Chim. Phys. **4**, 128 (1817)] stammende Betrachtung zurück.

[22] *Pokrowski, G. I.*: Z. Physik **30**, 66 (1924); **35**, 35 (1926); **36**, 472 (1926).

[23] *Schulz, H.*: Z. Physik **31**, 496 (1925); — Z. Techn. Physik **5**, 135 (1924); vgl. auch *Middleton, W. E. K.*, and *A. G. Mungall*: J. Opt. Soc. Am. **42**, 572 (1952).

ten Verteilungsfunktion gelangt man zu verschiedenen Werten für den regulären Anteil der Reflexion, so daß es schwierig ist, ein allgemein gültiges Gesetz abzuleiten.

Die Pokrowskische Vorstellung, daß man die remittierte Strahlung aus einem diffusen und einem regulären Anteil zusammengesetzt denken muß, wurde später von *Barkas*[24] wiederaufgenommen. Auch der diffuse Anteil soll – im Gegensatz zur Vorstellung von *v. Seeliger* – nicht aus dem Innern des Pulvers, sondern ebenso wie der reguläre Anteil von der Oberfläche herstammen, d. h. jede beliebige reale Oberfläche kann durch ein Modell ersetzt werden, das teils aus diffus, teils aus regulär reflektierenden Elementarflächen besteht, die ihrerseits beliebig gegen die makroskopische Oberfläche geneigt sein können. Auch diese etwas willkürliche Annahme ignoriert die aus dem Innern des Pulvers remittierte Strahlung.

Die Bouguersche Elementarspiegelhypothese ist trotz der Nichtberücksichtigung der aus dem Innern eines Pulvers remittierten Strahlung bis in die neuere Zeit zur Deutung der „diffusen" Reflexion von Oberflächen herangezogen worden, obwohl *Grabowski*[25] schon vor mehr als einem halben Jahrhundert durch theoretische Überlegungen nachgewiesen hat, daß eine zirkular diffuse Reflexion, die dem Lambertschen Gesetz gehorcht, durch die Bouguersche Hypothese prinzipiell nicht erklärt werden kann, unabhängig davon, welche Verteilungsfunktion der Elementarspiegel man annimmt. Setzt man voraus, daß die Orientierung der Elementarspiegel statistisch gleichmäßig und vom Azimut unabhängig ist, so führt die Bouguersche Hypothese für den Reflexionskoeffizienten zu einer Funktionsgleichung, deren allgemeine Lösung gegeben ist durch

$$R(i) = \frac{A}{\cos^{2n} i}, \tag{64}$$

worin i wieder den Einfallswinkel auf einen Elementarspiegel und A und n geeignet zu wählende Konstanten bedeuten. Dieser Reflexionskoeffizient ist aber von dem Fresnelschen verschieden. Da $R(i)$ mit i ansteigen sollte, muß n positiv sein. Dann widerspricht aber Gl. (64) der Forderung, daß der Reflexionskoeffizient für $i = 90°$ den Grenzwert 1 erreicht; er steigt vielmehr beliebig weiter an, was physikalisch sinnlos ist. *Grabowski* schließt daraus, daß isotrope diffuse Reflexion in keinem Fall durch die Bouguersche Elementarspiegelhypothese erklärt werden kann.

Zu einer anderen Auffassung gelangt *Berry*[26], der das Reflexionsvermögen matter Oberflächen unter Annahme verschiedener Formen

---

[24] *Barkas, W. W.:* Proc. Phys. Soc. London **51**, 274 (1939).

[25] *Grabowski, L :* Astrophys. J. **39**, 299 (1914).

[26] *Berry, E. M.:* J. Opt. Soc. Am. **7**, 627 (1923).

der Verteilungsfunktion der Bouguerschen Elementarspiegel berechnet und die Ergebnisse mit dem Lambertschen Gesetz vergleicht. Bezeichnet man mit dF die Fläche der Spiegel, deren Normalen in den Raumwinkel $d\omega$ fallen, so daß ihre Neigungen zwischen p und $p + dp$ liegen, so gilt z. B. bei Gauss-Verteilung dieser Neigungen

$$dF = k e^{-a^2 p^2} dp \,. \tag{65}$$

Daraus erhält man anstelle von (59) für die remittierte Strahlungsleistung je cm^2 und Einheitsraumwinkel

$$\frac{dI_r/df}{d\omega} = \frac{\mathrm{Const}\, e^{-a^2 \mathrm{tg}^2 \frac{1}{2}(\alpha - \vartheta)}}{\cos^2 \frac{1}{2}(\alpha - \vartheta)} \,. \tag{66}$$

Dieses Gesetz stimmt mit dem Lambertschen Cosinusgesetz sehr gut überein, wenn $\alpha = 0$, d. h. bei senkrechtem Einfall der Strahlung, dagegen treten bei anderen Einfallswinkeln (z. B. bei $\alpha = -\vartheta$, d. h. wenn Einfalls- und Beobachtungsrichtung zusammenfallen) sehr große Abweichungen zwischen den beiden Gesetzen auf. Benutzt man anstelle der Gauss-schen Wahrscheinlichkeitsverteilung die ähnliche Verteilungsfunktion

$$dF = \frac{k}{a^2 + p^2} dp \,, \tag{67}$$

so ergibt sich statt (66)

$$\frac{dI_r/df}{d\omega} = \frac{\mathrm{Const}\, a^2 \left[1/\cos^2 \frac{1}{2}(\alpha - \vartheta) \right]}{a^2 + \mathrm{tg}^2 \frac{1}{2}(\alpha - \vartheta)} \,. \tag{68}$$

Durch geeignete Wahl von a^2 kann man erreichen, daß die Kurven mit denen des Lambert-Gesetzes wenigstens für kleine Beobachtungswinkel übereinstimmen, wenn $\alpha = 0$, doch treten bei höheren ϑ-Werten und größeren Einfallswinkeln auch hier sehr beträchtliche Abweichungen zwischen beiden Gesetzen auf. Trotzdem schließt *Berry* aus seinen Rechnungen, daß *Grabowski*s Ansicht, die Elementarspiegelhypothese von *Bouguer* sei nicht haltbar, nicht gerechtfertigt sei.

Es ist allerdings nicht einzusehen, weshalb für die Elementarspiegel die Fresnelschen Formeln nicht mehr gelten sollten, sofern die Voraussetzung erfüllt bleibt, daß die Dimensionen der Kristalle groß sind gegenüber der Wellenlänge.

Messungen von *Rense*[27] über das Intensitätsverhältnis der in der Einfallsebene bzw. senkrecht dazu polarisierten Anteile der Strahlung, die von mattiertem oder geätztem Glas reflektiert war, ergaben, daß für Beobachtungs- und Einfallswinkel nicht größer als 45° die beobachtete diffuse Reflexion nahezu vollständig durch die reguläre Reflexion von

[27] *Rense, W. A.*: J. Opt. Soc. Am. **40**, 55 (1950).

Elementarspiegeln beschrieben werden kann, die einer Gaussschen Verteilungsfunktion gehorchen, was zwar eine Bestätigung der Berryschen Anschauungen darstellt, aber wiederum nur in einem begrenzten Winkelbereich von α und ϑ gilt, so daß von einer prinzipiellen Lösung des Problems der „diffusen Reflexion" nicht gesprochen werden kann.

e) Experimentelle Untersuchungen der diffusen Reflexion an nichtabsorbierenden Stoffen

Auf die ältere Literatur soll nicht im einzelnen eingegangen werden[28], man kann jedoch schon aus den Messungen Bouguers[29] und Ångströms[30] entnehmen, daß jedenfalls bei kleinen Einfallswinkeln α das Lambertsche Gesetz (59) dem v. Seeligerschen Gesetz (60) überlegen ist. Ein Überblick

Tabelle 3. *Prüfung des Lambertschen Cosinusgesetzes nach Wright. Reflektierendes Medium:* $CaSO_4$; $\lambda = 589$ mμ; *Azimut* 180°

ϑ \ α	0°	20°	40°	60°	80°
0°	—	—	−1,3	+ 4,9	− 6,3
20°	—	−2,2	+3,5	+ 5,5	− 4,0
40°	−1,9	+0,3	+1,4	+ 8,0	− 1,9
60°	0	−1,6	+1,1	+16,0	+ 39,0
80°	0	+0,3	+0,6	+47,0	+212,0

über das gesamte experimentelle Material zeigt, daß die Lambertsche Formel den Beobachtungen in der Regel besser entspricht als die v. Seeligersche, so daß die letztere im folgenden außer Betracht bleiben kann. Hervorzuheben sind vor allem die sorgfältigen Messungen von Wright[31], der gepreßte Scheiben aus Pulvern (z. B. $MgCO_3$, $CaSO_4$ u. a.) mit Korngrößen von etwa 2 μ untersuchte. Die Scheiben wurden unter Drucken von 4 bis $20 \cdot 10^3$ atm. unter Zwischenlegung von feinem Zeichenkarton hergestellt und waren weitgehend matt (glanzfrei). Gemessen wurde die relative Strahlungsdichte bei verschiedenen Winkeln α und ϑ und dem Azimut 180°. In Tab. 3 ist eine der Wrightschen Meßreihen wiedergegeben, und zwar die prozentualen Abweichungen der Meßwerte

---

[28] Vgl. die zusammenfassende Darstellung bei *Schoenberg, E.*: Handb. der Astrophysik, Bd. 2, T. 1. Berlin: Springer-Verlag 1929; ferner *Falta, W.*: Photometrische Untersuchungen an photographischen Papieren verschiedener Oberfläche. Jenaer Jahrb. **1954**, 91.

[29] *Bouguer, P.*: Traité d'optique sur la gradation de la lumière. Paris 1760.

[30] *Ångström, K.*: Wied. Ann. **26**, 253 (1885).

[31] *Wright, H.*: Ann. Physik **1**, 17 (1900).

von den nach (59) berechneten Werten bei verschiedenen Winkeln α und ϑ. Als Bezugspunkt diente der Meßwert für α = 0° und ϑ = 30°.

Die Meßgenauigkeit betrug ±2%. Man entnimmt der Tabelle, daß bei Einfallswinkeln zwischen 0 und 40° und Beobachtungswinkeln zwischen 0 und 80° das Lambertsche Gesetz innerhalb der Meßgenauigkeit bestens bestätigt wird, daß aber bei größeren Einfallswinkeln die Fehler weit außerhalb der Meßgenauigkeit liegen. Das gilt auch für alle übrigen, von *Wright* untersuchten Beispiele. Die gute Proportionalität der gemessenen Strahlungsleistungen mit cos ϑ stellt ebenfalls eine Widerlegung der v. Seeligerschen Formel dar. Auch spätere Autoren[32] haben ähnliche Beobachtungen gemacht, wobei allerdings die Proben und ihre Oberflächen häufig nicht so gut definiert waren wie bei *Wright*. Insgesamt kann man die Wrightschen Resultate folgendermaßen zusammenfassen:

a) Die reflektierte Strahlungsleistung ist nicht symmetrisch in bezug auf Einfallswinkel α und Beobachtungswinkel ϑ, im Widerspruch zum Lambertschen Gesetz und auch im Widerspruch zum Helmholtzschen Reziprozitätsgesetz (vgl. S. 177).

b) Die Bestrahlungsstärke ändert sich nicht proportional zu cos α, wie *Lambert* annahm.

c) Dagegen gilt das Lambertsche Gesetz recht gut für matte Oberflächen in bezug auf die Ausstrahlungsdichte, wenn man die Fälle großer Einfallswinkel α und gleichzeitig großer Beobachtungswinkel ϑ ausschließt.

d) Bei großen Einfalls- und gleich großen Beobachtungswinkeln beobachtet man auch bei anscheinend völlig matten Oberflächen merkliche Glanzspitzen, was große Abweichungen vom Lambertschen Gesetz bedeutet.

Der Einfluß des Azimuts zwischen einfallender und beobachteter Strahlung wurde von *Thaler* näher untersucht[33]. In der Regel findet man beim Azimut von 180° und bei α = ϑ, d. h. in Richtung des makroskopischen Reflexionswinkels eine erheblich zu hohe Reflexion, was darauf hinweist, daß reguläre Reflexionsanteile mit erfaßt werden. Dies gilt wiederum insbesondere bei großen Einfallswinkeln.

Schließlich spielt für das Ergebnis derartiger Reflexionsmessungen an Pulvern offenbar sowohl die Korngröße der Teilchen wie ihre Packungsdichte und die Beschaffenheit der Oberfläche eine Rolle. Beispiele derartiger Messungen an BaSO$_4$ von *Budde*[34] zeigen, daß die goniophotometrische Kurve ($B = f(\vartheta)$ bei gegebenem α) keine Parallele zur Abszisse

---

[32] *Woronkoff, G. P.,* u. *G. J. Pokrowski:* Z. Physik **20**, 358 (1924); vgl. auch *Henning, F.,* u. *W. Heuse:* Z. Physik **10**, 111 (1922); — *Schulz, H.:* Z. Physik **31**, 496 (1925).

[33] *Thaler, F.:* Ann. Physik **11**, 996 (1903)

[34] *Budde, W.:* J. Opt. Soc. Am. **50**, 217 (1960).

ist, wie das Lambertsche Gesetz es verlangt, sondern außer von der Korngröße besonders von der Beschaffenheit der Oberfläche abhängt: Rauhe Oberflächen zeigen abfallende und schlechtreproduzierbare Kurven im Gegensatz zu geglätteten. Aus neueren Messungen von *Höfert* und *Loof*[35] geht ebenfalls hervor, daß die Abweichungen von der goniophotometrischen Geraden mit steigendem ϑ zunehmen, wobei

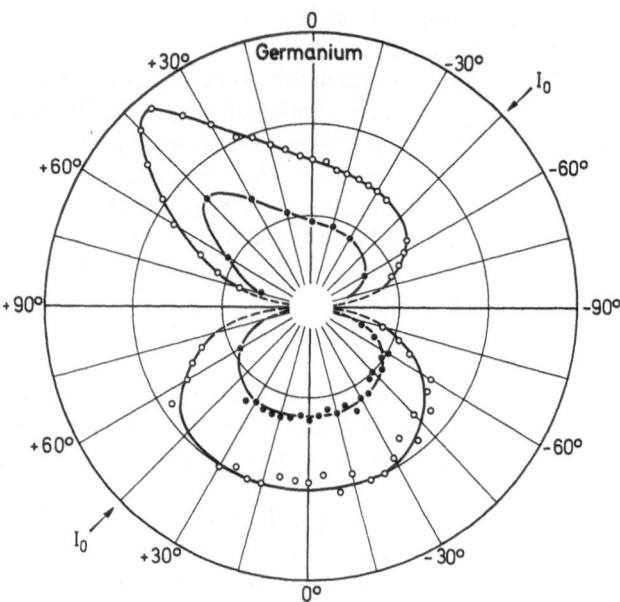

Abb. 13. Indikatrix für die Reflexion infraroter Strahlung an Germaniumpulver, dicht gepackt mit eben gepreßter Oberfläche (oben) und locker (unten); Korngröße < 0.15 mm

anscheinend die Form der Kurven noch vom Material abhängt (sie ist z. B. für MgO und $BaSO_4$ charakteristisch verschieden).

Ein weiteres charakteristisches Beispiel[36] für den Einfluß der Packungsdichte zeigt Abb. 13, in der die Indikatrix für die Reflexion von infraroter Strahlung an Germaniumpulver (Korngröße <0,15 mm) wiedergegeben ist, und zwar im oberen Teil für das dichtgepackte Pulver mit ebengepreßter Oberfläche, im unteren Teil für locker gestreutes Pulver. Eingestrahlt wurde unter 45°. Die äußeren Kurven beziehen sich auf die Gesamtstrahlung eines Globars der Temperatur 1330 °K, die inneren Kurven auf die gleiche Strahlung, aus der jedoch der Bereich

[35] *Höfert, H. J.*, u. *H. Loof*: Farbe **13**, 53 (1964).
[36] *Agnew, J. T.*, and *R. B. McQuistan*: J. Opt. Soc. Am. **43**, 999 (1953).

$\lambda > 4\,\mu$ durch Zwischenschaltung eines Quarzfilters weggefiltert war. Man sieht, daß bei der dicht gepackten Probe ein ausgeprägter Anteil an regulärer Reflexion bei $\alpha = \vartheta$ und $\varphi = 180°$ beobachtet wird. Das Gleiche findet man bei SiO_2, bei Graphit und bei Glaspulver, wobei dieser Effekt mit wachsender Korngröße zunimmt. Einzelne Proben (wie z. B. Metallpulver von Te, Al, Messing) zeigen auch „Rückwärtsglanz“, d. h. zusätzliche reguläre Reflexion beim Azimut $\varphi = 0°$. Abgesehen von diesem

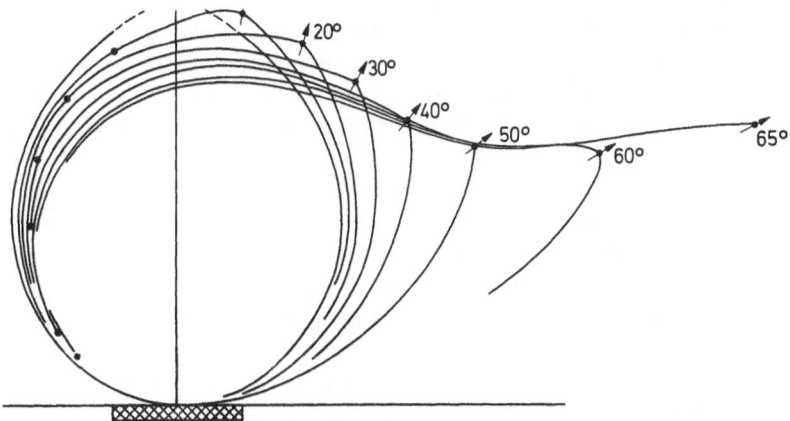

Abb. 14. Indikatrix für die Reflexion von weißem Licht an Zeichenpapier bei verschiedenen Einfallswinkeln (durch Pfeile gekennzeichnet)

Effekt ist die Indikatrix bei $\alpha = 45°$ in allen Fällen statt einer Kugel bereits ein abgeplattetes Ellipsoid, was die Beobachtung früherer Autoren jedenfalls qualitativ bestätigt. Auch im IR kann deshalb von einer Gültigkeit des Lambertschen Gesetzes keine Rede sein.

Noch stärker werden die Abweichungen von der kugelförmigen Indikatrix natürlich dann, wenn sich ein regulärer Reflexionsanteil schon unmittelbar in Form von „Glanz“ der Oberfläche bei Betrachtung unter größeren Winkeln ϑ beobachten läßt. Dies ist z. B. bei manchen Papieren der Fall. Abb. 14 zeigt Reflexionsmessungen an einem weißen Zeichenpapier[37] bei verschiedenen (durch Pfeile gekennzeichneten) Einfalls- und Beobachtungswinkeln. Für $\alpha = \vartheta$ und $\varphi = 180°$, d. h. für den makroskopischen Reflexionswinkel treten um so höhere Strahlungsdichten auf, je größer der Einfallswinkel ist. Bemerkenswert ist weiter die Tatsache, daß nicht nur bei $\alpha = \vartheta$, sondern auch in einem größeren Winkelbereich auf beiden Seiten dieser „Spiegelreflexion“ eine zu hohe Strahlungsdichte

---

[37] *Barkas, W. W.*: Proc. Phys. Soc. London **51**, 274 (1939).

gefunden wird. Auch die Faserstruktur in Textilien[38] oder die innere Oberfläche von Zellwänden[39], die man durch Schneiden von Holz bloßgelegt hat, zeigen eine erhebliche Spiegelreflexion, die sich in einer Abweichung von der kugelförmigen Indikatrix bemerkbar macht.

Messungen über den *Polarisationszustand der „diffus" reflektierten Strahlung* führten zu einem ähnlichen Ergebnis. Bei ideal diffuser Reflexion wäre zu erwarten, daß eingestrahltes natürliches Licht nicht teilweise polarisiert, eingestrahltes linear polarisiertes Licht dagegen vollständig depolarisiert werden sollte.

Messungen[40] über eine evtl. Polarisation natürlichen Lichtes bei der diffusen Reflexion an MgO unter verschiedenen Einfalls- und Reflexionswinkeln zeigten in Übereinstimmung mit Angaben von *Wright*, daß nur bei sehr großen α und ϑ-Werten eine (geringfügige) lineare Polarisation des reflektierten Lichtes beobachtet werden konnte.

Auch über die Depolarisation von linear polarisiertem Licht, das an diffus reflektierenden Oberflächen wie MgO reflektiert wurde, liegen einige Messungen vor[41]. Es zeigte sich, daß weder parallel noch senkrecht zur Einfallsebene polarisiertes Licht bei der Reflexion vollständig depolarisiert wird, und daß der Anteil an polarisiertem Licht nach der Reflexion mit zunehmenden Einfalls- und Reflexionswinkeln anwächst. Dies spricht wiederum für einen Anteil an regulär reflektierenden Oberflächenelementen, auf die man die Fresnelschen Gleichungen (14) und (15) anwenden müßte. Allerdings wurde das zu erwartende Minimum beim Polarisationswinkel für das parallel zur Einfallsebene polarisierte Licht (vgl. Abb. 3) nicht beobachtet, was auf mangelnde Meßgenauigkeit zurückgeführt werden könnte.

In neuester Zeit sind mit Hilfe einer modernen lichtelektrischen Methode (vgl. S. 224) systematische goniophotometrische Messungen zum Lambertschen Cosinusgesetz an Pulvern von Magnesiumoxid, Bariumsulfat, Rutil und Aerosil in Abhängigkeit von verschiedenen Parametern (Korngröße, Packungsdichte, Herstellungsart der Meßproben, Wellenlänge usw.) gemacht worden[42], wobei nicht nur eine höhere Meßgenauigkeit erreicht wurde, sondern auch der Einfluß dieser

[38] *S: son Stenius, Å.:* Svens. Papperstidning **54**, 663 (1951).

[39] *Barkas, W. W.:* Proc. Phys. Soc. London **51**, 274 (1939).

[40] *Woronkoff, G. P.,* u. *G. I. Pokrowski:* Z. Physik **30**, 139 (1924).

[41] *Umow, N.:* Physik Z. **7**, 533 (1906); — *Návrat, V.:* Wien. Ber. IIa **120**, 1229 (1911); — *Pokrowski, G. I.:* Z. Physik **32**, 563 (1925); — *Woronkoff, G. P.,* u. *G. I. Pokrowski:* Z. Physik **30**, 139 (1924); **33**, 860 (1925); — *Gorodinskii, G. M.:* Opt. Spectr. **16**, 59 (1964).

[42] *Kortüm, G.,* u. *R. Hamm:* Ber. Bunsenges. (im Druck); vgl. ferner: *Torrance, K. E., E. M. Sparrow,* and *R. C. Birkebak:* J. Opt. Soc. Am. **56**, 916 (1966); — *Torrance, K. E.,* and *E. M. Sparrow:* J. Opt. Soc. Am. **57** 1105 (1967).

Parameter auf die Meßergebnisse weitgehend geklärt werden konnte.
Gemessen wurde die auf $\alpha = 0°$ und $\vartheta = 45°$ normierte relative Strahlungs-
dichte $B(\alpha, \vartheta)/B(0°, 45°)$. Dividiert man die Meßgröße durch $\cos\alpha$, d. h.
bezieht auf konstante Bestrahlungsstärke, so sollte $B_{rel}/\cos\alpha$ nach dem
Lambertschen Cosinusgesetz konstant $= 100$ sein, d. h. als Funktion
von ϑ auf der Abszisse liegen. Abweichungen von der Konstanz stellen
Abweichungen vom $\cos\vartheta$-Gesetz, Abweichungen vom Wert 100 die
Gesamtabweichung vom Lambertschen Wert dar.

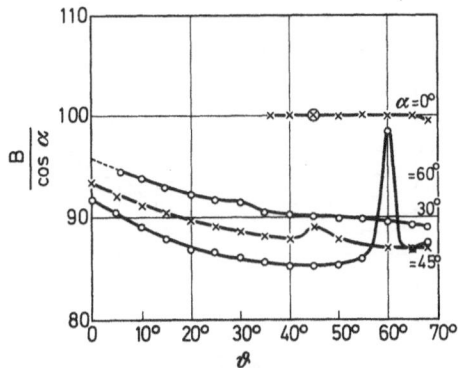

Abb. 15a. Goniophotometrische Messungen zur Prüfung des Lambertschen
Cosinus-Gesetzes: reduzierte Strahlungsdichte $B_{rel}/\cos\alpha$ als Funktion des Beobachtungswinkels ϑ bei BaSO$_4$-Pulvern
Probe 1. Teilchendurchmesser d 75 bis 90 µ. Oberfläche mit Glasplatte unter
schwachem Druck geebnet; $\lambda = 450$ mµ

Es zeigte sich, daß für die Gültigkeit bzw. Nichtgültigkeit des Lambertschen Gesetzes die Herstellungsweise der Meßproben von ausschlag-
gebender Bedeutung ist. Auch spezifische Materialeigenschaften (Brechungsindex und evtl. Kristallform) besitzen einen Einfluß.

Man übersieht den Einfluß verschiedener Parameter auf die Gültigkeit des Lambertschen Cosinusgesetzes anhand der Abb. 15a bis 15g,
die die Messungen an dem gleichen reinsten, bei 500° C getrockneten
BaSO$_4$ wiedergeben, wobei jeweils $B_{rel}/\cos\alpha$ als Funktion von ϑ dargestellt ist. Das Azimut betrug stets 180°.

Abb. 15a zeigt, daß die reduzierte Strahlungsdichte der Probe 1 mit
zunehmendem Beobachtungswinkel ϑ fällt für alle gewählten Einfallswinkel α mit Ausnahme für $\alpha = 0$. Beim makroskopischen Reflexionswinkel
$\vartheta = \alpha$ beobachtet man schwache, mit zunehmendem α stärker werdende
Glanzspitzen, die als Fresnel-Effekt gedeutet werden müssen: Der
Reflexionskoeffizient nimmt mit wachsendem α zu. Rechnet man diese
Spiegelglanzstellen nicht mit, so beträgt die mittlere Abweichung vom

cos ϑ-Gesetz bei dieser Probe, bezogen auf den Mittelwert, etwa 5,8 %, die mittlere Abweichung vom cos α-Gesetz dagegen 11,2 %, ist also fast doppelt so groß, was dem Helmholtzschen Reziprozitätsgesetz widerspricht. Alle Kurven verlaufen unterhalb der Lambert-Konstanten 100, die Gesamtabweichungen vom Lambertschen Gesetz nehmen ebenfalls mit α zu.

Die Probe 2 der Abb. 15 b unterscheidet sich in der Herstellung nicht von der der Abb. 15 a, es wurde lediglich die Siebfraktion mit $d < 50\,\mu$ ausgewählt. Die reduzierte Strahlungsdichte fällt jedoch nur anfangs

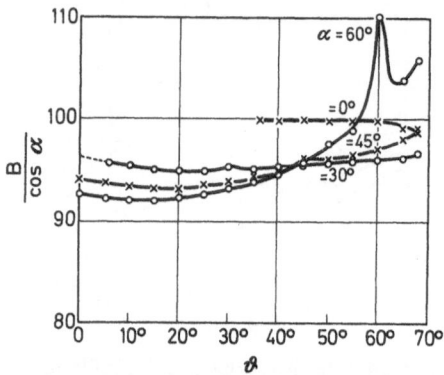

Abb. 15 b. *Probe 2.* Teilchendurchmesser $d < 50\,\mu$, sonst wie Abb. 15 a; $\lambda = 450\,m\mu$

geringfügig und steigt mit wachsendem Beobachtungswinkel ϑ wieder an, bei α = 60° sogar über den Bezugswert 100 hinaus, d. h. die Kurven überschneiden sich bei mittleren Winkeln ϑ. Die Kurven liegen weniger tief unter dem Bezugswert 100, die Abweichungen vom vollständigen Lambert-Gesetz sind also erheblich geringer als in Abb. 15 a. Da die Abweichungen vom cos ϑ-Gesetz etwa gleich groß sind wie in Abb. 15 a, muß dies auf geringere Abweichungen vom cos α-Gesetz zurückgeführt werden. Die Glanzspitzen sind ebenfalls etwas kleiner als bei dem gröberen Pulver.

Die Probe 3 (Abb. 15 c) noch geringerer Korngröße und unter hohem Druck hergestellt, zeigt außerordentlich hohe und breite Glanzspitzen, die den Kurvenverlauf weitgehend bestimmen und mit wachsendem α zunehmen. Die Richtersche „Glanzzahl", definiert als

$$\eta \equiv \frac{B(\alpha = 22,5°;\ \vartheta = 22,5°)}{\cos 22,5°} \bigg/ \frac{B(\alpha = 45°;\ \vartheta = 0°)}{\cos 45°},$$

d. h. der Quotient der reduzierten Strahlungsdichte einer Spiegelglanzstelle zur reduzierten Strahlungsdichte einer nichtspiegelnden Stelle, der für vollständig matte Oberflächen gleich 1 ist, hat hier etwa den Wert 10,6 bei 450 mμ. Die Kurven liegen außer bei kleinen und bei großen ϑ-Winkeln oberhalb des Bezugswertes 100, die Gesamtabweichung vom Lambert-Gesetz ist hier deshalb positiv statt negativ, auch wenn man die Spiegelglanzstellen ausnimmt. Bei großen Beobachtungswinkeln ϑ

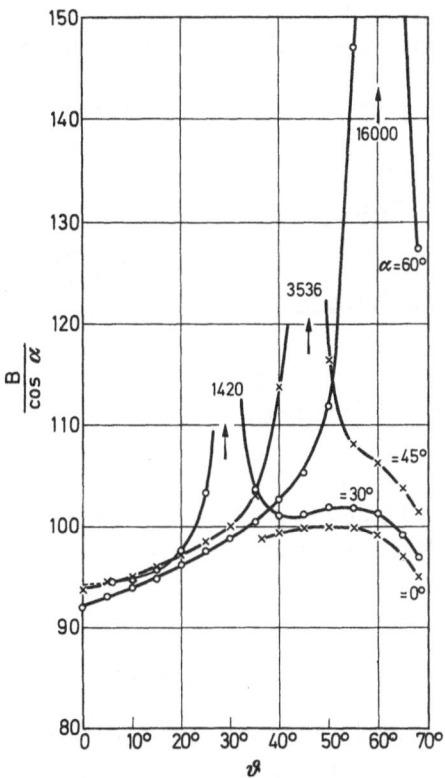

Abb. 15c. *Probe 3.* Mittlerer Teilchendurchmesser $d \ll 42\,\mu$. Probe mit poliertem Messingstempel bei etwa 1000 atm. hartgepreßt. Oberfläche glatt und stark spiegelnd; $\lambda = 450$ mμ

fallen die Kurven wieder ziemlich rasch ab im Gegensatz zu denen der Proben 1 und 2.

Sieht man eine dünne Schicht des gleichen Pulvers auf die glänzende Oberfläche auf (Probe 4, Abb. 15 d), so werden die Glanzspitzen kleiner und schmaler, und die steigende Tendenz der Kurven in Abb. 15 c bei kleinen ϑ-Winkeln geht wieder in eine fallende Tendenz über, die Gesamtabweichungen vom Lambert-Gesetz sind wieder negativ geworden, d. h. die Kurven verlaufen fast ausschließlich unterhalb des Bezugswertes 100.

Bei Probe 5 (Abb. 15e) wurde die aufgesiebte Schicht von BaSO$_4$ mit $d \ll 42\,\mu$ verstärkt, bis die Glanzspitzen verschwunden waren; η fiel von 10,6 auf 1,005 bei 450 mµ. Die Kurven haben mit Ausnahme der $\alpha = 60°$-Kurve im ganzen untersuchten ϑ-Bereich fallende Tendenz und sind denen der Abb. 15a ähnlich, wenn man von den Glanzspitzen der letzteren absieht. Lediglich die Kurve für $\alpha = 0$ ist hier nicht konstant wie bei der Probe 1, sondern fällt ebenfalls stark mit ϑ ab. Alle Kurven liegen unterhalb des Bezugswertes 100, die Gesamtabweichungen vom

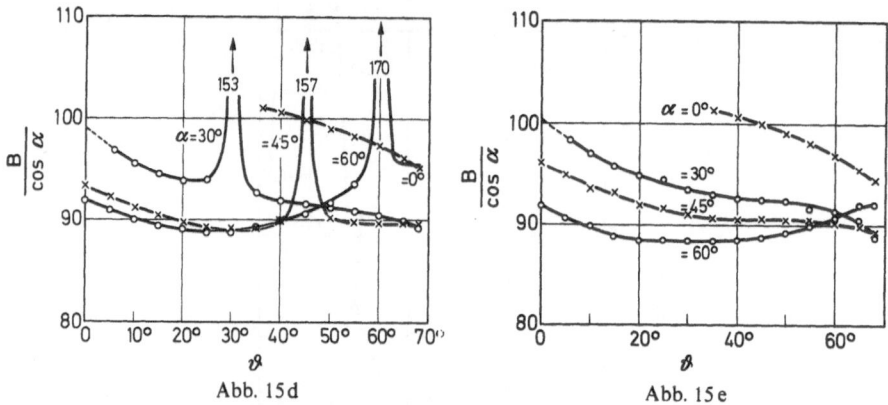

Abb. 15d

Abb. 15e

Abb. 15d. *Probe 4.* Auf die spiegelnde Schicht der Probe 3 war eine dünne Schicht von BaSO$_4$ durch ein 42 µ-Sieb aufgesiebt; $\lambda = 450$ mµ

Abb. 15e. *Probe 5.* Verstärkung der aufgesiebten Schicht bis zum Verschwinden des Glanzes; $\lambda = 450$ mµ

Lambert-Gesetz sind negativ. Die Abweichungen vom cos ϑ-Gesetz betragen zwischen 4 und 10 % vom Bezugswert, und zwar sind sie bei großen α-Werten geringer als bei kleinen α-Werten analog zu Abb. 15a.

Wird die glänzende Oberfläche der stark gepreßten Probe 3 mit Fließpapier aufgerauht (Probe 6, Abb. 15f), so erhält man ähnliche Kurven wie in Abb. 15c, jedoch mit sehr viel kleineren Glanzspitzen: η fällt von 10,6 auf 1,08 bei 450 mµ. Wesentlich ist ferner, daß die Kurven für $\alpha > 0$ den Bezugswert 100 schon bei kleinen Beobachtungswinkeln ϑ überschreiten, d. h. sehr viel steiler ansteigen als in Abb. 15c, wenn man von den noch vorhandenen Glanzspitzen absieht. Die Abweichung vom cos ϑ-Gesetz beträgt bei $\alpha = 60°$ etwa 44 % vom Bezugswert ohne Berücksichtigung der Glanzspitze. Bei kleinen α- und großen ϑ-Winkeln setzt jedoch wieder eine fallende Tendenz der Kurven ein. Die Gesamtabweichung vom Lambert-Gesetz ist noch positiv.

Probe 7 wurde wie Probe 3 unter etwa 1000 atm Druck gepreßt, aber unter Zwischenlegung eines glatten Papiers, das nachträglich leicht abgezogen werden konnte. Die Probe war nicht spiegelnd im Gegensatz zu Probe 3, die Glanzzahl $\eta = 1{,}04$. Wie Abb. 15 g zeigt, treten fast keine Glanzspitzen auf, alle Kurven einschließlich der für $\alpha = 0$ steigen mit wachsendem ϑ an und liegen so, daß die Gesamtabweichung vom Lambert-Gesetz nahezu Null wird, wenn man über alle Meßpunkte mittelt[43]. Trotzdem treten beträchtliche Abweichungen vom $\cos\vartheta$-

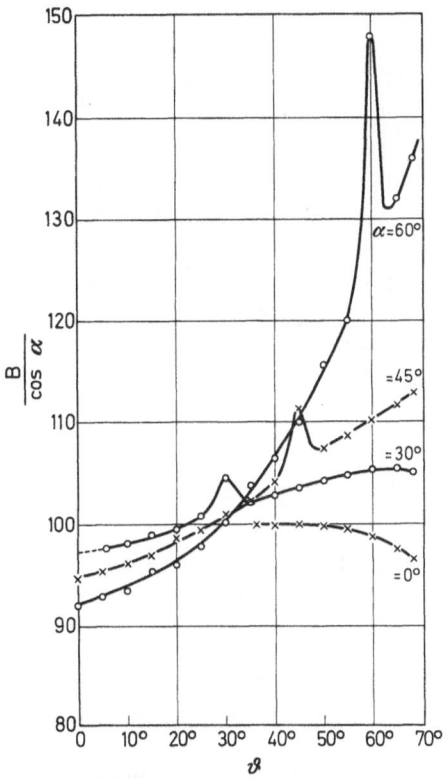

Abb. 15f. *Probe 6.* Die hartgepreßte Oberfläche der Probe 3 wurde mit rauhem Fließpapier vorsichtig abgerieben und damit aufgerauht; $\lambda = 450\ m\mu$

---

[43] Durch eine solche Mittelung über alle gemessenen Einfallswinkel α und Beobachtungswinkel ϑ kann man – unter Weglassung der Spiegelglanzstellen – eine einzige Zahl als Maß für die Gesamtabweichung vom Lambertschen Gesetz angeben, wie dies *Wright* getan hat. Wie das Beispiel dieser Probe zeigt, sagt eine solche Zahl nichts über den wahren Verlauf der goniophotometrischen Kurven aus, da sich die beobachteten Abweichungen gegenseitig fast vollständig kompensieren können. Ein solcher Mittelwert wäre höchstens für eine speziell präparierte Probenoberfläche charakteristisch und stark von der Herstellungsweise der Probe abhängig.

Gesetz auf, die mit wachsendem α größer werden, sie betragen im Mittel 16,7 %. Die Abweichungen vom cos α-Gesetz sind bei kleinen ϑ-Winkeln gering, wachsen aber oberhalb ϑ = 20° immer stärker an und betragen im Mittel 8,6 %. Die Wrightsche Ansicht, das cos ϑ-Gesetz sei stets besser erfüllt als das cos α-Gesetz, trifft also nicht immer zu.

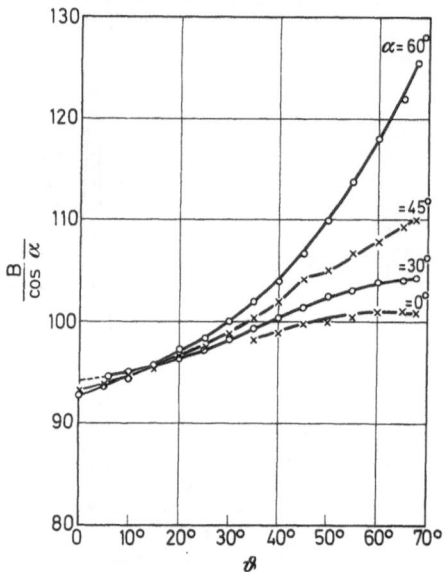

Abb. 15 g. *Probe 7*. Teilchendurchmesser $d \ll 42\,\mu$. Die Probe wurde wie Probe 3 bei etwa 1000 atm. hartgepreßt, jedoch unter Zwischenlegung eines glatten Papiers. Nach Abziehen derselben erschien die Oberfläche glatt, aber nicht spiegelnd

In ähnlicher Weise wurden die Goniophotometerkurven folgender Weißstandards in Abhängigkeit von den oben genannten Parametern untersucht:

Rutil (TiO_2), reinst, der Farbenfabriken Bayer, Uerdingen, wurde bei 500 bis 600° C getrocknet und durch Aussieben in Fraktionen verschiedener Korngrößenbereiche zerlegt. Messungen bei $\lambda = 450$, 550 und 649 mμ.

Magnesiumoxid (MgO) p. a. von Merck, bei 600° C getrocknet, erwies sich als so feinkörnig, daß durch Sieben keine Korngrößenfraktionierung möglich war ($\bar{d} \cong 2\,\mu$). Messungen bei $\lambda = 450$ und 550 mμ.

Aerosil (SiO_2) von Degussa, bei 600° C getrocknet. Proben von 106 bzw. 38 m²/g spezifischer Oberfläche, Korngrößen also erheblich kleiner ($\bar{d} \leq 20$ mμ) als die zur Messung benutzte Lichtwellenlänge von $\lambda = 401$ mμ.

Abgesehen vom Einfluß spezifischer Materialeigenschaften (Kristallform, Kompressibilität usw.), die gewisse kleinere Unterschiede im Verhalten der verschiedenen Weißstandards bedingen, beobachtet man in den goniophotometrischen Kurven aller vier Stoffe in Abhängigkeit von den genannten Parametern einen analogen sehr charakteristischen Verlauf, der aus den Abb. 15a bis 15g abzulesen ist[44].

Bei *Anwendung von Druck* mit einer ebenen Fläche (Glasplatte, polierter Metallstempel) erhält man stets *Glanzspitzen* bei $\alpha = \vartheta$, die mit zunehmendem Druck und zunehmendem Einfallswinkel α höher werden und bei sehr hohen Drucken auch stark an Breite zunehmen (Abb. 15c), d. h. sich über größere Bereiche von ϑ ausdehnen. Führt man diese Glanzspitzen auf die Bouguerschen Elementarspiegel zurück (vgl. S. 30), d. h. nimmt man reguläre Reflexion an den Kristallflächen an, so müssen diese Elementarspiegel auf Grund des angewendeten Drucks vorwiegend in der makroskopischen Oberfläche orientiert sein, denn nur für solche ist der Einfallswinkel auf den Elementarspiegel gleich dem makroskopischen Einfallswinkel α und damit $\alpha = \vartheta$. Da ferner die Häufigkeitsverteilung der orientierten Elementarspiegel für alle α die gleiche ist, trägt immer dieselbe Zahl von Elementarspiegeln zur Spiegelreflexion bei, die Zunahme der Höhe der Glanzspitzen mit α läßt sich also zwanglos als Zunahme des Reflexionskoeffizienten mit wachsendem Einfallswinkel α nach der Fresnelschen Formel (16) erklären. Bei zunehmenden Drucken wird die Zahl der in der makroskopischen Oberfläche orientierten Elementarspiegel und damit die Höhe der Glanzspitzen weiter zunehmen[45].

Bemerkenswert ist es, daß man ein analoges Verhalten sogar beim Aerosil beobachtet, bei dem die Teilchengrößen um mehr als eine Zehnerpotenz unterhalb der benutzten Wellenlänge lagen. Man sollte also erwarten, daß hier überhaupt keine regulären Reflexionsanteile durch Elementarspiegel in der Oberfläche möglich wären. Trotzdem beobachtet man auch hier bei großen Drucken beträchtliche Glanzspitzen, deren Höhe mit wachsendem α zunimmt, während bei schwachen Drucken Glanzspitzen kaum angedeutet sind. Man muß offenbar annehmen, daß die eng gepackten sehr kleinen Aerosil-Teilchen doch z. T.

---

[44] Vgl. dazu auch die S. 38 zitierte Arbeit von *Kortüm* und *Hamm* und die Dissertation von *R. Hamm*, Tübingen 1968.

[45] Die Verbreiterung der Glanzspitzen mit wachsendem Einfallswinkel α, die vor allem bei hohen Glanzspitzen zu beobachten ist, kann nicht auf die Verteilungsfunktion der Elementarspiegel zurückgeführt werden, denn diese liegt fest und ist unabhängig von α. Die Verbreiterung müßte von Elementarspiegeln herrühren, die nur wenig gegen die makroskopische Oberfläche geneigt, also auch noch relativ häufig sind. Da ihre Anzahl aber von α unabhängig ist, müßte die Verbreiterung der Glanzspitzen mit wachsendem α davon abhängen, von wie vielen Elementarspiegeln das Licht in den Empfänger gegebenen Raumwinkels $d\omega$ gelangt. Das hängt nach Gl. (71) vom Winkel i, d. h. vom Winkel $\dfrac{\alpha + \vartheta}{2}$ ab (vgl. S. 48).

geschlossene Oberflächenbereiche bilden können, wobei die einzelnen Teilchen durch Wasserstoffbrücken zusammengehalten werden[46], so daß eine merkliche Spiegelreflexion beobachtet wird. Die weitverbreitete Ansicht, die Remission werde um so diffuser, je kleiner die Korngröße ist, läßt sich also nicht halten.

Preßt man die Proben bei hohem Druck unter Zwischenlegung eines glatten Papiers, das nachträglich abgezogen wird, so verschwinden die Glanzspitzen praktisch vollständig, dagegen steigen die goniophotometrischen Kurven mit zunehmendem ϑ weiterhin an, und der Anstieg wird mit wachsendem Einfallswinkel α steiler (Abb. 15 g). Das Gleiche gilt für Magnesiumoxid und Rutil, wobei dieser Anstieg in der angegebenen Reihenfolge weniger steil wird trotz gleicher Herstellungsweise der Proben. Rutil befolgt danach das Lambert-Gesetz bei weitem am besten. Bei kleinen Einfallswinkeln α, insbesondere bei $\alpha = 0$, findet man fast immer einen schwachen Abfall der goniophotometrischen Kurven mit zunehmendem ϑ, wie dies aus Abb. 15 f zu erkennen ist. Man kann aus diesen Beobachtungen mehrere Schlüsse ziehen:

a) Die Papierzwischenlage zwischen Stempel und Probe verhindert die Parallelorientierung der Elementarspiegel zur makroskopischen Oberfläche weitgehend durch ihre Eigenstruktur, der sich die Oberfläche anpaßt. Dadurch verschwinden die Glanzspitzen, d. h. die Verteilungsfunktion der Elementarspiegel bezüglich ihrer Lage zur makroskopischen Oberfläche wird verbreitert, es kommen auch steilere Winkel ε vor. Den gleichen Effekt kann man statt durch Papierzwischenlage auch dadurch erreichen, daß man die hartgepreßte glänzende Oberfläche nachträglich aufrauht, wie der Vergleich von Abb. 15 c und 15 f zeigt.

b) Der Anstieg der goniophotometrischen Kurven mit zunehmendem ϑ, besonders bei großen Einfallswinkeln α, nimmt von Rutil über Magnesiumoxid und Bariumsulfat zu Aerosil unter sonst gleichen Bedingungen zu. Das ist aber die gleiche Reihenfolge wie die Zunahme des Reflexionsvermögens dieser Stoffe nach der Fresnelschen Formel (16), wie sie in Abb. 16 wiedergegeben ist, wobei nach dem Snelliusschen Brechungsgesetz $\sin \beta = \sin \alpha / n$ gesetzt wurde[47]. Das Reflexionsvermögen wird also vom Brechungsindex des reflektierenden Mediums abhängig. Man sieht, daß R_{reg} für Rutil den konstantesten Verlauf hat, und daß der Steilanstieg in der Reihenfolge über MgO, BaSO$_4$ zum SiO$_2$ bei

---

[46] Vgl. Diskussionstagung: Physik. Grundlagen der anwendungstechn. Eigenschaften von Pigmenten. Ber. Bunsenges. **71**, 239 (1967).

[47] Die Brechungsindizes für $\lambda = 450$ mµ wurden aus der Literatur entnommen und bei Vorhandensein mehrfacher Brechung gemittelt, da die Kristalle über alle Richtungen verteilt liegen. Da es sich um eine halbquantitative Betrachtung handelt, kann auf große Genauigkeit der n-Werte verzichtet werden.

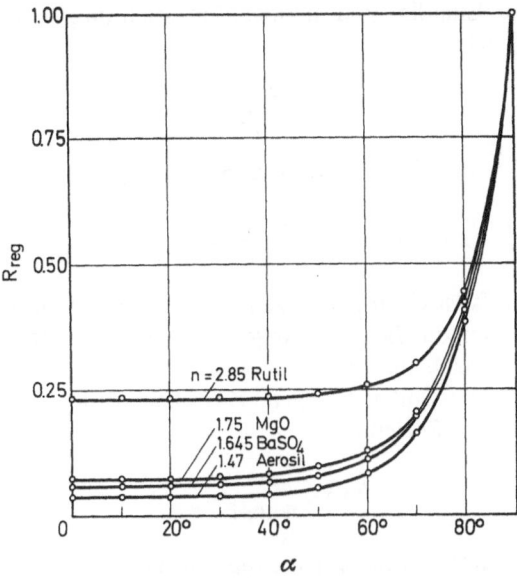

Abb. 16. Fresnelsches Reflexionsvermögen nach Gl. (16) von TiO_2 (Rutil), MgO, $BaSO_4$ und SiO_2 (Aerosil) in Abhängigkeit vom Einfallswinkel α der Strahlung

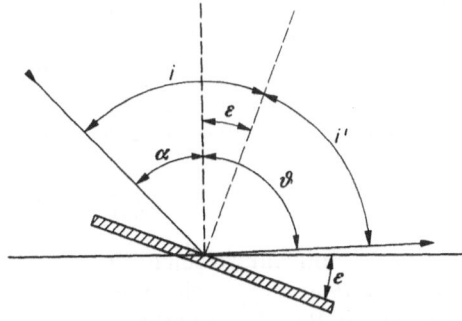

Abb. 17. Orientierung von Elementarspiegeln zur makroskopischen Oberfläche

immer kleineren Einfallswinkeln beginnt, was eine unmittelbare Folge des in gleicher Reihenfolge abnehmenden Brechungsindex ist.

Der Einfallswinkel i auf einen Elementarspiegel mit dem Orientierungswinkel ε (vgl. Abb. 17) ist durch den makroskopischen Einfallswinkel α und den Beobachtungswinkel ϑ bestimmt. In Richtung ϑ reflektieren die Elementarspiegel regulär, deren Flächennormalen den

Winkel zwischen Einfalls- und Beobachtungsrichtung halbieren, d. h. $i + i' = 2i = \alpha + \vartheta$ oder

$$i = i' = \frac{\alpha + \vartheta}{2} \, . \tag{69}$$

Für den Orientierungswinkel ε ergibt sich

$$\varepsilon = \vartheta - i = \vartheta - \frac{\alpha + \vartheta}{2} = \frac{\vartheta - \alpha}{2} \, . \tag{70}$$

Bei gegebener Einfallsrichtung α tragen zur regulären Reflexion in den Raumwinkel $d\omega$ um die Beobachtungsrichtung ϑ alle die Elementarspiegel bei, deren Flächennormalen in einem Raumwinkelelement $d\omega_\varepsilon$ um den Orientierungswinkel ε liegen. Zwischen beiden Raumwinkelelementen besteht die Beziehung[48]

$$d\omega_\varepsilon = \frac{d\omega}{4 \cos i} \, . \tag{71}$$

Die Anzahl der in der zur Messung herangezogenen Fläche dF liegenden reflektierenden Elementarspiegel ergibt sich zu

$$Z(i) = f(\varepsilon) \, d\omega_\varepsilon \, dF \, . \tag{72}$$

Dabei ist $f(\varepsilon)$ die Verteilungsfunktion der Elementarspiegel über die Orientierungswinkel. Wie man aus (71) und (72) ersieht, gelangt – jedenfalls im Falle einer Gleichverteilung – das Licht von um so mehr Elementarspiegeln in den Empfänger, je größer der Winkel i, d. h. also, je größer der Winkel zwischen Einstrahlung und Beobachtung ist.

Bedeutet $\bar{q}$ die mittlere Fläche eines Spiegels, so ist

$$dQ(i) \equiv \bar{q} Z(i) = \bar{q} f(\varepsilon) \frac{d\omega}{4 \cos i} \, dF \tag{73}$$

die resultierende, in das Raumwinkelelement $d\omega$ reflektierende Fläche.

Nimmt man nun nach *Bouguer* z. B. eine Gleichverteilung der Orientierungswinkel an, so ist die Verteilungsfunktion

$$f(\varepsilon) = f\left(\frac{\vartheta - \alpha}{2}\right) = \text{const} \, .$$

In diesem Fall wird die Projektion der Flächennormalen von dQ auf die Richtung des einfallenden Strahlenbündels unabhängig von allen Winkeln:

$$dQ_n = dQ(i) \cos i = \text{const} \, \bar{q} \frac{d\omega}{4} \, dF = \text{Const} \, . \tag{74}$$

[48] *Rense, W.:* J. Opt. Soc. Am. **40**, 55 (1950).

Diese projizierte Fläche dQ_n liegt parallel zum Bündelquerschnitt des einfallenden Lichtes. Da die Strahlungsstärke der Lichtquelle konstant ist und auch der Bündelquerschnitt f konstant gehalten wird, ist die auf die Fläche dQ_n einfallende Strahlungsleistung konstant. Sie ergibt sich zu

$$dI_e = dQ_n \cdot \frac{dI_e}{df} = \text{Const} \frac{dI_e}{df}. \tag{75}$$

Für die reflektierte Strahlungsleistung gilt nach *Fresnel*

$$dI_r = R_{\text{reg}}(i)\, dI_e, \tag{76}$$

wobei $R_{\text{reg}}(i) = R_{\text{reg}}\left(\dfrac{\alpha + \vartheta}{2}\right)$ das reguläre Reflexionsvermögen eines Elementarspiegels ist.

Für die reflektierte Strahlungsleistung pro Flächeneinheit folgt aus (76) und (75)

$$\frac{dI_r}{df}(\vartheta) = \text{Const} \frac{dI_e}{df} R_{\text{reg}}\left(\frac{\alpha + \vartheta}{2}\right). \tag{77}$$

Bezieht man die unter dem Winkel ϑ bei beliebigem Inzidenzwinkel α reflektierte Strahlungsleistung auf die bei senkrechter Inzidenz unter $\vartheta = 45°$ reflektierte Strahlungsleistung, so erhält man

$$\frac{dI_r(\vartheta)}{dI_r(\alpha = 0;\, \vartheta = 45)} = \frac{R_{\text{reg}}\left(\dfrac{\alpha + \vartheta}{2}\right)}{R_{\text{reg}}(22{,}5°)} \equiv F_{n,\alpha}(\vartheta). \tag{78}$$

Der Einfallswinkel α spielt hierbei die Rolle eines Parameters. Die Funktion $F_{n,\alpha}(\vartheta)$ ist vom Brechungsindex abhängig; sie ist in Abb. 18 für Rutil ($n \cong 2{,}85$), MgO ($n \cong 1{,}75$), $BaSO_4$ ($n \cong 1{,}645$) und SiO_2 ($n \cong 1{,}47$) für die α-Werte $0°$, $30°$ und $60°$ als Parameter dargestellt. Man sieht, daß sie mit dem Beobachtungswinkel ϑ um so steiler ansteigt, je größer der Einfallswinkel α und je kleiner der Brechungsindex n ist, was eine unmittelbare Folge der Fresnelschen Gleichungen ist.

Nach dem Lambertschen Gesetz ist nun die von der Flächeneinheit remittierte Strahlungsleistung dem Raumwinkel $d\omega$ und dem Cosinus des Beobachtungswinkels ϑ proportional [Gl. (54)], wobei die Strahlungsdichte B von ϑ unabhängig sein soll. Läßt man zunächst offen, ob dies mit der Bouguerschen Elementarspiegelhypothese vereinbar ist, setzt also B als Funktion von ϑ an, so sollte nach (54) gelten

$$\frac{dI_r}{df} = B(\vartheta) \cos\vartheta\, d\omega. $$

Bezieht man wiederum auf den Wert für $\alpha = 0°$ und $\vartheta = 45°$, so folgt

$$\frac{dI_r(\vartheta)}{dI_r(\alpha = 0; \vartheta = 45)} = \frac{B(\vartheta)\cos\vartheta}{B(\alpha = 0; \vartheta = 45)\cos 45°}. \tag{79}$$

Setzt man nun die linken Seiten von (78) und (79) gleich, d. h. setzt man voraus, daß das Lambertsche Gesetz mit der Bouguelschen Hypothese

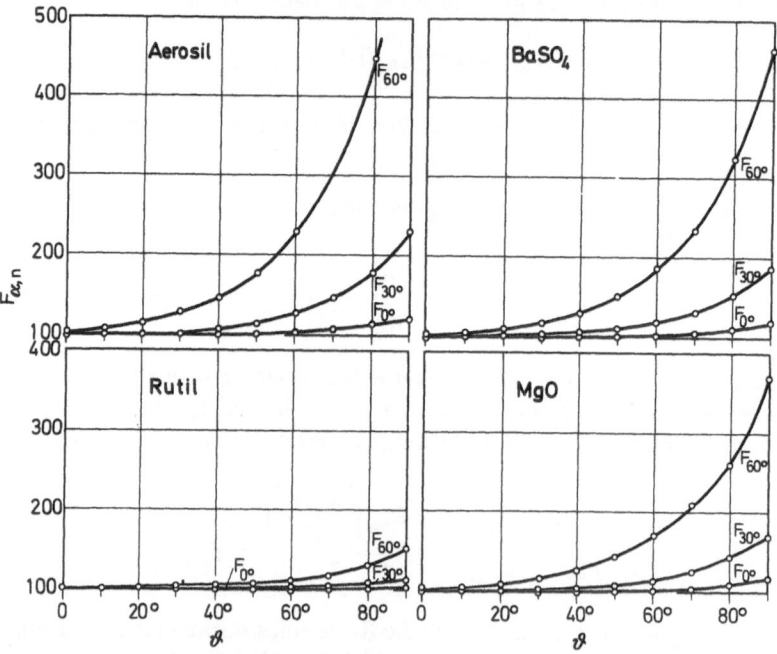

Abb. 18. $F_{n,\alpha}(\vartheta) \equiv \dfrac{R_{reg\,n,\alpha}(\vartheta)}{R_{reg\,n,0}(45°)} \cdot 100$ als Funktion von ϑ für Rutil, MgO, BaSO$_4$
und SiO$_2$ bei $\alpha = 0°$, $\alpha = 30°$ und $\alpha = 60°$

und den Fresnelschen Formeln vereinbar ist, so folgt

$$F_{n,\alpha}(\vartheta) = \frac{B(\vartheta)}{B(\alpha = 0; \vartheta = 45)} \cdot \frac{\cos\vartheta}{\cos 45°}. \tag{80}$$

Direkt gemessen wurde die normierte Flächenhelligkeit $\dfrac{B(\vartheta)}{B(\alpha = 0; \vartheta = 45)}$, sie ergibt sich aus (80) zu

$$\frac{B(\vartheta)}{B(\alpha = 0; \vartheta = 45)} = \frac{\cos 45°}{\cos\vartheta} \cdot F_{n,\alpha}(\vartheta) \equiv G_{n,\alpha}(\vartheta). \tag{81}$$

Die Funktionen $G_{n,\alpha}(\vartheta)$ sind die normierten Strahlungsdichten, wie sie aus der Bouguerschen Hypothese bei gleichmäßig verteilten Elementarspiegeln und den Fresnelschen Gesetzen folgen, auf denen die Funktionen $F_{n,\alpha}(\vartheta)$ beruhen. Der geometrische Faktor $\cos 45°/\cos\vartheta$ verstärkt noch die Steilheit der $F_{n,\alpha}(\vartheta)$-Kurven der Abb. 18 [49]. Die $G_{n,\alpha}(\vartheta)$-Funktionen sind in Abb. 19 für die untersuchten Weißstandards wiedergegeben, sie wachsen mit ϑ um so steiler an, je größer der Einfallswinkel α und je kleiner der Brechungsindex n ist. Damit ist gezeigt, daß die Strahlungsdichte $G_{n,\alpha}(\vartheta)$, nach der Bouguerschen Elementarspiegelhypothese unter Benutzung der Fresnelschen Formeln berechnet, im Fall einer Gleichverteilung dieser Elementarspiegel niemals konstant sein kann. Für diesen Fall sind das Lambertsche Gesetz und die Bouguersche Vorstellung unvereinbar. Die Frage bleibt offen, ob es eine Verteilungsfunktion $f(\varepsilon) = f\left(\dfrac{\vartheta-\alpha}{2}\right)$ gibt, für die

$$G_{n,\alpha}(\vartheta) \cdot f\left(\frac{\vartheta-\alpha}{2}\right) = \text{const}$$

bei allen Einfallswinkeln α, so daß das Lambertsche Gesetz gültig bleibt. *Grabowski* verneint diese Frage (vgl. S. 32).

Ein Vergleich der berechneten $G_{n,\alpha}(\vartheta)$-Kurven mit den gemessenen normierten Strahlungsdichten ist nur für solche Proben zulässig, für die die Verteilungsfunktion der Elementarspiegel eine Konstante ist. Diese Bedingung ist am angenähertsten erfüllt für Proben, die bei hohem Druck unter Papierzwischenlage hergestellt sind (z. B. Abb. 15 g). Proben mit Spiegelglanzspitzen und auch lockere Proben, deren Strahlungsdichten mit zunehmendem ϑ abfallen, scheiden für diesen Vergleich natürlich aus.

Beschränkt man den Vergleich auf Proben der Art von Abb. 15 g, so findet man, daß die experimentell gefundene Strahlungsdichte von Rutil über MgO und BaSO$_4$ zu SiO$_2$ in Abhängigkeit von ϑ immer steiler ansteigt, wie es nach den Bouguerschen Vorstellungen zu erwarten ist. Im gemessenen ϑ-Bereich ist die Inkonstanz von $B(\vartheta)/\cos\alpha$ bei Rutil bemerkenswert gering, die von MgO und BaSO$_4$ etwa gleich und die von Aerosil bereits sehr beträchtlich. Das entspricht auf Grund der Unterschiede der Brechungsindizes dieser Stoffe nach den Fresnelschen Gleichungen durchaus den Erwartungen. Eine *quantitative* Übereinstimmung der gemessenen mit den berechneten normierten Strahlungsdichten ist natürlich auch bei diesen Proben nicht zu erwarten, da die Vorstellung einer konstanten Verteilungsfunktion der Elementarspiegel nicht erfüllt sein kann. Sehr große Neigungswinkel ε werden bei diesen

---

[49] Tatsächlich gilt $\lim\limits_{\vartheta\to 90°} G_{n,\alpha}(\vartheta) = \infty$, d. h. man kommt zum gleichen Ergebnis wie *Grabowski* (vgl. S. 32).

4*

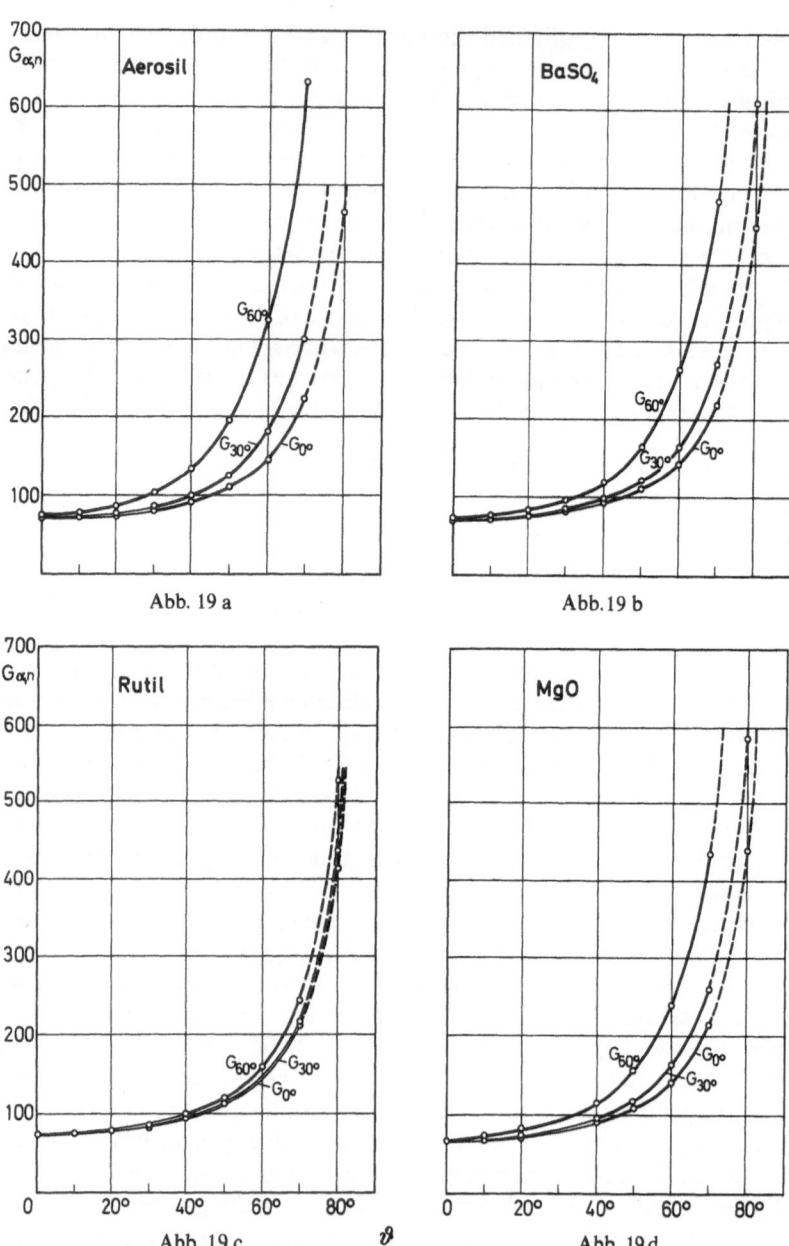

Abb. 19 a

Abb. 19 b

Abb. 19 c ϑ

Abb. 19 d

Abb. 19. Normierte Strahlungsdichten, berechnet auf Grund der Bouguerschen Elementarspiegelhypothese, als Funktion von ϑ für Rutil, MgO, $BaSO_4$ und SiO_2 bei $\alpha = 0°$, $\alpha = 30°$ und $\alpha = 60°$, statistisch gleichmäßige Verteilung der Elementarspiegel vorausgesetzt

gepreßten Proben trotz Papierzwischenlage viel seltener sein als kleine ε. Eine solche zwar breite, aber doch nicht konstante Verteilungsfunktion, die bei $\varepsilon = 0$ ein flaches Maximum durchläuft, könnte vielleicht bewirken, daß die experimentelle Strahlungsdichtekurve für $\alpha = 0°$ (Abb. 15 g) bei hohen ϑ-Winkeln wieder etwas abfällt, statt stetig anzuwachsen. Wenn nämlich große Neigungswinkel ε selten sind, so muß gerade die unter großen ϑ-Winkeln reflektierte Strahlungsdichte zu klein sein gegenüber dem Fall der gleichmäßigen Verteilung der Elementarspiegel über alle möglichen ε. Dies macht sich auch darin bemerkbar, daß die goniophotometrischen Kurven hinter Glanzspitzen nicht wieder monoton ansteigen, sondern, zuweilen nach einem schwachen Maximum, bei großen ϑ-Werten abfallen (z. B. Abb. 15 c). Daß die berechneten Strahlungsdichtekurven auch bei großen Einfallswinkeln α steiler verlaufen als die gemessenen, weist darauf hin, daß die Bouguersche Elementarspiegelhypothese allein nicht ausreicht, die Messungen zu deuten. So wäre z. B. auch die in das Pulver eindringende und durch Mehrfachreflexion an die Oberfläche zurückgelangende Strahlung zu berücksichtigen, für die eher die Gesetze der Mehrfachstreuung anzuwenden wären (vgl. S. 102). Die qualitativ ähnlichen Abweichungen zwischen gemessenen und berechneten Strahlungsdichten bei Proben, die eine breite Verteilungsfunktion der Orientierungswinkel der Elementarspiegel aufweisen, spricht jedoch dafür, daß die Bouguersche Vorstellung der Elementarspiegel die Vorgänge bei der Reflexion von Strahlung durch Pulveroberflächen im wesentlichen richtig zu beschreiben vermag, wenn man zusätzlich einen ideal diffusen Streuanteil aus dem Innern der Probe hinzunimmt.

Bemerkenswert ist schließlich, daß bei dem sehr feinkörnigen Aerosil die goniophotometrischen Kurven mit zunehmendem Beobachtungswinkel ϑ und größeren Einfallswinkeln α ebenfalls steil ansteigen, ohne daß die Proben vorher gepreßt wurden. Hier genügt es, die Pulver in den Probentellern durch Klopfen gegen eine feste Unterlage sintern zu lassen. Glanzspitzen treten nicht auf. Offenbar bilden sich allein schon durch das Zusammensintern regulär reflektierende Oberflächenbereiche mit einer bestimmten Verteilungsfunktion, die den Fresnelschen Gesetzen gehorchen. Dabei steigt die Strahlungsdichte für das feinere Pulver steiler an als für das gröbere, die Reflexion wird also in diesem Fall keineswegs „diffuser" mit abnehmender Korngröße.

Obwohl anzunehmen war, daß die *Wellenlänge* keinen großen Einfluß auf die Strahlungsdichte der Weißstandards als Funktion des Beobachtungswinkels haben würde, wurde doch die λ-Abhängigkeit im Bereich von 450 bis 650 mμ beim $BaSO_4$, MgO und Rutil untersucht. Dabei ergab sich lediglich ein Einfluß auf die Konstanz der Strahlungsdichte beim Rutil insofern, als diese bei 649 mμ merklich geringer war als bei

450 mµ unter sonst identischen Bedingungen. Da die größere Konstanz der Strahlungsdichte von Rutil gegenüber den beiden anderen Standards auf den größeren Brechungsindex des Rutils zurückgeführt werden konnte, muß man annehmen, daß auch die Dispersion von n diese Konstanz beeinflussen wird. Beim Rutil nimmt n in dem angegebenen λ-Bereich mit wachsendem λ um 0,2 ab, bei den beiden andern Standards nur um etwa 0,02, so daß auch diese Beobachtung letztlich auf die Fresnelschen Gleichungen zurückgeführt werden kann.

Ein vollständig anderes Verhalten zeigen *lockere*, oder aufgesiebte Meßproben der gleichen Substanzen. Die Strahlungsdichtekurven $B/\cos\alpha$ fallen bei kleinen und häufig auch noch bei größeren Beobachtungswinkeln ϑ mit ϑ ab (Abb. 15d, 15e) und liegen vollständig unter dem Bezugswert 100. Solche Proben erscheinen schon dem Auge bei schräger Betrachtung deutlich dunkler als bei senkrechter Beobachtung. Der Grund liegt in der rauhen Beschaffenheit der Oberfläche, die zur Abschattung der tiefer gelegenen durch die höher gelegenen Zonen führt, so daß man bei schräger Beobachtung vorwiegend die Dunkelzonen sieht. Auch dieser Effekt nimmt gewöhnlich mit wachsendem Einfallswinkel α zu.

Ein Vergleich der Meßergebnisse mit dem Gesetz (60) nach *v. Seeliger-Lommel* ergibt folgendes: Nach Gl. (60) ist die Strahlungsdichte der Remission gegeben durch

$$B = \text{Const} \frac{\cos\alpha}{\cos\alpha + \cos\vartheta} \, .$$

Durch Normierung auf $B(\alpha = 0°; \vartheta = 45°) = 100$ folgt

$$\text{Const} = 100\left(1 + \tfrac{1}{2}\sqrt{2}\right) = 170,7 \, .$$

Damit erhält man für die reduzierte Strahlungsdichte

$$\frac{B}{\cos\alpha} = \frac{170,7}{\cos\alpha + \cos\vartheta} \, .$$

Diese Funktion ist für $\alpha = 0°$, $30°$, $45°$ und $60°$ in Abhängigkeit vom Beobachtungswinkel ϑ in Abb. 20 dargestellt zusammen mit dem von α und ϑ unabhängigen Lambert-Wert 100. Der Vergleich zeigt, daß das v. Seeligersche Gesetz die Messungen noch weniger gut wiederzugeben vermag als das Lambertsche. Insbesondere steigt die Strahlungsdichte nach *v. Seeliger* für alle Einfallswinkel α viel zu stark mit dem Beobachtungswinkel ϑ an. Während nach *v. Seeliger* die Kurve für $\alpha = 60°$ weit oberhalb der für $\alpha = 0°$ liegt, beginnen die experimentellen Kurven für große α stets unterhalb der Kurve für $\alpha = 0°$. Die Abweichungen vom Lambert-Gesetz sind wenigstens für Medien mit großem Brechungs-

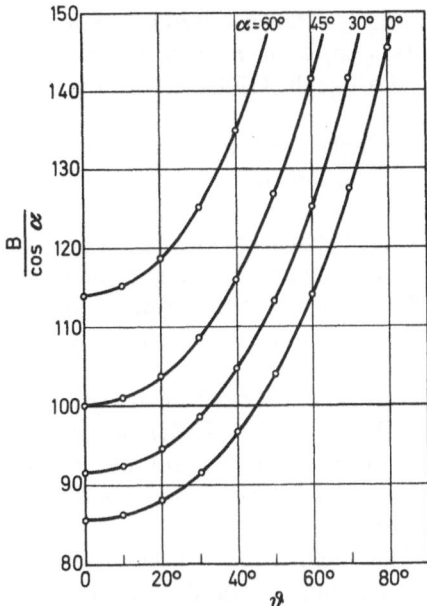

Abb. 20. Normierte Strahlungsdichten als Funktion von ϑ nach v. *Seeliger*

index bis zu mittleren Beobachtungs- und Einfallswinkeln relativ klein, beim v. Seeliger-Gesetz ist auch dies keineswegs der Fall.

Faßt man die Ergebnisse dieser Untersuchung kurz zusammen, so folgt:

1. Die Bouguersche Elementarspiegelhypothese ist bei Annahme einer Gleichverteilung der Orientierungswinkel mit dem Lambertschen Gesetz nicht vereinbar.

2. Keine der untersuchten Proben erfüllt das Lambertsche Gesetz exakt; mit zunehmenden Einfalls- und Beobachtungswinkeln treten systematisch anwachsende Abweichungen auf. Frühere gegenteilige Befunde sind auf unzulässige Mittelungen zurückzuführen.

3. Die Bouguer-Hypothese vermag also eine ideal diffuse Reflexion nicht zu deuten, sie ermöglicht es jedoch, gerade die Abweichungen der beobachteten Strahlungsdichten vom Lambert-Gesetz und den dabei festgestellten Materialeinfluß zu verstehen.

4. Unter den hartgepreßten Proben ohne Glanzspitzen zeigen diejenigen die geringsten Abweichungen von konstanter Strahlungsdichte, kommen also dem Lambert-Strahler am nächsten, deren Brechungsindex n am größten ist. Dies läßt sich auf Grund der Fresnelschen Formeln und der Bouguer-Hypothese verständlich machen.

5. Auch sehr feinkörnige Pulver wie Aerosil können keine konstante Strahlungsdichte aufweisen, wenn n klein ist. Die verbreitete Ansicht, kleine Korngröße begünstige die Gültigkeit des Lambertschen Gesetzes, trifft nicht allgemein zu.

6. Lockere Pulveroberflächen zeigen Abschattungseffekte, die Strahlungsdichte nimmt mit steigendem Beobachtungswinkel um so mehr ab, je gröber das Korn ist.

7. Abschattungs- und Fresnel-Effekt wirken gegenläufig und können so bewirken, daß unter geeigneten Bedingungen von Korngröße und Brechungsindex die Strahlungsdichte in größeren Bereichen von α und ϑ einigermaßen konstant wird. In solchen Fällen gilt scheinbar das Lambertsche Gesetz.

8. Die Stärke der Abschattungseffekte hängt von der Rauhigkeit der Oberfläche ab. Die regulären Reflexionsanteile sind material-spezifisch, da der goniometrische Verlauf der Fresnel-Kurven vom Brechungsindex abhängt. Die Bouguersche Hypothese kann also diesen Materialeinfluß erklären.

9. Bei nichtabsorbierenden Stoffen ist die Strahlungsdichte von der Wellenlänge nur dann abhängig, wenn der betreffende Stoff eine merkliche Dispersion von n besitzt.

10. Das Gesetz von *v. Seeliger-Lommel* ist dem Lambertschen Gesetz unterlegen und kann auch für einen ideal diffusen Reflektor theoretisch nicht begründet werden.

f) Diffuse Reflexion an absorbierenden Stoffen

Die experimentellen Ergebnisse des letzten Abschnitts beziehen sich auf nichtabsorbierende Stoffe, d. h. die einfallende Strahlungsleistung wird – falls man von geringen, nicht vermeidbaren Verunreinigungen absieht – praktisch vollständig teils diffus, teils regulär wieder reflektiert. Für den Fall jedoch, daß das reflektierende Medium selektiv absorbiert, muß die spektrale Zusammensetzung der reflektierten Strahlung bei Einstrahlung eines Kontinuums von der der Primärstrahlung abweichen. Dies beruht auf zwei Vorgängen: Der Wellenlängenbereich, der im Innern der Probe selektiv absorbiert wird, wird bei der Oberflächenreflexion an den Bouguerschen Elementarspiegeln auf Grund der Fresnelschen Gesetze gerade bevorzugt reflektiert, und beide Vorgänge, die einander entgegenwirken, bestimmen gemeinsam die spektrale Zusammensetzung der remittierten Strahlung.

Nimmt man an, daß die aus dem Innern der Probe austretende Strahlungsdichte „diffus" ist, d. h. isotrope Winkelverteilung besitzt und damit dem Lambertschen Gesetz gehorcht, wie später wahrscheinlich gemacht wird, so wird die beobachtete Winkelabhängigkeit der remittierten

Strahlungsdichte wiederum praktisch ausschließlich durch die Bouguer-schen Elementarspiegel und die Verteilungsfunktion ihrer Neigungs-winkel ε gegen die makroskopische Oberfläche bestimmt sein. Man sollte also ähnliche Strahlungsdichtekurven in Abhängigkeit vom Einfalls-winkel α und Beobachtungswinkel ϑ erwarten wie bei den nichtabsor-bierenden Medien mit dem Unterschied, daß die Abweichungen vom Lambertschen Gesetz im Gebiet der selektiven Absorption wesentlich stärker sind und bei kleineren ϑ-Werten beginnen als in den Spektral-gebieten, in denen der betreffende Stoff nicht absorbiert.

Diese Erwartung wird schon durch ältere Messungen bestätigt. So haben z. B. *Woronkoff* und *Pokrowski*[50] goniophotometrische Messungen an Papier gemacht, das mit Rhodamin B gefärbt war, und zwar bei $\lambda = 650$ mμ, wo Rhodamin nur sehr wenig absorbiert, und bei $\lambda = 550$ mμ, wo es stark absorbiert. Die Abweichungen vom Lambertschen Gesetz nehmen mit wachsendem Beobachtungswinkel ϑ und zunehmendem Einfallswinkel α als Parameter zu, wie dies auch bei nichtabsorbierenden Stoffen beobachtet wird, sie sind aber unter sonst gleichen Bedingungen bei $\lambda = 550$ mμ sehr viel größer als bei $\lambda = 650$ mμ und beginnen bei kleineren ϑ-Winkeln. Neuere Messungen[51] mit einer lichtelektrischen Methode an Pulvern von K_2CrO_4, $CuSO_4 \cdot 5H_2O$, Chromalaun und Naphtholgelb an Aerosil adsorbiert führten zu analogen Ergebnissen. In Abb. 21a sind als Beispiel die normierten goniophotometrischen Kurven von K_2CrO_4 in Abhängigkeit vom Beobachtungswinkel ϑ bei verschiedenen Einfallswinkeln α und bei $\lambda = 649$ mμ dargestellt, wo K_2CrO_4 praktisch nicht absorbiert (Reflexionsvermögen 97,2%). Die Probe war unter schwachem Druck hergestellt, die Kurven entsprechen etwa denen von Abb. 15g bei $BaSO_4$. Dieselbe Probe im Absorptions-gebiet untersucht ($\lambda = 401$ mμ; Reflexionsvermögen 5,2%) ergibt die Kurven von Abb. 21b. Man erkennt unmittelbar die folgenden charak-teristischen Unterschiede: Die Kurve für $\alpha = 0$ steigt mit zunehmendem ϑ schwach anstatt zu fallen; die Abweichungen vom Lambert-Gesetz sind 4—5mal größer und zeigen schwache Glanzbereiche; die Abwei-chungen beginnen bereits bei sehr kleinen ϑ-Winkeln und verlaufen viel steiler als außerhalb des Absorptionsgebietes. Alles dies spricht dafür, daß diese Meßergebnisse sich wieder qualitativ durch eine Kombination der Bouguerschen Elementarspiegelhypothese und der Fresnelschen Formeln deuten lassen. Nach Gl. (48) gilt im einfachsten Fall senkrechter Inzidenz, wenn wir den Brechungsindex $n_1 = n$ und (für Luft als um-gebendes Medium) $n_0 = 1$ setzen:

$$R_{\text{reg}} = \frac{(n-1)^2 + n^2\varkappa^2}{(n+1)^2 + n^2\varkappa^2}. \tag{84}$$

[50] *Woronkoff, G. P.*, u. *G. I. Pokrowski*: Z. Physik **20**, 358 (1924).
[51] *Kortüm, G.*, u. *R. Hamm*: Ber. Bunsenges. (im Druck).

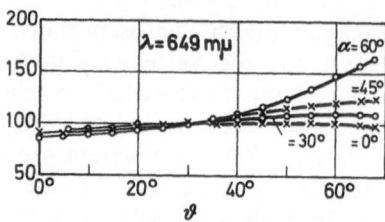

Abb. 21 a. Goniophotometrische Messungen an K_2CrO_4-Pulver bei 649 mµ außerhalb der selektiven Absorption

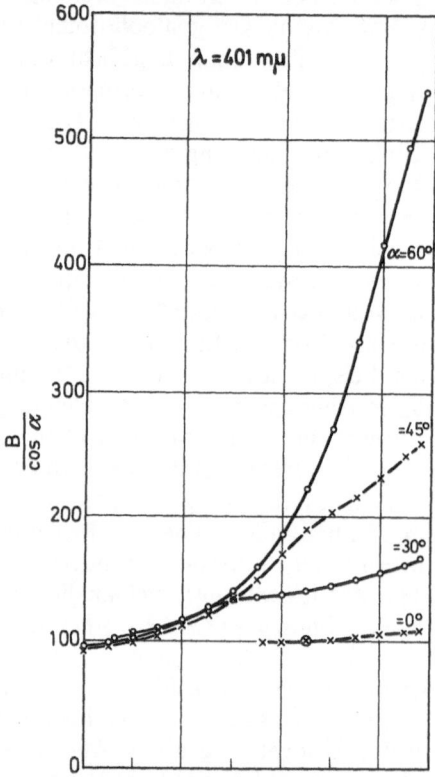

Abb. 21 b. Goniophotometrische Messungen an K_2CrO_4-Pulver bei 401 mµ im Gebiet selektiver Absorption

Je größer der Absorptionsindex $\varkappa$ ist, um so größer wird R_{reg}. Bei absorbierenden Stoffen muß also der reguläre Anteil der Reflexion an den Bouguerschen Elementarspiegeln sich schon bei senkrechter Inzidenz stärker bemerkbar machen als bei nichtabsorbierenden Stoffen; bei größeren Einfallswinkeln muß der Einfluß von $\varkappa$ auf R_{reg} rasch anwachsen, das schließlich gegen den Grenzwert 1 gehen kann.

Analoge Ergebnisse zeigten schließlich auch Messungen über die *Polarisation natürlicher Strahlung* bei der diffusen Reflexion an Stoffen von verschiedenem Absorptionsvermögen unter sonst gleichen Bedingungen[52]. In Abb. 22 ist der Anteil R an linear polarisierter Strahlung

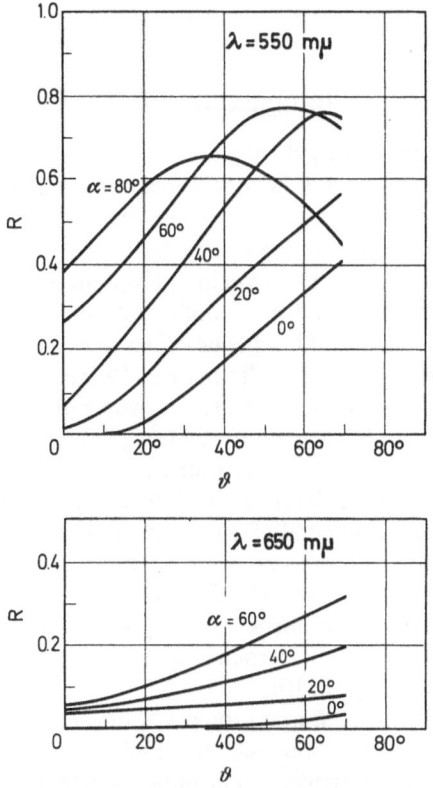

Abb. 22. Anteil R an linear polarisiertem Licht nach der Reflexion an mit Rhodamin angefärbtem Papier für verschiedene Einfallswinkel α als Parameter in Abhängigkeit vom Beobachtungswinkel ϑ. Unterer Teil: $\lambda = 650\ \mathrm{m\mu}$; oberer Teil: $\lambda = 550\ \mathrm{m\mu}$ (im Absorptionsbereich)

nach der Reflexion an Papier, das mit Rhodamin B angefärbt war, für verschiedene Einfallswinkel als Parameter in Abhängigkeit vom Beobachtungswinkel ϑ aufgetragen, und zwar für $\lambda = 650\ \mathrm{m\mu}$ (praktisch keine Absorption) und für $\lambda = 550\ \mathrm{m\mu}$ (starke Absorption). Im ersten Fall ist die Polarisation annähernd die gleiche wie bei weißem Papier, im zweiten Fall außerordentlich groß und geht für verschiedene Einfalls-

[52] *Woronkoff*, G. P., u. G. I. *Pokrowski:* Z. Physik 30, 139 (1924).

winkel jeweils durch ein Maximum, das dem Brewsterschen Gesetz entspricht (vgl. S. 8) und bei $\alpha_P = \dfrac{\alpha + \vartheta}{2}$ erreicht wird. Auch bei der Depolarisation linear polarisierter Strahlung durch diffuse Reflexion findet man, daß diese um so geringer ist, je stärker der reflektierende Stoff absorbiert[53].

g) Korngrößenabhängigkeit von Remissionskurven

Auf Grund der im vorausgehenden Abschnitt berichteten Erfahrungen muß man damit rechnen, daß bei der Reflexion von Strahlung an festen matten Oberflächen stets diffuse und reguläre Anteile sich überlagern, deren Intensitätsverhältnis außer von Einfalls- und Beobachtungswinkel noch von Korngröße, Packungsdichte, Kristallform und Brechungsvermögen des betreffenden Stoffes abhängen. Offenbar kann man eine ideal diffus reflektierende Oberfläche auch bei feinstmöglicher Verteilung des betreffenden Stoffes, die man in Praxis erreichen kann, nur mit einer gewissen Annäherung realisieren, wie z. B. die Messungen der goniophotometrischen Kurven an Aerosil zeigen (vgl. S. 45). Der Grund liegt darin, daß es stets kohärent reflektierende Oberflächenbereiche („Elementarspiegel") gibt, deren Reflexion den Fresnelschen Formeln gehorcht. Ihre mit ϑ ansteigende Strahlungsdichte kann durch Abschattungseffekte teilweise kompensiert werden. Hinzu kommt die aus dem Innern der Probe an die Oberfläche zurückgelangende Strahlung, deren Dichteverteilung nach den bisher vorliegenden Untersuchungen als weitgehend isotrop angesehen werden kann und danach das Lambertsche Gesetz erfüllen sollte (vgl. S. 101).

Die Richtigkeit dieser Betrachtungen läßt sich sehr eindrucksvoll anhand von Messungen über die *Korngrößenabhängigkeit* der sog. *Remissionskurven* demonstrieren. Darunter versteht man das diffus-reguläre Reflexionsvermögen J/I_0 bei so großer Schichtdicke, daß die Probe keine Durchlässigkeit mehr besitzt[54], in Abhängigkeit von der Wellenlänge λ oder der Wellenzahl $\overset{\scriptstyle\vee}{v}$. Dabei ist I_0 die diffus (vgl. S. 225) oder auch unter gegebenem Einfallswinkel α eingestrahlte, J die zugehörige remittierte Strahlungsleistung. Bei Durchsichtsmessungen entspricht dem die Durchlässigkeit $I/I_0 = f(\lambda)$ bzw. $f(\overset{\scriptstyle\vee}{v})$. Anstelle dieses sog. *absoluten* Remissionsvermögens R_∞ mißt man in der Praxis meistens das *relative* Remissionsvermögen R'_∞ gegen einen nichtabsorbierenden Standard, wie MgO. Statt R'_∞ kann man auch $\log(1/R'_\infty)$

---

[53] *Woronkoff*, G. P., u. G. I. *Pokrowski*: Z. Physik **33**, 860 (1925); — *Umow*, N. A.: Physik. Z. **6**, 674 (1905); **13**, 962 (1912).

[54] Dies ist meistens schon bei Schichtdicken von wenigen Millimetern der Fall.

gegen λ oder $\overset{.}{v}$ auftragen, was Extinktionskurven bei Durchsichts-messungen entspricht. Man bezeichnet deshalb auch $\log(1/R'_\infty)$ oft als „scheinbare Extinktion".

Allgemein findet man bei nicht allzu stark absorbierenden Stoffen, daß R'_∞ z. B. eines kristallinen Pulvers mit abnehmender Korngröße steigt, $\log(1/R'_\infty)$ also sinkt, d. h. beim Zermahlen werden absorbierende Stoffe in der Regel heller. Ein bekanntes Beispiel ist $CuSO_4 \cdot 5H_2O$, das in fein zermahlener Form fast weiß erscheint. Dies beruht darauf, wie wir später sehen werden (vgl. S. 64), daß der Streukoeffizient mit abnehmender Korngröße zu- und damit die *Eindringtiefe* der Strahlung in das Pulver abnimmt. Die mittlere durchlaufene Schichtdicke innerhalb der Probe wird also kleiner und damit auch der absorbierte Anteil der Strahlung.

Auch der Absorptionskoeffizient selbst ist in heterogenen Systemen eine Funktion der Teilchengröße. Man kann dies auch in *Durchsicht* beobachten, wenn man die Streuung weitgehend dadurch ausschließt, daß man die Brechungsindizes der Teilchen und des umgebenden Mediums möglichst ähnlich macht, wie es etwa in der Infrarotspektro-skopie heterogener Systeme seit langem üblich ist. Unter dieser Voraus-setzung vernachlässigbarer Streuung ist die Abhängigkeit des Absorp-tionskoeffizienten K_T von der Teilchengröße in heterogenen Systemen von mehreren Autoren theoretisch untersucht worden[55-58]. Die all-gemeinste statistische Betrachtung von *Felder*[58] ergibt für ein System kugelförmiger monodisperser Teilchen den Absorptionskoeffizienten in Durchsicht

$$K_T = -\frac{3}{2d}\,\varphi(P_m)\ln\left[1 - \frac{P}{\varphi(P_m)}(1 - T_d)\right]. \qquad (85)$$

Darin bedeuten: d den Teilchendurchmesser; P die Packungsdichte der Teilchen, definiert durch $P = \dfrac{N}{V} \cdot \dfrac{\pi d^3}{6}$; $\varphi(P_m)$ eine Funktion der maximal möglichen Packungsdichte P_m, die dem Rechnung trägt, daß sich die Teilchen nicht beliebig nähern können $[\varphi(P_m) \approx P_m < 1]$; T_d die Durch-lässigkeit eines einzelnen Teilchens, die nach *Duyckaerts*[55] gegeben ist durch

$$T_d = \frac{2}{(kc_0 d)^2}\left[1 - (1 + kc_0 d)\cdot e^{-kc_0 d}\right], \qquad (86)$$

[55] *Duyckaerts, G.*: Spectrochim. Acta 7, 25 (1955).
[56] *Otvos, J. W., H. Stone,* and *W. R. Harp*: Spectrochim. Acta 9, 148 (1957).
[57] *Gledhill, R. J.*, and *D. B. Julian*: J. Opt. Soc. Am. 53, 239 (1963).
[58] *Felder, B.*: Helv. Chim. Acta 47, 488 (1964).

worin $k = 2,303 \cdot \varepsilon$ der natürliche Extinktionskoeffizient der Molekeln und c_0 ihre Konzentration in Mol/l in den Teilchen ist. Gleichung (85) sagt aus, daß die Absorption bei konstanter Konzentration c_0 mit abnehmender Teilchengröße zunimmt und sich einem Grenzwert nähert, der der Absorption des molekulardispers gelösten Stoffes entspricht, wobei natürlich zu berücksichtigen ist, daß für $d \to 0$ die Formel nicht mehr gültig bleibt, weil der Extinktionskoeffizient k sich beim Übergang aus dem Kristallverband in das solvatisierte Molekül ändern kann.

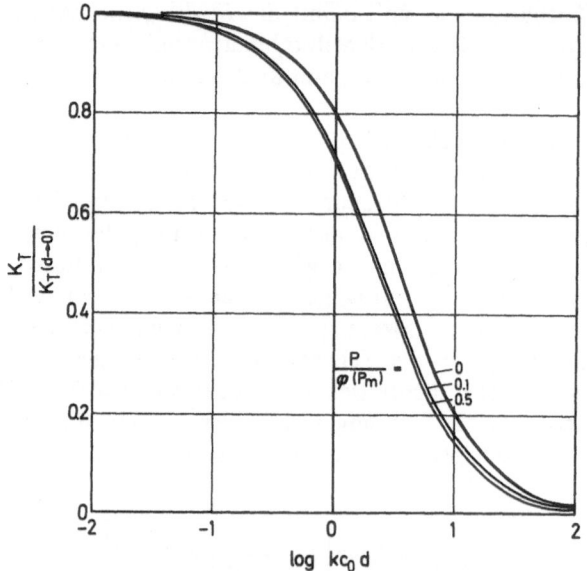

Abb. 23. Teilchengrößenabhängigkeit der Lichtabsorption in heterogenen Systemen

Sieht man davon ab, so erhält man für die molekulardisperse Lösung nach dem Lambert-Beerschen Gesetz

$$K_{(d \to 0)} = k c_0 P .$$ (87)

Das Verhältnis $K_T / K_{T(d \to 0)}$ ist in Abb. 23 als Funktion von $\log k c_0 d$ und für verschiedene Packungsdichten als Parameter dargestellt. Für $k c_0 d > 0,1$ ist danach schon eine merkliche und rasch zunehmende Abhängigkeit des Absorptionskoeffizienten von der Teilchengröße zu erwarten [59]. Wird $k c_0 d > 10$, so ist K_T praktisch nicht mehr vom Absorptionsvermögen k der Molekeln abhängig.

---

[59] Die in Abb. 23 gewählten Abszissenwerte entsprechen etwa den praktisch vorkommenden Fällen. Danach ist c_0 von der Größenordnung 10, d von der Größenordnung 10^{-4} cm und k von der Größenordnung 10^2 bis 10^5.

Nimmt man an, daß dieses Ergebnis für kugelförmige monodisperse Teilchen bei vernachlässigbarer Streuung näherungsweise auch auf polydisperse streuende Teilchen übertragen werden kann, so findet man folgendes: Man kann voraussetzen, und dies wird experimentell bestätigt (vgl. S. 201), daß der Absorptionskoeffizient in Reflexion K_R dem

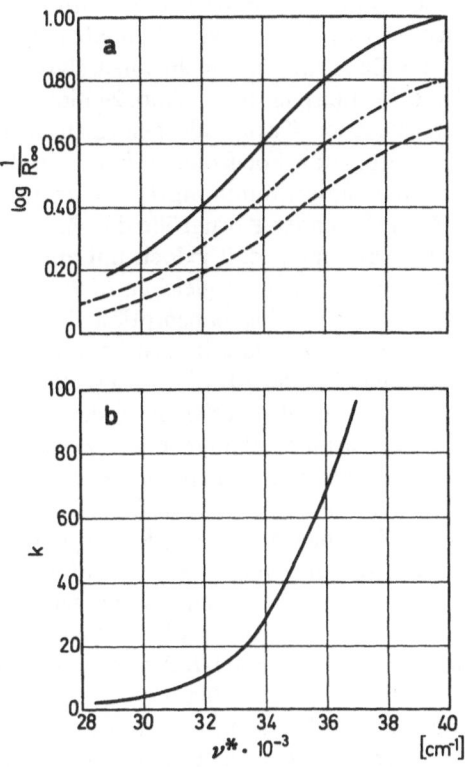

Abb. 24. a) Remissionskurven von Glaspulver verschiedener Korngröße, gemessen gegen BaSO₄ als Standard: $\sqrt{\overline{d^2}} \cong 100\,\mu$ ——; $\cong 35\,\mu$ —·—; $\cong 10\,\mu$ ---.
b) Absorptionskoeffizienten von Glas in Durchsicht

Absorptionskoeffizienten in Durchsicht K_T proportional ist. Ist also letzterer teilchengrößenabhängig, so muß auch K_R das gleiche Verhalten zeigen, d. h. mit zunehmendem d sollte nach Abb. 23 auch K_R abnehmen, und zwar um so stärker, je größer das Absorptionsvermögen kc_0 der Molekeln ist, d. h. das ganze Spektrum sollte verflacht werden. Tatsächlich beobachtet man bei schwach absorbierenden Stoffen das Gegenteil: Mit zunehmender Korngröße nimmt die Absorption zu (das Pulver wird dunkler). Das liegt daran, daß außer dem Absorptionskoeffizienten auch der Streukoeffizient S eine Funktion der Teilchengröße ist, und zwar nimmt S bei Korngrößen $d \geq 1\,\mu$ etwa mit d^{-1} zu und kompensiert die Teilchengrößenabhängigkeit von K_R über (vgl. S. 219). Mit zunehmendem d nimmt also die Streuung ab, die Strahlung kann tiefer in das Pulver eindringen, der im Mittel zurückgelegte Weg $\bar{x}$ wird größer und damit auch die Absorption. Wie später gezeigt wird (vgl. S. 220), sollte für sehr große d das Verhältnis K_R/S von d unabhängig werden.

Dies wird von der Erfahrung bei nicht allzu stark absorbierenden Stoffen stets bestätigt. Als Beispiel sind in Abb. 24 die Remissionskurven von *Glaspulver* verschiedener Korngröße gemessen gegen $BaSO_4$ als Standard, sowie die Absorptionskoeffizienten k des gleichen Glases aus Durchsichtsmessungen, definiert durch $\log(I_0/I) = kx$ wiedergegeben[60]. Man sieht, daß mit abnehmender Korngröße das Remissionsvermögen steigt, [$\log(1/R'_\infty)$ also abnimmt], daß jedoch mit zunehmendem $\dot{v}$ die remittierte Strahlungsleistung nicht im gleichen Maße abnimmt wie dies die immer stärker zunehmende Eigenabsorption des Glases erwarten läßt. Dies ist, jedenfalls teilweise, darauf zurückzuführen, daß bei konstantem d und wachsendem kc_0 der Absorptionskoeffizient nach Abb. 23 abnimmt, das ganze Spektrum also verflacht wird.

Man erkennt diese Zusammenhänge noch wesentlich deutlicher, wenn man die Korngrößenabhängigkeit der Remission bei selektiv absorbierenden Stoffen untersucht. In Abb. 25a sind die Remissionskurven von Mischkristallen aus $KMnO_4$ und $KClO_4$ mit einem $KMnO_4$-Gehalt von 0,17 Mol-% bei drei verschiedenen mittleren Korngrößen, gemessen gegen reinstes $BaSO_4$ als Standard, wiedergegeben[61]. Man sieht auch hier, daß bei abnehmender Korngröße das Remissionsvermögen steigt, die scheinbare Extinktion $\log(1/R'_\infty)$ also sinkt, eine Folge der mit zunehmender Korngröße sinkenden Eindringtiefe der Strahlung. Macht man aber die gleichen Messungen an reinem $KMnO_4$, so findet man zwei bemerkenswerte Unterschiede (Abb. 25b): Erstens sind die scheinbaren Extinktionen $\log(1/R'_\infty)$ nur um etwa eine Einheit größer als die des Mischkristalls trotz etwa 500facher Konzentration an absorbierenden Ionen. Bei gleichen Teilchendurchmessern ist also kc_0 sehr viel größer als im Mischkristall, und damit sinkt nach Abb. 23 auch der Absorptionskoeffizient K_R, während S sich nicht wesentlich ändert. Zweitens steigt die scheinbare Extinktion $\log(1/R'_\infty)$ beim reinen Kristall mit abnehmender Korngröße an, während sie beim Mischkristall ab-

---

[60] *Kortüm, G.*, u. *P. Haug*: Z. Naturforsch. **8a**, 372 (1953). Die regulären Reflexionsverluste an den Grenzflächen bei der Durchsichtsaufnahme wurden durch Aufnahme bei zwei Schichtdicken eliminiert [vgl. *Schachtschabel, K.*: Ann. Physik **81**, 929 (1926)].

[61] *Kortüm, G.*, u. *H. Schöttler*: Z. Elektrochem. **57**, 353 (1953).

sinkt. Man kann dies dadurch deuten, daß sich hier infolge der starken Absorption die regulären Reflexionsanteile auf Grund der Fresnelschen Gleichungen bereits stärker bemerkbar machen. Der *reguläre* Reflexionsanteil geht mit abnehmender Korngröße zurück. Da die reguläre Re-

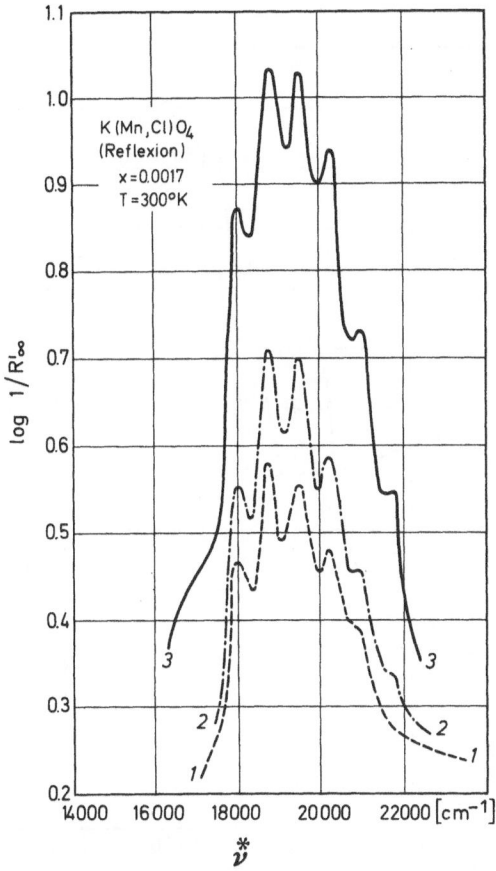

Abb. 25a. Remissionskurven von Mischkristallen aus $KMnO_4$ und $KClO_4$ mit einem $KMnO_4$-Gehalt von 0,17 Mol%, gegen $BaSO_4$ als Standard gemessen. Mittlere Korngröße: 1) etwa 2 μ; 2) etwa 20 μ; 3) etwa 100 μ

flexion die scheinbare Extinktion erniedrigt, muß ihr Rückgang infolge der Kornverkleinerung die scheinbare Extinktion wieder größer erscheinen lassen. Diese mehrfach beobachtete gegenläufige Korngrößenabhängigkeit der scheinbaren Extinktion bei großen bzw. kleinen *k-*

Werten weist ebenso wie der Verlauf der goniophotometrischen Kurven
(S. 45) darauf hin, daß auch bei solchen feinen Pulvern der Anteil der
regulären Oberflächenreflexion nicht vernachlässigt werden kann.

Neben der Korngrößenabhängigkeit des Absorptionskoeffizienten
K_R hat auch der Anteil der regulären Oberflächenreflexion zur Folge,

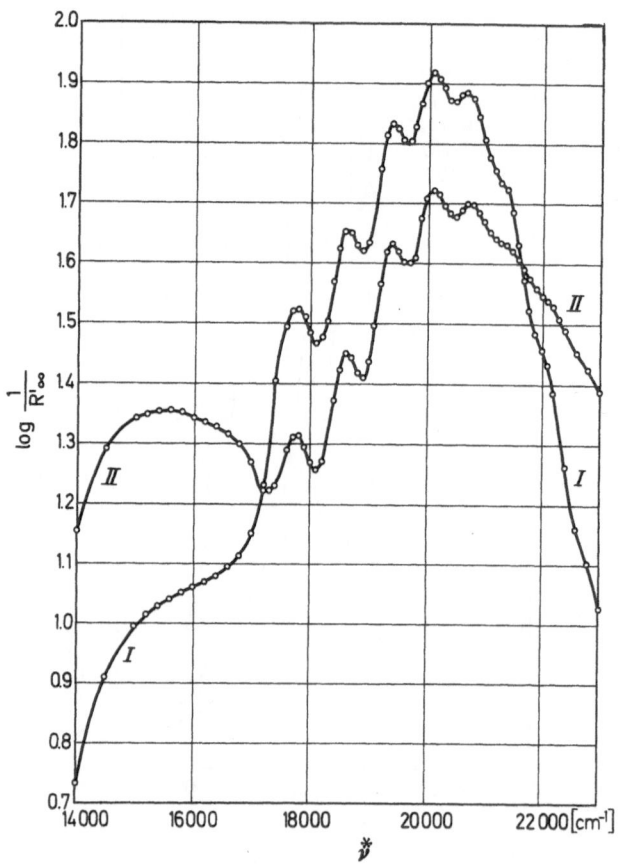

Abb. 25 b. Remissionsspektrum von reinem $KMnO_4$ gegen MgO als Standard gemessen. I: $\bar{d} \cong 1$ bis $2\,\mu$; II: $\bar{d} \cong 20\,\mu$

daß die aus Remissionsmessungen an Pulvern gewonnenen Kurven
gegenüber einem in Durchsicht ermittelten Spektrum des gleichen Stoffes
stets stark verflacht erscheinen, d. h. die scheinbaren Extinktionsdiffe-
renzen zwischen Maxima und Minima sind wesentlich geringer als im
Durchsichtsspektrum, das Remissionsspektrum erscheint viel weniger

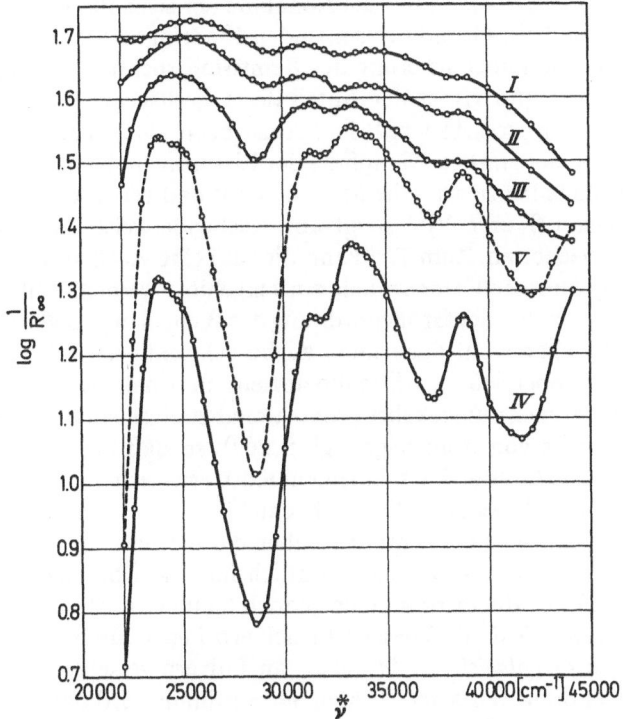

Abb. 26. Remissionsspektrum von reinem $K_3[Fe(CN)_6]$ gegen MgO als Standard gemessen. I: $\bar{d} \cong 200$ bis $500\,\mu$; II: $\bar{d} \cong 60$ bis $100\,\mu$; III: $\bar{d} \cong 20$ bis $40\,\mu$; IV: $\bar{d} \cong 1$ bis $2\,\mu$; V: $\bar{d} < 1\,\mu$

differenziert[62]. In Abb. 26 ist $\log(1/R'_\infty)$ von pulverisiertem $K_3[Fe(CN)_6]$ bei verschiedenen, durch Sieben homogenisierten mittleren Korngrößen $\bar{d}$ nach Messungen gegen MgO als Standard wiedergegeben[63]. Die

---

[62] Man erkennt dies leicht aus folgender Abschätzung: Für zwei benachbarte Banden, in Durchsicht gemessen, seien die Durchlässigkeiten im Maximum $I_1/I_0 = 0,001$ und $I_2/I_0 = 0,1$, die Extinktionen also $E_1 = 3$, $E_2 = 1$ und $\Delta E = 2$. Beträgt nun die Oberflächenreflexion bei entsprechenden Remissionsmessungen am Pulver z. B. 4%, so sind die scheinbaren Extinktionen gegeben durch

$$\log(1/R'_\infty)_1 = \log\frac{100}{4+0,096} = 1,388\,,$$

$$\log(1/R'_\infty)_2 = \log\frac{100}{4+9,6} = 1,867\,.$$

$\Delta \log(1/R'_\infty)$ wird also 0,48 statt 2 wie bei der Messung in Durchsicht (vgl. auch S. 179).

[63] *Kortüm, G.*, u. *J. Vogel:* Z. Physik. Chem. N.F. **18**, 110 (1958).

5*

Kurven I bis IV zeigen wieder die Abnahme der scheinbaren Extinktion mit fallendem $\bar{d}$ auf Grund der sinkenden Eindringtiefe und gleichzeitig die zunehmende Differenzierung des Remissionsspektrums. Bei grobem Korn (Kurve I und II) ist der Anteil der Oberflächenreflexion relativ groß, man kann sie selbst mit dem Auge noch als „Glanz" erkennen. Entsprechend der starken Dämpfung der Elektronenschwingungen nach der Dispersionstheorie sind die Maxima breit und verwaschen. Für sehr kleine Partikel (Kurve V)[64] steigt überraschenderweise die scheinbare Extinktion wieder an. Zum Teil kann dies auf eine vollständigere Eliminierung regulärer Reflexionsanteile zurückgeführt werden, weil die Teilchengrößen hier von der Größenordnung der Wellenlänge geworden sind. Daneben ist aber wohl auch noch zu berücksichtigen, daß in diesem Teilchengrößenbereich der Streukoeffizient in Analogie zur Einfachstreuung nicht mehr umgekehrt proportional zu d ist, sondern mit einer höheren Potenz von d ansteigt (vgl. S. 207), so daß man ein Wiederansteigen der Extinktion bei sehr feinem Korn erwarten muß. Der gleiche Effekt wurde auch bei K_2CrO_4 beobachtet[65].

Die angeführten Beobachtungen über die Korngrößenabhängigkeit der Remissionsspektren sprechen sämtlich für eine Überlagerung regulärer und diffuser Reflexionsanteile, jedoch fehlte es noch an einem unmittelbaren Beweis dafür. Dieser läßt sich erbringen durch Messung der *Reflexion linear polarisierter Strahlung* an Pulvern verschiedener Korngröße[66]. Der diffus reflektierte Anteil der Strahlung wird dabei vollständig depolarisiert und deshalb von einem zum Polarisator gekreuzten Analysator zu 50% durchgelassen. Beim regulär an Kristallflächen reflektierten Anteil muß man zwei Grenzfälle unterscheiden:

Bei *schwacher* Absorption bleibt die Strahlung praktisch linear polarisiert; je nach Größe des Einfallswinkels α und des Azimuts ε (des Winkels zwischen Einfallsebene und Schwingungsebene der Strahlung) wird aber die Schwingungsebene gedreht. Diese Drehung hat ihr Maximum bei $\alpha = 90°$ und $\varepsilon = 45°$, wird aber für die Grenzazimute $\varepsilon = 0°$ und $\varepsilon = 90°$ für alle Einfallswinkel Null. Das gleiche gilt für alle Azimute bei senkrechter Inzidenz ($\alpha = 0°$).

Bei einem Kristallpulver mit regelloser Lage der spiegelnden Flächen werden alle möglichen Azimute und Einfallswinkel und damit auch alle möglichen Schwingungsebenen im regulär reflektierten Anteil vorkommen. Unter geeigneten geometrischen Bedingungen (vgl. Abb. 27) kann man jedoch erreichen, daß die durch reguläre Reflexion auf den Empfänger gelangende Strahlung praktisch vollständig in der gleichen

---

[64] Es wurde ein lyophilisiertes Präparat mit $\bar{d} \ll 1\,\mu$ benutzt [vgl. *Holzmann, G.*: Science **11**, 550 (1950)].

[65] *Kortüm, G.*, u. *P. Haug*: Z. Naturforsch. **8a**, 372 (1953).

[66] *Kortüm, G.*, u. *J. Vogel*: Z. Physik. Chem. N.F. **18**, 230 (1958).

Ebene polarisiert bleibt wie die einfallende Primärstrahlung: Die einfallende Strahlung trifft unter $\alpha = 45°$ auf die makroskopische Oberfläche der Probe auf, gemessen wird die in Richtung der Normalen zur makroskopischen Oberfläche austretende Strahlung (vgl. auch S. 238). Der reguläre Anteil derselben kommt deshalb nur von solchen Kristallflächen, auf die die Strahlung unter dem Winkel $\alpha_R = 45°/2$ einfällt, deren Flächennormale also um 45°/2 gegen das Lot auf der makroskopischen Oberfläche geneigt ist. Da die einfallende Strahlung nicht streng parallel

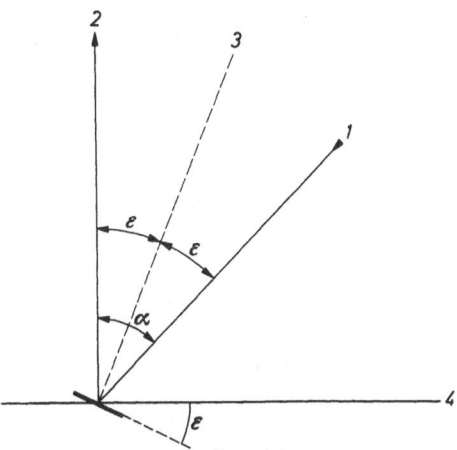

Abb. 27. Zur Meßmethode der regulären Reflexion linear polarisierter Strahlung an Kristallpulvern; *1* einfallender Strahl; *2* zum Empfänger; *3* Flächennormale einer Kristallfläche; *4* makroskopische Oberfläche der Probe

ist, wird die reguläre Reflexion auch noch von solchen Flächen erfaßt, die in einem gewissen (kleinen) Winkelbereich $\varepsilon \pm \Delta \varepsilon$ gegen das Oberflächenlot geneigt liegen, und deshalb wird auf den Empfänger auch Strahlung gelangen, die unter einem Azimut $\varepsilon \pm \Delta \varepsilon$ auf die Elementarspiegel aufgefallen ist. Dieses $\Delta \varepsilon$ ist infolge der gewählten optischen Anordnung klein. Sorgt man nun außerdem dafür, daß das „Hauptazimut" ε_R entweder 0° oder 90° beträgt, bei denen die Strahlung ohne Drehung der Polarisationsebene reflektiert wird, so ändert die einfallende linear polarisierte Strahlung, soweit sie durch reguläre Reflexion auf den Empfänger gelangt, ihre Schwingungsrichtung praktisch nicht. Schaltet man vor dem Empfänger einen Analysator ein, der zum Polarisator gekreuzt ist, so werden die regulär reflektierten Anteile der remittierten Strahlung weitestgehend ausgelöscht.

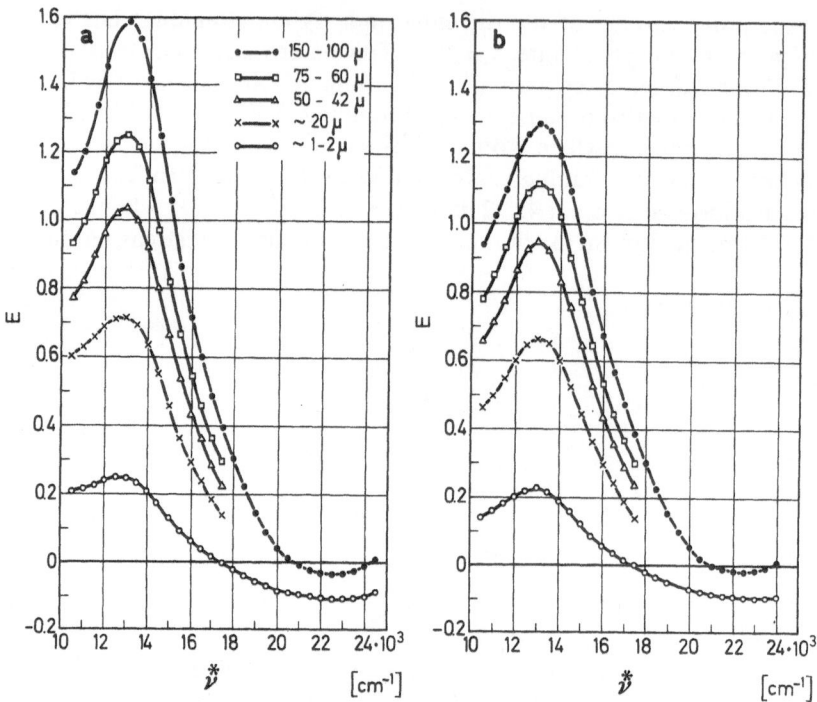

Abb. 28. Remissionsspektren von reinem $CuSO_4 \cdot 5H_2O$ bei 5 verschiedenen Korngrößen, gemessen gegen den Zeissschen Weißstandard; *a)* mit polarisierter Strahlung, *b)* mit natürlicher Strahlung aufgenommen

Bei *starker* Absorption wird der regulär reflektierte Anteil der einfallenden linear polarisierten Strahlung elliptisch polarisiert, und zwar wiederum abhängig vom Einfallswinkel und Azimut der Primärstrahlung. Bei den Grenzazimuten 0° und 90° und allen Einfallswinkeln sowie bei senkrechter Inzidenz und allen Azimuten bleibt jedoch die Strahlung in der ursprünglichen Ebene linear polarisiert, so daß sich auch in diesem Fall der reguläre Anteil der remittierten Strahlung in der geometrischen Anordnung von Abb. 27 praktisch vollständig durch einen gekreuzten Analysator eliminieren läßt.

Mißt man das Remissionsvermögen von Pulvern verschiedener Korngröße einmal mit natürlicher, einmal mit linear polarisierter Strahlung, wobei die Schwingungsebene der einfallenden Strahlung senkrecht oder parallel zur Einfallsebene stehen muß und vor dem Empfänger ein zum Polarisator gekreuzter Analysator eingeschaltet ist, gegen den gleichen Standard, so erhält man verschiedene Remissionsspektren, wie sie z. B. in Abb. 28 an reinem (schwach absorbierenden) $CuSO_4 \cdot 5H_2O$

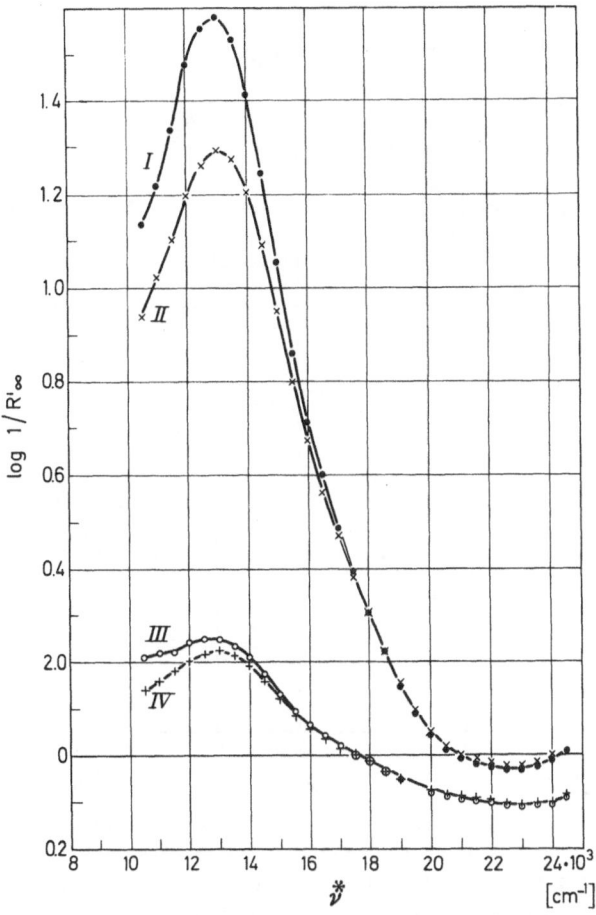

Abb. 29. Remissionsspektren von $CuSO_4 \cdot 5H_2O$ bei grobem bzw. feinem Korn mit polarisierter bzw. natürlicher Strahlung aufgenommen. I: 150 bis 100 μ, mit polarisierter Strahlung; II: 150 bis 100 μ, mit natürlicher Strahlung; III: 1 bis 2 μ, mit polarisierter Strahlung; IV: 1 bis 2 μ, mit natürlicher Strahlung

wiedergegeben sind[67]. Zwischen beiden Messungen wurde weder die Oberfläche der Proben noch die Geometrie der Meßanordnung nach Abb. 27 geändert. Das Spektrum a) ist mit linear polarisierter Strahlung aufgenommen und gilt für den diffusen Anteil der Remission, das Spektrum b) ist unter ganz gleichen Bedingungen mit natürlicher Strahlung aufgenommen und gilt für die gesamte (regulär und diffus reflektierte) Strahlung.

[67] *Kortüm*, G., u. *J. Vogel*: Z. Physik. Chem. N.F. **18**, 230 (1958).

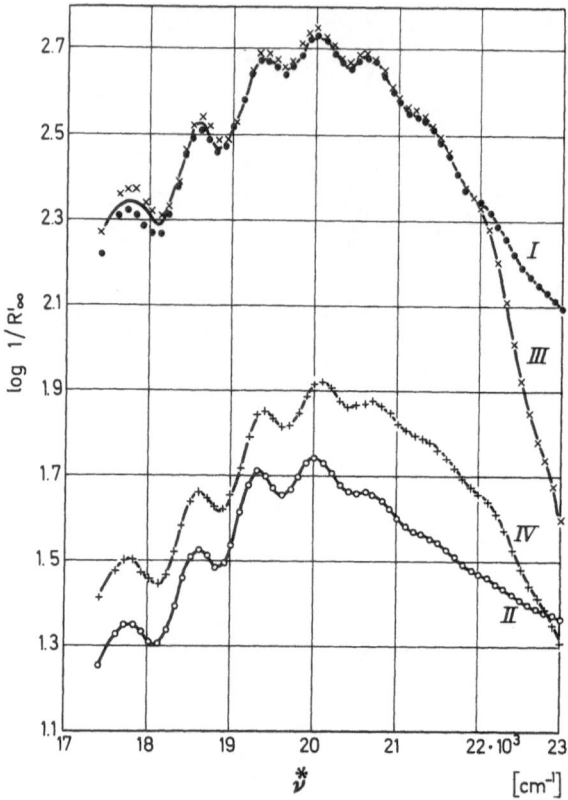

Abb. 30. Remissionsspektren von reinem KMnO₄ bei reiner diffuser (polarisierter Strahlung) und bei Überlagerung von diffuser und regulärer Reflexion (natürliche Strahlung) bei zwei stark verschiedenen Korngrößen. I: 150 bis 100 μ, mit polarisierter Strahlung; II: 150 bis 100 μ, mit natürlicher Strahlung; III: 1 bis 2 μ, mit polarisierter Strahlung; IV: 1 bis 2 μ, mit natürlicher Strahlung

Man erkennt zunächst, daß in beiden Fällen die scheinbare Extinktion mit abnehmender Korngröße sinkt, weil die Eindringtiefe abnimmt, daß sie aber mit natürlicher Strahlung aufgenommen stets erheblich geringer ist, als wenn man den regulären Reflexionsanteil durch gekreuzte Polarisationsfolien eliminiert hat. Um dies deutlich zu machen, sind in Abb. 29 die Remissionsspektren bei gröbstem und feinstem Korn mit bzw. ohne Polarisationsfolien einander gegenübergestellt. Bei feinstem Korn sind die Unterschiede sehr gering, d. h. bei schwacher Absorption und feinstem Pulverisieren kann man eine weitgehend diffuse Reflexion erreichen, bei relativ grobem Korn ($d \cong 150$ bis 100 μ) beträgt die scheinbare Extinktionsdifferenz im Maximum aber bereits 20 %.

Analoge Messungen an einem stark absorbierenden Stoff (reines $KMnO_4$) bei den gleichen stark verschiedenen Korngrößen zeigt Abb. 30. Hier wird selbst bei einer Korngröße von 1—2 μ die auf der diffusen Reflexion beruhende scheinbare Extinktion fast um ein Drittel durch reguläre Reflexionsanteile erniedrigt, wenn beide Anteile sich überlagern. Die starke Stauchung der üblichen Remissionskurve gegenüber Durchsichtspektren des gleichen Stoffes bei hoher Absorption kommt hier besonders gut zum Ausdruck. Man sieht ferner, daß feinstes Pulverisieren auch in diesem Fall keineswegs ausreicht, den regulären Reflexionsanteil zu eliminieren, weil das reguläre Reflexionsvermögen selbst bei Korngrößen von etwa 2 μ auf Grund der Fresnelschen Gleichungen bei hohen k-Werten noch beträchtlich ist.

Weiter fällt auf, daß die Korngrößenabhängigkeit der rein diffusen Reflexion (mit polarisierter Strahlung) im Gegensatz zum Fall des schwach absorbierenden $CuSO_4 \cdot 5H_2O$ sehr gering ist, praktisch sogar in die Fehlergrenze der Messung fällt. Das bedeutet, daß die diffuse Reflexion bei starker Absorption von der Korngröße weitgehend unabhängig wird. Darauf wird später zurückzukommen sein (vgl. S. 219).

Kapitel III. Einfach- und Mehrfachstreuung

Wie wir gesehen haben, läßt sich die Wechselwirkung einer ebenen elektromagnetischen Welle mit einem Teilchen, dessen Dimensionen größer sind als die Wellenlänge, durch die Begriffe Reflexion, Brechung und Beugung beschreiben, solange keine Absorption eintritt. Die Winkelverteilung der Strahlungsdichte ist prinzipiell berechenbar und ist keineswegs isotrop. Erst beim Zusammenwirken zahlreicher, dicht gepackter Teilchen (Kristallpulver) kann man in günstigen Fällen eine angenähert isotrope Winkelverteilung beobachten (Lambertsches Cosinusgesetz), die als „diffuse Reflexion" bezeichnet wurde. Wird die Dimension eines Teilchens mit der Wellenlänge vergleichbar oder gar kleiner als λ, so kann man die Intensitätsanteile von Reflexion, Brechung und Beugung nicht mehr voneinander trennen, man spricht dann von *Streuung*. Auch die Winkelverteilung der Strahlungsdichte bei der Streuung an einem einzelnen Teilchen ist keineswegs isotrop, sie hängt von Größe, Gestalt und Polarisierbarkeit des Teilchens und von der Beobachtungsrichtung ab. Diese sog. *Einfachstreuung* entspricht also der Reflexion, Beugung und Brechung eines Strahlenbündels an einem einzelnen Teilchen, dessen Dimensionen sehr viel größer sind als λ. Da man in diesem Fall kein einzelnes Teilchen untersuchen kann, sondern stets eine große Zahl von Teilchen (Gase, Aerosole, Kolloidteilchen in Lösung) vor sich hat, muß man die Voraussetzung machen, daß zwischen den Phasen der von den einzelnen Teilchen gestreuten Wellen keine feste Beziehung besteht, so daß auch keine Interferenzen auftreten können. Dies ist dann der Fall, wenn es sich um völlig ungeordnete, nicht lokalisierte Teilchen handelt, die genügend weit voneinander entfernt sind. Man kann abschätzen, daß ein mittlerer gegenseitiger Abstand vom doppelten Durchmesser der Teilchen bereits genügt, damit sie unabhängig voneinander streuen[68]. In diesem Fall kann man annehmen, daß sich die Streuamplituden der an einzelnen Partikeln gestreuten Wellen in jeder Richtung einfach addieren, ohne daß man die Phasen berücksichtigen muß, d. h. die Streustrahlung kann als inkohärent betrachtet werden. Ein Kriterium dafür, ob Einfachstreuung vorliegt, ist die scheinbare Extinktion[69] der Probe

---

[68] Ein dichter Nebel aus Wassertröpfchen von 1 mm Durchmesser enthält nur etwa ein Teilchen je cm³, d. h. in der Regel sind die Teilchen durch weit größere Abstände voneinander getrennt.

[69] Man unterscheidet zwischen scheinbarer oder auch konservativer und wahrer Absorption. Die Streuung der Teilchen täuscht eine Absorption der Strahlung in Richtung des austretenden Bündels vor.

bei Messung in Durchsicht. Bezeichnet man die auffallende Strahlungsleistung mit I_0, die durchgehende, d. h. nicht gestreute Strahlungsleistung
mit I^*, so gilt analog dem Lambert-Beerschen Gesetz

$$I^* = I_0 e^{-S'x} \quad \text{oder} \quad \ln \frac{I_0}{I^*} = S'x, \tag{1}$$

worin S' den Streukoeffizienten, auch „*Trübung*" genannt, und x die
durchstrahlte Schichtdicke bedeutet. Ist $S' < 0{,}1$, so hat man im wesentlichen Einfachstreuung vor sich, für $S' > 0{,}3$ überwiegt bereits die *Mehrfachstreuung*. Bei undurchsichtigen Proben, bei denen die Strahlung
praktisch vollständig remittiert wird, ist Mehrfachstreuung vorherr-
schend.

Eine strenge Theorie existiert nur für die Einfachstreuung an Molekülen, die klein sind gegenüber λ (*Rayleigh, Gans, Born*), und für isotrope
kugelförmige Teilchen beliebiger Größe (*Mie*). Eine ins einzelne gehende
Darstellung dieser Theorie ist im Rahmen dieses Buches nicht möglich [70],
es kann hier nur auf einzelne Resultate der Rechnungen hingewiesen
werden, die für das spätere wichtig sind.

a) Die Rayleigh-Streuung

Die Theorie der molekularen Lichtstreuung an *Gasen* wurde zuerst
von *Rayleigh* [71] entwickelt. Sie geht von der Vorstellung aus, daß der
elektrische Vektor der einfallenden monochromatischen Lichtwelle die
Elektronen eines Moleküls zu erzwungenen Schwingungen gleicher
Frequenz anregt, wobei vorausgesetzt ist, daß die Frequenz v der Strahlung sehr viel kleiner ist als die Eigenfrequenz v_0 der Elektronen (keine
Absorption). Sind die Dimensionen des betrachteten Moleküls klein
gegenüber λ, so kann man annehmen, daß alle Elektronen in Phase
schwingen [72], d. h. das Molekül stellt einen schwingenden Dipol oder
eine Art Antenne von molekularen Dimensionen dar. Dieser Dipol
sendet seinerseits sekundäre elektromagnetische Wellen gleicher Frequenz in alle Richtungen aus, d. h. die Primärwellen werden *gestreut*. Die
Amplitude der gestreuten Welle hängt von der Größe des im Molekül

---

[70] Vgl. die zusammenfassenden Darstellungen: *Van de Hulst, H. C.*: Light
scattering by small particles. New York: John Wiley & Sons 1957. — *Stuart, H. A.*:
Molekülstruktur, 3. Aufl. Berlin-Heidelberg-New York: Springer 1967. — *Edsall,
J. T.*, and *W. B. Dandliker*: Light scattering in solutions. Fortschr. Chem. Forsch. **2**,
1 (1951). — *Oster,G.*: The scattering of light and its applications to chemistry. Chem.
Rev. **43**, 319 (1947).

[71] *Rayleigh, J. W.*: Phil. Mag. **12**, 81 (1881); **47**, 375 (1899).

[72] Wir lassen im folgenden f, die Zahl der virtuellen Oszillatoren, der Einfach-
heit halber weg.

durch die Primärwelle induzierten elektrischen Momentes μ_i ab, das auf den Ladungsverschiebungen beruht und der jeweils wirkenden Feldstärke $\vec{E}$ proportional ist:

$$\mu_i = \alpha \vec{E}. \tag{2}$$

Der Proportionalitätsfaktor α wird als Polarisierbarkeit des Moleküls bezeichnet. Ist das Molekül isotrop, so ist α in allen Richtungen gleich, und $\vec{E}$ und μ sind parallel. Ist das Molekül anisotrop, so ist α ein Mittel-

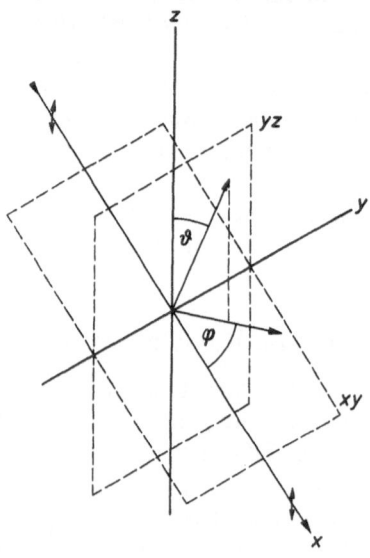

Abb. 31. Streuung einer in der z-Richtung linear polarisierten Lichtwelle an einem Dipol im Ursprung, dessen elektrisches Moment in der z-Richtung schwingt

wert, der sich aus den drei Hauptpolarisierbarkeiten in drei verschiedenen Raumrichtungen zusammensetzt (Polarisierbarkeitsellipsoid).

In einem Koordinatensystem befinde sich das streufähige Molekül im Ursprung. Eine in x-Richtung eingestrahlte Welle (vgl. Abb. 31), deren elektrischer Vektor $\vec{E}$ in der z-Richtung schwingt (vertikal polarisiertes Licht) erzeugt einen in Richtung z schwingenden Dipol und wird in alle Richtungen der xy-Ebene gleichmäßig gestreut, unabhängig vom Azimut φ. Dagegen nimmt die Amplitude A der gestreuten Wellen in Richtung zum Pol (z-Achse) mit $\sin \vartheta$ ab, wobei ϑ der Winkel zwischen der Dipolachse und dem Radiusvektor ist (sog. Zenithdistanz). In Richtung seiner Achse (z-Richtung) strahlt also der Dipol nicht aus. Da die Streuintensität I_s dem Quadrat der Amplitude proportional ist (Gl. (II,2)), stellt I_s, in einem Polardiagramm von der Mitte des Dipols aus gegen ϑ aufgetragen, einen ringförmigen Wulst dar, wie er im Querschnitt in Abb. 32a wiedergegeben ist (sog. Strahlungscharakteristik)[73]. Das Maximum der Streustrahlung liegt in der Äquatorebene.

Die Amplitude A der vom schwingenden Dipol ausgesandten Streuwelle ist nach der elektromagnetischen Theorie des Wellenfeldes[74] gegeben durch

$$A = \frac{4\pi^2 v^2}{c^2 R} \cdot \mu \sin\vartheta, \tag{3}$$

worin v die Frequenz, R den Abstand vom Dipol und μ das durch (2) definierte elektrische Moment des Dipols darstellt. Schreibt man den

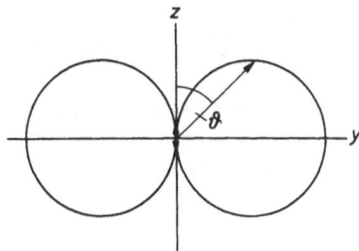

Abb. 32a. Strahlungscharakteristik eines Dipols bei Einstrahlung von vertikalpolarisiertem Licht, das in Richtung der x-Achse (senkrecht zur Papierebene) einfällt

elektrischen Vektor der einfallenden Welle in der bekannten Form

$$\vec{E} = \vec{E}_0 \cdot \exp\left[i2\pi v\left(t - \frac{R}{c}\right)\right], \tag{4}$$

worin R/c die Phasenkonstante bedeutet, so wird

$$\mu = \alpha\vec{E}_0 \cdot \exp\left[i2\pi v\left(t - \frac{R}{c}\right)\right] \equiv \mu_0 \cdot \exp\left[i2\pi v\left(t - \frac{R}{c}\right)\right]. \tag{5}$$

Setzt man dies in (3) ein, so wird

$$A = \left(\frac{2\pi v}{c}\right)^2 \frac{\mu_0}{R} \sin\vartheta \cdot \exp\left[i2\pi v\left(t - \frac{R}{c}\right)\right] \tag{6}$$

---

[73] Man denke sich die Figur um die z-Achse rotierend.

[74] Vgl. z. B. *Joos, G.*: Lehrbuch der theoretischen Physik. Leipzig: Akad. Verlagsges. 11. Aufl. (1959).

oder, indem man zur reellen Funktion übergeht

$$A = \left(\frac{2\pi v}{c}\right)^2 \frac{\mu_0}{R} \sin\vartheta \cos 2\pi v\left(t - \frac{R}{c}\right). \tag{7}$$

Da nach (II,2) wegen $\varepsilon = 1$ und $v = c$ die Streuintensität (Strahlungs-leistung)

$$I = \frac{c}{4\pi} A^2, \tag{8}$$

erhält man für die Streuintensität in Richtung ϑ

$$\begin{aligned}
I_\vartheta &= \frac{c}{4\pi} \cdot \left(\frac{2\pi v}{c}\right)^4 \frac{\mu_0^2}{R^2} \sin^2\vartheta \cos^2 2\pi v\left(t - \frac{R}{c}\right) \\
&= \frac{c}{4\pi} \left(\frac{2\pi}{\lambda_0}\right)^4 \frac{\mu_0^2}{R^2} \sin^2\vartheta \cos^2 2\pi v\left(t - \frac{R}{c}\right),
\end{aligned} \tag{9}$$

worin λ_0 die Vakuumwellenlänge bedeutet. I_ϑ ist die Intensität zu einer bestimmten Zeit t. Da I_ϑ mit der Zeit veränderlich ist, muß man, um den Mittelwert $\overline{I_\vartheta}$ zu finden, über eine ganze Periode T der Schwingung inte-grieren und durch T dividieren, d. h.

$$\overline{I_\vartheta} = \frac{1}{T}\int_0^T I_\vartheta\, dt.$$

$\overline{I_\vartheta}$ ist also die Strahlungsleistung je Sekunde. Da nun der Mittelwert $\cos^2 2\pi v(t - R/c)$ über eine Periode gleich $\frac{1}{2}$ ist, erhält man

$$\overline{I_\vartheta} = \frac{c}{8\pi} \left(\frac{2\pi}{\lambda_0}\right)^4 \frac{\mu_0^2}{R^2} \sin^2\vartheta. \tag{10}$$

Ersetzt man noch μ_0, das maximal induzierte Moment nach (5) durch $\alpha \vec{E}_0$, so wird die Strahlungsleistung in Richtung ϑ

$$\overline{I_\vartheta} = \frac{c}{8\pi} \left(\frac{2\pi}{\lambda_0}\right)^4 \frac{\alpha^2 \vec{E}_0^2}{R^2} \sin^2\vartheta. \tag{11}$$

Da die eingestrahlte Strahlungsleistung der Primärwelle je Sekunde

$$I_0 = \frac{c}{8\pi} \vec{E}_0^2, \tag{12}$$

erhält man schließlich für das Intensitätsverhältnis von gestreutem zu einfallendem Licht

$$\frac{\overline{I_\vartheta}}{I_0} = \frac{1}{R^2} \left(\frac{2\pi}{\lambda_0}\right)^4 \alpha^2 \sin^2\vartheta. \tag{13}$$

Strahlt man anstelle des vertikal polarisierten horizontal polarisiertes Licht ein, dessen elektrischer Vektor in der y-Richtung schwingt, so ändert sich an diesen Überlegungen prinzipiell nichts; der induzierte Dipol schwingt dann ebenfalls in der y-Richtung. Behält man das Koordinatensystem der Abb. 32a bei, so ist nunmehr die Amplitude der Streustrahlung in der xz-Ebene maximal und überall die gleiche, d. h. unabhängig von ϑ, dagegen wird sie eine Funktion des Winkels φ. Für $\varphi = 0$ und $\varphi = 180°$, gerechnet von der Richtung der austretenden

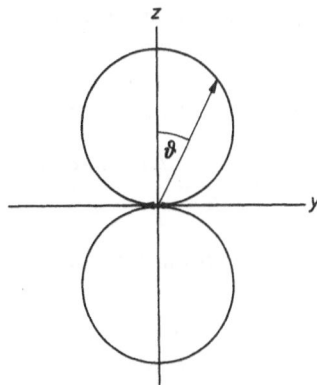

Abb. 32b. Strahlungscharakteristik eines Dipols bei Einstrahlung von horizontal polarisiertem Licht, das in Richtung der x-Achse (senkrecht zur Papierebene) einfällt

Primärwelle, ist sie natürlich ebenfalls maximal, denn diese Richtungen liegen auch in der xz-Ebene. Für alle dazwischen liegenden φ-Werte hängt sie von $\cos\varphi$ ab und wird für $\varphi = 90°$ und $\varphi = 270°$ gleich Null (Richtung der Dipol-Achse). Die Intensitätsverteilung der Streustrahlung im Polardiagramm ist deshalb proportional zu $\cos^2\varphi$ und stellt wieder einen ringförmigen Wulst dar[75]. Die dazugehörige Strahlungscharakteristik von Abb. 32b ist gegenüber der von 32a um 90° in der Papierebene gedreht.

Strahlt man natürliches Licht ein, das in je eine vertikal bzw. horizontal schwingende, voneinander unabhängige Komponente zerlegt werden kann, so ist die Intensität der Streustrahlung offenbar das Mittel der eben berechneten Intensitäten, also z. B. in der xy-Ebene proportional zu $(1 + \cos^2\varphi)/2$. Nun existiert aber für natürliches Licht keine Vorzugsrichtung senkrecht zur Ausbreitungsachse (x) der Strahlung, deshalb muß die Streustrahlung für natürliches Licht rotationssymmetrisch in bezug auf die Ebene senkrecht zu dieser Achse sein. Das bedeutet, daß

---

[75] Man denke sich Abb. 32b um die y-Achse rotierend.

der Faktor $(1 + \cos^2 \varphi)/2$ nicht nur für die Streuintensität in der xy-Ebene gültig ist, sondern für jede beliebige Ebene, die die Ausbreitungsrichtung x enthält. Die Winkelabhängigkeit der Streustrahlung läßt sich deshalb wegen dieser Symmetrie durch einen einzigen Winkel ϑ_s ausdrücken, den man als *Streuwinkel* bezeichnet und der gegeben ist durch die Austrittsrichtung des Primärstrahls (x) und die (beliebige) Beobachtungsrichtung. In der Äquatorialebene (xy) ist er äquivalent zu φ, nicht zur Zenithdistanz ϑ.

Ist N die Zahl der Moleküle je cm^3, und berücksichtigen wir die eingangs dieses Kapitels erwähnte Voraussetzung, daß die Streustrahlungen der einzelnen Moleküle als inkohärent betrachtet werden können, so ergibt sich anstelle von (13) für das Intensitätsverhältnis der Streustrahlung je cm^3 zum eingestrahlten natürlichen Licht

$$\frac{\overline{I_\vartheta}}{I_0} = \left(\frac{2\pi}{\lambda_0}\right)^4 \frac{N\alpha^2}{R^2} \left(\frac{1 + \cos^2 \vartheta_s}{2}\right) \equiv q(\vartheta_s). \tag{14}$$

Da die Polarisierbarkeit α verdünnter Gase durch die bekannte Beziehung

$$\alpha = \frac{1}{N} \cdot \frac{\varepsilon - 1}{4\pi} \tag{15}$$

mit der Dielektrizitätskonstanten ε des Gases verknüpft ist, und nach der Maxwellschen Gleichung

$$\varepsilon = n^2, \tag{16}$$

folgt

$$\alpha = \frac{n^2 - 1}{4\pi N} \cong \frac{n - 1}{2\pi N}, \tag{17}$$

weil für verdünntes Gas der Brechungsindex n nahe bei 1 liegt, so daß $n^2 - 1 \cong 2(n - 1)$. Setzt man diese in (14) ein, so wird

$$\frac{\overline{I_\vartheta}}{I_0} = \frac{4\pi^2 (n - 1)^2}{N\lambda_0^4 R^2} \cdot \left(\frac{1 + \cos^2 \vartheta_s}{2}\right). \tag{18}$$

Das ist die Rayleighsche Streuformel für verdünnte Gase. Die Streuintensität ist umgekehrt proportional der 4. Potenz der Wellenlänge λ_0 und hängt vom Winkel ϑ_s zwischen Einfalls- und Beobachtungsrichtung ab. Die Winkelverteilung im Polardiagramm hat die in Abb. 33 dargestellte Form und ist rotationssymmetrisch in bezug auf die Ebene senkrecht zur Ausbreitungsrichtung des Primärstrahls. Für $\vartheta_s = 0$ und $\vartheta_s = 180°$ ist die Streuintensität maximal ($1 + \cos^2 \vartheta_s = 2$) und die Streustrahlung ist unpolarisiert, für $\vartheta_s = 90°$ und $270°$ ist die Streuintensität nur halb so groß ($1 + \cos^2 \vartheta_s = 1$), und die Streustrahlung ist linear

polarisiert. In allen übrigen Richtungen beobachtet man elliptisch polarisierte Streustrahlung. Gl. (18) gilt nur für isotrope Moleküle (vgl. S. 76).
Bei anisotropen Molekülen schwingt das induzierte Moment μ nicht mehr
in Richtung des erregenden Feldvektors $\vec{E}$, und die unter 90° beobachtete
Streustrahlung ist z. T. „depolarisiert". Darauf gehen wir nicht im einzelnen ein.

Integriert man die Gl. (14) über eine Kugelfläche vom Radius $R = 1$,
so erhält man das Intensitätsverhältnis der gesamten, von N Molekülen
je cm³ gestreuten zur einfallenden Strahlungsleistung:

$$\frac{I_{St}}{I_0} = \frac{1}{I_0} \int \overline{I_\vartheta}\, df = \frac{1}{I_0} \cdot \frac{8\pi^4 N \alpha^2}{\lambda_0^4} \int_0^\pi \int_0^{2\pi} (1 + \cos^2 \vartheta_s)\sin\vartheta_s\, d\vartheta_s\, d\varphi. \qquad (14a)$$

Das Doppelintegral hat den Wert $16\pi/3$, so daß unter Benutzung von (17)

$$\frac{I_{St}}{I_0} = \frac{128\pi^5 N \alpha^2}{3\lambda_0^4} = \frac{32\pi^3(n-1)^2}{3\lambda_0^4 N} \equiv S'. \qquad (19)$$

S' ist identisch mit dem durch (1) definierten scheinbaren Extinktionskoeffizienten, den man in Durchsicht beobachtet. Dieser, auch als

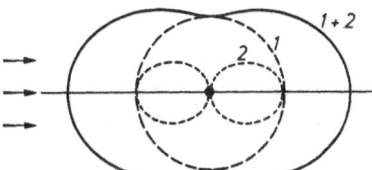

Abb. 33. Polardiagramm der Dipolstreuung von unpolarisiertem Licht

„Trübung" bezeichnet, ist also ein unmittelbares Maß für das gesamte
Streuvermögen je cm³ des Gases. Da ferner für N die Zahl der Teilchen
je cm³ gilt

$$N = \frac{3G}{4\pi r^3 \cdot \varrho}, \qquad (20)$$

worin G das Gewicht aller Teilchen je cm³ und ϱ ihre tatsächliche Dichte
bedeuten, wird S' der dritten Potenz des Radius der Teilchen und damit
ihrem Volumen proportional. S' hat, wie sowohl aus (19) wie (1) hervorgeht, die Dimension $[\text{cm}^{-1}]$, obwohl man erwarten könnte, daß es als
Verhältnis zweier Strahlungsleistungen dimensionslos ist. Man muß aber
bedenken, daß I_{St} sich auf die Einheit der Weglänge bezieht, daß man also
eigentlich den Beobachtungsabstand R vom Streuvolumen so groß
wählen müßte, daß eine Strecke von 1 cm noch als Punktlichtquelle

betrachtet werden kann. Bei der praktischen Messung muß man deshalb Korrekturen an Gl. (19) anbringen.

Man kann die angestellten Überlegungen auch auf *verdünnte Lösungen* von kleinen isotropen Molekülen in einem homogenen, ebenfalls aus isotropen Molekülen bestehenden Lösungsmittel übertragen[76]. Dann kann man für die Polarisierbarkeit α_i der gelösten Moleküle natürlich nicht mehr den Ausdruck (17) verwenden. Aus (2) und (17) folgt für das Lösungsmittel

$$\alpha_0 = \frac{\mu_0}{|\vec{E}|} = \frac{n_0^2 - 1}{4\pi N},$$

für den reinen gelösten Stoff

$$\alpha = \frac{\mu}{|\vec{E}|} = \frac{n^2 - 1}{4\pi N}.$$

Bringt man nun in das Lösungsmittel ein gelöstes Molekül hinein, so ist dessen induziertes Moment von dem des vorher dort befindlichen Lösungsmittelmoleküls verschieden um die Differenz

$$\frac{\Delta\mu}{|\vec{E}|} = \frac{n^2 - n_0^2}{4\pi N} = \Delta\alpha. \tag{21}$$

Diese Differenz ist für die Streuung maßgebend. Da sich nun $\Delta\mu \cdot N$, die sog. „dielektrische Polarisation" auf die Volumeneinheit bezieht, beträgt das im einzelnen Teilchen vom Volumen v in der verdünnten Lösung induzierte zusätzliche Moment

$$\Delta\mu = \frac{n^2 - n_0^2}{4\pi} \cdot v \cdot \vec{E}. \tag{22}$$

An dieser Gleichung ist aber noch eine weitere Korrektur anzubringen, die darin besteht, daß das äußere Feld $\vec{E}$ im reinen Lösungsmittel durch ein „inneres Feld" $\vec{F}$ ersetzt werden muß, weil durch die verschiedene Polarisation innerhalb und außerhalb des gelösten Teilchens an den Grenzen scheinbare Ladungen auftreten, die ein zusätzliches Feld bedingen. Nach den Gesetzen der Elektrostatik gilt

$$\vec{F} = \frac{3n_0^2}{n^2 + 2n_0^2} \cdot \vec{E}. \tag{23}$$

---

[76] *Debye, P.*: J. Phys. Coll. Chem. **51**, 18 (1947). Im reinen Lösungsmittel löschen sich die an den eng gepackten Molekeln gestreuten Wellen weitgehend durch Interferenz gegenseitig aus. Die restliche geringe Streustrahlung, die man von der der Lösung abziehen muß, beruht auf Dichteschwankungen des Lösungsmittels infolge der Temperaturbewegung der Molekeln.

Aus (22) und (23) folgt für das zusätzlich im Teilchen induzierte Moment

$$\Delta\mu = \frac{3n_0^2}{4\pi} \left(\frac{n^2 - n_0^2}{n^2 + 2n_0^2} \right) v\vec{E}. \tag{24}$$

Setzt man dieses $\Delta\mu$ in (3) anstelle von μ ein, so führt die gleiche Entwicklung wie auf S. 81 durch Integration über alle Winkel ϑ_s zu der von der Volumeneinheit insgesamt gestreuten Strahlungsleistung

$$\frac{I_{St}}{I_0} = 24\pi^3 \left(\frac{n^2 - n_0^2}{n^2 + 2n_0^2} \right)^2 \frac{Nv^2}{\lambda^4}. \tag{25}$$

Das entspricht der Gl. (19) für Gase. λ ist hier die Wellenlänge im reinen Lösungsmittel, $I_{St}/I_0 = S'$ die in Durchsicht gemessene „Trübung".

Es sei nochmals hervorgehoben, daß die Rechnung voraussetzt, daß die Molekeln isotrop sind und sehr klein gegenüber der Wellenlänge λ. Sind diese Bedingungen nicht erfüllt, so beobachtet man bereits intramolekulare Interferenzen, weil man das streuende Molekül nicht mehr als punktförmigen schwingenden Dipol betrachten darf.

b) Theorie der Streuung an größeren isotropen kugelförmigen Teilchen

Bei Molekülen oder Teilchen, deren Dimensionen mit der Wellenlänge der einfallenden Strahlung vergleichbar sind (z. B. $d \geqq \lambda/10$), werden die Elektronen in den verschiedenen Bereichen des Teilchens mit verschiedener Phase erregt, so daß die von ihnen ausgehenden Sekundärwellen kohärent und damit interferenzfähig sind. Sie werden sich deshalb in bestimmten Streurichtungen mehr oder weniger auslöschen, was bedeutet, daß die gesamte Streuintensität abnimmt gegenüber der Rayleigh-Streuung, und daß die Winkelabhängigkeit von der der Abb. 33 mehr oder weniger stark abweichen muß. Die Streuung wird außerdem von der Wellenlänge weniger stark abhängen, und die Polarisation der Streustrahlung wird sich ebenfalls ändern müssen.

Wir beschäftigen uns hier nur mit den Grundlagen und einigen Teilergebnissen der Theorie, soweit sie für das spätere Problem der Mehrfachstreuung von Interesse sind, im übrigen muß auf die S. 75 angegebenen zusammenfassenden Darstellungen verwiesen werden.

Wir betrachten zunächst die Phasendifferenz, die bei der Streuung der Primärwelle durch zwei Streuzentren A und B in festem Abstand auftritt, der durch den Vektor $\vec{r}$ gekennzeichnet sei (vgl. Abb. 34). Die Wegdifferenz zweier kohärenter Wellen ist gegeben durch

$$\Delta \equiv AP - BQ = r\cos\alpha - r\cos\beta. \tag{26}$$

Bezeichnet man die Richtung der einfallenden Welle mit dem Einheitsvektor $\vec{j}$, die Richtung der gestreuten Welle mit dem Einheitsvektor $\vec{i}$, so kann man diese Differenz auch in der Form zweier skalarer Vektorprodukte schreiben:

$$\Delta = rj\cos\alpha - ri\cos\beta = (\vec{r}\,\vec{j}) - (\vec{r}\,\vec{i}) = (\vec{r}(\vec{j}-\vec{i})) \equiv (\vec{r}\,\vec{s})\,. \tag{27}$$

$\vec{s} \equiv \vec{j} - \vec{i}$ ist ebenfalls ein Vektor, dessen Betrag nach Abb. 35 vom Winkel

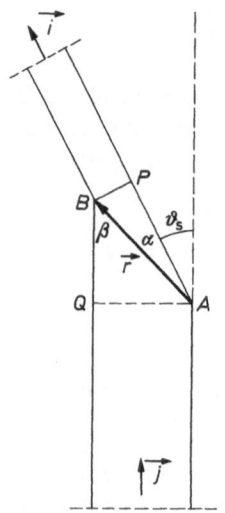
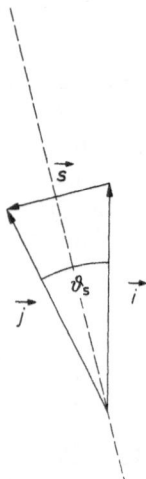

Abb. 34. Die Phasendifferenz bei Streuung   Abb. 35. Zusammenhang zwischen
an zwei Zentren gegebenen Abstands   Streurichtung und Streuwinkel

ϑ_s zwischen einfallender und gestreuter Welle abhängt:

$$|\vec{s}| = 2\sin\frac{\vartheta_s}{2}\,. \tag{28}$$

Man erhält aus der Wegdifferenz Δ die Phasendifferenz δ im Winkelmaß, indem man Δ mit $2\pi/\lambda_0$ multipliziert; die Phasendifferenz zwischen den beiden in gleiche Richtung gestreuten Wellen beträgt also

$$\delta = \Delta \cdot \frac{2\pi}{\lambda_0} = (\vec{r}\,\vec{s})\,\frac{2\pi v}{c}\,. \tag{29}$$

Die Amplitude A der gestreuten Welle im Abstand R vom Streuzentrum hat nun infolge dieser Phasendifferenz anstelle von (6) den Betrag

$$A = \left(\frac{2\pi v}{c}\right)^2 \frac{\mu_0}{R}\sin\vartheta \cdot \exp\left[i2\pi v\left(t - \frac{R}{c} + \frac{(\vec{r}\,\vec{s})}{c}\right)\right]$$

oder

$$\frac{A}{A_{\text{Rayleigh}}} \equiv A' = \exp\left[i2\pi\nu\left(t + \frac{(\vec{r}\,\vec{s})}{c}\right)\right], \tag{30}$$

wenn man den Abstand R gleich einem ganzen Vielfachen der Wellenlänge macht und mit A' die Amplitude *relativ zur Amplitude der Rayleigh-Streuung* bezeichnet. Hat man N Streuzentren, deren Lage jeweils durch einen Vektor $\vec{r}_n$, ausgehend vom Ursprung A, festgelegt ist, so ergibt sich die Gesamtamplitude am Beobachtungsort zu [77]

$$A' = \exp[i2\pi\nu t] \cdot \sum_n \exp[i2\pi\nu(\vec{r}_n\vec{s})/c]. \tag{31}$$

Nun interferiert nicht nur die Streustrahlung des Zentrums A mit der jedes anderen Streuzentrums, sondern auch die Streustrahlung jedes der N Zentren mit der aller übrigen. Schreibt man die relative konjugiert komplexe Amplitude für ein anderes Streuzentrum als Ursprung mit der Laufzahl m in der Form

$$A'^* = \exp[-i2\pi\nu t] \cdot \sum_m \exp[-i2\pi\nu(\vec{r}_m\vec{s})/c], \tag{32}$$

so erhält man die gesamte relative Streuintensität, abgesehen von konstanten Faktoren, durch Multiplikation der beiden Amplituden zu

$$I'_s = \sum_n \sum_m \exp[-i2\pi\nu(\vec{r}_{n,m}\vec{s})/c], \tag{33}$$

wenn man mit

$$\vec{r}_n - \vec{r}_m \equiv \vec{r}_{n,m} \tag{34}$$

den Vektorabstand zweier Streuzentren bezeichnet. Die Winkelverteilung der Streustrahlung ist also hier nicht nur, wie bei der Rayleigh-Streuung nach Gl. (14), durch $(1 + \cos^2\vartheta_s)/2$ gegeben, sondern hängt noch von dem skalaren Produkt $(\vec{r}_{n,m}\vec{s})$ ab, das nach (28) selbst eine Funktion von ϑ_s ist. Betrachtet man ein Teilchen, dessen Dimensionen mit λ vergleichbar oder größer als λ sind, als zusammengesetzt aus einer großen Zahl von punktförmigen Dipolstrahlern festgelegter Anordnung, so kann man die durch (31) bzw. (32) gegebene, durch Interferenz der Streuwellen bedingte relative Amplitude der Streustrahlung in einfachen Fällen berechnen. Befinden sich z. B. die Streuelemente gleichmäßig verteilt auf einer Kugeloberfläche, so legt man den Koordinatenursprung in den Mittelpunkt, so daß $|\vec{r}_n|$ konstant ist und die Lage der einzelnen Streuzentren auf der Kugeloberfläche durch den jeweiligen Winkel ψ zwischen dem Vektor $\vec{r}$ und dem Vektor $\vec{s}$ und das zugehörige Azimut φ festgelegt ist.

---

[77] Bei Kohärenz der Wellen muß man die Amplituden, nicht die Intensitäten, addieren.

Dann kann man die Summe in (31) durch ein Integral über die Kugeloberfläche ersetzen, so daß

$$A' = \exp[i2\pi vt] \int_0^\pi \int_0^{2\pi} \exp[iwr\cos\psi r^2 \sin\psi \, d\psi \, d\varphi ,$$

wobei nach (28) und (29)

$$w \equiv \frac{4\pi \sin(\vartheta_s/2)}{\lambda_0} .\qquad(35)$$

Die Integration liefert

$$A' = 4\pi r^2 \frac{\sin wr}{wr} \cdot \exp[i2\pi vt] .\qquad(36)$$

Hier tritt also ein weiterer von ϑ_s abhängiger Faktor $\dfrac{\sin wr}{wr}$ auf, der zusätzlich zu $(1 + \cos^2\vartheta_s)/2$ die Winkelverteilung der Streustrahlung bestimmt. Für sehr kleine Teilchen im Vergleich zu λ ($\sin wr \cong wr$) wird dieser Faktor gleich 1, so daß man wieder die Rayleighsche Winkelverteilung vor sich hat.

Besteht nicht nur die Oberfläche der Kugel sondern die gesamte Kugel aus streufähigen Elementen, so muß man weiterhin über alle Abstände vom Koordinatenursprung von 0 bis r integrieren:

$$A' = \exp[i2\pi vt] \int_0^r 4\pi r^2 \frac{\sin wr}{wr} \, dr$$

und erhält

$$A' = \frac{4\pi}{3} r^3 \cdot P(wr) \cdot \exp[i2\pi vt] .\qquad(37)$$

Die Funktion

$$P(wr) \equiv \frac{3}{(wr)^3}(\sin wr - wr \cdot \cos wr)\qquad(38)$$

geht ebenfalls für verschwindendes wr gegen 1 und bestimmt zusätzlich die Winkelverteilung der Streustrahlung an einer homogenen Kugel, deren Radius mit λ vergleichbar ist. Durch Multiplikation von (37) mit der konjugiert komplexen Amplitude erhält man wieder die Streuintensität relativ zu der des streuenden Dipols nach *Rayleigh*. Gleichung (37) wurde ebenfalls von *Rayleigh*[78] angegeben. In Abb. 36 sind die beiden Streufunktionen $(\sin wr)/wr$ und $P(wr)$ in Abhängigkeit von wr dar-

[78] *Rayleigh, J. W.*: Proc. Roy. Soc. London A **90**, 219 (1914). Gl. (37) wurde auch mit den Ergebnissen der strengen Mieschen Theorie verglichen, wobei sich ergab, daß für genügend kleine Teilchen (z. B. $2\pi r/\lambda \cong 1$ und $m \cong 1{,}3$) die Abweichungen gering waren.

gestellt. Man sieht, daß sie in beiden Fällen für verschwindendes wr gegen 1 gehen, für $wr \to 1$ aber bereits steil abzufallen beginnen, d. h. für

$$r \cong \frac{1}{w} = \frac{\lambda_0}{4\pi \sin(\vartheta_s/2)} \tag{39}$$

muß man bei größeren Streuwinkeln ϑ_s bereits Interferenz der Streuwellen erwarten, während bei kleinen Streuwinkeln r beträchtlich größer sein muß als λ_0, damit sich eine Interferenz bemerkbar macht. Bei großen

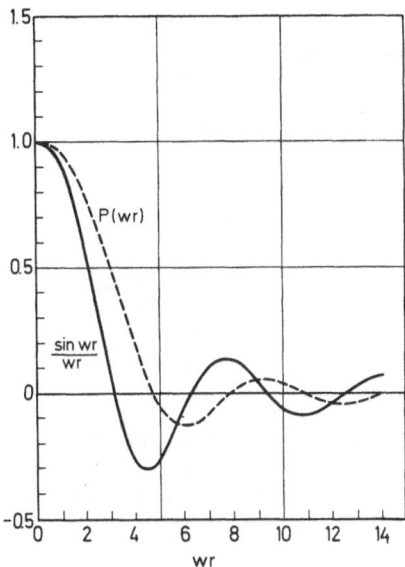

Abb. 36. Die Streufunktionen $(\sin wr)/wr$ und $P(wr)$ in Abhängigkeit von wr

Werten von wr treten in beiden Fällen Maxima und Minima der Streufunktionen auf. Wie sich gezeigt hat[79], gelten diese einfachen Streufunktionen auch für Lösungen, wenn die Brechungsindizes des Lösungsmittels und des gelösten Stoffes nur wenig verschieden sind. In Abb. 37 ist die Streuintensität, relativ zu der des streuenden Dipols nach *Rayleigh*, für kugelförmige Molekeln in Abhängigkeit von $\sin(\vartheta_s/2)$ dargestellt, sie wurde aus (37) berechnet und ist für verschiedene Werte von $2r/\lambda_0$ als Parameter als Ordinate aufgetragen. Als Einheit dient die Streuintensität für $\vartheta_s = 0$, d. h. der Rayleigh-Streuung in Richtung der erregenden Strahlung. Man sieht, daß mit zunehmendem Streuwinkel ϑ_s und mit zunehmendem Durchmesser $2r$ der Kugeln die Streuintensität infolge der auftretenden Interferenzen mehr und mehr geschwächt wird. Das bedeutet,

---

[79] *Debye, P.*: J. Phys. Coll. Chem. **51**, 18 (1947).

daß die Streustrahlung unsymmetrisch wird, die *Rückwärtsstreuung* ($\vartheta_s = 180°$) ist gegenüber der *Vorwärtsstreuung* ($\vartheta_s = 0°$) um so geringer, je größer das Verhältnis $2r/\lambda_0$ wird. Analoge Formeln sind auch für andere Gestalt der streuenden Teilchen (Stäbchen, geknäulte Fadenmoleküle, Scheibchen, Ellipsoide) entwickelt worden, worauf wir hier nicht eingehen[80].

Die allgemeine *strenge* Theorie der Einfachstreuung einer ebenen Welle an kugelförmigen, sowohl dielektrischen wie absorbierenden Teilchen beliebiger Größe wurde von *Mie*[81] entwickelt. Während bei

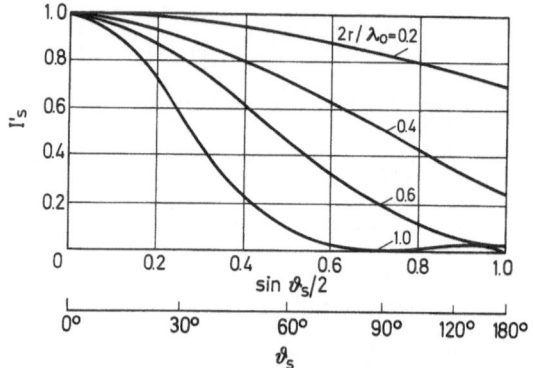

Abb. 37. Relative Streuintensität I_s' nach Gl. (37) für kugelförmige Teilchen in Abhängigkeit von $\sin(\vartheta_s/2)$ und verschiedene Werte $2r/\lambda_0$ als Parameter. Die Ordinaten geben den jeweiligen Faktor an, um den die Streuintensität gegenüber der Rayleigh-Streuung durch Interferenz geschwächt ist

der Rayleigh-Streuung ausschließlich die von elektrischen Dipolen ausgehende Streustrahlung berücksichtigt wurde, läßt sich nach *Mie* die Winkelverteilung ganz allgemein aus den Beiträgen einer Reihe von elektrischen und magnetischen Multipolen additiv zusammensetzen, die im Mittelpunkt der Kugel angeordnet sind. Die Amplituden und Phasen der entsprechenden Partialwellen, die man durch Integration der Maxwellschen Gleichungen erhält, sind Funktionen des Streuwinkels ϑ_s, des relativen Berechungsindex

$$m \equiv \frac{n}{n_0}, \tag{40}$$

---

[80] Vgl. z. B. *Debye, P.*: J. Appl. Phys. **15**, 338 (1944); — *Kuhn, W.*: Helv. Chim. Acta **29**, 432 (1946); — *Neugebauer, F.*: Ann. Physik **42**, 509 (1943); — *Debye, P.*, and *E. W. Annacker*: J. Coll. Sci. **5**, 644 (1955) u. a.

[81] *Mie, G.*: Ann. Physik **25**, 377 (1908).

wobei n wiederum der Brechungsindex der streuenden Teilchen, n_0 der des umgebenden Mediums ist, und der Variablen

$$x \equiv \frac{2\pi r}{\lambda} = \frac{2\pi r n_0}{\lambda_0}, \tag{41}$$

die das Verhältnis von Teilchenumfang $2\pi r$ und Wellenlänge λ angibt. Für ein dielektrisches, nichtabsorbierendes Teilchen und unpolarisierte Primärstrahlung der Intensität I_0 ergibt sich die relative Streuintensität im Abstand R vom Zentrum der Kugel zu

$$\frac{I_{\vartheta_s}}{I_0} = \frac{\lambda^2}{8\pi^2 R^2}(i_1 + i_2) \equiv q(\vartheta_s), \tag{42}$$

wobei i_1 und i_2 die Intensitäten zweier voneinander unabhängiger (inkohärenter) Komponenten der Streustrahlung sind, deren elektrischer Vektor senkrecht bzw. parallel zu der durch Einfalls- und Beobachtungs- richtung festgelegten Ebene schwingt (Vertikal- und Horizontal- komponente der Streuung). Die Streustrahlung in allen Richtungen ist teilweise linear polarisiert, der Polarisationsgrad ist gegeben durch $(i_1 - i_2)/(i_1 + i_2)$. i_1 und i_2 lassen sich durch folgende Reihen darstellen:

$$\left.\begin{aligned} i_1 &= \left[\sum_{n=1}^{\infty} \frac{2n+1}{n(n+1)}(a_n\pi_n(\cos\vartheta_s) + b_n\tau_n(\cos\vartheta_s))\right]^2 \\ i_2 &= \left[\sum_{n=1}^{\infty} \frac{2n+1}{n(n+1)}(b_n\pi_n(\cos\vartheta_s) + a_n\tau_n(\cos\vartheta_s))\right]^2 \end{aligned}\right\} \tag{43}$$

a_n und b_n sind komplexe Funktionen von x und m, deren Glieder den oben erwähnten elektrischen und magnetischen Partialwellen ent- sprechen, π_n und τ_n sind Kugelfunktionen bzw. ihre Ableitungen nach $\cos\vartheta_s$, sie zeigen für $n > 2$ Maxima und Minima, wenn man sie gegen ϑ_s aufträgt. Die ersten vier Funktionen sind

$$\left.\begin{aligned} \pi_1(\cos\vartheta_s) &= 1\,; & \pi_2(\cos\vartheta_s) &= 3\cos\vartheta_s\,; \\ \tau_1(\cos\vartheta_s) &= \cos\vartheta_s\,; & \tau_2(\cos\vartheta_s) &= 3\cos 2\vartheta_s\,. \end{aligned}\right\} \tag{44}$$

Setzt man dies in (43) ein, so wird

$$\left.\begin{aligned} i_1 &= [\tfrac{3}{2}(a_1 + b_1\cos\vartheta_s) + \tfrac{5}{6}(3a_2\cos\vartheta_s + 3b_2\cos 2\vartheta_s) + \cdots]^2\,; \\ i_2 &= [\tfrac{3}{2}(b_1 + a_1\cos\vartheta_s) + \tfrac{5}{6}(3b_2\cos\vartheta_s + 3a_2\cos 2\vartheta_s) + \cdots]^2\,. \end{aligned}\right\} \tag{45}$$

Für kleine Teilchen (z. B. x und $mx < 0{,}8$) kann man sich mit den Bei- trägen der elektrischen Dipol- und Quadrupolmomente (a_1 und a_2) und der magnetischen Dipolmomente (b_1) begnügen; ferner lassen sich die Funktionen a_1, a_2 und b_1 in Reihen mit steigenden Potenzen von x entwickeln, die man häufig bereits nach einem Glied abbrechen kann[82]. Unter diesen Vereinfachungen erhält man Näherungswerte für i_1 und i_2, die für genügend kleine Teilchen ($x < 0,8$) ausreichend sind. Im übrigen sind i_1 und i_2 für eine Reihe von x- bzw. m-Werten tabelliert[83].

Vernachlässigt man alle Terme außer a_1, so hat man reine Dipolstrahlung mit der symmetrischen Winkelverteilung von Abb. 33. Dann wird

$$i_1 + i_2 = \left(\frac{m^2 - 1}{m^2 + 2}\right) x^6 (1 + \cos^2 \vartheta_s) \tag{47}$$

und mit (42)

$$\frac{I_{\vartheta_s}}{I_0} = \frac{\lambda^2 x^6}{8\pi^2 R^2} \left(\frac{m^2 - 1}{m^2 + 2}\right)^2 (1 + \cos^2 \vartheta_s). \tag{48}$$

Durch Integration über eine Kugelfläche vom Radius $R = 1$ analog zu (19) ergibt sich mit (41) für N Teilchen/cm³ [84]

$$\frac{I_{St}}{I_0} = \frac{8\pi^4 r^6 N}{\lambda^4} \left(\frac{m^2 - 1}{m^2 + 2}\right)^2 \cdot \frac{16\pi}{3} \equiv S'. \tag{49a}$$

Da ferner $4\pi r^3/3 = v$ das Volumen der Kugel bedeutet, erhält man schließlich

$$\frac{I_{St}}{I_0} \equiv S' = \frac{24\pi^3}{\lambda^4} \left(\frac{m^2 - 1}{m^2 + 2}\right)^2 N v^2, \tag{49b}$$

was mit (25) identisch ist, wenn man wieder zwischenmolekulare Interferenzen zwischen den Teilchen vernachlässigen kann. Die Rayleighsche Streuung ist demnach ein Grenzfall der Mie-Theorie für sehr kleine Teilchen ($x < 0,8$), wenn nur die Dipolstrahlung zu berücksichtigen ist. Sobald Terme zweiter Ordnung (a_2, b_1 usw.) Einfluß gewinnen, treten Abweichungen von der Winkelverteilung der Streuintensität nach Abb. 33 auf, und zwar in doppelter Hinsicht:

---

[82] In dieser Näherung ist

$$a_1 = \frac{2}{3}\left(\frac{m^2 - 1}{m^2 + 2}\right) x^3; \quad a_2 = \frac{-1}{15}\left(\frac{m^2 - 1}{2m^2 + 3}\right) x^5; \quad b_1 = \frac{-1}{45}(m^2 - 1)x^5. \tag{46}$$

[83] *Lowan, A. N.*: Natl. Bur. Stand. Appl. Math. Ser. 4 (1948); — *Blumer, H.*: Z. Physik **32**, 119, (1925); **38**, 304, 920 (1926); — *Holl, H.*: Optik **2**, 213 (1947); **4**, 173 (1948/49).

[84] Auch hier wird wieder vorausgesetzt, daß die Teilchen nicht „lokalisiert" sind, d. h. daß zwischen den Phasen der von verschiedenen Teilchen gestreuten Wellen keine feste Beziehung besteht.

1. Die Intensität der Vorwärtsstreuung wird größer als die der Rückwärtsstreuung, das Intensitätsverhältnis ist gegeben durch

$$\frac{I_{s\,vorw.}}{I_{s\,rückw.}} \equiv \varphi = 1 + 4x^2 \left(\frac{m^2+2}{30} + \frac{1}{6}\frac{m^2+2}{2m^2+3} \right) + \cdots, \qquad (50)$$

wobei höhere Glieder mit x^4 usw. vernachlässigt sind. Es ist stets größer als 1 für dielektrische Teilchen, doch ist Gl. (50) nur korrekt, wenn die Bedingung genügend kleiner Werte von x erfüllt ist, andernfalls müssen auch höhere Glieder berücksichtigt werden.

2. Die Streustrahlung bei $\vartheta_s = 90°$ ist nicht mehr vollständig, wenn auch noch weitgehend linear polarisiert. Bei $\vartheta_s = 90°$ ist für Rayleigh-Streuung $i_2 = 0$ und $i_1 \sim x^6$, wie aus (45) hervorgeht ($a_2, b_1 = \cdots = 0$), also $I_s \sim \lambda^2 x^6 \sim \lambda^{-4}$; bei Mie-Streuung aber ist in dieser Näherung $i_2 = \frac{3}{2}b_1$ $\sim x^{10}$ und $I_s \sim \lambda^2 x^{10} \sim \lambda^{-8}$. Dieser horizontal polarisierte Anteil ist um den Faktor x^4 schwächer als i_1, aber von der Wellenlänge sehr viel stärker abhängig. Wird $x > 1$, so müssen auch noch höhere Terme in (45) berücksichtigt werden, d. h. für größere Kugeln wird die Streuverteilung sehr kompliziert, es treten Maxima und Minima auf, wie schon aus Abb. 36 hervorging. Da die numerische Berechnung von i_1 und i_2 als Funktionen von x und m sehr mühsam ist, existieren diese Werte bisher nur für $m = 1,25$; 1,333; 1,44; 1,50; 1,55; 2,00 und für x zwischen 0,1 und 8, in einem Fall auch bis $x = 40$[85]. Als Beispiel ist in Abb. 38 das Streudiagramm (Strahlungscharakteristik) für dielektrische Kugeln mit a) $x = 0,8$ und $m = 1,25$ und b) $x = 4$ und $m = 1,25$ wiedergegeben[86], und zwar sind die Vertikalkomponente I_1 und die Horizontalkomponente I_2 getrennt dargestellt.

Häufig geben die Tabellen der Mie-Funktionen auch den sog. *Wirkungsfaktor* $Q_{St}(x, m)$ an[87]. Er ist definiert als das Verhältnis von optisch wirksamer zu geometrischer Teilchenfläche $N\pi r^2$. Danach ist die insgesamt gestreute Strahlungsleistung

$$I_{St} = N\pi r^2 Q_{St}(x, m) I_0$$

oder[88]

$$\frac{I_{St}}{I_0} \equiv S' = N\pi r^2 Q_{St}(x, m) . \qquad (51)$$

---

[85] Nach *A. N. Lowan* angegeben in Natl. Bur. Stand. Appl. Math. Ser. **4**, (1948); — *Gumprecht, R. O.*, und Mitarb.: J. Opt. Soc. Am. **42**, 226 (1952). Neuere Werke bei *Dettmar, H. K., W. Lode*, u. *E. Marre:* Koll. Z. **188**, 28 (1963).

[86] *Blumer, H.:* Z. Physik **32**, 119 (1925); **38**, 304, 920 (1926).

[87] Vgl. z. B. *Sinclair, D.*, and *V. K. La Mer:* Chem. Rev. **44**, 245 (1949).

[88] S' hat nach S. 81 die Dimension [cm^{-1}], N die Dimension [cm^{-3}], Q_{St} ist dimensionslos.

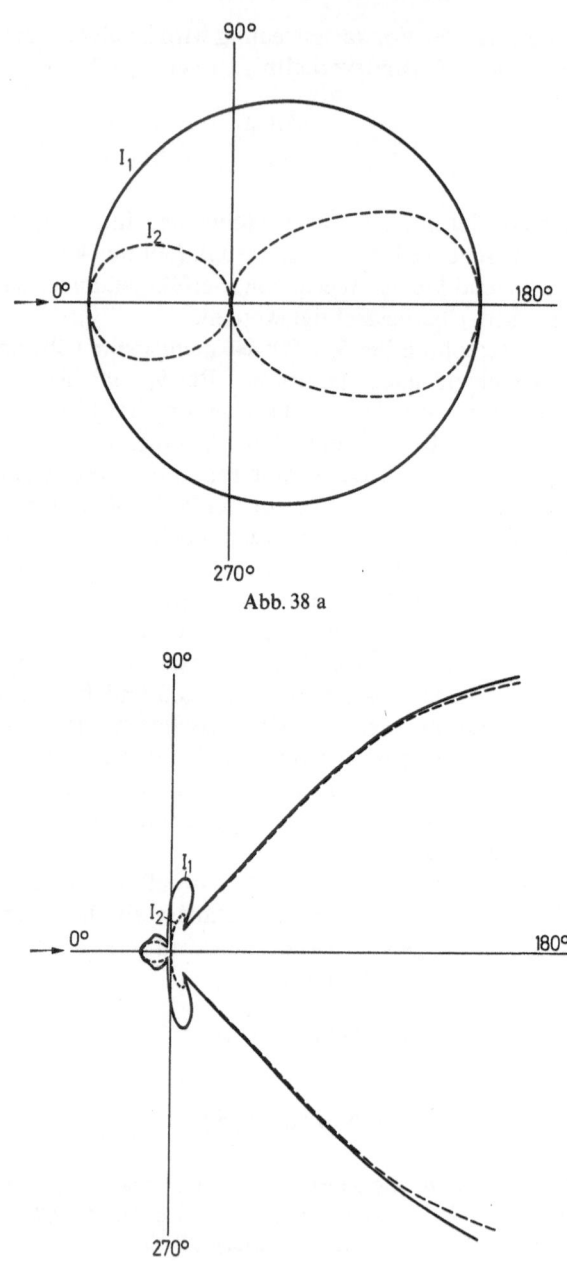

Abb. 38 a

Abb. 38 b

Abb. 38. Streudiagramm nach *Mie* für dielektrische Kugeln mit a) $x = 0,8$ und $m = 1,25$; b) $x = 4$ und $m = 1,25$. I_1 Vertikalkomponente, I_2 Horizontalkomponente

Die S. 75 definierte „Trübung" ist also gleich der „Streufläche" aller Teilchen je cm^3. Mißt man einerseits die leicht zugängliche Trübung S' als Funktion von λ und trägt sie gegen $1/\lambda$ auf, und berechnet man andererseits $Q_{St}(x, m)$ für das als bekannt vorausgesetzte m als Funktion von x, so müssen beide Kurven ihr Maximum beim gleichen Wert von x haben, so daß man r daraus entnehmen kann. Ist dieses einmal bekannt, so kann man aus (51) auch die Teilchenzahl N je cm^3 berechnen. Bei gegebenem N zeigen Teilchen mit dem zum Maximum gehörigen x bzw. r auch maximale Trübung.

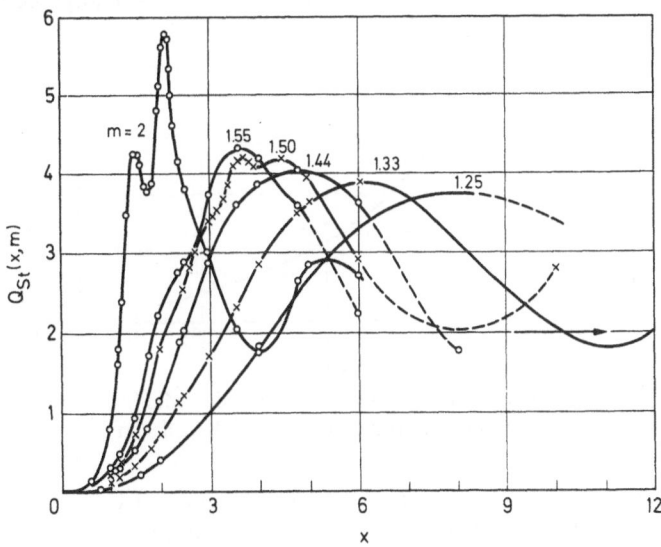

Abb. 39. Wirkungsfaktor $Q_{Str.}(x, m)$ nach *Mie* für kugelförmige Teilchen als Funktion von x bei verschiedenen Werten von m als Parameter

In Abb. 39 ist $Q_{St}(x, m)$ für mehrere Werte von m als Parameter als Funktion von x wiedergegeben[89]. Die Kurven sind vereinfacht und zeigen in der Regel mehrere sekundäre Maxima[90]. Ein Kügelchen von z. B. $r = 0,4\,\mu$ und $m = 1,44$ bei $\lambda = 0,5\,\mu$, d. h. $x \cong 5$ hat eine Streufläche von $Q_{St} = 4$, d. h. es zerstreut viermal soviel Licht wie nach seinem geo-

---

[89] *Edsall, I. T.,* u. *W. B. Danliker:* Fortschr. Chem. Forsch. **2**, 1 (1951); vgl. auch *Sinclair, D.:* J. Opt. Soc. Am. **37**, 475 (1947); — *La Mer, V. K.:* J. Phys. Coll. Chem. **52**, 65 (1948); — *Jobst, G.:* Ann. Physik **76**, 863 (1925).

[90] Für sehr große x geht Q_{St} schließlich nicht gegen 1, wie man erwarten müßte, sondern gegen 2. Das liegt daran, daß zu der geometrischen Reflexion ein gleich großer Energiebetrag an Beugung hinzukommt, der in einem so kleinen Winkelbereich gestreut wird, daß er nur bei sehr großem Abstand beobachtet werden kann. Vgl. dazu auch S. 81.

metrischen Querschnitt von 0,50 [μ^2] zu erwarten wäre. Für Q_{St} ergibt sich in der Näherung von S. 89 unter Berücksichtigung der Terme mit a_1, a_2 und b_1

$$Q_{St} = \frac{8}{3} x^4 \left(\frac{m^2-1}{m^2+2} \right)^2 \left[1 + \frac{6}{5} \frac{m^2-1}{m^2+2} x^2 + \cdots \right]. \qquad (52)$$

Das erste Glied entspricht der Rayleigh-Streuung und folgt auch unmittelbar aus (49a). Auch Gl. (52) gilt natürlich nur für $x < 0,8$, für größere x müssen weitere Glieder der Reihen berücksichtigt werden. Dabei zeigt sich, daß dann auch der Exponent n für die λ^{-n}-Abhängigkeit der

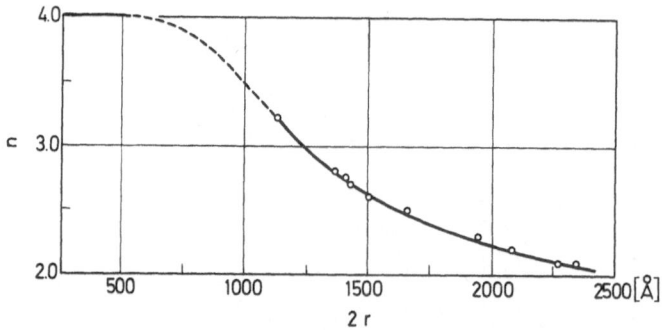

Abb. 40. Variation des Wellenlängen-Exponenten n der Mie-Streustrahlung mit dem Durchmesser von dielektrischen Kügelchen

Streuung, der im Rayleigh-Gebiet 4 ist, absinkt und mit weiterwachsendem x schließlich gegen 0 geht, d. h. die Streustrahlung wird dann von λ unabhängig. Bei der Streuung von weißem Licht macht sich dies dadurch bemerkbar, daß die Farbe des Streulichts allmählich von Blau nach Weiß umschlägt. In Abb. 40 ist die Variation von n in Abhängigkeit vom Durchmesser $2r$ von Polystyrol-Kügelchen in wäßriger Suspension ($m = 1,24$) nach Messungen von *Heller*[91] im sichtbaren Spektralbereich wiedergegeben. Die Abnahme von n mit r bei konstantem λ ist so gut reproduzierbar, daß man darauf eine Methode zur Teilchengrößen-Bestimmung aufbauen kann. Für sehr große x wird ferner $Q_{St}(x, m)$ von x unabhängig, wie schon in Abb. 38 angedeutet ist, d. h. es wird nach (51) bei gegebener Wellenlänge

$$S' \sim N \pi r^2 \sim \frac{1}{r}. \qquad (53)$$

Die Trübung wird umgekehrt proportional zum Radius der Kugeln.

---

[91] *Heller, W.*: J. Chem. Phys. **14**, 566 (1946); vgl. auch *La Mer, V. K.*: J. Phys. Coll. Chem. **52**, 65 (1948).

Für sehr große Kugeln, d. h. für den asymptotischen Fall, daß $x \to \infty$ geht, geben die Mie-Formeln eine Streuverteilung, wie man sie nach Intensität und Phase auch aus den Gesetzen der geometrischen Optik durch Trennung von Reflexion, Brechung und Beugung berechnen kann[92]. Es gibt danach keine prinzipielle Trennung zwischen Reflexion, Brechung und Beugung einerseits und Streuung andererseits. Im Rahmen dieses Buches kann darauf nicht im einzelnen eingegangen werden, es sei deshalb auf die S. 75 genannten zusammenfassenden Darstellungen verwiesen, insbesondere auf *H. C. van de Hulst*.

Zur Anwendung der Mie-Theorie auf *absorbierende Kugeln* muß man analog zu (II, 43) einen komplexen Brechungsindex einführen, d. h. anstelle von (40) ist zu schreiben

$$m' = \frac{n}{n_0} - \frac{ni\varkappa}{n_0} \equiv m - mi\varkappa . \tag{54}$$

Dabei ist n_0 wieder der (reelle) Brechungsindex des nicht absorbierenden Mediums, in das die Streuzentren eingebettet sind, und $m\varkappa$ der Absorptionskoeffizient. Wie schon aus Tab. 2 hervorgeht, variieren n und $n\varkappa$ und damit auch m und $m\varkappa$ sehr stark für verschiedene Materialien und verschiedene Wellenlängen. Entsprechend gibt es auch eine große Zahl von Näherungsformeln, die aus der strengen Mie-Theorie durch spezielle Reihenentwicklungen abgeleitet wurden, je nachdem m oder $m\varkappa$ oder beide besonders große oder besonders kleine Werte besitzen. Man erhält dann wieder z. B. Q als Funktion von x und m', doch setzt sich der gesamte Wirkungsfaktor $Q_{Ext.}$ zusammen aus $Q_{Str.}$ (reeller Teil) und $Q_{Abs.}$ (imaginärer Teil) der gemessenen scheinbaren Gesamtextinktion:

$$Q_{Ext.} = Q_{Str.} + Q_{Abs.} . \tag{55}$$

$Q_{Str.}$ ist z. B. für Metalle in der früher benutzten Näherung (mit den Beiträgen von a_1, a_2 und b_1) wieder durch (52) gegeben, $Q_{Abs.}$ in der gleichen Näherung durch den Imaginärteil

$$Q_{Abs.} = -\left[4x \frac{m^2-1}{m^2+2} + \frac{4}{15} x^3 \left(\frac{m^2-1}{m^2+2} \right)^2 \frac{m^4+27m^2+38}{2m^2+3} \right] . \tag{56}$$

Für sehr kleine x (bei Metallen z. B. für $x < 0,3$) genügt wieder jeweils der erste Term dieser Reihen, um Absorption und Streuung für bestimmte Werte von m' wiederzugeben. Bezüglich Einzelheiten muß auch hier auf die S. 75 genannten zusammenfassenden Darstellungen verwiesen werden[93]. Als Beispiel sind in Abb. 41 die von *Mie* berechneten Wirkungs-

[92] Vgl. dazu *Debye, P.*: Ann. Physik **30**, 59 (1909); — *van de Hulst, H. C.*: Rech. Astr. Obs. Utrecht **11**, Teil 1 (1946); — *Franz, W.*: Z. Naturforsch. **9a**, 705 (1954).

[93] Vgl. ferner *Chromey, F. C.*: J. Opt. Soc. Am. **50**, 730 (1960); — *Brockes, A.*: Optik **21**, 550 (1964).

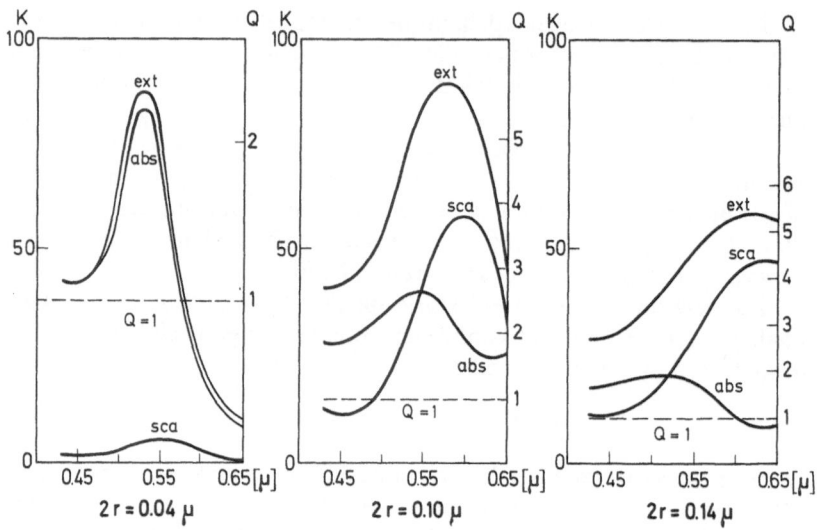

Abb. 41. Wirkungsfaktoren $Q_{Ext.}$, $Q_{Str.}$ und $Q_{Abs.}$ von Goldsolen in Wasser für verschiedene Teilchengrößen in Abhängigkeit von λ_0

faktoren $Q_{Ext.}$, $Q_{Str.}$ und $Q_{Abs.}$ von Goldsolen in Wasser für verschiedene Teilchengrößen in Abhängigkeit von λ_0 wiedergegeben. Man erkennt, wie außerordentlich stark $Q_{Str.}$ und $Q_{Abs.}$ von der Teilchengröße abhängen.

c) Mehrfachstreuung

Mit abnehmendem Abstand der streuenden Teilchen geht die Einfachstreuung nach und nach in Mehrfachstreuung über. Bei höheren Teilchendichten (Wolken, Milchglas, konzentrierte Sole, Sternatmosphären, Kristallpulver, Pigmente usw.) herrscht die Mehrfachstreuung vor. Es stellt sich nun die Frage, ob die Winkelverteilung der Streuintensität an dielektrischen Kugeln nach *Rayleigh* bzw. *Mie* auch für diesen Fall erhalten bleibt, ob also z. B. bei einer ebenen einfallenden Welle nach mehrfacher Streuung die Vorwärtsstreuung gegenüber der Rückwärtsstreuung bevorzugt bleibt, wenn $2\pi r \geqq \lambda$. Dieses Problem ist von *Theissing*[94] näher untersucht worden. Es wird wiederum angenommen, daß die einzelnen Partikel statistisch ungeordnet verteilt und genügend weit voneinander entfernt sind, so daß keine Phasenbeziehungen und Interferenzen zwischen den Streustrahlungen verschiedener Teilchen berücksichtigt zu werden brauchen. Der Unterschied gegenüber der Mie-Streuung besteht nur darin, daß die Welle nicht nur einmal, sondern zweimal, dreimal usw. gestreut wird, bevor sie das Medium verläßt.

---

[94] *Theissing, H. H.*: J. Opt. Soc. Am. **40**, 232 (1950).

Gegeben sei eine ebene nichtabsorbierende Schicht der Dicke d, die von einer in x-Richtung sich ausbreitenden ebenen unpolarisierten Welle bei $x = 0$ getroffen wird. Die einfallende Strahlungsleistung sei $I_0(0) = 1$. Dann setzt sich die Strahlungsleistung in einem beliebigen Abstand x innerhalb der Schicht zusammen aus einem Anteil $I_0(x)$ der noch vorhandenen parallelen (d. h. ungestreuten) Welle, einem Anteil $I_1(x)$ der einmal gestreuten Welle, einem Anteil $I_2(x)$ der zweimal gestreuten Welle usw., d. h. es ist

$$I(x) = \sum_k I_k = I_0 + I_1 + I_2 + \cdots . \tag{57}$$

Jedes I_k hat seine eigene Winkelverteilung $q_k(\vartheta_s)$, wobei ϑ_s wieder der durch (14) definierte Streuwinkel ist. Bekannt ist zunächst nur $q_1(\vartheta_s)$ der Mie-Streuung, das durch (42) gegeben ist[95]. Wir betrachten nun die Änderung der I_k mit x. Für den ungestreuten (parallelen) Anteil gilt nach (1)

$$-\frac{dI_0}{dx} = S'I_0 \quad \text{oder} \quad I_0(x) = e^{-S'x} \quad \text{mit} \quad I_0(0) = 1 , \tag{58}$$

worin S' den Streukoeffizienten nach *Mie* bedeutet, den man durch Integration von (42) über eine Kugelfläche vom Radius $R = 1$ erhält [vgl. z. B. (49a)]. Für die gestreuten Anteile unterteilt man zweckmäßig den gesamten Raum in Vorwärts (f)- und Rückwärts (b)-Halbraum. Der Bruchteil der Gesamtstreuung S'_k in den vorderen Halbraum ist dann analog zu (14a) gegeben durch

$$f_k \equiv \int_0^{\pi/2} \int_0^{2\pi} \left(\frac{q(\vartheta_s)}{S'}\right)_k \sin\vartheta_s \, d\vartheta_s \, d\varphi = 2\pi \int_0^{\pi/2} \left(\frac{q(\vartheta_s)}{S'}\right)_k \sin\vartheta_s \, d\vartheta_s , \tag{59}$$

der Bruchteil der Gesamtstreuung in den hinteren Halbraum analog durch

$$b_k \equiv 2\pi \int_{\pi/2}^{\pi} \left(\frac{q(\vartheta_s)}{S'}\right)_k \sin\vartheta_s \, d\vartheta_s . \tag{60}$$

Auch f_k und b_k hängen von der betr. Winkelverteilung des Anteils I_k ab, und es gilt

$$f_k + b_k = 1 . \tag{61}$$

Bezeichnen wir den in den vorderen Halbraum gestreuten Teil der Strahlung mit F_k, den in den hinteren Halbraum gestreuten Teil mit B_k, so gilt ferner

$$\Sigma I_k = \Sigma F_k + \Sigma B_k . \tag{62}$$

---

[95] In (42) und (1) ist I_0 die einfallende Strahlungsleistung, die hier gleich 1 gesetzt ist.

Mit diesen Bezeichnungen ergibt sich für die Änderung der *primären* Vorwärts-Streustrahlung $F_1(x)$ innerhalb dx

$$dF_1(x) = [-F_1(x) + f_1 I_0(x)] \, S' \, dx \, . \tag{63}$$

In dem Schichtdicken-Element dx ist dF_1 proportional zu $-F_1$ selbst, da die primär gestreute Strahlung in sekundär gestreute übergeht, und proportional zu der noch vorhandenen parallelen Strahlung $I_0(x)$, von der der Bruchteil f_1 in primär gestreute Strahlung umgewandelt wird. Setzt man den Ausdruck (58) für $I_0(x)$ ein und ordnet um, so erhält man die lineare Differentialgleichung 1. Ordnung.

$$\frac{1}{S'} \frac{dF_1(x)}{dx} + F_1(x) - f_1 e^{-S'x} = 0 \tag{64}$$

mit der Lösung

$$F_1 = f_1 S' x e^{-S'x} \, . \tag{65}$$

In analoger Weise erhält man für die Änderung der primären Rückwärts-Streustrahlung $B_1(x)$ innerhalb dx

$$\frac{1}{S'} \frac{dB_1(x)}{dx} - B_1(x) + b_1 e^{-S'x} = 0 \tag{66}$$

mit der Lösung

$$B_1 = \frac{b_1}{2} e^{-S'x} - \frac{b_1}{2} e^{-2S'd} \cdot e^{S'x} \, . \tag{67}$$

Für die *sekundäre* Vorwärts- und Rückwärtsstreuung geht man von den (63) und (66) entsprechenden Differentialgleichungen aus[96]:

$$\frac{1}{S'} \frac{dF_2(x)}{dx} + F_2(x) - f_2 F_1(x) - b_2 B_1(x) = 0 \, , \tag{68}$$

$$\frac{1}{S'} \frac{dB_2(x)}{dx} - B_2(x) + b_2 F_1(x) + f_2 B_1(x) = 0 \, , \tag{69}$$

und erhält die Lösungen

$$F_2 = \frac{b_1 b_2}{2} \cdot S' x \cdot e^{-S'x} + f_1 f_2 \frac{(S'x)^2}{2!} \cdot e^{-S'x}$$
$$- \frac{b_1 b_2}{4} \cdot e^{-2S'd} e^{S'x} + \frac{b_1 b_2}{4} \cdot e^{-2S'd} e^{-S'x} \, , \tag{70}$$

$$B_2 = \frac{f_1 b_2 + f_2 b_1}{4} \cdot e^{-S'x} + \frac{f_1 b_2}{4} S' x \cdot e^{-S'x}$$
$$+ \frac{f_2 b_1}{2} S' x \cdot e^{-2S'd} e^{S'x} - \frac{f_1 b_2 + f_2 b_1}{4} \cdot (2S'd + 1) \cdot e^{-2S'd} e^{S'x} \, . \tag{71}$$

---

[96] $b_2 B_1$ entspricht wieder einem Strahlungsfluß in Vorwärtsrichtung, $b_2 F_1$ und $f_2 B_1$ einem Strahlungsfluß in Rückwärtsrichtung.

Man sieht, daß für sehr große Teilchendichten, d. h. große Werte von $S'd$ der 3. und 4. Term in beiden Gleichungen verschwinden. Auf gleiche Weise erhält man je zwei Gleichungen für F_3 und B_3, für F_4 und B_4 usw., in denen man jeweils die Terme mit $e^{-2S'd}$ für großes $S'd$ vernachlässigen kann. Die Summen

$$I_0(x), \quad I_1(x) = F_1(x) + B_1(x), \quad I_2(x) = F_2(x) + B_2(x) \quad \text{usw.}$$

geben die Beiträge der nicht gestreuten, einmal gestreuten, zweimal gestreuten usw. Welle in Abhängigkeit von x an.

Wir betrachten noch den Grenzfall für sehr kleine Teilchendichten $S'd \to 0$, so daß man nur die Einfachstreuung berücksichtigen muß. Dann erhält man für die bei $x = d$ in den vorderen Halbraum austretende Strahlung aus (65)

$$F_1(d) = f_1 S'd \cdot e^{-S'd} \cong f_1 S'd(1 - S'd) \cong f_1 S'd, \tag{72}$$

für die bei $x = 0$ in den hinteren Halbraum austretende Strahlung aus (67)

$$B_1(0) = \frac{b_1}{2}(1 - e^{-2S'd}) \cong b_1 S'd. \tag{73}$$

Die Gesamtstreuung ergibt sich danach zu

$$F_1(d) + B_1(0) \cong (f_1 + b_1) S'd = S'd. \tag{74}$$

Geht man von vornherein nicht von den beiden Strahlenflüssen F und B aus, sondern von dem Gesamtanteil I_1 der einmal in den Gesamtraum gestreuten Strahlungsleistung, so erhält man bei kleinem $S'd$ für den in den vorderen Halbraum gestreuten Teil

$$F_1(d) = I_1(d) f_1, \tag{75}$$

für den in den hinteren Halbraum gestreuten Teil

$$B_1(0) = I_1(d) b_1. \tag{76}$$

Der Vergleich mit (72) und (73) zeigt, daß

$$I_1(d) = S'd \cdot e^{-S'd} \cong S'd, \tag{77}$$

was mit (74) übereinstimmt. Man kann also für den Grenzfall, daß $S'd \ll 1$, statt der beiden Strahlenflüsse F_1 und B_1 auch den Gesamtfluß I_1 in Abhängigkeit von x betrachten, indem man zunächst $f_1 = 1$ und $b_1 = 0$ setzt und dann $I_1(d)$ nachträglich wieder mit f_1 bzw. b_1 multipliziert. Macht man dies analog auch für die zweimal gestreute Welle, so erhält man aus (70) mit $f_1 = f_2 = 1$ und $b_1 = b_2 = 0$

$$I_2(x) = \frac{(S'x)^2}{2!} \cdot e^{-S'x}. \tag{78}$$

Aus $I_2(d)$ kann man die rückwärts gestreute Strahlung wiederum angenähert ermitteln, indem man es mit b_2 multipliziert. In analoger Weise erhält man die Gleichungen für höhere Streuordnungen k, z. B.

$$I_3(x) = \frac{(S'x)^3}{3!} \cdot e^{-S'x}, \qquad (79)$$

$$I_k(x) = \frac{(S'x)^k}{k!} \cdot e^{-S'x}. \qquad (80)$$

Diese I_k-Werte sind in Abb. 42 gegen die Streudichte $S'x$ aufgetragen. Man sieht, daß für einen gegebenen Wert $S'd$ nur eine gewisse Anzahl

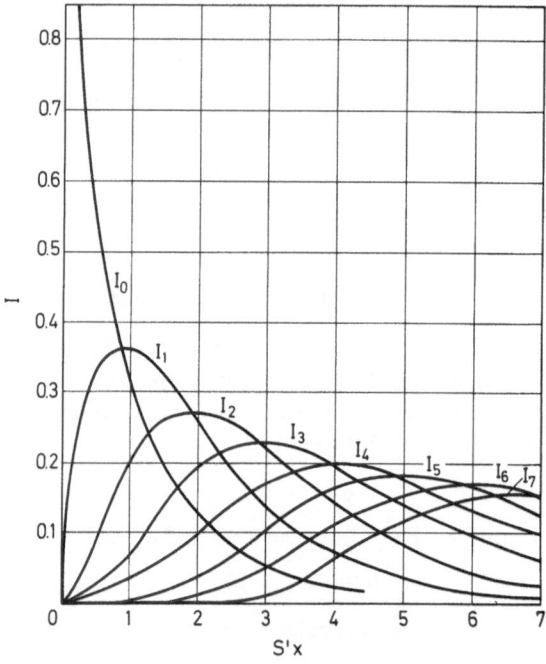

Abb. 42. Strahlungsleistungen verschiedener Streuordnung bei Mehrfachstreuung (I_0 ungestreut, I_1 einmal gestreut, I_2 zweimal gestreut usw.) als Funktion der Streudichte $S'x$

von Streuordnungen maßgebend ist, während höhere und niedrigere Ordnungen praktisch kaum noch zur Gesamtstrahlungsleistung $\sum_k I_k$ beitragen.

Von besonderem Interesse ist die Winkelverteilung $q(\vartheta_s)/S'$ der verschiedenen Streuordnungen. Zunächst ist nur die Winkelverteilung der

Mie-Streuung, d. h. der ersten Ordnung bekannt, sie ist durch (42) gegeben. Nach *Hartel*[97] ist es aber unter vereinfachenden Voraussetzungen ($m \equiv n/n_0 \cong 1$, Beschränkung auf elektrische Multipolarstrahlung) möglich, die Winkelfaktoren $\left(\dfrac{q(\vartheta_s)}{S'}\right)_k$ durch $\left(\dfrac{q(\vartheta_s)}{S'}\right)_1$ auszudrücken:

$$\left(\frac{q(\vartheta_s)}{S'}\right)_k = \frac{1}{4\pi} \sum_{n=0}^{\infty} \frac{a_n^k}{(2n+1)^{k-1}} \cdot \pi_n(\cos\vartheta_s). \tag{81}$$

Zum Beispiel erhält man die Winkelverteilung der zweiten Ordnung (zweimalige Streuung) aus (81) zu

$$4\pi\left(\frac{q(\vartheta_s)}{S'}\right)_2 = 1 + \frac{a_1^2}{3}\,\pi_1(\cos\vartheta_s) + \frac{a_2^2}{5}\,\pi_2(\cos\vartheta_s)$$
$$+ \frac{a_3^2}{7}\,\pi_3(\cos\vartheta_s) + \cdots, \tag{82}$$

wobei die π_n die in Gl. (43) auftretenden Kugelfunktionen und die a_n

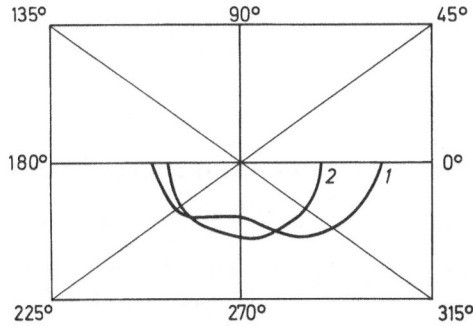

Abb. 43. Winkelverteilung der Streuintensität nach einmaliger (Kurve 1) und zweimaliger (Kurve 2) Streuung an dielektrischen Kugeln mit $x = 0{,}6$ und $m = 1{,}25$

wieder die komplexen Funktionen von x und m sind [vgl. Gl. (46)]. Die Berechnung dieser Winkelfaktoren nach (82) zeigt, daß mit wachsender Ordnung k immer weniger Glieder der Summe berücksichtigt werden müssen, da diese immer rascher gegen Null konvergieren. Trägt man die nach (81) berechneten Winkelverteilungen für die verschiedenen Ordnungen in einem Polardiagramm auf, so findet man, daß mit zunehmender Zahl k der Streuungen die Vorwärtsstreuung nach *Mie* mehr und mehr zurückgeht, und daß sich die Gesamtstreuung einer isotropen Winkelverteilung annähert. In Abb. 43 ist dies für dielektrische Kügelchen mit $x = 0{,}6$ und $m = 1{,}25$ für die erste Ordnung nach *Mie* ($k = 1$) und die zweite

[97] *Hartel, W.*: Licht **10**, 141 (1940).

Ordnung ($k = 2$) dargestellt. Man sieht, daß unter diesen Bedingungen schon eine zweimalige Streuung genügt, um praktisch isotrope Streuverteilung zu erreichen. Für $x = 5$ und $m = 1,25$ ist dafür etwa achtmalige Streuung notwendig.

Das wichtige Ergebnis dieser (halbquantitativen) Untersuchung ist, daß bei genügend großer Streudichte $S'd$, d. h. bei genügend großer Teilchenzahl und Schichtdicke, im Inneren der Probe schließlich stets eine isotrope Streuverteilung entsteht, unabhängig vom Streugesetz[98]. Ist die einfallende Strahlung von vornherein isotrop (diffuse Einstrahlung), so kann man bereits in den Grenzschichten isotrope Streuverteilung voraussetzen. Bei Mehrfachstreuung gehen also die charakteristischen Eigenschaften der Einfachstreuung je nach den gegebenen Bedingungen mehr oder weniger rasch verloren. Man sollte also erwarten, daß bei Mehrfachstreuung im allgemeinen sowohl die remittierte wie die evtl. durchgelassene Strahlung isotrope Streuverteilung besitzt, sofern $S'd$ genügend groß ist. Das entspricht der „diffus reflektierten" Strahlung bei dicht gepackten gröberen Teilchen, wenn man noch die Gesetze der Reflexion, Beugung und Brechung anwenden kann (vgl. S. 26). Die angenäherte Gültigkeit des Lambertschen Cosinusgesetzes für sehr feine Teilchen, wenn man von regulären Streuanteilen absieht ($x \ll 1$), bestätigt diesen Schluß.

d) Die Strahlungs-Transport-Gleichung

Ist $S'd$ sehr groß und $x \equiv \dfrac{2\pi r}{\lambda} \geq 1$, d. h. sind die Teilchen groß gegenüber λ und so eng gepackt, daß Phasenbeziehungen und Interferenzen zwischen den Streustrahlungen verschiedener Teilchen auftreten, so gibt es keine allgemeine und quantitative Lösung des Problems der Mehrfachstreuung, auch wenn man innerhalb des untersuchten Mediums ein isotropes Strahlungsfeld voraussetzt. Man ist in solchen Fällen auf rein phänomenologische Theorien angewiesen, deren praktische Brauchbarkeit davon abhängt, mit wievielen aus dem Experiment zu entnehmenden Konstanten sich die interessierenden Eigenschaften eines solchen Mediums modellmäßig beschreiben lassen. Es ist gelegentlich versucht worden, mit einer einzigen Konstanten auszukommen, aber die Kompliziertheit der Vorgänge bei der Mehrfachstreuung läßt voraussehen, daß dies für die notwendige Charakteristik eines gleichzeitig absorbierenden und streuenden Mediums nicht ausreicht. Die Mehrzahl der Autoren benutzt deshalb *Zweikonstanten-Theorien*, wobei die beiden

---

[98] Vgl. dazu auch *Hamaker, H. C.:* Philips Res. Rep. **2**, 55 (1947); — *Rozenberg, G. V.:* Bull. Acad. Sci. U.S.S.R. Phys. Ser. **21**, 1465 (1957); — *Blevin, W. R.,* and *W. J. Brown:* J. Opt. Soc. Am. **51**, 129, 975 (1961).

Konstanten das Absorptions- bzw. Streuvermögen je Zentimeter Schichtdicke des betr. Mediums charakterisieren sollen und aus Durchsichts- und Reflexionsmessungen ermittelt werden.

Man geht dabei aus von einer allgemeinen *Strahlungs-Transport-Gleichung*, die die Intensitätsänderung eines Strahlenbündels gegebener Wellenlänge längs eines Weges ds innerhalb des Mediums beschreibt[99]:

$$-dI = \kappa \varrho I \, ds \, , \tag{83}$$

worin κ einen Schwächungskoeffizienten bedeutet, der dem gesamten Strahlungsverlust durch Absorption *und* Streuung entspricht. ϱ ist die Dichte des Mediums. Da der gestreute Strahlungsanteil nicht wirklich verloren geht, sondern in anderen Richtungen wieder auftritt, kann man (83) in der Form schreiben

$$-dI = \kappa \varrho I \, ds - j \varrho \, ds \, , \tag{84}$$

worin j eine Streufunktion darstellt, definiert durch

$$j(\vartheta, \varphi) = \frac{\kappa}{4\pi} \int\limits_0^\pi \int\limits_0^{2\pi} p(\vartheta, \varphi; \vartheta', \varphi') \, I(\vartheta', \varphi') \sin \vartheta' \, d\vartheta' \, d\varphi' \, . \tag{85}$$

$p(\vartheta, \varphi; \vartheta', \varphi')$ wird als *Phasenfunktion* bezeichnet. Sie ist ein Maß für die Intensität der Streustrahlung in den Raumwinkel $d\omega' = \sin \vartheta' \, d\vartheta' \, d\varphi'$, wenn ein Strahlenbündel in Richtung (ϑ, φ) auf ein Massenelement des Mediums auftrifft. Durch Integration über den ganzen Raum und Division durch 4π erhält man den Streukoeffizienten j. Man schreibt die *Strahlungs-Transport-Gleichung* gewöhnlich in der Form

$$- \frac{dI}{\kappa \varrho \, ds} = I - \frac{j}{\kappa} \, . \tag{86}$$

Das Verhältnis j/κ von Streu- zu Absorptionskoeffizient wird als Quellfunktion bezeichnet.

In Medien mit *planparalleler* Begrenzung, wie sie für die hier interessierenden Probleme von besonderem Interesse sind, mißt man Abstände ds vorteilhaft senkrecht zur Schichtebene; bezeichnet man diese Normale mit x, so wird $ds = dx \cos \vartheta$, worin ϑ die Neigung zur äußeren Normale bezeichnet. Dann lautet die Transportgleichung

$$- \cos \vartheta \, \frac{dI(x, \vartheta, \varphi)}{\kappa \varrho \, dx} = I(x, \vartheta, \varphi) - \frac{j}{\kappa}(x, \vartheta, \varphi) \, , \tag{87}$$

---

[99] Eine ausführliche Darstellung des Strahlungstransports gibt *Chandrasekhar, S.:* In: Radiative transfer. Oxford: Clarendon Press 1950; Neudruck durch Dover Publications, Inc. New York 1960.

worin φ das Azimut, bezogen auf eine beliebig gewählte Achse bedeutet. Führt man schließlich noch die sog. *optische Dicke*

$$d\tau \equiv \kappa\varrho\, dx \qquad (88)$$

ein und setzt außerdem

$$\mu \equiv \cos\vartheta\,, \qquad (89)$$

wobei ϑ den Winkel bezogen auf die Normale zur *inneren* Begrenzungs-ebene darstellen soll, so wird unter Benutzung von (85)

$$\mu\frac{dI(\tau,\mu,\varphi)}{d\tau} = I(\tau,\mu,\varphi) - \frac{1}{4\pi}\int\limits_{-1}^{+1}\int\limits_{0}^{2\pi} p(\mu,\varphi;\mu',\varphi')\,I(\tau,\mu',\varphi')\,d\mu'\,d\varphi'\,. \qquad (90)$$

Das ist die allgemeine Form der Strahlungs-Transport-Gleichung für planparallele Medien; es ist eine Integro-Differentialgleichung, da j/κ an jedem Punkt eine Funktion der Intensität ist. Man unterscheidet zwei Fälle planparalleler Medien: 1. das *halbunendliche Medium*, das durch eine Ebene begrenzt ist ($\tau = 0$) und sich senkrecht zu ihr ins Unendliche erstreckt ($\tau \to \infty$); 2. das *endliche Medium*, das durch zwei parallele Ebenen begrenzt ist ($\tau = 0$ und $\tau = \tau$).

Maßgeblich für den Strahlungstransport durch Streuung ist die Phasenfunktion. Bezeichnen wir den Winkel zwischen der Einfalls-richtung und der Streurichtung eines Strahlenbündels bei der Streuung an einem Massenelement des Mediums mit θ, so stellt das Integral

$$\int\limits_{0}^{4\pi} p(\cos\theta)\,\frac{d\omega'}{4\pi} \equiv \omega_0 \qquad (91)$$

die Gesamtstreuung in allen Richtungen dar. Man bezeichnet ω_0 als *Albedo* beim Einzelstreuprozeß. Findet keine „wahre" Absorption statt, so ist $\omega_0 = 1$, andernfalls ist $1 - \omega_0$ der Bruchteil der Strahlung, der absorbiert wird. Streut jedes Element *isotrop*, so ist $p(\cos\theta)$ von θ un-abhängig, d. h.

$$p(\cos\theta) = \text{const} = \omega_0\,. \qquad (92)$$

Das ist der denkbar einfachste Fall einer Phasenfunktion. Die zugehörige Transportgleichung ergibt sich aus (90) zu

$$\mu\frac{dI(\tau,\mu)}{d\tau} = I(\tau,\mu) - \frac{1}{2}\,\omega_0\int\limits_{-1}^{+1} I(\tau,\mu')\,d\mu'\,, \qquad (93)$$

weil sowohl I wie j/κ vom Azimut unabhängig werden (axiale Symmetrie um die x-Achse).

Für die *nichtisotrope* Streuung verwendet man häufig die Phasen-funktion

$$p(\cos\theta) = \omega_0(1 + x\cos\theta); \quad 0 \leqq x \leqq 1.$$ (94)

Im allgemeinsten Fall kann man $p(\cos\theta)$ als Reihe Legendrescher Polynome darstellen[100]:

$$p(\cos\theta) = \sum_0^\infty \omega_l P_l(\cos\theta).$$ (95)

---

[100] Die Legendreschen Polynome l-ten Grades sind gegeben durch

$$P_l(x) = \frac{1}{2^l l!} \frac{d^l}{dx^l} (x^2 - 1)^l.$$

Danach ist

$$P_0(x) = 1,$$
$$P_1(x) = x = \cos\theta,$$
$$P_2(x) = \frac{1}{2}(3x^2 - 1) = \frac{1}{4}(3\cos 2\theta + 1),$$
$$P_3(x) = \frac{1}{2}(5x^3 - 3x) = \frac{1}{8}(5\cos 3\theta + 3\cos\theta) \quad \text{usw.}$$

Kapitel IV. Phänomenologische Theorien der Absorption und Streuung dicht gepackter Teilchen

Man kann auf verschiedene Weise vorgehen: Entweder man faßt Absorptionskoeffizient und Streukoeffizient als Eigenschaften der bestrahlten Schicht auf, d. h. betrachtet letztere als *Kontinuum;* oder man nimmt an, daß die Schicht aus einer Reihe von Teilschichten zusammengesetzt ist, deren Dicke z. B. durch die Größe der streuenden und absorbierenden Teilchen festgelegt ist. Absorption und Streuung dieser Teilchen werden dann als optische Konstanten benutzt: *Diskontinuumstheorie.* Wir besprechen im folgenden zunächst die Kontinuumstheorie[101].

a) Die Schustersche Gleichung für isotrope Streuung

Der erste Versuch, der einer vereinfachten Lösung der Strahlungs-Transport-Gleichung in ihrer einfachsten Form für isotrope Streuung (III, 93) gleichkommt, stammt von *Schuster*[102]. Er interessierte sich für das Absorptions- und Emissionsvermögen dichter Sternatmosphären, wobei letzteres teils auf Streuung, teils auf Eigenemission infolge hoher Temperaturen zurückzuführen ist. Bei normalen Temperaturen kann man natürlich die Terme, die die Temperatur-Eigenstrahlung berücksichtigen, weglassen, soweit es sich um Strahlung im Bereich des Sichtbaren und des UV handelt.

Die Methode von *Schuster* besteht darin, daß er zur Vereinfachung das Strahlungsfeld in zwei gegenläufige Strahlungsflüsse in der x- bzw. $-x$-Richtung aufteilt, obwohl natürlich die Schicht in allen Richtungen von der Strahlung durchsetzt wird. Das entspricht einer analogen Behandlung bei der Diffusion oder der kinetischen Theorie der Gase, wobei auch die in einem rechtwinkligen Kasten sich bewegenden Moleküle als drei jeweils gleiche Paare von Strömen parallel zu den drei Richtungen des Kastens aufgefaßt werden. Auf diese Weise erhält man für die Transport-Gleichung (III, 93) bei isotroper Streuung eine erste Näherungs-Lösung, wie leicht zu zeigen ist.

Bezeichnet man den Strahlungsfluß in der positiven x-Richtung (senkrecht zur Begrenzungsebene der Schicht) mit I, den in der negativen x-Richtung (hervorgerufen durch Streuung) mit J, so kann man Gl. (III, 93)

---

[101] Eine Übersicht gibt z. B. *Kottler, F.:* Prog. Optics 3, 3 (1964).

[102] *Schuster, A.:* Astrophys. J. **21**, 1 (1905).

auftrennen in das Gleichungspaar

$$
\left.\begin{aligned}
-\frac{1}{2}\frac{dI}{d\tau} &= I - \frac{\omega_0}{2}(I+J)\,,\\
+\frac{1}{2}\frac{dJ}{d\tau} &= J - \frac{\omega_0}{2}(I+J)\,.
\end{aligned}\right\}
\tag{1}
$$

Der Faktor $\pm\frac{1}{2}$ auf der linken Seite ergibt sich durch Mittelbildung von μ über alle möglichen Winkel zur x-Richtung (vgl.111). Drückt man das Albedo ω_0 durch den Streukoeffizienten σ und den wahren Absorptionskoeffizienten a der Einzelstreuung aus, die in einem Kontinuum konstant sein müssen:

$$
\omega_0 = p(\cos\theta) = \frac{\sigma}{a+\sigma}\,,
\tag{2}
$$

so wird aus (1)

$$
\left.\begin{aligned}
-\frac{dI}{d\tau} &= \frac{2a+\sigma}{a+\sigma}I - \frac{\sigma}{a+\sigma}J\,,\\
+\frac{dJ}{d\tau} &= \frac{2a+\sigma}{a+\sigma}J - \frac{\sigma}{a+\sigma}I\,.
\end{aligned}\right\}
\tag{3}
$$

Setzt man schließlich zur Abkürzung

$$
\frac{2a}{a+\sigma} \equiv k \quad\text{und}\quad \frac{\sigma}{a+\sigma} \equiv s\,,
\tag{4}
$$

so lassen sich die beiden simultanen Differentialgleichungen schreiben

$$
\left.\begin{aligned}
-\frac{dI}{d\tau} &= (k+s)I - sJ\,,\\
+\frac{dJ}{d\tau} &= (k+s)J - sI\,.
\end{aligned}\right\}
\tag{5}
$$

Die unbestimmten Integrale lauten

$$
\left.\begin{aligned}
I &= A(1-\beta)e^{\alpha\tau} + B(1+\beta)e^{-\alpha\tau}\,,\\
J &= A(1+\beta)e^{\alpha\tau} + B(1-\beta)e^{-\alpha\tau}\,,
\end{aligned}\right\}
\tag{6}
$$

mit $\quad\alpha \equiv \sqrt{k(k+2s)} \quad$ und $\quad \beta \equiv \sqrt{k/(k+2s)}\,.$ $\tag{7}$

Daraus erhält man

$$
\left.\begin{aligned}
A &= -\frac{(1-\beta)e^{-\alpha\tau}}{(1+\beta)^2 e^{\alpha\tau} - (1-\beta)^2 e^{-\alpha\tau}}\,I_0\,,\\
B &= -\frac{(1+\beta)e^{\alpha\tau}}{(1+\beta)^2 e^{\alpha\tau} - (1-\beta)^2 e^{-\alpha\tau}}\,I_0\,,
\end{aligned}\right\}
\tag{8}
$$

wenn man die Randbedingungen berücksichtigt:

$$I = I_0 \quad \text{bei} \quad \tau = 0,$$

$$I = I_{(\tau)}; \quad J = 0 \quad \text{bei} \quad \tau = \tau.$$

Für $\tau \to \infty$ (halbunendliches Medium) wird das diffuse Reflexionsvermögen

$$R_\infty = \frac{J_{(\tau=0)}}{I_0} = \frac{1 - \beta}{1 + \beta}. \tag{9}$$

In anderer Schreibweise ergibt sich aus (9)

$$\frac{(1 - R_\infty)^2}{2 R_\infty} = \frac{k}{s}, \tag{10}$$

die sog. *Remissionsfunktion* für isotrope Streuung bei Annahme zweier gegenläufiger Strahlungsströme in Richtung der Oberflächen-Normalen. Seither haben zahlreiche andere Autoren[103] bis in die neueste Zeit hinein sich um diese vereinfachte Theorie der diffusen Remission und Transmission bemüht. Die meisten gehen dabei von analogen Differentialgleichungen aus wie *Schuster* und gelangen deshalb zu ähnlichen Ausdrücken. Dies gilt insbesondere für die Theorie von *Kubelka* und *Munk*, die heute als die allgemeinste und gebräuchlichste Theorie dieser Art anzusehen ist. Wie *Kubelka* nachgewiesen hat, lassen sich z. B. die Resultate der Theorien von *Gurevič* und von *Judd*, die unabhängig voneinander und von *Kubelka-Munk* ausgearbeitet wurden, als Spezialfälle der Kubelka-Munkschen Gleichungen darstellen. Ebenso zeigte *Ingle*[104], daß die Formeln von *Smith*, *Amy* und *Bruce* ebenfalls auf die Kubelka-Munkschen Gleichungen zurückgeführt werden können. Aus diesen Gründen hat sich die Kubelka-Munk-Theorie allgemein durchgesetzt.

---

[103] *Channon, H. J.*, *F. F. Renwick*, and *B. V. Storr*: Proc. Roy. Soc. London **94**, 222 (1918); — *Renwick, F. F.*: Photogr. J. **58**, 140 (1918); — *Bruce, H. D.*: Tech. Pap. 306, Natl. Bur. Std. (1926); — *Silberstein, L.*: Phil. Mag. **4**, 1291 (1927); — *Gurevič, M.*: Physik. Z. **31**, 753 (1930); — *Kubelka, P., u. F. Munk*: Z. Tech. Physik **12**, 593 (1931); — *Smith, T.*: Trans. Opt. Soc. London **33**, 150 (1931); — *Ryde, J. W.*, and *B. S. Cooper*: Proc. Roy. Soc. London A **131**, 451 (1931); — *Judd, D. B.*: J. Res. Natl. Bur. Std. **12**, 354; **13**, 281 (1934); — *Amy, L.*: Rev. Optique **16**, 81 (1937); — *Neugebauer, H. E. I.*: Z. Tech. Physik **18**, 137 (1937); — *Duntley, S. Q.*: J. Opt. Soc. Am. **32**, 61 (1942); — *Hulbert, E. O.*: J. Opt. Soc. Am. **33**, 42 (1943); — *Mecke, R.*: Meteorol. Z. **61**, 195 (1944); — *Hamaker, H. C.*: Philips Res. Rep. **2**, 55, 103 (1947); — *Kubelka, P.*: J. Opt. Soc. Am. **38**, 448 (1948); — *Broser, J.*: Ann. Physik **5**, 401 (1950); — *Mühlschlegel, B.*: Ann. Physik **9**, 29 (1951); — *Bodo, Z.*: Acta Phys. Hung. **1**, 135 (1951); — *Bauer, G. T.*: Acta Phys. Acad. Sci. Hung. **14**, 209 (1962); — *Melamed, N. T.*: J. Appl. Phys. **34**, 560 (1963); — *ter Vrugt, J. W.*: Philips Res. Rep. **20**, 23 (1965).

[104] *Ingle, G. W.*: ASTM Bull. **116**, 32 (1942).

um so mehr als sie relativ einfach ist und Begriffe benutzt, die, wie z. B. „Reflexionsvermögen", „Kontrastverhältnis", „Deckvermögen", „Aufhellungsvermögen", in der Praxis bereits geläufig waren.

Da es sich bei der streuenden Transmission und Remission um recht komplexe Vorgänge handelt, muß man von vornherein vereinfachende Voraussetzungen einhalten, die der Theorie zugrunde liegen. Diese Voraussetzungen sind die folgenden: Das Lambertsche Cosinusgesetz wird als gültig angenommen (isotrope Streuverteilung), d. h. von evtl. vorhandenen regulären Reflexionsanteilen (vgl. Kapitel II) wird abgesehen. Die Teilchen der Schicht sollen völlig regellos verteilt und sehr viel kleiner sein als die Dicke der untersuchten Schicht. Die Schicht wird diffus bestrahlt[105]. Unter diesen Bedingungen führt die Zweikonstantentheorie von *Kubelka* und *Munk* zu Beziehungen, die der experimentellen Prüfung zugänglich sind und die sich in der Praxis jedenfalls qualitativ, unter geeigneten, diesen Voraussetzungen angepaßten Meßbedingungen auch quantitativ bestätigen lassen.

b) Die exponentielle Lösung nach Kubelka-Munk

Eine planparallele, sowohl streuende wie absorbierende Schicht der Dicke d werde in der $-x$-Richtung diffus und monochromatisch mit der Strahlungsleistung $I_{(x=d)}$ bestrahlt (Abb. 44)[106]. Die Ausdehnung der

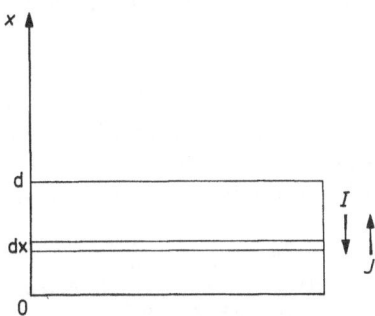

Abb. 44. Zur Ableitung der simultanen Differentialgleichungen nach *Kubelka-Munk*

---

[105] Eine diffuse Bestrahlung ist die Umkehr einer diffusen Reflexion, wie sie S. 26 definiert wurde; sie entspricht einer isotropen Winkelverteilung der einfallenden Strahlungsdichte und läßt sich mit Hilfe einer sog. Photometerkugel (vgl. S. 225) verifizieren. Da bei Mehrfachstreuung isotrope Winkelverteilung der Strahlung im Inneren der Probe angenommen wird (vgl. S. 102), kann man bei diffuser Einstrahlung voraussetzen, daß sie auch in der gesamten Probe vorherrscht.

[106] Die etwas ungewohnte Anordnung dient der Vereinfachung der späteren Rechnung; die Gln. (20) und (21) haben deshalb entgegengesetzte Vorzeichen wie Gl. (5).

Schicht in der yz-Ebene sei groß gegen d, so daß Randeffekte vernachlässigt werden können. Wir betrachten eine infinitesimale Schicht dx parallel zur Oberfläche. Der Strahlungsfluß in der negativen x-Richtung sei mit I, der Strahlungsfluß in der positiven x-Richtung (hervorgerufen durch Streuung) sei mit J bezeichnet. Da die Schicht dx unter allen möglichen Richtungen zu x von der Strahlung durchsetzt wird, ist die *mittlere* Weglänge der Strahlung innerhalb dx nicht gleich dx, sondern offenbar größer (vgl. S. 107). Für eine bestimmte Richtung ϑ ist diese Weglänge

$$d\xi = \frac{dx}{\cos\vartheta}.\tag{11}$$

Wie aus Abb. 45 hervorgeht. Bezeichnet man die Winkelverteilung der auf die Schicht dx fallenden Strahlungsleistung mit $\partial I/\partial \vartheta$, so ist die

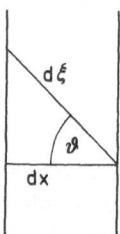

Abb. 45. Zur Ableitung der mittleren Weglänge bei isotroper Streuung

relative Intensität in Richtung ϑ gegeben durch $\dfrac{1}{I_0}\dfrac{\partial I}{\partial \vartheta}\, d\vartheta$, wobei I_0 die gesamte Strahlungsleistung in den Halbraum bedeutet. Um den *Mittelwert* der Strahlungsweglänge innerhalb der Schicht dx zu erhalten, muß man über alle Winkel ϑ von 0 bis $\pi/2$ integrieren, d. h. es wird

$$\overline{d\xi_I} = dx \int\limits_0^{\pi/2} \frac{1}{I_0 \cos\vartheta} \frac{\partial I}{\partial \vartheta}\, d\vartheta \equiv u\, dx.\tag{12}$$

Analog gilt für den Strahlungsstrom J

$$\overline{d\xi_J} = dx \int\limits_0^{\pi/2} \frac{1}{J_0 \cos\vartheta} \frac{\partial J}{\partial \vartheta}\, d\vartheta \equiv v\, dx.\tag{13}$$

Isotrope Winkelverteilung der Streustrahlung ist dadurch charakterisiert, daß sie in allen Richtungen gleiche Intensität besitzt. In bezug auf eine Ebene, die von diffuser Strahlung getroffen wird, ist die Winkelverteilung gegeben durch[107]

$$\frac{\partial I}{\partial \vartheta} = 2 I_0 \sin \vartheta \cos \vartheta \quad \text{bzw.} \quad \frac{\partial J}{\partial \vartheta} = 2 J_0 \sin \vartheta \cos \vartheta . \tag{14}$$

Setzt man dies in (12) bzw. (13) ein, so erhält man

$$u = \int_0^{\pi/2} 2 \sin \vartheta \, d\vartheta = 2 \quad \text{bzw.} \quad v = \int_0^{\pi/2} 2 \sin \vartheta \, d\vartheta = 2 . \tag{15}$$

Für vollkommen diffuse Bestrahlung der Schicht dx wird demnach

$$\overline{d\xi_I} = \overline{d\xi_J} = 2 \, dx . \tag{16}$$

Die mittlere Weglänge der diffusen Strahlung ist doppelt so groß wie die geometrische Schichtdicke.

Strahlt man parallel ein, so wird nach Gl. (11) $d\xi = 2 \, dx$, wenn $\cos \vartheta = \frac{1}{2}$ bzw. $\vartheta = 60°$. Streut die Schicht vollkommen diffus (isotrope Streuung), so gilt für den gestreuten Anteil der Strahlung $u = 2$, für den nichtgestreuten Anteil, der die ursprüngliche Richtung von $\vartheta = 60°$ beibehält, ebenfalls $u = 2$, so daß also auch für die Gesamtstrahlung $u = 2$. Man kann deshalb auch, statt diffus, mit parallelem Licht unter 60° einstrahlen, ohne daß Gl. (16) ungültig wird.

Nennen wir k den *Absorptionskoeffizienten*, s den *Streukoeffizienten* des betreffenden Mediums/cm, so wird innerhalb der Schicht dx unter den genannten Einstrahlungsbedingungen der Anteil $k I 2 \, dx$ absorbiert, der Anteil $s I 2 \, dx$ geht durch Streuung nach rückwärts verloren. Der von unten kommende Strahlungsfluß J gibt seinerseits durch Streuung in die negative x-Richtung den Anteil $s J 2 \, dx$ ab, so daß die Änderung von I im Schichtelement dx sich aus 3 Anteilen zusammensetzt:

$$-dI = -k I 2 \, dx - s I 2 \, dx + s J 2 \, dx . \tag{17}$$

Eine analoge Überlegung liefert die Intensitätsabnahme von J in der positiven x-Richtung:

$$dJ = -k J 2 \, dx - s J 2 \, dx + s I 2 \, dx . \tag{18}$$

---

[107] Vgl. z. B. *Kortüm, G.,* u. *M. Kortüm-Seiler:* Z. Naturforsch. **2a**, 652 (1947); — *Pohl, R. W.:* Optik. Berlin: Springer-Verlag. Nach dem Lambertschen Cosinusgesetz gilt für die von einem Flächenelement df in Richtung ϑ zur Normalen auf ein Flächenelement df' auftreffende Strahlungsleistung $dI = B \, df \cos \vartheta \, df'/R^2$, worin R den Abstand der Flächenelemente und B die Strahlungsdichte bedeutet. df' kann man als Kreiszone einer Kugel auffassen $df' = 2\pi r \, dr = 2\pi R \sin \vartheta \, R \, d\vartheta$. Dann folgt $dI = 2\pi B \, df \sin \vartheta \cos \vartheta \, d\vartheta$ oder $dI = \pi B \, df \sin 2\vartheta \, d\vartheta$. Da durch Integration über den gesamten vorderen Halbraum, d. h. von $\vartheta = 0$ bis $\vartheta = \pi/2$, $I_0 = \pi B \, df$, ist das mit Gl. (14) identisch.

Da J mit zunehmendem x wächst, I aber mit zunehmendem x abnimmt, haben dI und dJ verschiedene Vorzeichen.

Setzt man

$$2k \equiv K \quad \text{und} \quad 2s \equiv S, \qquad (19)$$

so erhält man die beiden grundlegenden simultanen Differentialgleichungen, die den Absorptions- und Streuvorgang beschreiben[108]:

$$-\frac{dI}{dx} = -(K+S)I + SJ, \qquad (20)$$

$$\frac{dJ}{dx} = -(K+S)J + SI. \qquad (21)$$

Setzt man ferner zur Abkürzung

$$\frac{S+K}{S} = 1 + \frac{K}{S} \equiv a, \qquad (22)$$

so lassen sich die Gleichungen in der Form schreiben

$$-\frac{dI}{S\,dx} = -aI + J, \qquad (23)$$

$$\frac{dJ}{S\,dx} = -aJ + I. \qquad (24)$$

Dividiert man die erste Gleichung durch I, die zweite durch J und addiert sie zueinander, so erhält man mit

$$\frac{J}{I} \equiv r, \qquad (25)$$

$$\frac{dr}{S\,dx} = r^2 - 2ar + 1 \qquad (26)$$

oder

$$\int \frac{dr}{r^2 - 2ar + 1} = S \int dx. \qquad (27)$$

Integriert man über die ganze Dicke der Schicht, so gilt für die Grenzen

$$x = 0: \quad (J/I)_{x=0} = R_g = \text{Reflexion des Untergrundes}, \qquad (28)$$

$$x = d: \quad (J/I)_{x=d} = R = \text{Reflexion der Probe}. \qquad (29)$$

---

[108] Der Streukoeffizient S der Kubelka-Munk-Theorie und der Streukoeffizient S' der Mie-Theorie (vgl. S. 91) sind voneinander verschieden. In der Mie-Theorie gilt jede Richtungsänderung der einfallenden Welle beim Auftreffen auf ein Hindernis als Streuung, während in der Kubelka-Munk-Theorie nur die Strahlung als gestreut betrachtet wird, die in den Halbraum, dessen Begrenzungsebene senkrecht zur x-Richtung liegt, zurückgestreut wird. S entspricht also dem durch (III, 60) gegebenen Integral.

Die Integration von (27) mittels Partialbruchzerlegung ergibt

$$\ln\frac{(R - a - \sqrt{a^2 - 1})\,(R_g - a + \sqrt{a^2 - 1})}{(R_g - a - \sqrt{a^2 - 1})\,(R - a + \sqrt{a^2 - 1})} = 2Sd\sqrt{a^2 - 1}\,. \qquad (30)$$

Für $d = \infty$, d. h. eine unendlich dicke Schicht wird $R_g = 0$ und

$$(-a - \sqrt{a^2 - 1})\,(R_\infty - a + \sqrt{a^2 - 1}) = 0$$

oder nach R_∞ aufgelöst

$$R_\infty = \frac{1}{a + \sqrt{a^2 - 1}} = a - \sqrt{a^2 - 1}$$

$$= 1 + \frac{K}{S} - \sqrt{\frac{K^2}{S^2} + 2\frac{K}{S}} = \frac{S}{S + K + \sqrt{K(K + 2S)}}\,. \qquad (31)$$

R_∞, das sog. *diffuse Reflexionsvermögen* der Probe, kann leicht gemessen werden und ist allein eine Funktion von K/S, d. h. hängt ausschließlich

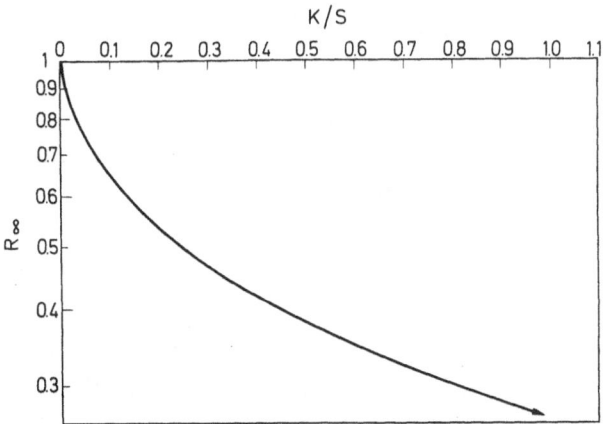

Abb. 46. Reflexionsvermögen R_∞ einer dicken Schicht eines Weißpigments (logarithmisch aufgetragen) in Abhängigkeit von zunehmendem Zusatz an Ruß

von dem *Verhältnis* von Absorptions- zu Streukoeffizient, nicht aber von deren Absolutwerten ab. In Abb. 46 ist R_∞ in logarithmischem Maßstab gegen K/S aufgetragen, wobei K/S dadurch geändert wurde, daß einer weißen Anstrichfarbe steigende geringe Mengen Ruß zugesetzt wurden. Unter der sicher zutreffenden Annahme, daß der Streukoeffizient sich dadurch nicht ändert (vgl. S. 214), muß K/S dem Rußzusatz proportional sein. Der anfänglich steile Abfall der Kurve bei geringen Zusätzen von Ruß zeigt, wie empfindlich das Reflexionsvermögen eines ideal weißen Stoffes gegen minimale absorbierende Verunreinigungen ist. Darauf beruht die bekannte Tatsache, daß der Wert $R_\infty = 1$ praktisch nie erreicht wird (vgl. S. 150).

Löst man (31) nach K/S auf, so erhält man analog wie in (10)

$$\frac{K}{S} = \frac{(1-R_\infty)^2}{2R_\infty} \equiv F(R_\infty),$$ (32)

eine Beziehung, die man als „Kubelka-Munk"-Funktion bezeichnet.

Durch Umformung von (31) kann man sowohl a wie $\sqrt{a^2-1} \equiv b$ als Funktion von R_∞ ausdrücken:

$$a = \frac{1}{2}\left(\frac{1}{R_\infty} + R_\infty\right),$$ (33)

$$\sqrt{a^2-1} \equiv b = \frac{1}{2}\left(\frac{1}{R_\infty} - R_\infty\right).$$ (34)

a und b sind gegenseitig verknüpft durch

$$b = \sqrt{a^2-1} \quad \text{und} \quad a = \sqrt{b^2+1}$$ (35)

und dienen nur zur bequemen Abkürzung. Aus (31) und (34) folgt weiter

$$R_\infty = a - b = \frac{1}{a+b}.$$ (36)

Setzt man die Ausdrücke (33) und (34) in Gl. (30) ein, so erhält man für eine Schicht der endlichen Dicke d

$$\ln \frac{(R - 1/R_\infty)(R_g - R_\infty)}{(R_g - 1/R_\infty)(R - R_\infty)} = Sd\left(\frac{1}{R_\infty} - R_\infty\right)$$ (37)

bzw. nach R aufgelöst

$$R = \frac{(1/R_\infty)(R_g - R_\infty) - R_\infty(R_g - 1/R_\infty)\cdot\exp[Sd(1/R_\infty - R_\infty)]}{(R_g - R_\infty) - (R_g - 1/R_\infty)\cdot\exp[Sd(1/R_\infty - R_\infty)]}.$$ (38)

Die diffuse Reflexion einer solchen Schicht hängt also von der Reflexion R_g des Untergrundes, vom diffusen Reflexionsvermögen R_∞ einer gleichartigen, aber unendlich dicken Schicht und von dem Produkt Sd ab, das zuweilen als *„Streuvermögen"* bezeichnet wird.

Wählt man einen ideal schwarzen, nicht reflektierenden Untergrund, so daß $R_g = 0$ und $R \equiv R_0$, so vereinfacht sich Gl. (28) zu[109]

$$R_0 = \frac{\exp[Sd(1/R_\infty - R_\infty)] - 1}{(1/R_\infty)\cdot\exp[Sd(1/R_\infty - R_\infty)] - R_\infty}.$$ (39)

---

[109] Der Index 0 soll stets eine ideal schwarzen Untergrund bedeuten, der auch dann realisiert ist, wenn die Schicht freitragend ist, so daß bei $x = d$ keine Strahlung mehr reflektiert wird.

Löst man nach Sd auf, so ergibt sich

$$\ln \frac{1 - R_0 R_\infty}{1 - \dfrac{R_0}{R_\infty}} = Sd \left(\frac{1}{R_\infty} - R_\infty \right), \tag{40}$$

was man natürlich mit $R_g = 0$ auch aus (37) ableiten kann. Aus (37) und (40) folgt eine Beziehung zwischen den verschiedenen Reflexionswerten:

$$\frac{\left(R - \dfrac{1}{R_\infty} \right)(R_g - R_\infty)}{\left(R_g - \dfrac{1}{R_\infty} \right)(R - R_\infty)} = \frac{1 - R_0 R_\infty}{1 - \dfrac{R_0}{R_\infty}} \tag{41}$$

was sich auch umformen läßt in

$$R_0 = \frac{R_\infty (R_g - R)}{R_g - R_\infty (1 - R_g R_\infty + R_g R)}. \tag{42}$$

Durch Messung von R_0 und R_∞ läßt sich somit nach (40) auch das „Streuvermögen" Sd bzw. bei bekanntem d auch der Streukoeffizient S ermitteln:

$$S = \frac{2{,}303}{d} \frac{R_\infty}{1 - R_\infty^2} \cdot \log \frac{R_\infty (1 - R_0 R_\infty)}{R_\infty - R_0}. \tag{43}$$

Mittels (31) ergibt sich daraus schließlich auch der Absorptionskoeffizient K:

$$K = \frac{2{,}303}{2d} \frac{1 - R_\infty}{1 + R_\infty} \cdot \log \frac{R_\infty (1 - R_0 R_\infty)}{R_\infty - R_0}. \tag{44}$$

In der Praxis benutzt man häufig auch das Verhältnis $R_0/R_{(R_g)}$ zur Charakterisierung einer diffus reflektierenden Schicht, das je nach dem Reflexionsvermögen R_g des Untergrundes verschiedene Werte annehmen kann. Bei $R_g = 1$, d. h. einem ideal weißen Untergrund, bezeichnet man $R_0/R_{(R_g = 1)}$ als „ideales Kontrastverhältnis", das praktisch natürlich nicht gemessen werden kann, weil $R_g = 1$ nicht realisiert werden kann (vgl. S. 150). Man benutzt statt dessen das Verhältnis $R_0/R_{(R_g = 0,98)}$, wobei als weißer Untergrund eine Schicht frisch aufgerauchtes MgO oder TiO_2 verwendet wird. Ist dieses *Kontrastverhältnis* gleich 0,98, so ist die betreffende Schicht „*vollständig deckend*". Das Reziproke dieser Schicht wird deshalb als „*Deckfähigkeit*" bezeichnet. Das Kontrastverhältnis $R_0/R_{(R_g = 0,98)}$ dient als Maß der „*Opazität*" der Schicht. In der Papierindustrie wird das Reflexionsvermögen des weißen Untergrundes mit $R_g = 0,89$ festgelegt (Technical Assocciation of the Pulp and Paper Industry), wonach $C_{0,89} \equiv R_0/R_{(R_g = 0,89)}$ als sog. „Tappi-Opazität" bezeichnet wird. Zur Prüfung von Weißpigmenten benutzt man das sog. „Aufhellungsvermögen" F. Es ist definiert[110] als das Gewichtsverhältnis W_e/W_x eines Eichpigments (e) zu dem zu messenden Pigment (x), das einer gleichen Menge einer farbigen oder grauen Suspension jeweils das gleiche Reflexionsvermögen R_∞ erteilt:

$$F \equiv \left(\frac{W_e}{W_x}\right)_{R_\infty e = R_\infty x} \cdot 100 . \tag{45}$$

Das Eichpigment entspricht dem Wert $F = 100$.

Trägt man das aus (39) berechnete R_0, bei konstantem S und für R_∞ als Parameter, logarithmisch gegen Sd auf, so erhält man die Kurven

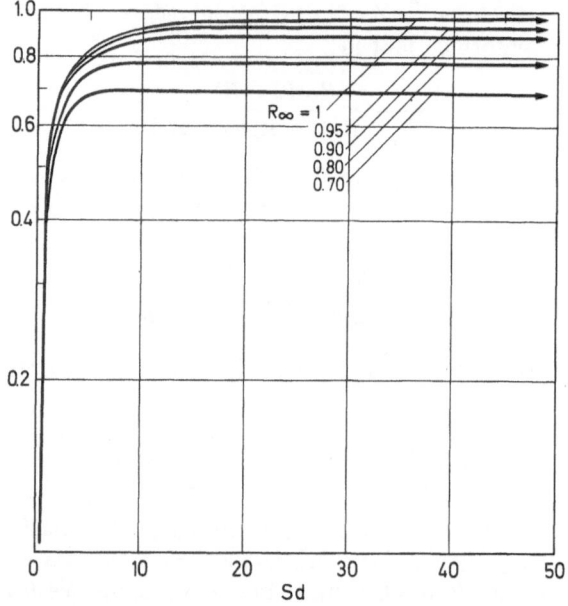

Abb. 47. Diffuse Reflexion R_0 einer Schicht endlicher Dicke mit schwarzem Untergrund in Abhängigkeit vom Streuvermögen Sd mit verschiedenen Werten von R_∞ als Parameter

der Abb. 47. Die Kurven steigen zunächst außerordentlich steil an, biegen dann um und nähern sich dem Grenzwert R_∞ asymptotisch um so langsamer, je größer R_∞ ist. Der gemeinsame steile Anstieg der Kurven zeigt, daß Gl. (39) nicht nur für einen absolut schwarzen Untergrund ($R_g = 0$), sondern auch für einen von $R_g = 0$ erheblich abweichenden Untergrund noch gültig bleibt, sofern nur R und R_g genügend verschieden sind. Auch dies konnte experimentell bestätigt werden (vgl. S. 247).

---

[110] *Grassmann, W.*, u. *H. Clausen:* Deut. Farben-Z. **1953**, 211.

Für den Grenzfall $K = 0$, d. h. für nichtabsorbierende Stoffe, führen die Gln. (38) und (39) zu unbestimmten Ausdrücken. Man geht dann auf die Differentialgleichungen (20) und (21) zurück, die für diesen Fall lauten:

$$-\frac{dI}{dx} = -SI + SJ \; ; \quad \frac{dJ}{dx} = -SJ + SI \, . \tag{46}$$

Die Integration liefert

$$R = \frac{(1 - R_g)\, Sd + R_g}{(1 - R_g)\, Sd + 1} \tag{47}$$

und vor schwarzem Untergrund ($R_g = 0$)

$$R_0 = \frac{Sd}{Sd + 1} \quad \text{bzw.} \quad Sd = \frac{R_0}{1 - R_0} \, . \tag{48}$$

Für den Grenzfall $S = 0$, d. h. für nichtstreuende Stoffe, für den die Gln. (38) und (39) ebenfalls unbestimmt werden, erhält man aus den Differentialgleichungen

$$-\frac{dI}{dx} = -KI \quad \text{und} \quad \frac{dJ}{dx} = -KJ \tag{49}$$

durch Integration

$$R = R_g e^{-2Kd} \quad \text{und} \quad R_\infty = 0 \, , \tag{50}$$

vor schwarzem Untergrund

$$R_0 = 0 \, .$$

Gleichung (50) entspricht dem Lambertschen Gesetz.

Gleichung (50) zeigt, worauf schon *Kubelka* und *Munk* hinweisen, daß sich das Reflexionsvermögen $R_\infty = 0$ praktisch nicht herstellen läßt, da es entweder $d = \infty$ oder $K = \infty$ oder nach (32) $S = 0$ voraussetzen würde. Weder die Absorption noch die Schichtdicke lassen sich unbegrenzt erhöhen, aber auch die Bedingung $S = 0$ läßt sich praktisch nicht erfüllen, denn eine geringfügige (zumindest molekulare) Streuung der durchgehenden Strahlung ist unvermeidbar. Darauf beruht z. B. die Unmöglichkeit, einen absolut schwarzen Anstrich herzustellen. Wie empfindlich eine *schwarze* Fläche gegen *geringe* Streuung ist, geht auch aus Abb. 47 hervor, wenn man sich als Abszisse nicht d bei konstantem S, sondern S bei konstantem d aufgetragen denkt. Der anfänglich steile Anstieg von R_0 bei sehr kleinen S-Werten zeigt, daß sich eine absolut schwarze Fläche noch sehr viel schwieriger realisieren läßt als eine absolut weiße, wie auch der Vergleich der Abb. 46 und 47 unmittelbar anschaulich macht. Glücklicherweise spielt dies, wie S. 116 gezeigt wurde, für die Messung von R_0 praktisch keine Rolle.

Die von *Kubelka* und *Munk* abgeleiteten Gln. (37) bis (40) verknüpfen die Größen R, R_0, R_g, R_∞ und Sd miteinander. Zu ihrer Benutzung ist es notwendig, die gemessenen Werte in die eine oder andere von ihnen einzusetzen und nach der Unbekannten aufzulösen. Dieses sehr mühsame Verfahren ist wegen der Kompliziertheit dieser Gleichungen für ihren praktischen Gebrauch zu umständlich, so daß es sich als notwendig erwies, die Gleichungen in Form von Teillösungen graphisch bzw. in

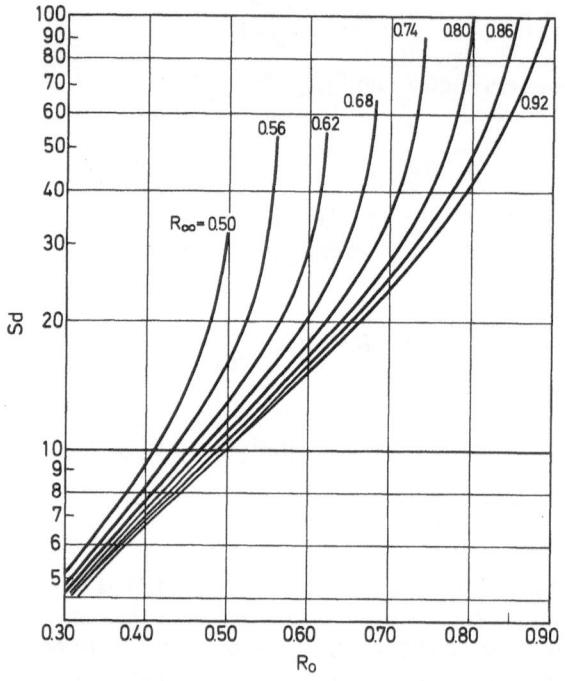

Abb. 48. Streuvermögen Sd als Funktion von R_0, der Reflexion vor schwarzem Untergrund für verschiedene Werte von R_∞ als Parameter

Tabellen darzustellen, so daß man die gesuchte Größe mit Hilfe der Meßdaten unmittelbar ablesen kann. Solche Diagramme sind vor allem von *Steele*[111] und *Judd*[112, 113] berechnet worden, wobei man zur Vereinfachung der Rechnung bereits hyperbolische Funktionen benutzt, auf die später im einzelnen einzugehen sein wird. Ein Beispiel für derartige Diagramme zeigt Abb. 48, in dem das „Streuvermögen" Sd als Funktion

[111] *Steele, F. A.:* Paper Trade J. **100**, 37 (1935).

[112] *Judd, D. B.:* J. Res. Natl. Bur. Std. **19**, 287 (1937).

[113] *Judd, D. B.:* Color in business, science and industry. 2. Ed. John Wiley & Sons 1963.

von R_0, der Reflexion vor schwarzem Untergrund, für verschiedene Werte von R_∞ als Parameter in logarithmischem Maßstab aufgetragen ist. Bei aus der Messung bekannten Werten von R_0 und R_∞ kann somit das Streuvermögen Sd sofort abgelesen werden. Ist außerdem die Schichtdicke d bekannt, so ergibt sich aus dieser Darstellung auch der Streukoeffizient S.

c) Die hyperbolische Lösung nach Kubelka-Munk

Wie erwähnt, kann die mühsame graphische Auswertung der Kubelka-Munkschen Gleichungen durch Einführung hyperbolischer Funktionen umgangen werden, die auch schon von anderen[114] für diesen Zweck benutzt wurden. *Kubelka*[115] gelang es, explizite Lösungen in hyperbolischer Form für sämtliche interessierenden Variablen anzugeben, deren Berechnung aus den Meßdaten so außerordentlich erleichtert wurde. Er geht wiederum von der Differentialgleichung (26) aus. Die allgemeine Lösung des Integrals lautet[116]

$$\int \frac{dr}{r^2 - 2ar + 1} = \frac{-2}{\sqrt{4a^2 - 4}} \cdot \mathrm{Ar}\binom{\mathrm{tgh}}{\mathrm{ctgh}} \frac{2r - 2a}{\sqrt{4a^2 - 4}}$$
$$= \frac{1}{b} \cdot \mathrm{Ar}\binom{\mathrm{tgh}}{\mathrm{ctgh}} \frac{a - r}{b}, \tag{42}$$

worin nach Gl. (35) $b \equiv \sqrt{a^2 - 1}$. Ob der tgh oder der ctgh zu verwenden ist, hängt vom Argument ab. Area tangens hyperbolicus ist zu verwenden für $-1 \leqq x \leqq +1$, Area cotangens hyperbolicus für $-1 \geqq x \geqq +1$. In unserem Fall ist nach (22) $a > 1$, nach (34) $b < 1$. r kann maximal gleich R_∞ werden, d. h. $r \leqq R_\infty$. Da ferner nach (36) $R_\infty = a - b$, wird $a - r \geqq b$ bzw. $\frac{a - r}{b} \geqq 1$. Es muß also die Ar ctgh-Funktion benutzt werden.

---

[114] Zum Beispiel *Steele, F. A.*: Paper Trade J. **100**, 37 (1935); — *Ryde, J. W.*: Proc. Roy. Soc. London A **131**, 451 (1931).

[115] *Kubelka, P.*: J. Opt. Soc. Am. **38**, 448 (1948).

[116] Vgl. z. B. Handbook of Mathematical Tables 1962. Es ist:

$$\sinh x = \frac{1}{2}(e^x - e^{-x}); \quad \cosh x = \frac{1}{2}(e^x + e^{-x});$$

$$\mathrm{tgh}\, x = \frac{\sinh x}{\cosh x} = \frac{e^x - e^{-x}}{e^x + e^{-x}}; \quad \mathrm{ctgh}\, x = \frac{\cosh x}{\sinh x} = \frac{e^x + e^{-x}}{e^x - e^{-x}}.$$

Die inversen Funktionen sind:

$$\mathrm{Ar}\sinh x = \ln(x + \sqrt{x^2 + 1}); \quad \mathrm{Ar}\cosh x = \ln(x + \sqrt{x^2 - 1});$$

$$\mathrm{Ar}\,\mathrm{tgh}\, x = \frac{1}{2}\ln\frac{1 + x}{1 - x}; \quad \mathrm{Ar}\,\mathrm{ctgh}\, x = \frac{1}{2}\ln\frac{x + 1}{x - 1}.$$

Integriert man wieder über die ganze Dicke d der Schicht, so erhält man mit (28) und (29)

$$\int_0^R \frac{dr}{r^2 - 2ar + 1} = \frac{1}{b}\left(\operatorname{Arctgh}\frac{a-R}{b} - \operatorname{Arctgh}\frac{a-R_g}{b}\right). \qquad (53)$$

Da allgemein $\operatorname{Ar\,ctgh} x - \operatorname{Ar\,ctgh} y = \operatorname{Ar\,ctgh}\dfrac{1-xy}{x-y}$, folgt

$$Sd = \frac{1}{b} \cdot \operatorname{Ar\,ctgh}\frac{b^2 - (a-R)(a-R_g)}{b(R_g - R)} \qquad (54)$$

und daraus

$$R = \frac{1 - R_g(a - b\,\operatorname{ctgh} bSd)}{a + b\,\operatorname{ctgh} bSd - R_g}. \qquad (55)$$

Die Gl. (54) ist mit (37) identisch.

Für einen ideal schwarzen, nicht reflektierenden Untergrund ($R_g = 0$, $R \equiv R_0$) vereinfacht sich Gl. (54) zu

$$Sd = \frac{1}{b} \operatorname{Ar\,ctgh}\frac{1 - aR_0}{bR_0} \qquad (56)$$

und Gl. (55) zu

$$R_0 = \frac{1}{a + b\,\operatorname{ctgh} bSd}$$

$$= \frac{\sinh bSd}{a \cdot \sinh bSd + b\,\cosh bSd}. \qquad (57)$$

Die beiden Gleichungen sind mit (40) und (39) identisch. Für unendlich dicke Schicht ($d \to \infty$) wird $\operatorname{ctgh} bSd = 1$ und damit

$$R_\infty = \frac{1}{a + b}, $$

was mit (36) übereinstimmt.

Um einen analogen Ausdruck auch für die *Durchlässigkeit* einer solchen Schicht zu erhalten, geht man von Gl. (25) aus und erhält mit (57) für eine Schicht der Dicke x mit schwarzem Untergrund[117]:

$$J = R_0 I = \frac{I}{a + b\,\operatorname{ctgh} bSx}. \qquad (58)$$

Setzt man dies in Gl. (23) ein, so erhält man

$$-\frac{dI}{S\,dx} = -aI + \frac{I}{a + b\,\operatorname{ctgh} bSx}, \qquad (59)$$

---

[117] Anstelle derselben kann man sich auch eine freitragende Schicht vorstellen, die bei $x = 0$ ja ebenfalls nicht reflektiert.

was sich unmittelbar integrieren läßt. Mit $bSx \equiv u$ und $dx = \dfrac{du}{bS}$ wird:

$$-\frac{1}{S} \int\limits_{I(x=0)}^{I_0(x=d)} \frac{dI}{I} = -a \int\limits_0^d dx + \frac{1}{bS} \int\limits_0^d \frac{1}{a + b \operatorname{ctgh} u}\, du$$

und

$$-\frac{1}{S} \ln \frac{I_{0(x=d)}}{I_{(x=0)}}$$

$$= -ad + \frac{1}{bS} \cdot \frac{1}{a^2 - b^2}\left(abSd - b \ln \frac{a \sinh bSd + b \cosh bSd}{b} \right).$$

Da nach (35) $a^2 - b^2 = 1$, erhält man schließlich

$$\frac{I_{(x=0)}}{I_{0(x=d)}} \equiv T = \frac{b}{a \sinh bSd + b \cosh bSd}, \tag{60}$$

worin T die *Durchlässigkeit* der Schicht bedeutet und $I_{0(x=d)}$ die auf der Schicht einfallende Strahlungsleistung ist. Für unendlich dicke Schicht ($d \to \infty$) wird natürlich $T = 0$. Die inverse Funktion zu (60) lautet[118]

$$Sd = \frac{\operatorname{Ar} \sinh \dfrac{b}{T} - \operatorname{Ar} \sinh b}{b}. \tag{61}$$

Drückt man a und b durch (33) und (34) aus und setzt es in (60) ein, so erhält man unter Ersatz der hyperbolischen Funktionen durch e-Funktionen (nach Anm. S. 119) für die Durchlässigkeit der Schicht die Beziehung

$$T = \frac{(1 - R_\infty)^2\, e^{-bSd}}{1 - R_\infty^2 \cdot e^{-2bSd}}, \tag{62}$$

die der Gl. (39) für die Reflexion der gleichen Schicht bei schwarzem Untergrund entspricht. In diesen beiden Gleichungen ist T bzw. R_0 als Funktion von R_∞ und Sd dargestellt.

Aus den abgeleiteten Beziehungen lassen sich weitere Gleichungen gewinnen, die die verschiedenen Variablen miteinander verknüpfen. So

---

[118] Setzt man $a \cdot \sinh bSd + b \cosh bSd \equiv k \cdot \sinh(bSd + \varphi) = b/T$, so wird

$$k(\sinh bSd \cosh \varphi + \cosh bSd \sinh \varphi) = b/T.$$

Aus beiden Gleichungen folgt

$$k \cdot \cosh \varphi = a, \quad k \cdot \sinh \varphi = b \quad \text{und} \quad k^2 = a^2 - b^2 = 1.$$

Damit wird $\varphi = \operatorname{Ar} \sinh b = \operatorname{Ar} \cosh a$ und $bSd + \operatorname{Ar} \sinh b = \operatorname{Ar} \sinh \dfrac{b}{T}$, was mit (61) identisch ist.

kann man aus (57), (60) und (35) ableiten

$$T^2 + b^2 = (a - R_0)^2 \, , \tag{63}$$

eine Beziehung, die über (33) die drei Meßgrößen T, R_0 und R_∞ miteinander verknüpft, ohne daß man das „Streuvermögen" Sd zu kennen braucht. Nach R_0 aufgelöst erhält man mit (35)

$$R_0 = a - \sqrt{T^2 + b^2} \, , \tag{64}$$

nach T aufgelöst

$$T = [(a - R_0)^2 - b^2]^{1/2} \, , \tag{65}$$

nach a aufgelöst mit (35) und (33)

$$a = \frac{1 + R_0^2 - T^2}{2R_0} = \frac{1}{2}\left(\frac{1 + R_\infty^2}{R_\infty}\right) , \tag{66}$$

woraus sich R_∞ als Funktion von den gemessenen Größen R_0 und T errechnen läßt. Aus (55) und (57) kann man a und damit R_∞ auch als Funktion von R, R_0 und R_g erhalten

$$a = \frac{1}{2}\left(R + \frac{R_0 - R + R_g}{R_0 R_g}\right) , \tag{67}$$

Durch Auflösung nach R wird

$$R = \frac{R_0 - R_g(2aR_0 - 1)}{1 - R_0 R_g} \, , \tag{68}$$

durch Auflösung nach R_0

$$R_0 = \frac{R - R_g}{1 - R_g(2a - R)} \, , \tag{69}$$

was mit (42) identisch ist, Gleichungen, die die verschiedenen Reflexionsgrößen miteinander verknüpfen.

Ferner ergeben (55), (57) und (60)

$$R = R_0 + \frac{T^2 R_g}{1 - R_0 R_g} \, , \tag{70}$$

eine Gleichung, die weder Sd noch R_∞ enthält. Durch Messung von R_0 und T läßt sich das Verhältnis R_0/R (vgl. S. 115) für beliebiges R_g berechnen. Nach T aufgelöst wird

$$T = \left[(R - R_0)\left(\frac{1}{R_0} - R_0\right)\right]^{1/2} . \tag{71}$$

Vor kurzem wurde auch eine Methode angegeben[119], die Kubelka-Munk-Koeffizienten R_∞, R_0, K, S, a, b aus Durchlässigkeitsmessungen

---

[119] *Caldwell*, B. P.: J. Opt. Soc. Am. **58**, 755 (1968).

an zwei Schichten mit dem Dickenverhältnis $1:2$ in einfacher Weise zu berechnen.

In der folgenden Tabelle sind die von *Kubelka* entwickelten Gleichungen nochmals für den praktischen Gebrauch übersichtlich zusammengestellt.

Tabelle 4. *Beziehungen zwischen den Größen* $R, R_g, R_0, R_\infty, Sd, T$ *der Kubelka-Munk-Theorie*

$$R = f(Sd, R_g, R_\infty) = \frac{1 - R_g(a - b\,\mathrm{ctgh}\,bSd)}{a + b\,\mathrm{ctgh}\,bSd - R_g} \tag{55}$$

$$R_0 = f(Sd, R_\infty) = \frac{1}{a + b\,\mathrm{ctgh}\,bSd}$$
$$= \frac{\sinh bSd}{a \sinh bSd + b \cosh bSd} \tag{57}$$

$$T = f(Sd, R_\infty) = \frac{b}{a \sinh bSd + b \cosh bSd} \tag{60}$$

$$Sd = f(R, R_g, R_\infty) = \frac{1}{b} \cdot \mathrm{Ar\,ctgh} \frac{b^2 - (a - R)(a - R_g)}{b(R_g - R)} \tag{54}$$

$$Sd = f(R_0, R_\infty) = \frac{1}{b} \cdot \mathrm{Ar\,ctgh} \frac{1 - aR_0}{bR_0} \tag{56}$$

$$Sd = f(T, R_\infty) = \frac{1}{b} \left(\mathrm{Ar\,sinh} \frac{b}{T} - \mathrm{Ar\,sinh}\,b \right)$$
$$= \frac{1}{b} \left(\mathrm{Ar\,sinh} \frac{b}{T} + \ln R_\infty \right) \tag{61}$$

$$R_0 = f(T, R_\infty) = a - \sqrt{T^2 + b^2} \tag{64}$$

$$T = f(R_0, R_\infty) = \sqrt{(a - R_0)^2 - b^2} \tag{65}$$

$$R_\infty = f(R_0, T): a = \frac{1 - R_0^2 - T^2}{2R_0} \tag{66}$$

$$R = f(R_0, R_g, R_\infty) = \frac{R_0 - R_g(2aR_0 - 1)}{1 - R_0 R_g} \tag{68}$$

$$R_0 = f(R, R_g, R_\infty) = \frac{R - R_g}{1 - R_g(2a - R)} \tag{69}$$

$$R_\infty = f(R, R_0, R_g): a = \frac{1}{2} \left(R + \frac{R_0 - R + R_g}{R_0 R_g} \right) \tag{67}$$

$$R = f(R_0, R_g, T) = R_0 + \frac{T^2 R_g}{1 - R_0 R_g} \tag{70}$$

$$T = f(R, R_0, R_g) = \sqrt{(R - R_0)\left(\frac{1}{R_g} - R_0\right)} \tag{71}$$

Häufig kann man anstelle der abgeleiteten exakten Gleichungen *Näherungsgleichungen* benutzen, wenn die Abweichungen zwischen beiden in die Fehlergrenzen der Messungen fallen. Dies gilt speziell für kleine Werte von bSd, die entweder durch geringes „Streuvermögen" ($Sd \to 0$) oder durch geringe Absorption ($a \to 1$ bzw. $b \equiv \sqrt{a^2 - 1} \to 0$) bedingt sein können. Derartige Näherungsgleichungen erhält man z. B. indem man die hyperbolischen Funktionen in Reihen entwickelt[120] und die höheren Glieder vernachlässigt. Für die in der Reflexionsspektroskopie wichtigsten Gleichungen (57), (60), (56), (61) erhält man so, indem man die Reihen schon nach dem ersten Glied abbricht:

$$\underset{\left(\substack{a\to 1\\ sd\to 0}\right)}{R_0} \cong \frac{Sd}{aSd + 1} \cong \frac{Sd}{Sd + 1}, \tag{57a}$$

$$\underset{\left(\substack{a\to 1\\ sd\to 0}\right)}{T} \cong \frac{1}{aSd + 1} \cong \frac{1}{Sd + 1}, \tag{60a}$$

$$\underset{(a\to 1)}{Sd} \cong \frac{R_0}{1 - aR_0} \cong \frac{R_0}{1 - R_0}, \tag{56a}$$

$$\underset{(a\to 1)}{Sd} \cong \frac{1 - T}{T} \tag{61a}$$

(56a) und (57a) sind identisch mit (48).

Andere Näherungsformen erhält man *für geringes Streuvermögen* ($S \ll K$) auf folgende Weise: Es geht nach Gl. (22) $a \to \dfrac{K}{S}$ und nach (34) $b = \dfrac{1}{S}\sqrt{K(K + 2S)} \to \dfrac{K}{S}$, so daß

$$\underset{(S \ll K)}{R_0} \cong \frac{S}{K(1 + \operatorname{ctgh} Kd)}, \tag{57b}$$

$$\underset{(S \ll K)}{T} \cong \frac{1}{\sinh Kd + \cosh Kd} \cong e^{-Kd}. \tag{60b}$$

---

[120] Es ist

$$\sinh x = x + \frac{x^3}{3!} + \frac{x^5}{5!} + \cdots$$

$$\cosh x = 1 + \frac{x^2}{2!} + \frac{x^4}{4!} + \cdots$$

$$\operatorname{Ar} \sinh x = x - \frac{x^3}{6} + \frac{3x^5}{40} - + \cdots$$

$$\operatorname{ctgh} x = \frac{1}{x} + \frac{x}{3} - \frac{x^3}{45} + - \cdots$$

$$\operatorname{Ar} \operatorname{ctgh} x = \frac{1}{x} + \frac{1}{3x^3} + \frac{1}{5x^5} + \cdots$$

Für $S = 0$, d. h. nichtstreuende Stoffe, wird $R_0 = R_\infty = 0$ und für die Durchlässigkeit T gilt das Bouguer-Lambertsche Gesetz.

Um die abgeleiteten Gleichungen anwenden zu können, muß man eine Reihe von Voraussetzungen einhalten, die aus den anfänglich eingeführten Annahmen stammen und die kurz zusammengestellt seien:

Das Einbettungsmedium (Matrix) der streuenden Teilchen muß das gleiche sein wie das Medium, aus dem die Strahlung auf die Oberfläche der Schicht auffällt, damit an der Oberfläche keine zusätzlichen Reflexionsverluste auf Grund von Unterschieden des Brechungsindex auftreten. Praktisch bedeutet das, daß nur in Luft eingebettete Teilchen, also Pulver, Papier, Textilien usw. diese Bedingungen erfüllen, während z. B. auf Suspensionen in Flüssigkeiten, kolloide Lösungen usw. die Gleichungen nur unter Anbringung einer zusätzlichen Korrektur für die Oberflächen-Reflexionsverluste angewendet werden können (vgl. S. 134ff.).

Größere streuende Teilchen müssen eine solche Verteilungsfunktion ihrer Neigungswinkel zur makroskopischen Oberfläche besitzen, daß angenähert auch an der Oberfläche ideal diffuse, d. h. isotrope Reflexion stattfindet. Deshalb werden z. B. blättchenförmige Teilchen, die sich vorwiegend parallel zueinander orientieren, Abweichungen von den abgeleiteten Gleichungen ergeben.

Die streuenden Teilchen müssen homogen, d. h. gleichmäßig über die ganze Schicht verteilt sein, so daß S und K über die ganze Dicke der Schicht konstant sind. Das ist z. B. nicht der Fall, wenn die Schüttungsdichte eines Pulvers oder die Packungsdichte eines Papiers sich innerhalb der Schichtdicke ändert, was praktisch häufig vorkommen kann.

Der letztgenannte Fall wurde von *Kubelka*[121] näher untersucht. Man kann wieder von den beiden simultanen Differentialgleichungen (20) und (21) ausgehen, nur sind dann S und K keine Konstanten mehr, sondern ihrerseits eine Funktion von x. Im allgemeinen wird man die Funktionen $S(x)$ und $K(x)$ nicht von vornherein kennen, man kann jedoch für spezielle Fälle die Reflexion und die Durchlässigkeit solcher inhomogener Schichten trotzdem ermitteln.

Ein einfacher Fall liegt vor, wenn das Verhältnis K/S konstant ist, d. h. S und K in gleicher Weise von x abhängen. Dies kommt z. B. bei Pulvern variierender Packungsdichte vor. Das „Streuvermögen" einer solchen Schicht der Dicke d ist dann nicht mehr durch Sd gegeben (vgl. S. 114), sondern durch das Integral

$$P = \int_0^d S(x)\, dx .\tag{72}$$

Man kann dann sämtliche bisher abgeleiteten Gleichungen übernehmen, wenn man das „Streuvermögen" Sd durch P ersetzt. Bei mit x variieren-

[121] *Kubelka, P.*: J. Opt. Soc. Am. **44**, 330 (1954).

der Packungsdichte sollte S sowohl wie K der Dichte ϱ des streuenden Pulvers proportional sein, so daß zwar S/K konstant, aber

$$S(x) = S' \cdot \varrho(x),   \tag{73}$$

worin S' konstant ist und die Streufähigkeit des betreffenden Mediums (unabhängig von seiner Dichte) charakterisiert. Damit wird aus (72)

$$P = S' \cdot \int_0^d \varrho(x)\, dx = S'G.   \tag{74}$$

G ist das Gewicht der Schicht von 1 cm^2 Querschnitt und der Dicke d, und deshalb leicht meßbar, so daß analog wie früher die Größe S' aus Reflexions- und Durchsichtsmessungen ermittelt werden kann.

Von speziellem Interesse ist häufig die Frage, ob diffuse Reflexion und Durchlässigkeit *inhomogener*, absorbierender und diffus streuender Schichten ($K = K(x)$ und $S = S(x)$) von der Richtung der diffusen Bestrahlung abhängen, d. h. davon, ob man sie von der Vorder- oder der Rückseite her bestrahlt, und wie sich die *Reflexion und die Durchlässigkeit zweier oder mehrerer Schichten* hintereinander aus den entsprechenden Werten der einzelnen Schichten zusammensetzt. Wir setzen dabei natürlich freitragende Schichten (ohne Untergrund) voraus, so daß die Reflexionswerte stets R_0-Werte sind (vgl. Anmerkung S. 114).

Während bei *einer homogenen* Schicht (K und S konstant) die Reflexionen R_1 und R_I bei Bestrahlung von oben bzw. unten und ebenso T_1 und T_I offenbar gleich sein müssen, ist dies bei *inhomogenen* Schichten nur für T, nicht aber für R der Fall. R_1 und R_I sind offenbar verschieden, wie man unmittelbar einsieht, wenn man sich die inhomogene Schicht aus zwei homogenen Schichten mit jeweils verschiedenem K oder S zusammengesetzt denkt: Zum Beispiel wird bei gleichem S bei Bestrahlung der Seite mit dem größeren K die Reflexion R kleiner sein als bei Bestrahlung der Seite mit dem kleineren K.

Kombiniert man zwei solche *inhomogene* Schichten und mißt ihre gemeinsame Reflexion $R_{1,2}$ und ihre gemeinsame Durchlässigkeit $T_{1,2}$, so kann man den Weg der diffusen Strahlung durch Abb. 49 schematisch darstellen: Der Strahlungsstrom trifft von oben her auf die Probe 1, wird teils reflektiert (R_1), teils durchgelassen (T_1). Der Anteil T_1 fällt auf die Probe 2, wobei der Anteil $T_1 R_2$ reflektiert, der Anteil $T_1 T_2$ durchgelassen wird. Der Anteil $T_1 R_2$ fällt von unten her auf die Probe 1, wobei der Teil $T_1 R_2 T_I$ durchgelassen, der Teil $T_1 R_2 R_I$ reflektiert wird usw., wie es in der Abb. 49 angedeutet ist. Durch Summierung aller durchgelassenen und aller reflektierten Anteile erhält man analog zu S. 10 zwei geometrische Reihen

$$T_{1,2} = T_1 T_2 (1 + R_1 R_2 + R_1^2 R_2^2 + \cdots) = \frac{T_1 T_2}{1 - R_1 R_2} \qquad (75)$$

und

$$R_{1,2} = R_1 + T_1 T_1 R_2 (1 + R_1 R_2 + R_1^2 R_2^2 + \cdots) = R_1 + \frac{T_1 T_1 R_2}{1 - R_1 R_2} . \qquad (76)$$

Da $T_1 = T_1$, wird

$$R_{1,\,2\,(inhomogen)} = R_1 + \frac{T_1^2 R_2}{1 - R_1 R_2} . \qquad (77)$$

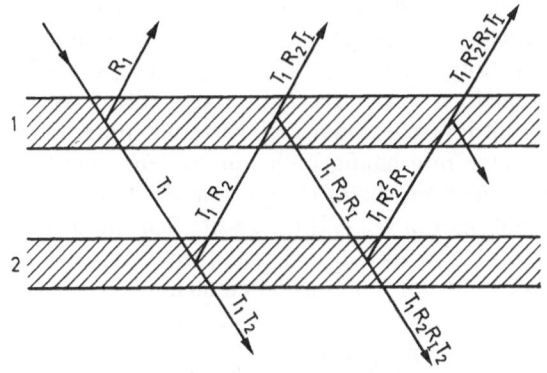

Abb. 49. Reflexion und Durchlässigkeit zweier inhomogener Schichten nach *Kubelka*

Sind die beiden Schichten homogen, so kann man in beiden Formeln das Produkt $R_1 R_2$ durch $R_1 R_2$ ersetzen:

$$T_{1,\,2\,(homogen)} = \frac{T_1 T_2}{1 - R_1 R_2} , \qquad (75\,a)$$

$$R_{1,\,2\,(homogen)} = R_1 + \frac{T_1^2 R_2}{1 - R_1 R_2} . \qquad (77\,a)$$

Diese Gleichungen wurden von mehreren Autoren abgeleitet[122]. Gleichung (77a) hat dieselbe Form wie Gl. (II, 18) für die Gesamtreflexion einer planparallelen Platte.

Um analoge Gleichungen für drei inhomogene Schichten abzuleiten, können wir zwei derselben (z. B. 2 und 3) als eine einzige betrachten, die

[122] Vgl. z. B.: *Stokes, G. G.*: Proc. Roy. Soc. London **11**, 545 (1860/62); — *Gurevich, M. M.*: Physik Z. **31**, 753 (1930); — *Benford, F.*: J. Opt. Soc. Am. **36**, 524 (1946); — *Kubelka, P.*: J. Opt. Soc. Am. **44**, 330 (1954).

mit der dritten (1) kombiniert nach Gl. (75) die Durchlässigkeit

$$T_{1,2,3} = \frac{T_1 \cdot T_{2,3}}{1 - R_I R_{2,3}} \tag{78}$$

besitzt. Setzt man für $T_{2,3}$ und $R_{2,3}$ die entsprechenden Ausdrücke nach (75) und (77) ein, so erhält man die gewünschte Durchlässigkeit. In gleicher Weise gewinnt man für die Reflexion dreier inhomogener Schichten aus (77) die Beziehung

$$R_{1,2,3} = R_1 + \frac{T_1^2 R_{2,3}}{1 - R_I R_{2,3}}. \tag{79}$$

Diese Berechnung läßt sich in gleicher Weise natürlich auf beliebig viele Schichten ausdehnen. Sind die einzelnen Schichten selbst homogen, so braucht man wiederum nicht zwischen R_1 und R_I zu unterscheiden.

Bei der Ableitung der Gln. (75) bis (79) waren, wie schon erwähnt, freitragende Schichten vorausgesetzt, so daß alle R-Werte eigentlich R_0-Werte sind, die der Reflexion bei schwarzem Untergrund entsprechen. In der Praxis treten nun häufig Fälle auf, in denen die Reflexion einer inhomogenen Schicht mit einem Untergrund der Reflexion R_g bestimmt werden soll. Faßt man in Gl. (77) die zweite Schicht als reflektierenden Untergrund auf, so daß $R_2 = R_g$, so erhält man für die Reflexion einer inhomogenen Schicht mit Untergrund einfach

$$R_{1,R_g} = R_1 + \frac{T_1^2 R_g}{1 - R_I R_g}. \tag{80}$$

Löst man die Gleichung nach T auf, so erhält man

$$T_1 = \sqrt{(R_{1,R_g} - R_1)\left(\frac{1}{R_g} - R_I\right)}, \tag{81}$$

eine Beziehung, aus der man die Durchlässigkeit einer nichthomogenen Schicht allein aus Reflexionsmessungen ermitteln kann. (80) und (81) werden mit (70) und (71) identisch, wenn man $R_1 = R_I$ setzt, wie es für *homogene* Schichten der Fall ist.

Da sich die Durchlässigkeit nicht ändert, wenn man die Bestrahlungsrichtung umkehrt, wie weiter unten bewiesen wird, kann man Gl. (81) auch in der Form schreiben

$$T_1 = \sqrt{(R_{I,R_g} - R_I)\left(\frac{1}{R_g} - R_1\right)}. \tag{82}$$

Eliminiert man T_1 aus den beiden Gleichungen, so erhält man eine Beziehung zwischen den verschiedenen Arten von Reflexion einer inhomogenen Schicht:

$$\frac{R_{1,R_g} - R_1}{1 - R_1 R_g} = \frac{R_{I,R_g} - R_I}{1 - R_I R_g}. \qquad (83)$$

R_1 und R_I bedeuten wieder die Reflexionen der ersten Schicht bei Bestrahlung der Vorder- bzw. Rückseite.

Für den S. 125 behandelten speziellen Fall, daß $K/S = $ konstant und $S = S(x)$, ist nicht nur die Durchlässigkeit, sondern auch die Reflexion unabhängig von der Bestrahlungsrichtung der inhomogenen Schicht, d. h. es ist $R_1 = R_I$. Dies geht unmittelbar aus Gl. (64) hervor, die man mit Hilfe von (35) in der Form schreiben kann:

$$R = a - \sqrt{T^2 + a^2 - 1}. \qquad (84)$$

Da $a \equiv (S + K)/S$ nach unseren Voraussetzungen konstant und von der Richtung der Bestrahlung unabhängig ist, muß dies auch für R gelten, d. h. $R_1 = R_I$. Ein weiterer Spezialfall, in dem dies zutrifft, ist der, daß zwar a nicht konstant, aber symmetrisch zur Mitte der Schicht ist, d. h. $a(x) = a(d - x)$. Dann ist kein Unterschied zwischen den beiden Bestrahlungsrichtungen und deshalb wieder $R_1 = R_I$. Eine derartige zur Mitte symmetrische Schicht verhält sich also wie eine homogene Schicht. Dies wurde von Stenius[123] durch Messungen an gefalteten Papieren bestätigt. Papiere zeigen im allgemeinen eine unsymmetrische Verteilung der Absorption und des Streuvermögens in den einzelnen Schichten, wenn man sie aber faltet, so sind diese Eigenschaften wieder symmetrisch zur Mittelebene, so daß die Kubelka-Munk-Theorie anwendbar bleibt (vgl. S. 205).

Es ist nun noch zu beweisen, daß auch für zwei inhomogene Schichten $T_{1,2} = T_{II,I}$, daß es also für die Durchlässigkeit zweier beliebiger Schichten hintereinander gleichgültig ist, ob man sie von oben oder von unten bestrahlt. Bestrahlt man die beiden inhomogenen Schichten der Abb. 49 von unten, so gilt analog zu (75)

$$T_{II,I} = \frac{T_{II} T_I}{1 - R_2 R_I}. \qquad (85)$$

Dividiert man (85) durch (75), so erhält man

$$\frac{T_{II,I}}{T_{1,2}} = \frac{T_{II} T_1}{T_1 T_2}. \qquad (86)$$

Denkt man sich nun die beiden inhomogenen Proben aus je zwei *homogenen* Schichten a und b (mit jeweils konstantem aber verschie-

---

[123] S: son Stenius, Å.: Svens. Papperstidning **54**, 663 (1951).

denem S und K) zusammengesetzt, so gilt analog zu (86)

$$\frac{T_{\text{II},\text{I}}}{T_{1,2}} = \frac{T_{\text{II}a}T_{\text{II}b}T_{\text{I}a}T_{\text{I}b}}{T_{1a}T_{1b}T_{2a}T_{2b}}.$$ (87)

Da nunmehr

$$T_{\text{I}a} = T_{1a} \; ; \qquad T_{\text{I}b} = T_{1b} \; ;$$
$$T_{\text{II}a} = T_{2a} \; ; \qquad T_{\text{II}b} = T_{2b},$$

folgt $\qquad\qquad\qquad T_{\text{II},\text{I}} = T_{1,2},$ (88)

d. h. die Durchlässigkeit der beiden Schichten zusammen hängt ebenfalls nicht von der Bestrahlungsrichtung ab. Man kann dies Ergebnis verallgemeinern und für n inhomogene, hintereinander geschaltete Schichten schreiben:

$$T_{N,\ldots,\text{III},\text{II},\text{I}} = T_{1,2,3,\ldots,n}.$$ (89)

Das bedeutet, daß man zwar die Bestrahlungsrichtung umkehren kann, daß man aber nicht die gegebene *Reihenfolge* der Schichten 1, 2, 3, ... durch Vertauschungen irgendwelcher Art variieren kann, ohne daß die Durchlässigkeit sich ändert, wie sich leicht beweisen läßt[124].

d) Gerichtete statt diffuser Einstrahlung

Eine wesentliche Voraussetzung der Kubelka-Munk-Theorie war, daß die Probe diffus bestrahlt wird (vgl. S. 109). Auch bei gerichteter Einstrahlung wird sich im Innern der Probe infolge der Mehrfachstreuung bald eine isotrope Winkelverteilung der Strahlung einstellen (vgl. S. 101), es ist jedoch bei kleinen Streudichten, d. h. bei dünnen Proben und kleinen Streukoeffizienten, durchaus möglich, daß ein, wenn auch meistens geringer Teil der Strahlung ungestreut die Probe durchsetzt, und daß allgemein die Zahl der Mehrfachstreuungen zu gering ist, als daß sich eine isotrope Streuverteilung ausbilden könnte. Auf dieses Problem hatte zuerst *Silberstein* [125] hingewiesen. Es wurde für kugelförmige Teilchen von *Ryde*[126] und *Duntley*[127] behandelt und zu einer allgemeinen Lösung geführt, die für diffuse Einstrahlung wieder in die Kubelka-Munksche Lösung übergeht.

---

[124] Vgl. *Kubelka, P.*: J. Opt. Soc. Am. **44**, 330 (1954).

[125] *Silberstein, L.*: Phil. Mag. **4**, 129 (1927).

[126] *Ryde, J. W.*: Proc. Roy. Soc. London A **131**, 451 (1931); — *Ryde, J. W.*, and *B. S. Cooper*: Proc. Roy. Soc. London A **131**, 464 (1931).

[127] *Duntley, S. Q.*: J. Opt. Soc. Am. **32**, 61 (1942).

Ryde geht von den zu (20) und 21) analogen Differentialgleichungen aus

$$-\frac{dI}{dx} = -(K+B)\,I + BJ + \overset{*}{F}\overset{*}{I}_x,\qquad(90)$$

$$\frac{dJ}{dx} = -(K+B)\,J + BI + \overset{*}{B}\overset{*}{I}_x.\qquad(91)$$

I und J stellen wieder die diffusen Strahlungsflüsse in der $-x$- bzw. $+x$-Richtung nach Abb. 44 dar. Anstelle des Streukoeffizienten S in den Gln. (20) und (21) bei diffuser Einstrahlung wird hier zwischen einem Streukoeffizienten F in Vorwärts- und einem Streukoeffizienten B in Rückwärtsrichtung unterschieden in Anlehnung an die Ergebnisse der Mie-Theorie, nach der die Streuung in Vorwärtsrichtung um so mehr überwiegt gegenüber der Rückwärtsstreuung, je größer das durch (III, 41) definierte Verhältnis $x \equiv 2\pi r/\lambda$ von Teilchenumfang und Wellenlänge wird (vgl. S. 89). B entspricht also allen Streuungen im Bereich $\pi/2 \leqq \vartheta_s \leqq \pi$, F allen Streuungen im Bereich $0 \leqq \vartheta_s \leqq \pi/2$, wenn ϑ_s wieder den S. 80 definierten Streuwinkel bezeichnet[128]. $\overset{*}{I}_x$ in den beiden letzten Gliedern von (90) und (91) gibt den Bruchteil der *parallel* und senkrecht auf die Schicht auffallenden Strahlungsleistung $\overset{*}{I}_{(x=d)}$ an der Stelle x an, die ebenfalls durch Absorption und Streuung auf $\overset{*}{I}_x$ geschwächt ist. $\overset{*}{I}_x$ ist also der jeweils noch vorhandene Anteil an parallelem Strahlenfluß. $\overset{*}{F}$ bzw. $\overset{*}{B}$ sind die zugehörigen Streukoeffizienten in Vorwärts- bzw. Rückwärtsrichtung bei paralleler und senkrechter Einstrahlung[129]. Für den parallelen Strahlenfluß haben wir eine dritte Differentialgleichung

$$\frac{d\overset{*}{I}_x}{dx} = -(\overset{*}{K}+\overset{*}{F}+\overset{*}{B})\,\overset{*}{I}_x \equiv \overset{*}{q}\,\overset{*}{I}_x.\qquad(92)$$

Die unbestimmte Integration dieser Gleichungen liefert

$$I = k_1\left(1 - \frac{K}{bB}\right)e^{bBx} + k_2\left(1 + \frac{K}{bB}\right)e^{-bBx} - \overset{*}{Q}e^{-\overset{*}{q}x},\qquad(93)$$

$$J = k_1\left(1 + \frac{K}{bB}\right)e^{bBx} + k_2\left(1 - \frac{K}{bB}\right)e^{-bBx} - \overset{*}{P}e^{-\overset{*}{q}x},\qquad(94)$$

$$\overset{*}{I}_x = e^{-\overset{*}{q}x}.\qquad(95)$$

---

[128] F und B entsprechen also den Doppelintegralen in (III, 59) bzw. (III, 60); es ist $F + B = S$.

[129] Alle mit * bezeichneten Größen beziehen sich auf senkrechte parallele Einstrahlung. Der Absorptionskoeffizient $\overset{*}{K}$ für die einfallende Strahlung wird von dem der diffusen Strahlung K verschieden sein, weil die Weglänge innerhalb der Schicht verschieden ist (vgl. S. 111) und weil die Teilchen nicht immer völlig statistisch ungeordnet verteilt sein werden. In der Arbeit von *Ryde* wird dagegen $K = \overset{*}{K}$ und $F + B = \overset{*}{F} + \overset{*}{B}$ gesetzt.

Darin sind k_1 und k_2 Integrationskonstanten,

$$b \equiv \frac{1}{B}\sqrt{K(K+2B)} \tag{96}$$

analog zu (31) und

$$\overset{*}{Q} \equiv \frac{(K+\overset{*}{K})\overset{*}{F}+(B+\overset{*}{F})(\overset{*}{B}+\overset{*}{F})}{(\overset{*}{K}{}^2-K^2)+2\overset{*}{K}(\overset{*}{F}+\overset{*}{B})^- 2KB+(\overset{*}{F}+\overset{*}{B})^2}, \tag{97}$$

$$\overset{*}{P} \equiv \frac{(K-\overset{*}{K})\overset{*}{B}+(B-\overset{*}{B})(\overset{*}{B}+\overset{*}{F})}{(\overset{*}{K}{}^2-K^2)+2\overset{*}{K}(\overset{*}{F}+\overset{*}{B})-2KB+(\overset{*}{F}+\overset{*}{B})^2}. \tag{98}$$

Für eine freitragende Schicht bzw. eine Schicht *mit schwarzem Untergrund* (vgl. Anm. S. 114) gelten die Randbedingungen nach Abb. 44

$$x=d: \quad \overset{*}{I}_{x=d}=1\,; \qquad I=0\,; \qquad J=\overset{*}{R}_0\,;$$

$$x=0: \quad \overset{*}{I}=e^{-\overset{*}{q}d}\,; \quad I+\overset{*}{I}=\overset{*}{T}\,; \quad J=0\,.$$

Damit ergibt die Integration die folgenden Beziehungen, in hyperbolischer Form geschrieben

$$\overset{*}{T}=\frac{\overset{*}{Q}bB+\overset{*}{P}e^{-\overset{*}{q}d}B\sinh bBd}{(K+B)\sinh bBd+bB\cosh bBd}-(\overset{*}{Q}-1)e^{-\overset{*}{q}d}, \tag{99}$$

$$\overset{*}{R}_0=\frac{\overset{*}{P}bB\,e^{-\overset{*}{q}d}+\overset{*}{Q}B\sinh bBd}{(K+B)\sinh bBd+bB\cosh bBd}-\overset{*}{P}. \tag{100}$$

Bei diffuser Einstrahlung verschwindet der Unterschied zwischen B und $\overset{*}{B}$ bzw. F und $\overset{*}{F}$, und aus (97) und (98) folgt $\overset{*}{Q}=1$ und $\overset{*}{P}=0$. Damit vereinfachen sich die Gln. (99) und (100) zu

$$T=\frac{b}{a\sinh bBd+b\cosh bBd} \tag{99a}$$

und

$$R_0=\frac{1}{a+b\,\mathrm{ctgh}\,bBd}, \tag{100a}$$

was mit (60) bzw. (57) identisch ist, wenn man $B=S$ setzt. Für diffuse Einstrahlung gehen die abgeleiteten Beziehungen also in die Kubelka-Munkschen Gleichungen über.

Für unendliche Schichtdicke $(d\to\infty)$ geht (100) über in

$$\overset{*}{R}_\infty=\frac{\overset{*}{Q}B}{a+b}-\overset{*}{P} \tag{101}$$

und (99) in

$$\overset{*}{T}=0. \tag{101a}$$

Das entspricht der Gl. (36) für diffuse Einstrahlung. Für so große Schichtdicke d, daß $e^{-\hat{q}d} \equiv \mathring{I}_d$ praktisch zu vernachlässigen ist, d. h. wenn praktisch kein Anteil der parallelen Einstrahlung ungestreut durchgelassen wird, ergibt sich aus (99) und (99a)

$$\mathring{T} = \mathring{Q}T, \tag{102}$$

aus (100) und (100a)

$$\mathring{R}_0 = \mathring{Q}R_0 - \mathring{P}. \tag{103}$$

Über die Streukoeffizienten läßt sich folgendes aussagen: Fällt die Einheit der Strahlungsleistung auf ein einzelnes kugelförmiges Teilchen, so wird stets der gleiche Anteil gestreut, unabhängig davon, ob die Strahlung parallel oder diffus ist. Daraus folgt, daß

$$F + B = \mathring{F} + \mathring{B}. \tag{104}$$

Das gilt auch für viele Teilchen, wenn diese völlig statistisch ungeordnet verteilt sind, nicht dagegen, wenn diese (auch für die Kubelka-Munk-Theorie gemachte) Voraussetzung nicht erfüllt ist. Sind die Teilchen sehr klein gegenüber der Wellenlänge λ, so wird die Winkelverteilung der Streustrahlung symmetrisch (Abb. 33, Rayleigh-Streuung), d. h. es wird $\mathring{F} = \mathring{B}$ und $F = B$ und damit auch $B = \mathring{B}$. Daraus folgt, daß für $2\pi r \ll \lambda$ die Gln. (99) und (100) ebenfalls in die Gleichungen von *Kubelka-Munk* übergehen. Das bedeutet, daß die Größe der vier Streukoeffizienten von dem Verhältnis $x = 2\pi r/\lambda$ abhängen müssen, wie dies ja auch in der Mie-Theorie der Fall ist. Ebenso geht der aus (III, 48) bekannte Ausdruck $\dfrac{m^2 - 1}{m^2 + 2}$ in die Berechnung der vier Streukoeffizienten in Anlehnung an die Mie-Theorie ein, worin $m = \dfrac{n_1}{n_0}$ der relative Brechungsindex von Teilchen und umgebendem Medium ist. *Ryde* und *Cooper* haben diese Koeffizienten als Funktion von $x = 2\pi r/\lambda$ angegeben. Während man also bei diffuser Einstrahlung nach der Theorie von *Kubelka* und *Munk* nur zwei Konstanten, K und S, braucht, um die experimentellen Daten zu deuten, ist es notwendig, bei gerichteter Einstrahlung sechs Konstanten, $(B, \mathring{B}, F, \mathring{F}, K, \mathring{K})$, einzuführen, um die experimentellen Ergebnisse auswerten zu können.

Weitere Beziehungen für eine Schicht mit reflektierendem Untergrund bei senkrechter Einstrahlung wurden von *Stenius*[130] angegeben, insbesondere auch die allgemeine Bedingung dafür, daß die Reflexion

---

[130] *S: son Stenius, Å.*: Svens. Papperstidning **56**, 607 (1953).

unabhängig davon, ob diffus oder senkrecht und parallel eingestrahlt wird, die gleiche ist. Diese Bedingung lautet

$$\frac{K}{B} = \frac{[\overset{*}{P} - (\overset{*}{Q} - 1)]^2}{2\overset{*}{P}(\overset{*}{Q} - 1)}.$$ (105)

Setzt man die Ausdrücke für $\overset{*}{P}$ und $\overset{*}{Q}$ ein, so erhält man eine komplizierte Gleichung, deren einzelne Terme stets K bzw. $\overset{*}{K}$ und einen oder mehrere der Streukoeffizienten B, $\overset{*}{B}$, F oder $\overset{*}{F}$ enthalten. Zwei Lösungen der Gl. (105) lauten also $K = \overset{*}{K} = 0$ und $B = \overset{*}{B} = F = \overset{*}{F} = 0$, d. h. ein streuendes Medium ohne Absorption, sowie ein Medium ohne Streuung mit beliebiger Absorption liefern die gleiche diffuse Reflexion bei senkrechter wie bei diffuser Einstrahlung. Während letzteres ohne physikalische Bedeutung ist, ist das erstere Ergebnis für die Praxis wichtig, worauf später zurückzukommen ist (vgl. S. 175 ff.).

e) Berücksichtigung der regulären Reflexion an Phasengrenzflächen

In Praxis kommt häufig der Fall vor, daß die streuenden Teilchen nicht von Luft umgeben sind, wie Aerosole, Kristallpulver, Papier usw., sondern daß sie in einem durchsichtigen Medium (Matrix) eingebettet sind, dessen Brechungsindex erheblich größer ist als der der Luft. Beispiele sind etwa Opalgläser, Pigmente in einem Kunststoff, Kolloide in einer Suspension usw. Man sieht unmittelbar ein, daß dann die gememessene Reflexion und Durchlässigkeit noch vom Brechungsindex des Mediums abhängig werden muß, weil zusätzliche reguläre Reflexionen an den Phasengrenzen Luft–Medium auftreten. Da außerdem das reguläre Reflexionsvermögen von der Art der Einstrahlung abhängt (gerichtet oder diffus), wie S. 12 im einzelnen gezeigt wurde, werden Reflexion und Durchlässigkeit in solchen Fällen für gerichtete und diffuse Einstrahlung noch zusätzliche Unterschiede zeigen. Die zugehörigen Gleichungen sind ebenfalls von *Ryde*[131] und *Duntley*[132] angegeben worden.

Wir betrachten als Beispiel Reflexion und Durchlässigkeit einer Opalglasplatte[133] bei paralleler und senkrechter bzw. diffuser Einstrahlung. Das reguläre Reflexionsvermögen ist nach Gl. (II, 16a) für senkrecht

---

[131] *Ryde, J. W.:* Proc. Roy. Soc. London A **131**, 451 (1931); — *Ryde, J. W.*, and B. J. *Cooper:* Proc. Roy. Soc. London A **131**, 464 (1931).

[132] *Duntley, S. O.:* J. Opt. Soc. Am. **32**, 61 (1942).

[133] Die streuenden Eigenschaften des Opalglases beruhen auf kugelförmigen Teilchen aus Kalzium- und Natriumfluoriden, die in das Glas eingelagert sind.

einfallende parallele Strahlung gegeben durch

$$\overset{*}{r}_1 = \left(\frac{n-1}{n+1}\right)^2, \tag{106}$$

wenn man den Brechungsindex der Luft gleich 1 setzt[134]. Das zugehörige r_1 für diffuse Einstrahlung ergibt sich aus Gl. (I, 25) bzw. Tab. 1. Für $n = 1,5$ erhält man die beiden Werte $\overset{*}{r}_1 = 0,040$ bzw. $r_1 = 0,092$. Die im Innern gestreute Strahlung tritt aus dem dichten Medium ($n = 1,5$) nach beiden Seiten in das optisch dünnere Medium ($n = 1$) aus und wird deshalb z. T. total reflektiert (vgl. S. 13). Diese reguläre und teilweise totale Reflexion an der Innenseite sei mit r_2 bezeichnet. Obwohl $r_2 > r_1$, macht diese Totalreflexion für den Gesamtprozeß der regulären Reflexion weniger aus, weil der total reflektierte Anteil infolge der Streuung z. T. wieder total reflektiert wird, z. T. aber durch die Oberfläche austritt, ein Vorgang, der sich immer wiederholt und wie auf S. 10 zu einer geometrischen Reihe führt, deren Summe die Reflexion von der inneren Glasoberfläche ergibt (vgl. S. 138). Für die unter Einschluß der äußeren und der beiden inneren sukzessiven Reflexionen *gemessene* Gesamt-reflexion $\overset{*}{\varrho}$ und Durchlässigkeit $\overset{*}{\tau}$ einer solchen Opalglasscheibe bei parallel und senkrecht einfallender Strahlung gibt *Ryde* folgende Gleichungen an:

$$\overset{*}{\tau} = (1 - \overset{*}{r}_1)(1 - r_2) \cdot \frac{\overset{*}{T}(1 - r_2 R_0) + r_2 \overset{*}{R}_0 T}{(1 - r_2 R_0)^2 - r_2^2 T^2}, \tag{107}$$

$$\overset{*}{\varrho} = \overset{*}{r}_1 + (1 - \overset{*}{r}_1)(1 - r_2) \cdot \frac{\overset{*}{R}_0(1 - r_2 R_0) + r_2 \overset{*}{T} T}{(1 - r_2 R_0)^2 - r_2^2 T^2}. \tag{108}$$

Dabei ist vorausgesetzt, daß der parallele Strahlenfluß $\overset{*}{I}$ im Innern der Probe (vgl. S. 130) klein ist gegenüber dem diffusen Strahlenfluß. $\overset{*}{T}$ und $\overset{*}{R}_0$ sind durch (99) und (100) gegeben. Für diffuse Einstrahlung erhält man, indem man $\overset{*}{r}_1$ durch r_1, $\overset{*}{T}$ durch T und $\overset{*}{R}_0$ durch R_0 ersetzt:

$$\tau = \frac{(1 - r_1)(1 - r_2) T}{(1 - r_2 R_0)^2 - r_2^2 T^2} \tag{109}$$

und

$$\varrho = r_1 + (1 - r_1)(1 - r_2) \frac{R_0(1 - r_2 R_0) + r_2 T^2}{(1 - r_2 R_0)^2 - r_2^2 T^2}. \tag{110}$$

Während r_1 und $\overset{*}{r}_1$ leicht zugänglich sind, macht die experimentelle Bestimmung von r_2 größere Schwierigkeiten. Das liegt daran, daß für geringe Streuung und kleine Schichtdicke die an der Innenseite reflektierte

---

[134] Die mit * bezeichneten Größen beziehen sich wieder auf senkrechte und parallele Einstrahlung.

Strahlung nicht mehr gleichmäßig diffus sein wird, so daß r_2 sich mit d und B etwas ändern muß, insbesondere wenn $\overset{*}{I}$ relativ groß ist. Man muß also durch Wahl geeigneter Schichtdicke dafür sorgen, daß diese Fehlerquelle möglichst klein gehalten wird[135]. r_2 läßt sich nach *Ryde* folgendermaßen bestimmen: Unterdrückt man die reguläre Reflexion an der Austritts-Phasengrenze, indem man hinter der Opalglasplatte eine vollständig absorbierende Schicht anbringt, so fallen in Gl. (110) die Glieder $r_2 T^2$ und $r_2^2 T^2$ weg (weil hier $r_2 = 0$), und man erhält bei diffuser Einstrahlung

$$\varrho_0 = r_1 + (1 - r_1)(1 - r_2)\,\frac{R_0(1 - r_2 R_0)}{(1 - r_2 R_0)^2}\,. \tag{111}$$

Ferner folgt aus (109) und (110) für $T = R_0$

$$\tau = \varrho - r_1\,.$$

Wählt man die Schichtdicke so, daß die Bedingung $T = R_0$ bzw. $\tau = \varrho - r_1$ erfüllt ist, so ergibt sich durch Messung von τ, ϱ und ϱ_0 aus den Gln. (109), (110) und (111)

$$\frac{1}{r_2} = 1 + \tau\,\frac{(\varrho_0 - r_1)}{(1 - r_1)(\varrho - \varrho_0)}\,, \tag{112}$$

so daß r_2 berechnet werden kann. *Ryde* gibt für Opalglas einen Wert $r_2 \cong 0,4$ an.

Damit können alle Einflüsse der regulären Reflexion an den äußeren und inneren Phasengrenzflächen auf Durchlässigkeit und Reflexion einer gleichzeitig streuenden und absorbierenden Schicht erfaßt werden. Außer den Konstanten der Rydeschen Theorie braucht man also zwei weitere Konstanten r_1 und r_2, die experimentell bestimmt werden müssen, insgesamt also acht Konstanten, wenn man die Theorie voll auswerten will. Zur Ermittlung dieser acht Konstanten sind also acht Meßergebnisse notwendig. Da ferner die Gleichungen recht unhandlich sind (die Parameter kommen in Potenzen von 2 und höher vor), wäre es sehr erwünscht, wenn man die Meßtechnik so abändern könnte, daß einige dieser Konstanten wegfallen. Methoden dazu hat *Duntley* angegeben.

Eine derselben besteht darin, daß man eine Probe (wie Opalglas oder einen Kunststoff) zwischen zwei gleichen Photometerkugeln anbringt, so daß die Probe diffus bestrahlt, und die Strahlung gleichzeitig diffus abgenommen werden kann. Damit fallen alle Komplikationen weg, die durch gerichtete Einstrahlung hervorgerufen werden, d. h. $\overset{*}{B}$, $\overset{*}{F}$ und $\overset{*}{K}$

---

[135] r_2 läßt sich auch mit Hilfe der Fresnelschen Gleichungen berechnen (vgl. S. 137), wenn man annimmt, daß die an der Oberfläche austretende Strahlung vollständig diffus ist. Für Glas als Matrix mit $n = 1,5$ würde dies $r_2 = 59,6\%$ ergeben. Allerdings können schon geringe Abweichungen von der isotropen Streuverteilung große Fehler hervorrufen [vgl. *Giovanelli, R. G.*: Opt. Acta 3, 127 (1956)].

verschwinden. Die Photometerkugeln werden mit einem farblosen Öl gefüllt, das für die benutzte monochromatische Strahlung den gleichen Brechungsindex hat wie das Medium, in das die streuenden Teilchen eingebettet sind. Dadurch wird $r_1 = r_2 = 0$. Man kann so mit Hilfe einfacher photometrischer Messungen mit Hilfe eines Zweistrahlgerätes die diffuse Reflexion R_0 und die diffuse Transmission T der Probe ermitteln, wie nach der einfachen Kubelka-Munk-Theorie[136].

Die zweite von *Duntley* angegebene Methode für parallel und senkrecht einfallende Strahlung benutzt ebenfalls eine mit Öl gefüllte Photometerkugel mit zwei einander gegenüber liegenden Ölreservoiren, in die die Probe eingetaucht werden kann je nachdem man die Durchlässigkeit oder die Reflexion messen will. Letztere wird gegen einen Block von $MgCO_3$ als Weißstandard gemessen, dessen absolutes Reflexionsvermögen als bekannt vorausgesetzt wird (relative Messung: vgl. S. 60). Auf diese Weise werden wieder die regulären Reflexionen r_1 und r_2 eliminiert, und man mißt unmittelbar $\overset{*}{T}$ bzw. $\overset{*}{R}_0$. Wegen der Kompliziertheit der Gln. (99) und (100) bzw. (102) und (103) für den Fall, daß man die Probe so dick macht, daß $e^{-\overset{*}{q}d} = 1$ (vgl. S. 132), lassen sich aus den gemessenen Werten von $\overset{*}{T}$ und $\overset{*}{R}_0$ die gewünschten Größen K und B nicht unmittelbar gewinnen. *Duntley* beschreibt deshalb ein logarithmisches Diagramm, aus dem sich ähnlich wie aus dem Diagramm Abb. 48 die gewünschten Absorptions- bzw. Streukoeffizienten mittels eines Näherungsverfahrens entnehmen lassen, das darauf beruht, daß $\overset{*}{Q}$ im allgemeinen nicht sehr von 1 und $\overset{*}{P}$ nicht sehr von 0 verschieden ist. Wie S. 132 gezeigt wurde, geht für $\overset{*}{Q} = 1$ und $\overset{*}{P} = 0$ die Theorie in die 2-Konstanten-Theorie von *Kubelka-Munk* über.

Einfacher läßt sich das Reflexionsvermögen $R_{\infty,n}$ eines halbunendlichen streuenden Mediums, das in eine Matrix mit dem Brechungsindex n eingelagert ist, bei senkrecht einfallender Strahlung mit Hilfe der Fresnelschen Gleichungen angenähert berechnen, wenn man wieder annimmt, daß die von *innen* auf die Phasengrenze auftreffende Strahlung ideal diffus ist. Für diesen Fall ist die Totalreflexion gegeben durch

$$\overset{*}{R}_{\infty,n} = \overset{*}{r}_1 + \frac{\dfrac{T}{n^2} R_{\infty 1}(1 - \overset{*}{r}_1)}{1 - R_{\infty 1}\left(1 - \dfrac{T}{n^2}\right)}. \tag{113}$$

---

[136] Die Methode erfordert sehr präzise Messungen, so daß sie sich für Routinearbeiten nicht eignet. Außerdem wird vorausgesetzt, daß die Proben resistent gegen das Öl sind, und daß die Dispersionskurven des Öls und des die Streuzentren umgebenden Mediums sehr ähnlich sind.

$\overset{*}{r}_1$ ist durch (106) gegeben und stellt den regulär reflektierten Anteil dar. Der zweite Summand ist der diffus reflektierte Anteil, er ergibt sich aus dem Verhältnis der aus der Oberfläche austretenden zu der auf das streuende Medium auffallenden Strahlungsleistung. Erstere ist gleich $R_{\infty,1}(1 - \overset{*}{r}_1)$, entsprechend dem Reflexionsvermögen eines Mediums mit einer Matrix von $n = 1$, doch wird davon nach S. 15 nur der Bruchteil T/n^2 beim Übergang vom dichteren in das dünnere Medium durchgelassen; letztere ist nicht einfach gleich 1, sondern davon ist noch der Bruchteil $\left(1 - \dfrac{T}{n^2}\right)R_{\infty,1}$ in Abzug zu bringen, der nicht durch die Oberfläche durchgelassen, d. h. von der Phasengrenze wieder in das dichtere Medium zurückreflektiert wird. Wir werden auf S. 312 wieder auf diese Gleichung zurückkommen.

In der Praxis der Reflexionsmessung tritt sehr häufig noch folgendes Problem auf: Entweder liegt die Meßprobe bei manchen käuflichen Meßgeräten nicht horizontal oder sie muß gegen Luft oder gegen Feuchtigkeit geschützt sein. In beiden Fällen bedarf es eines Deckglases, um eine definierte und reproduzierbare Oberfläche herzustellen. Wir haben dann ein System aus zwei verschiedenen homogenen Schichten vor uns (eine nichtstreuende Schicht R_{12} mit den Phasengrenzen 1 und 2 und daran anschließend eine diffus streuende Schicht 3), auf das wir die Gl. (77a) anwenden können[136a]. Danach ist

$$R_{12,3} = R_{12} + \frac{T_{12}^2 R_3}{1 - R_{12}R_3}. \tag{114}$$

Darin bedeuten: R_{12} die Reflexion und T_{12} die Durchlässigkeit des Deckglases, R_3 die diffuse Reflexion der Probe. Strahlt man gerichtet unter dem Winkel α ein, so ist R_{12} im ersten Glied der Summe durch (II, 20) gegeben, im zweiten Glied aber durch (II, 26), denn bei der Vielfachreflexion zwischen Deckglas und Probe wird das Deckglas diffus von unten bestrahlt, auch wenn man von oben gerichtet einstrahlt. Entsprechend ist für T_{12}^2 der Wert für $T_{12\,\text{ger}} \cdot T_{12\,\text{diff}}$ einzusetzen. Bestrahlt man dagegen von oben diffus, so ist natürlich R_{12} in beiden Summanden durch (II, 26) und T_{12}^2 durch $T_{12\,\text{diff}}^2$ auszudrücken.

Hier empfiehlt es sich nun besonders, relativ zu einem Standard zu messen, der nach Möglichkeit gleiche Streukoeffizienten und gleiche Streuverteilung besitzt wie die Probe (vgl. S. 183). Sorgt man dafür, daß die von der Deckscheibe regulär reflektierte Strahlung nicht auf den Empfänger fallen kann, so fällt bei Messung von Probe und Standard das erste Glied der Summe in (114) weg, und man erhält für die *relative*

[136a] Vgl. dazu *Judd, D. B.,* and *K. S. Gibson:* J. Res. Natl. Bur. Std. **16**, 261 (1936).

Reflexion von Probe und Standard

$$R'_{exp} \equiv \frac{R_{12,3\,Probe}}{R_{12,3\,Stand.}} = \frac{R_{3\,Probe}}{R_{3\,Stand.}} \cdot \frac{1 - R_{12}R_{3\,Stand.}}{1 - R_{12}R_{3\,Probe}} . \tag{115}$$

Kann man $R_{3\,Stand.}$ angenähert gleich 1 setzen, so wird

$$R'_{exp} \cong \frac{R_3(1 - R_{12})}{1 - R_{12}R_3} , \tag{115a}$$

d. h. R'_{exp} ist stets kleiner als R_3 und wird relativ um so mehr erniedrigt, je größer die Absorption der Probe, d. h. je kleiner R_3 wird. Gleichung (114) kann natürlich auch verwendet werden, wenn man nicht $R_{3\infty}$ sondern R_{30} der Probe messen möchte, um *Streukoeffizienten* zu bestimmen, wenn der betreffende Stoff feuchtigkeits- oder luftempfindlich ist.

Zur Messung der *Durchlässigkeit* T muß man (außer bei selbsttragenden Schichten wie z. B. Papier) Quarzküvetten benutzen, die aus Quarzplatten mit aufgeschweißtem Quarzring bestehen (Schichtdicke 0,1 bis 0,3 mm) und bei Bedarf noch mit einer zweiten Quarzplatte abgedeckt werden können. Im ersten Fall mißt man die Durchlässigkeit $T_{1,2}$ der Kombination Probe/Quarzplatte, im zweiten Fall die Durchlässigkeit $T_{1,2,3}$ der Kombination Quarzplatte/Probe/Quarzplatte; in beiden Fällen muß der Einfluß der Quarzplatten eliminiert werden. Man erreicht dies auf folgende Weise[137]:

Erster Fall: Nach Gl. (75a) gilt für die Durchlässigkeit zweier homogener hintereinander liegender Schichten (P = Probe; Q = Quarz)

$$T_{1,2} = \frac{T_P T_Q}{1 - R_P R_Q} . \tag{116}$$

Auch wenn man gerichtet einstrahlt, ist R_Q und T_Q für diffuse Bestrahlung einzusetzen, weil die Strahlung in der Probe diffus zerstreut wird, d. h. es ist nach Gl. (II, 26) $R_Q = 0,155$ für die beiden Oberflächen der Quarzplatte, und $T_Q = 0,845$, wenn man die Eigenabsorption der Quarzplatte vernachlässigt. R_P ist die Reflexion der freitragenden Probe allein, d. h. also gleich R_0. Für R_P ist deshalb die nach R_0 aufgelöste Gl. (56) und für T_P die nach T aufgelöste Gl. (61) in (116) einzusetzen. Nach einiger Umformung erhält man dann unmittelbar den gesuchten Streukoeffizienten aus

$$Sd = \frac{1}{b}\left(Ar \sinh \frac{T_Q b}{T_{1,2}\sqrt{(a - R_Q)^2 - b^2}} - Ar \sinh \frac{b}{\sqrt{(a - R_Q)^2 - b^2}} \right). \tag{117}$$

---

[137] *Kortüm, G.*, u. *D. Oelkrug*: Z. Naturforsch. **19**, 28 (1964).

Läßt man die Quarzplatte weg, so daß $T_Q = 1$ und $R_Q = 0$, geht (117) wieder in (61) über.

Zweiter Fall: Für die Durchlässigkeit der Kombination Quarzplatte/Probe/Quarzplatte erhält man nach Gl. (78) unter der Annahme homogener Schichten.

$$T_{1,2,3} = \frac{\overset{\ast}{T}_Q T_P T_Q}{1 - 2R_P R_Q + R_P^2 R_Q^2 - T_P^2 R_Q^2}. \qquad (118)$$

Dabei ist bereits vorausgesetzt, daß die Schichten 1 und 3 gleich sind (gleiche Quarzplatten), so daß $R_1 = R_3$. Dagegen ist $T_1 \neq T_3$, weil für Durchsichtsmessungen gerichtet eingestrahlt wird, so daß $\overset{\ast}{T}_Q$ für gerichtete und T_Q für diffuse Bestrahlung gilt. Bringt man in den Vergleichsstrahlengang ebenfalls eine einzelne Quarzplatte, so wird $\overset{\ast}{T}_Q = 1$. Ist die Absorption der Probe sehr klein, so daß $T_P + R_P \cong 1$, so ergibt sich aus (118) die gesuchte Durchlässigkeit der Probe zu

$$T_P = \frac{T_{1,2,3} T_Q^2}{T_Q - 2T_{1,2,3} R_Q + 2T_{1,2,3} R_Q^2}. \qquad (119)$$

Bei absorbierenden Proben läßt sich T_P nicht so einfach berechnen. Wenn man jedoch in Gl. (118) die relativ kleinen quadratischen Glieder, die zudem mit verschiedenem Vorzeichen auftreten, vernachlässigt, so gilt näherungsweise

$$T_{1,2,3} \cong \frac{T_P T_Q}{1 - 2R_P R_Q}. \qquad (120)$$

Daraus erhält man wieder wie oben aus Gl. (116) den Streukoeffizienten mittels

$$Sd = \frac{1}{b}\left(\operatorname{Ar\,sinh}\frac{T_Q b}{T_{1,2,3}\sqrt{(a-2R_Q)^2-b^2}} - \operatorname{Ar\,sinh}\frac{b}{\sqrt{(a-2R_Q)^2-b^2}}\right). \qquad (121)$$

Wird die Wurzel imaginär, so kann man auch schreiben

$$Sd = \frac{1}{b}\left(\operatorname{Ar\,cosh}\frac{T_Q b}{T_{1,2,3}\sqrt{b^2-(a-2R_Q)^2}} - \operatorname{Ar\,cosh}\frac{b}{\sqrt{b^2-(a-2R_Q)^2}}\right). \qquad (121a)$$

Wegen der eingeführten Vernachlässigung sind die aus Durchlässigkeitsmessungen berechneten Streukoeffizienten den in Reflexion erhaltenen unterlegen.

f) Absolute und relative Messungen

Alle in der Kubelka-Munk-Theorie auftretenden Größen einer gleichzeitig streuenden und absorbierenden Schicht sind definiert als Verhältnis von reflektierter bzw. durchgelassener zu einfallender Strahlungsleistung, d. h. sie sind *absolute* Größen. Experimentell kann jedoch nur die Durchlässigkeit einer Sicht absolut bestimmt werden, während die diffuse Reflexion mit den verfügbaren Geräten in der Regel nur in bezug auf einen Vergleichsstandard, d. h. als relative Größe gemessen werden kann[138]. Bezeichnet man solche relativen Größen mit R', so gilt also[139]

$$R' = \frac{R_{\text{Probe}}}{R_{\text{Stand.}}}. \tag{122}$$

Wäre $\varrho \equiv R_{\infty\text{Stand.}} = 1$, so wären natürlich absolute und relative Reflexionswerte identisch, es wurde aber schon auf S. 114 darauf hingewiesen, daß bisher kein Weißstandard bekannt ist, der diese Eigenschaft über den ganzen zugänglichen Wellenlängenbereich besitzt. Zur Ermittlung von R_{Probe} muß also das absolute Reflexionsvermögen R_∞ des Standards bekannt sein.

In der Praxis hat sich aufgerauchtes Magnesiumoxid MgO als Weißstandard bisher am besten bewährt. Im sichtbaren Spektralbereich ist kein Stoff bekannt, dessen Reflexionsvermögen besser wäre, außerdem kann man diesen Standard leicht unter einigermaßen definierten Bedingungen herstellen und wieder erneuern, wenn sein Reflexionsvermögen nachläßt. Aus diesen Gründen ist das absolute Reflexionsvermögen ϱ von aufgerauchtem MgO mehrfach in Abhängigkeit von der Wellenlänge bestimmt worden. Dafür gibt es eine Reihe von Methoden:

Am einfachsten wäre es natürlich, wenn man ϱ unmittelbar aus Relativmessungen ermitteln könnte. Ein solcher Weg wurde z. B. von *Stenius* angegeben[140]. Führt man in die Gl. (42), die die verschiedenen Reflexionswerte miteinander verknüpft, Relativwerte ein, so wird mit $R = R'\varrho$

$$R'_0 = \frac{R'_\infty(R'_g - R')}{R'_g - R'_\infty(1 - \varrho^2 R'_g R'_\infty + \varrho^2 R'_g R')}. \tag{123}$$

Mittels dieser Gleichung kann das absolute Reflexionsvermögen ϱ des Standards aus den gemessenen Relativgrößen R', R'_g, R'_0 und R'_∞ er-

---

[138] Über Methoden zur unmittelbaren Messung absoluter Reflexionswerte s. S. 146 ff.

[139] Relative Reflexionswerte sollen im folgenden allgemein mit ′ versehen werden.

[140] *S: son Stenius, Å.: Svens Papperstidning* **54**, 663 (1951).

mittelt werden, wobei R' und R'_0 sich auf die gleiche Schicht beziehen:

$$\varrho = \left[\frac{R'_\infty(R'_g - R') + R'_0(R'_\infty - R'_g)}{R'_0 R'_\infty R'_g (R'_\infty + R')} \right]^{1/2} . \qquad (124)$$

In analoger Weise kann man z. B. aus Gl. (66)

$$\frac{1 + R^2_\infty}{R_\infty} = \frac{1 + R^2_0 - T^2}{R_0}$$

durch Einführung der relativen Größen $R_0 = \varrho R'_0$ und $R_\infty = \varrho R'_\infty$ die Beziehung erhalten[141]

$$\varrho = \left[\frac{1 - T^2 - R'_0/R'_\infty}{R'_0 R'_\infty - R'^2_0} \right]^{1/2} , \qquad (125)$$

wobei R'_0 und T wieder auf die gleiche Schicht bezogen sind. Allerdings werden zur Berechnung von ϱ in den Gln. (124) und (125) vier bzw. drei experimentelle Größen benutzt, die zudem noch teilweise in Form von Differenzen eingehen, so daß die Genauigkeit von ϱ nicht allzu groß sein kann.

Gleichung (125) wurde mit Hilfe einer dünnen streuenden Schicht geringer Absorption (Chromatographiepapier) geprüft[142], bei der R'_0 von R'_∞ genügend stark verschieden war. Dazu wurden die Durchlässigkeiten von 15 gleichen Papieren bestimmt, die nicht mehr als um 2% differierten. Zur Messung von R_∞ wurden Papiere mit der besten Übereinstimmung in T aufeinander gelegt und mit weiteren Papieren unterschichtet. R'_0 und T wurden jeweils an denselben Papieren gemessen. Alle Reflexionsmessungen wurden mit frisch auf reinstes käufliches MgO als Unterlage aufgerauchtem Magnesiumoxid als Standard gemacht, dessen absolutes Reflexionsvermögen bestimmt werden sollte. Allerdings konnten die Messungen nur bis 400 mμ ausgeführt werden, weil bei kürzeren Wellenlängen das Papier schon zu stark absorbierte. Die Meßergebnisse sind in Abb. 51 mit aufgeführt, sie sind Mittelwerte aus Bestimmungen an vier verschiedenen MgO-Proben, der Fehler der Einzelmessung war etwa ±0,006.

Die Mehrzahl der in der Literatur angegebenen Messungen des absoluten diffusen Reflexionsvermögens von MgO im sichtbaren und ultravioletten Spektralbereich beruht auf der Theorie der sog. Taylor-Kugel[143],

[141] *Oelkrug, D.*: Dissertation, Tübingen 1963.

[142] *Oelkrug, D.*: Dissertation, Tübingen 1963.

[143] *Taylor, A. H.*: J. Opt. Soc. Am. **4**, 9 (1920); **21**, 776 (1931); Sci. Pap. Natl. Bur. Std. **16**, 42 (1920); **17**, 1 (1920); **18**, 281 (1923); — *Benford, F.*: Gen. Elec. Rev. **23**, 72 (1920); — *Mäder, F.*: Bull. Schweiz. Elektrotech. Verein Nr. 20 (1947).

wie sie in Abb. 50 schematisch angegeben ist. Das parallel eingestrahlte Licht fällt auf eine Probe P, die es nach allen Seiten streut. Ein Schirm S verhindert, daß das von P gestreute Licht direkt auf die Meßfläche f_m gelangen kann, die ihrerseits auf das Meßfenster M abgebildet wird. Die ganze Kugel kann um die Ache I—II gedreht werden, so daß das von L kommende Licht durch die gestrichelt gezeichnete Öffnung auf die

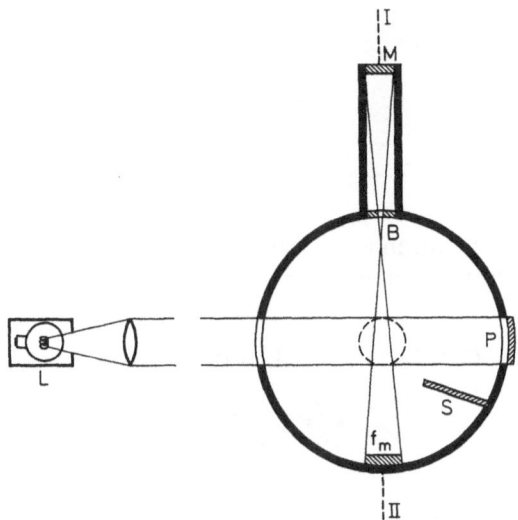

Abb. 50. Photometerkugel nach *Taylor*

Wand der Kugel statt auf die Probe fällt. Unter der Voraussetzung, daß die Innenwand der Photometerkugel ideal diffus reflektiert, kann man die in beiden Fällen gemessene Strahlungsleistung folgendermaßen berechnen:

1. Einstrahlung von I_0 auf die Kugelwand

Die Strahlungsleistung verteilt sich folgendermaßen:

Diffuse Reflexion in die ganze Kugel	davon auf die Meßfläche	am Meßfenster M
$I_0 \varrho_W$,	$I_0 \varrho_W \dfrac{f_m}{F}$,	$I_0 \varrho_W^2 \dfrac{f_m}{F} \cdot \dfrac{f_M}{F}$.

Dabei ist ϱ_W das absolute Reflexionsvermögen der Wand, F die Innenfläche der gesamten Kugel, so daß f_m/F bzw. f_M/F die relativen Anteile der Meßfläche bzw. Beobachtungsöffnung darstellen. Bezeichnen wir das mittlere Reflexionsvermögen der ganzen Kugel, das ja wegen der Probe und wegen der verschiedenen Öffnungen von ϱ_W etwas verschieden sein muß, mit ϱ_K, so haben wir nach einmaliger Reflexion an der ganzen Kugel

	davon auf f_m	am Meßfenster
$I_0\varrho_W\varrho_K$,	$I_0\varrho_W\varrho_K\dfrac{f_m}{F}$,	$I_0\varrho_W^2\varrho_K\dfrac{f_m}{F}\cdot\dfrac{f_M}{F}$,

nach zweimaliger Reflexion an der ganzen Kugel

	davon auf f_m	am Meßfenster
$I_0\varrho_W\varrho_K^2$,	$I_0\varrho_W\varrho_K^2\dfrac{f_m}{F}$,	$I_0\varrho_W^2\varrho_K^2\dfrac{f_m}{F}\cdot\dfrac{f_M}{F}$

usw.

Die gemessene Strahlungsleistung ist also bei Einstrahlung auf die Kugelwand gegeben durch

$$I_W = I_0\varrho_W^2\frac{f_m f_M}{F^2}\left[1 + \varrho_K + \varrho_K^2 + \varrho_K^3 + \cdots\right]$$

$$= I_0\varrho_W^2\frac{f_m f_M}{F^2}\cdot\frac{1}{1 - \varrho_K}. \tag{126}$$

2. Einstrahlung von I_0 auf die Probe

Wird die Probe statt der Kugelwand bestrahlt, so erhält die Meßfläche f_m von der direkten Rückstrahlung der Probe keinen Anteil wegen des Schirmes, das erste Glied der geometrischen Reihe fällt also weg. Im übrigen ist jeweils ein ϱ_W durch ϱ_P, das absolute Reflexionsvermögen der Probe, zu ersetzen, so daß die gemessene Strahlungsleistung nunmehr gegeben ist durch

$$I_P = I_0\varrho_W\varrho_P\frac{f_m f_M}{F^2}\left[\varrho_K + \varrho_K^2 + \varrho_K^3 + \cdots\right]$$

$$= I_0\varrho_W\varrho_P\frac{f_m f_M}{F^2}\varrho_K\left[1 + \varrho_K + \varrho_K^2 + \cdots\right] \tag{127}$$

$$= I_0\varrho_W\varrho_P\frac{f_m f_M}{F^2}\varrho_K\cdot\frac{1}{1 - \varrho_K}.$$

In der Reihe für die bestrahlte Kugelwand hat man ein Glied mehr, das in der Reihe für die bestrahlte Probe wegen des Schirmes fehlt. Daran erkennt man, daß hier tatsächlich das absolute Reflexionsvermögen der

Probe gemessen wird und nicht etwa das relative zu dem der Wand. Aus (126) und (127) folgt

$$\frac{I_P}{I_W} = \frac{\varrho_P \varrho_K}{\varrho_W} \quad \text{oder} \quad \varrho_P = \frac{I_P}{I_W} \cdot \frac{\varrho_W}{\varrho_K}. \tag{128}$$

I_P und I_W werden gemessen, der Faktor ϱ_W/ϱ_K wird häufig näherungsweise gleich 1 gesetzt, indem man die Teilflächen der Kugel für Probe und Meßöffnungen f_M und f_E gegenüber der gesamten Kugelfläche F vernachlässigt. Genauer ergibt sich ϱ_K aus den Beiträgen der Wand und der Probe, jeweils multipliziert mit den zugehörigen Oberflächen:

$$\varrho_K = \left(1 - \frac{f_M + f_E + f_P}{F}\right)\varrho_W + \frac{f_P}{F}\varrho_P. \tag{129}$$

Macht man die Probe aus dem gleichen Material wie die Wand der Photometerkugel, also z. B. aus aufgerauchtem MgO, so erhält man

$$\varrho_K = \frac{I_P}{I_W} = \left(1 - \frac{f_M + f_E}{F}\right)\varrho_W \quad \text{oder} \quad \varrho_W = \frac{I_P}{I_W} \cdot \frac{F}{F - (f_M + f_E)}. \tag{130}$$

Das ist eine der Methoden, mit der das absolute Reflexionsvermögen von MgO bei verschiedenen Wellenzahlen gemessen wurde.

Nach einem von *Preston*[144] angegebenen Verfahren kann man das absolute Reflexionsvermögen von MgO auch mit einer mit MgO ausgekleideten Photometerkugel ohne Schirm messen. Man läßt ein Strahlenbündel auf die Wand fallen und mißt am Austrittsfenster eine Strahlungsleistung I_1, die durch (126) gegeben ist. Dann entfernt man eine abnehmbare Kugelkappe, wobei angenommen wird, daß alle Öffnungen der Kugel das Reflexionsvermögen Null besitzen, und mißt eine andere Strahlungsleistung I_2. Dann gilt nach (126)

$$\frac{I_1}{I_2} = \frac{1 - \varrho_{K_2}}{1 - \varrho_{K_1}} \quad \text{oder} \quad I_1(1 - \varrho_{K_1}) = I_2(1 - \varrho_{K_2}). \tag{131}$$

Setzt man nach (130) $\varrho_K = \left(1 - \dfrac{\Sigma f}{F}\right)\varrho_W \equiv a\varrho_W$, so wird

$$I_1(1 - a_1\varrho_W) = I_2(1 - a_2\varrho_W)$$

oder

$$\varrho_W = \frac{I_1 - I_2}{I_1 a_1 - I_2 a_2}. \tag{132}$$

Sind die Teilkugelflächen a_1 und a_2 genau bekannt und mißt man I_1 und I_2, so kann man ϱ berechnen.

---

[144] *Preston, J. S.*: Trans. Opt. Soc. London **31**, 15 (1929/30).

Das Meßverfahren kann auf verschiedenste Weise modifiziert werden (z. B. durch diffuse statt durch gerichtete Einstrahlung in die Kugel, durch Ersatz der Kugelkappe durch eine ebene Fläche, durch Benutzung einer zerlegbaren Kugel, aus der einzelne Teile mit genau bekanntem Bruchteil der Gesamtinnenfläche herausgenommen werden können usw.), wobei auch die Theorie noch verfeinert werden kann[145]. In Abb. 51 sind die Meßergebnisse verschiedener Autoren[146-150] in Abhängigkeit von der Wellenlänge wiedergegeben. Wie man sieht, streuen die angegebenen Werte erheblich stärker, als die von den einzelnen Autoren angegebenen Fehlergrenzen der Messung (0,3 bis 0,4 %) erwarten lassen. Dies dürfte teilweise darauf beruhen, daß die Meßmethode als „Ausschlagsmethode" die Proportionalität zwischen Photostrom und Bestrahlungsstärke sowie die Linearität des Verstärkers voraussetzt, teilweise darauf, daß das Reflexionsvermögen von MgO von der Art der Herstellung[151], von der Reinheit, der Dicke der Schicht und der Unterlage abhängen kann. So haben *Tellex* und *Waldron*[148] gezeigt, daß selbst eine 8 mm dicke Schicht von aufgerauchtem MgO noch Durchlässigkeit besitzt. Außerdem altert eine solche Schicht relativ schnell, wofür teils im Lauf der Zeit adsorbierte Verunreinigungen, teils die Zersetzung des bei der Verbrennung von Mg evtl. mitentstehenden Nitrids durch UV-Strahlung verantwortlich gemacht wird[152].

Eine sehr elegante Methode, absolute Reflexionswerte allein aus Transmissionswerten abzuleiten, bietet die Gl. (75 a). Für zwei gleiche homogene Schichten ($T_1 = T_2 \equiv T_a$ und $R_1 = R_2 \equiv R_a$) kann man sie umformen in

$$R_a = \left(1 - \frac{T_a^2}{T_{2a}} \right)^{1/2}. \tag{133}$$

[145] Vgl. *Jacquez, J. A.,* u. Mitarb.: J. Opt. Soc. Am. **45**, 460, 781, 971 (1955); **46**, 428 (1956); J. Appl. Physiol. **8**, 212, 297 (1955); — *Budde, W.,* u. *G. Wyszecki:* Farbe **4**, 15 (1955); — *Miller, O. E.,* and *A. J. Sant:* J. Opt. Soc. Am. **48**, 828 (1958); — *van den Akker, J. A.,* u. Mitarb.: J. Opt. Soc. Am. **56**, 250 (1966).

[146] *Benford, F., G. P. Lloyd,* and *S. Schwarz:* J. Opt. Soc. Am. **38**, 445, 964 (1948).

[147] *Middleton, W. E. K.,* and *C. L. Sanders:* J. Opt. Soc. Am. **41**, 419 (1951); **43**, 58 (1953).

[148] *Tellex, P. A.,* and *J. R. Waldron:* J. Opt. Soc. Am. **45**, 19 (1955).

[149] *Höfert, H. J.,* u. *H. Loof:* Farbe **13**, 53 (1964).

[150] *Goebel, D. G.,* u. Mitarb.: J. Opt. Soc. Am. **56**, 783 (1966).

[151] Zur Technik des Aufrauchens vgl. [147, 148]; *Dimitroff, J. M.,* and *D. W. Swanson:* J. Opt. Soc. Am. **45**, 19 (1955); Beckman Instruments Inc. Instruction Manual Nr. 24 500.

[152] Vgl. *Middleton, W. E. K.,* and *C. L. Sanders:* J. Opt. Soc. Am. **41**, 419 (1951); **43**, 58 (1953) u. *Priest, I. G.:* J. Opt. Soc. Am. **20**, 157 (1930).

Sind die beiden Schichten verschieden, so gilt entsprechend

$$R_1 R_2 = 1 - \frac{T_1 T_2}{T_{12}}. \tag{134}$$

T_a und T_{2a} ist leicht experimentell zu bestimmen, so daß man R_a berechnen kann. Messungen dieser Art hat *Launer*[153] ausgeführt und hat die aus (133) mit Hilfe zweier Durchlässigkeitsmessungen berechneten Werte von R_a mit den unmittelbar in Reflexion unter Benutzung eines MgO-Standards und der bekannten ϱ-Werte gemessenen verglichen. Die Übereinstimmung ist recht befriedigend, wie aus der Tab. 5 hervorgeht, doch betragen die Abweichungen in den meisten Fällen auch 1—2%.

Bei der Messung der Durchlässigkeit tritt die Strahlung diffus aus. Um sie vollständig zu erfassen, bringt man die Kathode der Photozelle möglichst nahe an die zu messende Probe heran. Dabei wird ein (geringer) Teil der auffallenden Strahlung von der Kathode reflektiert, wofür korrigiert werden muß. Indem man wieder die unendliche Reihe der Reflexion zwischen der Probe und der Kathode summiert (vgl. S. 127), erhält man für eine Schicht

$$T_a = t_a(1 - R_a R_C), \tag{135}$$

für zwei Schichten hintereinander

$$T_{2a} = t_{2a}(1 - R_a R_C)/(1 + t_{2a} R_a R_C). \tag{136}$$

t_a und t_{2a} sind die gemessenen Durchlässigkeiten, R_a und R_C die Reflexionen von einer Schicht bzw. der Kathode, die man gesondert bestimmt. Setzt man die so korrigierten Werte T_a und T_{2a} in (133) ein, so erhält man eine Gleichung zur Berechnung von R_a aus Durchlässigkeitsmessungen, die unter Weglassung vernachlässigbarer Terme lautet

$$R_a = \left(1 - \frac{t_a^2}{t_{2a}}\right)^{1/2} + 0{,}002 + \frac{1}{2} R_C \left(\frac{t_a^2}{t_{2a}}\right)(1 - t_{2a}). \tag{137}$$

Dabei ist $R_C \cong 0{,}1$; die Zahl 0,002 gilt für Papiere. Nach dieser Formel sind die berechneten Werte von R_a in Tab. 5 gewonnen worden.

Eine ähnliche Methode zur unmittelbaren Messung von absoluten Reflexionswerten wurde von *Shibata*[154] angegeben und zur Prüfung auf aufgerauchtes MgO angewendet. Die Methode beruht darauf, daß man anstelle einer Photometerkugel eine Opalglasscheibe benutzt, um die Probe diffus zu bestrahlen. Die Opalglasscheibe a wird gerichtet bestrahlt, dahinter befindet sich die zu messende Probe b, die infolge der Streuwir-

---

[153] *Launer, H. F.:* J. Opt. Soc. Am. **32**, 84 (1942).
[154] *Shibata, K.:* J. Opt. Soc. Am. **47**, 172 (1957).

Tabelle 5. *Vergleich zwischen der gemessenen und der aus Transmissionsmessungen nach (133) berechneten Reflexion durchsichtiger Papiere*

	623 mµ			546 mµ			436 mµ			405 mµ			365 mµ			„Weißes" Licht	
	gemessen	berechnet aus Durchlässigkeitsmessungen		gemessen	berechnet aus Durchlässigkeitsmessungen		gemessen	berechnet aus Durchlässigkeitsmessungen		gemessen	berechnet aus Durchlässigkeitsmessungen		gemessen	berechnet aus Durchlässigkeitsmessungen		gemessen	berechnet aus Durchlässigkeitsmessungen
	senkr. Einfall %	senkr. Einfall %	diff. Einfall %	senkr. Einfall %	senkr. Einfall %	diff. Einfall %	senkr. Einfall %	senkr. Einfall %	diff. Einfall %	senkr. Einfall %	senkr. Einfall %	diff. Einfall %	senkr. Einfall %	senkr. Einfall %	diff. Einfall %	senkr. Einfall %	senkr. Einfall %
Lumpenpapier mit 14%CaCO₃ Füllung	81,2	80,7	81,8	81,2	81,4	82,4	78,6	78,3	80,5	76,9	77,3	79,9	73,2	73,9	72,6	80,6	81,4
Lumpenpapier ohne Füllung	73,8	72,6	74,7	73,6	73,1	74,7	69,5	68,1	69,8	66,5	65,6	67,1	60,8	61,0	57,8	73,9	73,3
Gelbliches Holzfaserpapier ohne Füllung	68,2	66,6	70,3	65,9	63,9	68,1	56,2	52,1	56,7	50,5	51,5	53,4	41,6	38,0	37,4	66,5	65,8
Zigarettenpapier mit 19% CaCO₃ Füllung	60,9	59,8	63,6	61,9	61,5	64,2	62,5	62,2	65,2	62,6	61,6	64,6	60,1	60,1	62,0	61,5	62,4

kung des Opalglases diffus bestrahlt werden soll. Will man die für die Durchlässigkeit und die Reflexion zweier hintereinander geschalteter homogener Schichten entwickelten Gln. (75 a) und (77 a) von *Kubelka* (vgl. S. 127) benutzen, so muß man berücksichtigen, daß die Opalglasplatte nicht diffus, sondern gerichtet bestrahlt wird. Die Durchlässigkeit bzw. Reflexion für gerichtete Strahlung sei mit $\vec{T}_a$ bzw. $\overset{*}{R}_a$ bezeichnet. Anstelle von (75 a) und (77 a) erhält man dann

$$T_{a,b} = \frac{\vec{T}_a T_b}{1 - R_a R_b}, \tag{138}$$

$$R_{a,b} = \overset{*}{R}_a + \frac{\vec{T}_a T_a R_b}{1 - R_a R_b}. \tag{139}$$

Besteht auch b aus einer gleichartigen Opalglasscheibe, so gilt

$$R_{a,a} = \overset{*}{R}_a + \frac{\vec{T}_a T_a R_a}{1 - R_a^2}. \tag{140}$$

Dividiert man (140) durch (139), so erhält man

$$\frac{R_{a,a} - \overset{*}{R}_a}{R_{a,b} - \overset{*}{R}_a} = \frac{R_a(1 - R_a R_b)}{(1 - R_a^2) R_b}. \tag{141}$$

Löst man nach $1/R_b$ auf, so wird schließlich

$$\frac{1}{R_b} = R_a + \frac{R_{a,a} - \overset{*}{R}_a}{R_{a,b} - \overset{*}{R}_a} \cdot \left(\frac{1}{R_a} - R_a \right). \tag{142}$$

Shibata hat angegeben, wie man das R_a für diffuse Einstrahlung sowie das Verhältnis der ersten Klammer mit einfachen Methoden messen kann, wobei wiederum nur vorausgesetzt wird, daß die erste Opalglasscheibe die Strahlung vollständig diffus austreten häßt. Damit läßt sich dann das absolute diffuse Reflexionsvermögen der Probe b aus (142) ermitteln. Die von *Shibata* für MgO gemessenen ϱ-Werte sind in Abb. 51 ebenfalls angegeben.

Im *Infrarot* ist das absolute Reflexionsvermögen von MgO im Bereich von 1 bis 15 μ gemessen worden[155], indem man es in einen Hohlraumstrahler hineinbrachte, so daß es seinerseits als Strahlungsquelle in einem kommerziellen Infrarotspektrometer diente (vgl. dazu auch S. 254). Oberhalb von 2 μ traten zahlreiche starke Absorptionsbanden auf, so daß MgO in diesem Bereich nicht mehr als Vergleichsstandard brauchbar ist.

---

[155] *Gier, J. T., R. V. Dunkle*, and *J. T. Bevans:* J. Opt. Soc. Am. **44**, 558 (1954).

Wie die Abb. 51 zeigt, sind nicht nur die nach verschiedenen Methoden ermittelten, sondern auch die nach der gleichen Methode von verschiedenen Beobachtern gemessenen absoluten ϱ-Werte des aufgerauchten MgO recht unsicher. Wie schon erwähnt wurde, mag dies teils auf systematische Fehler in den benutzten Methoden, teils auf die Reinheit des verwendeten Magnesiums, teils auf die mangelnde Reproduzierbarkeit einer genügend dicken, ebenen zusammenhängenden Schicht des aufgerauchten MgO, teils schließlich auch auf das relativ schnelle Altern einer solchen Schicht zurückgeführt werden.

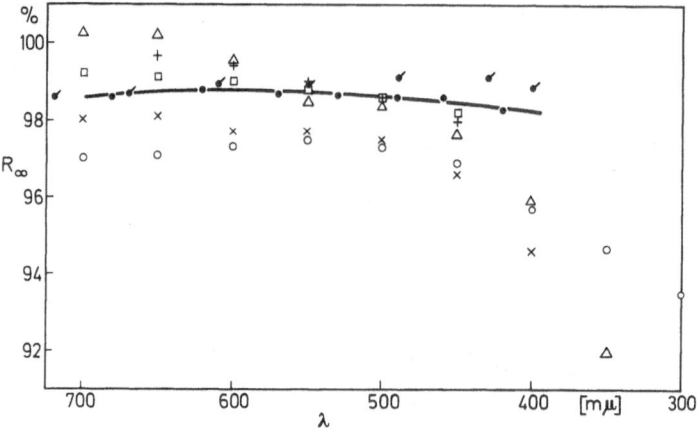

Abb. 51. Absolutes diffuses Reflexionsvermögen an aufgerauchtem MgO nach verschiedenen Autoren: + *Benford, Lloyd, Schwarz;* ○ *Middleton, Sanders;* ● *Höfert, Loof;* × *Oelkrug;* △ *Shibata;* ▢ *Tellex, Waldron;* ◗ *Goebel*

Es ist aus diesen Gründen mehrfach vorgeschlagen worden[156], BaSO$_4$, evtl. mit einem geeigneten Bindemittel, anstelle von MgO als Reflexionsstandard zu verwenden, aber es hat sich gezeigt[157], daß trotz sehr guter Reproduzierbarkeit der Einzelmessungen das absolute Reflexionsvermögen von BaSO$_4$ ebenfalls von Probe zu Probe stark streut und von Verunreinigungen, Packungsdichte, Teilchengröße und evtl. noch anderen Faktoren abhängt. Dies dürfte vermutlich allen Weißstandards gemeinsam sein.

Man zieht es deshalb gelegentlich vor, für die praktische Anwendung besser geeignete und nach Möglichkeit zeitlich unempfindliche Mate-

[156] *DIN-Normblatt* 5033, Farbmessung, 2. Ausg. 1944; — *Miescher, K.,* u. *R. Rometsch:* Experientia, **6**, 302 (1950); — *Middleton, W. E. H.,* and *C. L. Sanders:* Illum. Eng. **48**, 254 (1953); — *Kortüm, G.,* u. *P. Haug:* Z. Naturforsch. **8a**, 372 (1953).

[157] *Budde, W.:* J. Opt. Soc. Am. **50**, 217 (1960); — *Laufer, J. S.:* J. Opt. Soc. Am. **49**, 1135 (1959); — *Goebel, D. G.,* u. Mitarb.: J. Opt. Soc. Am. **56**, 783 (1966).

rialien als Weißstandards zu benutzen, die natürlich ihrerseits gegen aufgerauchtes MgO in dem verwendeten Spektralbereich geeicht werden
müssen. So wird z. B. für das „Elrepho" der Firma Zeiss (vgl. S. 228) als
Standard ein oberflächenbehandeltes Milchglas verwendet, dessen
Reflexionsvermögen bei sachgemäßer Pflege und Reinigung über lange
Zeit konstant ist. Das gleiche gilt für einen von Heraeus, Hanau, hergestellten Standard. Er besteht aus einer Quarzküvette mit mattierten
Fenstern aus Suprasil, die mit Suprasilpulver von etwa 1 μ Korndurch-
messer gefüllt und unter Stickstoff abgeschmolzen ist. Er ist deshalb auch
im UV verwendbar. Von verschiedenen Autoren ist Vitroliteglas als

Tabelle 6. *Absolutes Reflexionsvermögen von aufgerauchtem MgO und relatives*
Reflexionsvermögen des Primärstandards der Firma C. Zeiss

λ [mμ]	420	460	490	530	570	620	680
ϱ absolut	0,983	0,986	0,986	0,987	0,987	0,988	0,986
R'_∞ Primärstandard	0,992	0,992	0,993	0,994	0,995	0,995	0,996

Standard vorgeschlagen worden[158], es wird vom Nat. Bur. of Standards
geliefert. Sein Reflexionsvermögen ist im Bereich von 400 bis 750 mμ
gegen das von MgO gemessen worden, es liegt in den Grenzen zwischen
0,922 und 0,885.

Um die Eichwerte solcher Standards von Zeit zu Zeit auf einfache
Weise nachprüfen zu können, wurde von der Firma Carl Zeiss ein „*MgO-*
Primärstandard" entwickelt[159], damit die oben erwähnten nachteiligen
Eigenschaften der aufgerauchten MgO-Schichten vermieden werden.
Dieser Primärstandard wird aus reinstem MgO-Pulver (Merck) mit
Hilfe einer Pulverpresse[160] in Form einer Tablette hergestellt, die einen
Durchmesser von etwa 45 mm und eine Schichtdicke von etwa 5 mm
besitzt. Derartige unter den notwendigen Sauberkeitskriterien frisch
hergestellten Tabletten sollen in ihrem Reflexionsvermögen um höchstens ± 0,1 % voneinander abweichen, sie können nach ihrer Herstellung
höchstens 24 Std für Vergleichs- und Eichzwecke benutzt werden. Ihr
relatives, auf aufgerauchtes MgO als Standard bezogenes Reflexionsvermögen[161] hat die in der Tab. 6 angegebenen Werte, wobei auch die

[158] Vgl. *Gabel, J. W.*, and *E. J. Stearns*: J. Opt. Soc. Am. **39**, 481 (1949).

[159] Druckschrift 50-660/MgO-d Carl Zeiss Oberkochen; vgl. auch *Stenius, Å.*:
J. Opt. Soc. Am. **45**, 727 (1955); — *Gilmore, E. H.*, and *R. H. Knipe*: J. Opt. Soc. Am.
42, 481 (1952).

[160] Zu beziehen von der Firma Carl Zeiss, Oberkochen.

[161] *Höfert, H.-J.*, u. *H. Loof*: Farbe **13**, 53 (1964).

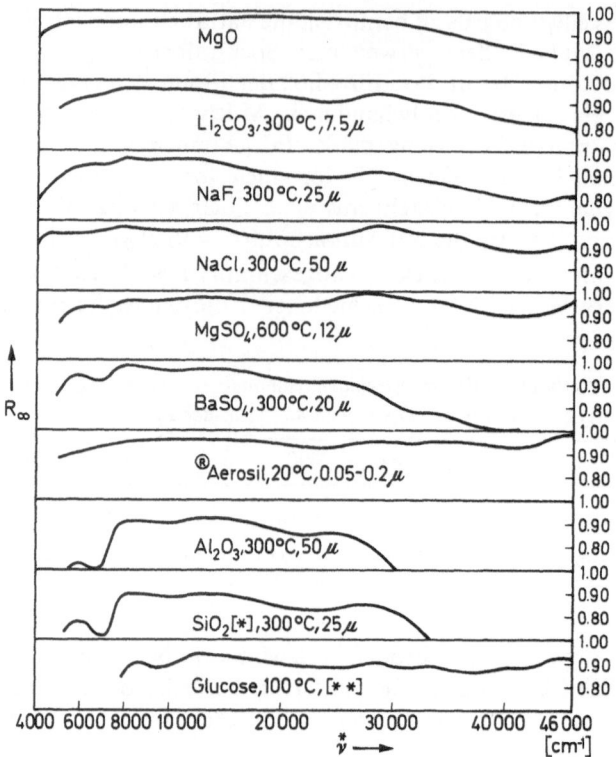

Abb. 52. Absolutes Reflexionsvermögen einer Reihe von Weiß-Standards

absoluten, mit Hilfe der Taylor-Kugel gemessenen ϱ-Werte von aufgerauchtem MgO mit angegeben sind. Diese Werte dürften zusammen
mit denen von *Goebel* die zur Zeit besten darstellen.

Für die Untersuchung chemischer Probleme mit Hilfe von Reflexionsmessungen (vgl. S. 264 ff.) ist man häufig darauf angewiesen, ein Adsorbens
als Vergleichsstandard so auszuwählen, daß bestimmte Wechselwirkun-
gen zwischen Adsorbens und Adsorbat auftreten wie z. B. Säure-Base-
Reaktionen, Komplexbildungen, Ligandenaustausch usw.

Aus diesem Grunde war es wünschenswert, das Reflexionsvermögen
möglichst vieler Standards im ganzen zugänglichen Spektralbereich zu
messen, die als Adsorbentien in Frage kommen können. Für die wichtigsten Stoffe ist das *absolute* Reflexionsvermögen in Abb. 52 als Funktion
der Wellenzahl wiedergegeben[162]. Es wurden die reinsten im Handel
erhältlichen Stoffe ohne weitere Reinigung verwendet. Sie wurden bei den

---

[162] *Kortüm, G., W. Braun* u. *G. Herzog:* Angew. Chem. **75**, 653 (1963); Angew.
Chem. intern. Edit. **2**, 333 (1963).

in der Abb. 52 angegebenen Temperaturen entwässert, im Vakuumexsikkator über P_2O_5 abgekühlt, zwei Stunden unter Feuchtigkeitsausschluß gemahlen und unmittelbar gegen den oben erwähnten Suprasilstandard gemessen, der seinerseits gegen frisch aufgerauchtes MgO geeicht war. Das absolute Reflexionsvermögen der untersuchten Stoffe ergibt sich dann aus

$$R_{\infty\,Probe} = \frac{R_{\infty\,Probe}}{R_{\infty\,Suprasil}} \cdot \frac{R_{\infty\,Suprasil}}{R_{\infty\,MgO}} \cdot \varrho_{MgO} \cdot \tag{143}$$

Für ϱ wurden Mittelwerte aus Abb. 51 benutzt.

Da die gemessenen Kurven noch von Feuchtigkeitsgehalt, von Herkunft und Reinheit der Präparate und von der Richtigkeit der ϱ-Werte des MgO abhängen, lassen sie sich nicht genauer als auf etwa $\pm 2\%$ reproduzieren. Man sieht, daß außer MgO auch NaCl und vor allem Aerosil[163] im ganzen sichtbaren und ultravioletten Spektralbereich ein sehr gutes Reflexionsvermögen besitzen. Ähnlich wie NaCl verhalten sich KCl, KBr und CaF_2. KJ enthält oft Spuren von elementarem Jod und muß deshalb stets unter Luftausschluß umkristallisiert werden. Das Reflexionsvermögen von $BaSO_4$ im kurzwelligen UV ist wesentlich besser als in Abb. 52 angegeben, wenn man es frisch fällt. Das gleiche gilt auch für andere schwerlösliche Stoffe. Allgemein muß man aus diesen Beobachtungen schließen, daß die scheinbare Absorption solcher Standards, die vom molekulartheoretischen Standpunkt aus vollständig farblos (weiß) sein sollten, höchstwahrscheinlich stets von Verunreinigungen herrühren, die sich nur schwer genügend vollständig entfernen lassen. Auch die stets beobachtete rasche „Alterung" solcher Standards unter Abnahme ihres ursprünglichen Reflexionsvermögens spricht für diese Schlußweise.

Besitzt der Standard bzw. das Verdünnungsmittel selbst merkliche Absorption, was z. B. vorkommen kann, wenn man den zu untersuchenden Stoff an bestimmten Adsorbentien oder Katalysatoren adsorbiert untersuchen will, so wird bei der Messung des relativen Reflexionsvermögens $R'_{\infty\,(Probe\,+\,Stand./Stand.)}$ die Eigenabsorption des Standards nicht eliminiert, wie dies bei Durchsichtsmessungen der Fall ist, wenn man eine Lösung gegen ein ebenfalls absorbierendes Lösungsmittel mißt. Das liegt daran, daß bei Durchsichtsmessungen der Absorptionskoeffizient k logarithmisch mit der Meßgröße „Durchlässigkeit" zusammenhängt, bei Reflexionsmessungen aber nicht. Für Durchsichtsmessungen gilt bei absorbierendem Lösungsmittel

$$E_1 = k_{Lm.}\,d = \log\frac{I_0}{I_{Lm.}} \; ; E_2 = (k_{Lm.} + k_{Probe})\,d = \log\frac{I_0}{I_{Lm.\,+\,Probe}} \cdot$$

---

[163] Aerosil, chemisch reine Kieselsäure. Lieferant: Degussa, Rheinfelden.

Daraus folgt $E_2 - E_1 = k_{Probe} d = \log \dfrac{I_{Lm.}}{I_{Lm. + Probe}}$, d. h. man erhält den Absorptionskoeffizienten der Probe durch eine einzige Messung. Für Reflexionsmessungen dagegen gilt nach (122), wenn man den Standard gegen MgO mißt

$$R_{\infty Stand.} = \varrho R'_{\infty Stand.} \equiv R_{\infty 1},$$

wenn man Standard + Probe gegen den Standard mißt,

$$R_{\infty Stand. + Probe} = R'_{\infty Stand. + Probe} \varrho R'_{\infty Stand.} \equiv R_{\infty 2},$$

wenn man Standard + Probe gegen MgO mißt,

$$R_{\infty Stand. + Probe} = \varrho R''_{\infty Stand. + Probe} \equiv R_{\infty 2}.$$

Daraus folgt

$$R''_{\infty Stand. + Probe\ gegen\ MgO} = R'_{\infty Stand. + Probe\ gegen\ Stand.} \times R'_{\infty Stand.\ gegen\ MgO}.$$

Man sieht, daß man hier *zwei* Messungen braucht, denn nach *Kubelka-Munk* ist $F(R_\infty) = K/S$, so daß

$$F(R_{\infty 2}) - F(R_{\infty 1}) = \frac{K_{Stand.} + K_{Probe}}{S} - \frac{K_{Stand.}}{S} = \frac{K_{Probe}}{S}, \quad (144)$$

weil man den Streukoeffizienten des Standards mit dem der verdünnten Probe gleichsetzen kann (vgl. S. 214). Man muß also entweder Standard + Probe und Standard allein gegen MgO messen, oder Standard + Probe gegen Standard und Standard gegen MgO, um den Absorptionskoeffizienten der Probe nach *Kubelka-Munk* zu ermitteln, wobei das absolute Reflexionsvermögen ϱ von MgO als bekannt vorausgesetzt ist. Die zweite Methode ist die bessere aus den früher diskutierten Gründen.

g) Berücksichtigung von Eigenstrahlung bzw. Lumineszenz

Wir ergänzen in diesem Abschnitt die abgeleiteten Gleichungen für isotrope Streuung und Absorption in einem homogenen Medium mit $n_{Matrix} = 1$ für den Fall, daß innerhalb des Mediums selbst Strahlungsenergie entsteht, deren Fluß in der x- bzw. $-x$-Richtung sich dem Strahlenfluß infolge der Bestrahlung von außen überlagert. Drei charakteristische und für die Praxis wichtige Fälle sollen kurz angedeutet werden: 1. Eigenemission des Mediums infolge hoher Temperatur (schwarze Strahlung) oder infolge eines Gehalts an einer radioaktiven Komponente, die Lumineszenz innerhalb des Mediums erregt. 2. Lumineszenz des Mediums (z. B. eines Phosphors) infolge einer von außen einfallenden und vom Medium absorbierten Primärstrahlung hoher Energie. 3. Quantenausbeute und Lumineszenzreabsorption außerhalb des Überlappungsbereiches von Absorptions- und Lumineszenzbande.

1. Die *Temperatur-Eigenstrahlung* eines streuenden und absorbierenden Mediums wurde bereits von *Schuster* bei der Untersuchung von Sternatmosphären mit isotroper Streuverteilung berücksichtigt (vgl. S. 106). Wird längs der Strecke dx eine Strahlungsleistung $kI\,ds$ absorbiert, so muß nach dem Kirchhoffschen Gesetz die Schicht der Dicke dx einen Beitrag $k'E\,dx$ zur schwarzen Strahlung E in x- bzw. $-x$-Richtung leisten, wobei E von der betreffenden Temperatur abhängt und sich auf die betrachtete Wellenlänge bezieht. Die simultanen Differentialgleichungen (5) sind also für diesen Fall zu schreiben

$$\left.\begin{aligned}
\frac{dI}{dx} &= -(k+s)\,I + sJ + k'E \\
\frac{dJ}{dx} &= (k+s)\,J - sI - k'E
\end{aligned}\right\} \tag{145}$$

k und k' sind einander proportional, so daß

$$E' \equiv \frac{k'}{k}\,E = \text{konst.} \tag{146}$$

bei gegebener Temperatur und Wellenlänge. Die unbestimmten Integrale lauten analog zu (6)

$$\left.\begin{aligned}
I &= A'(1-\beta)\,e^{\alpha x} + B'(1+\beta)\,e^{-\alpha x} + E' \\
J &= A'(1+\beta)\,e^{\alpha x} + B'(1-\beta)\,e^{-\alpha x} + E',
\end{aligned}\right\} \tag{147}$$

worin α und β wieder durch (7) definiert sind. Die Konstanten A' und B' ergeben sich aus den jeweiligen Randbedingungen. Setzen wir wieder

$$I = I_0 \quad \text{bei} \quad x = 0; \quad J = 0 \quad \text{bei} \quad x = d,$$

betrachten also eine freitragende Schicht der Dicke d, so erhält man analog zu Gl. (8)

$$\left.\begin{aligned}
A' &= \frac{-I_0(1-\beta)\,e^{-\alpha d} - (1+\beta)\,E' + (1-\beta)\,e^{-\alpha d}E'}{(1+\beta)^2\,e^{\alpha d} - (1-\beta)^2\,e^{-\alpha d}} \\
B' &= \frac{I_0(1+\beta)\,e^{\alpha d} + (1-\beta)\,E' - (1+\beta)\,e^{\alpha d}E'}{(1+\beta)^2\,e^{\alpha d} - (1-\beta)^2\,e^{-\alpha d}}.
\end{aligned}\right\} \tag{148}$$

Setzt man dies in (147) ein, so wird für $x \to \infty$, d. h. ein halbunendliches Medium

$$\left.\begin{aligned}
\frac{J_{(x=0)}}{I_0} &= \frac{1-\beta}{1+\beta} + \frac{E'}{I_0}\left(1 - \frac{1-\beta}{1+\beta}\right) \\
&= R_\infty + \frac{E'}{I_0}(1 - R_\infty),
\end{aligned}\right\} \tag{149}$$

wobei R_∞ das Reflexionsvermögen ohne Temperatur-Eigenstrahlung bedeutet. Für $E' = 0$ geht (149) wieder in (9) über.

2. Die *Lumineszenzerregung* in einem Fluoreszenzschirm durch Röntgen- oder Kathodenstrahlen, wie sie etwa bei der Röntgenphotographie zur Verstärkung der Schwärzung der photographischen Emulsion verwendet wird, ist von mehreren Autoren diskutiert worden[164]. Dabei wird die lumineszenzfähige Schicht auf der Rückseite des Films angepreßt ($x = 0$) und besitzt die Dicke d. Es sei die Zahl der Röntgenquanten bei $x = 0$ gegeben durch N_0, sie nimmt exponentiell ab beim Durchdringen der lumineszierenden Schicht nach

$$N = N_0 e^{-\mu x}, \tag{150}$$

wenn μ den Absorptionskoeffizienten der Röntgenstrahlung bedeutet. In einem Schichtelement dx beträgt die Abnahme

$$-dN = \mu N_0 e^{-\mu x}\, dx \tag{151}$$

und die erzeugte Lumineszenz-Strahlungsleistung

$$dI = -dJ = q\mu N_0 e^{-\mu x}\, dx, \tag{152}$$

wobei q die Quantenausbeute darstellt. Darin steckt analog wie in (145) die Annahme, daß die gleiche Strahlungsleistung der Lumineszenz sich in x- wie in $-x$-Richtung ausbreitet und dabei teils absorbiert, teils isotrop gestreut wird. Die zugehörigen Differentialgleichungen für diesen Fall sind

$$\left.\begin{array}{l} \dfrac{dI}{dx} = -(k+s)\,I + sJ + Ce^{-\mu x} \\[2mm] \dfrac{dJ}{dx} = (k+s)\,J - sI - Ce^{-\mu x}, \end{array}\right\} \tag{153}$$

worin C eine Zusammenfassung der Konstanten in (152) bedeutet. Die allgemeinen Lösungen lauten:

$$\left.\begin{array}{l} I = A(1-\beta)\,e^{\alpha x} + B(1+\beta)\,e^{-\alpha x} - \dfrac{C}{\mu-\alpha}\,e^{-\mu x} \\[3mm] J = A(1+\beta)\,e^{\alpha x} + B(1-\beta)\,e^{-\alpha x} + \dfrac{C}{\mu+\alpha}\,e^{-\mu x}. \end{array}\right\} \tag{154}$$

α und β haben wieder die gleiche Bedeutung wie in (7). Die Konstanten A und B müssen aus den jeweiligen Randbedingungen berechnet werden, in die z. B. das diffuse Reflexionsvermögen R_g des Films und einer evtl. vorhandenen Deckschicht bei $x = d$ eingehen.

---

[164] *Hamaker, H. C.*: Philips Res. Rep. **2**, 55 (1947); — *Coltman, J. W.*, u. Mitarb.: J. Appl. Phys. **18**, 530 (1947); — *Broser, I.*: Ann. Physik **5**, 401 (1950).

3. Aus dem Lumineszenzvermögen und dem bei gleicher optischer Geometrie gemessenen *absoluten* diffusen Reflexionsvermögen R_∞ einer Pulverschicht kann man *absolute Energie-* bzw. *Quantenausbeuten* der Lumineszenz ermitteln, wenn man voraussetzt, daß die Schicht diffus reflektiert, d. h. daß reflektierte Primärstrahlung und sekundäre Lumineszenzstrahlung beide isotrope Streuverteilung besitzen. Der Vergleich der in einen gegebenen Raumwinkelbereich reflektierten bzw. emittierten Strahlungsleistung liefert dann unmittelbar die Quantenausbeute[165]. Als Reflexionsstandard benutzt man am besten MgO, dessen absolutes Reflexionsvermögen bekannt ist (vgl. S. 151).

Wir berechnen zunächst die gegenläufigen Strahlungsflüsse I und J der Kubelka-Munk-Theorie für die Primärstrahlung in Abhängigkeit vom Abstand x von der Oberfläche. Wir gehen dabei aus von Gl. (52) und integrieren zunächst über eine endliche freitragende Schicht der Dicke d (Abb. 44), was bedeutet, daß bei $x = 0$ auch $r = 0$, wie wenn die Schicht einen schwarzen Untergrund besitzt. Die Integration zwischen d und beliebigem x ergibt anstelle von (54)

$$S(x-d) = \frac{1}{b} \, \mathrm{Arctgh} \, \frac{ar-1}{rb}. \tag{155}$$

Dabei ist nach (25) $r = J/I$ und a und b sind durch (22) bzw. (35) definiert. In anderer Schreibweise ist

$$\frac{ar-1}{rb} = \frac{\mathrm{ctgh}\,bSx - \mathrm{ctgh}\,bSd}{1 - \mathrm{ctgh}\,bSx \cdot \mathrm{ctgh}\,bSd}. \tag{156}$$

Für unendliche Schichtdicke[166] wird $\lim\limits_{d\to\infty} \mathrm{ctgh}\,bSd = 1$, so daß in diesem Fall

$$r = \frac{1}{a+b} \tag{157}$$

für beliebiges x. Bei $x = d$, d. h. an der Oberfläche wird also $r = J/I_0 = R_\infty$, was mit (36) übereinstimmt. Setzt man

$$r = \frac{J}{I} = \frac{1}{a+b}$$

in die Differentialgleichungen (20) bzw. (21) ein, so werden diese unmittelbar integrierbar, und man erhält für die Strahlungsflüsse I und J bei

---

[165] Vgl. *Bril, A.:* Luminescence of organic and inorganic materials, p. 479. New York: Wiley & Sons 1962.

[166] Gleichungen für endliche Schichtdicke wurden für Intensitätsberechnungen des Raman-Spektrums polykristalliner Stoffe von *Schrader, B.,* u. *G. Bergmann:* Z. Anal. Chem. **225**, 230 (1967) abgeleitet.

unendlicher Schichtdicke in Abhängigkeit von x

$$I = I_0 e^{-bSx} \quad \text{und} \quad J = R_\infty I_0 e^{-bSx}. \tag{158}$$

Damit ist man in der Lage, die Strahlungsleistung der Lumineszenz an jeder Stelle x der Probe zu berechnen. Im Schichtelement zwischen x und $x + dx$ wird nach (158) insgesamt die Strahlungsleistung

$$dA = K_A'(I + J)\,dx = I_0 K_A (1 + R_{\infty A})\,e^{-b_A S_A x}\,dx \tag{159}$$

absorbiert, wobei der Index A sich auf die Wellenlänge λ_A der Primärstrahlung bezieht. Die zugehörige Strahlungsleistung dE der Lumineszenz bei der (größeren) Wellenlänge λ_E ist dann

$$dE = q\,dA, \tag{160}$$

d. h. q ist die Quantenausbeute der Lumineszenz bei λ_E.

Wie die Erfahrung zeigt (Abb. 52), liegt das absolute Reflexionsvermögen auch sog. Weißstandards zwischen 0,98 und 0,8, in manchen Fällen noch darunter, was wohl im wesentlichen auf Verunreinigungen an der Oberfläche der Kristallite zurückzuführen ist. Das bedeutet, daß die Lumineszenzstrahlung nicht nur im Überlappungsgebiet von Lumineszenz und Absorption reabsorbiert wird ($K_E \neq 0$) und daß deshalb das meßbare äußere Lumineszenzvermögen $dE' < dE$ sein wird, besonders dann, wenn die Primärstrahlung tief in die Probe eindringt und damit die Lumineszenzstrahlung einen großen mittleren Weg innerhalb der Probe zurücklegt. dE' läßt sich auf folgende Weise berechnen[167].

Man denkt sich die Pulverschicht formal in zwei Schichten unterteilt, von denen die erste von $x = 0$ bis zur betrachteten Stelle x reicht und die zweite unendlich ausgedehnt dahinter liegt (Abb. 53). Bei x wird in jeden Halbraum $dE/2$ emittiert. Die Schicht 1 besitze die Durchlässigkeit T_E und das Reflexionsvermögen R_E, die durch die Gln. (60) bzw. (57) gegeben sind, die Schicht 2 das Reflexionsvermögen $R_{\infty E}$. Dann erhält man nach Abb. 53 an der Oberfläche die Lumineszenz-Strahlungsleistung

$$dE' = \frac{q\,dA}{2} \cdot T_E [(1 + R_E R_{\infty E} + R_E^2 R_{\infty E}^2 + R_E^3 R_{\infty E}^3 + \cdots)$$
$$+ R_{\infty E}(1 + R_E R_{\infty E} + R_E^2 R_{\infty E}^2 + \cdots)] \tag{161}$$

$$= \frac{q\,dA}{2} \cdot \frac{T_E(1 + R_{\infty E})}{1 - R_E R_{\infty E}}$$

und durch Integration

$$E' = \frac{q}{2}(1 + R_{\infty E}) \int_0^\infty \frac{T_E}{1 - R_E R_{\infty E}}\,dA. \tag{162}$$

---

[167] *Oelkrug, D.*, u. *G. Kortüm:* Z. Physik. Chem. N. F. **58**, 181 (1968).

Unter Benutzung von (157) und (159) läßt sich dies umformen in

$$E' = \frac{q}{2} I_0 K_A (1 + R_{\infty A})(1 + R_{\infty E}) \int_0^\infty \exp(-b_A S_A + b_E S_E) x\, dx$$

$$= \frac{q I_0 K_A (1 + R_{\infty A})(1 + R_{\infty E})}{2(b_A S_A + b_E S_E)}.$$

(163)

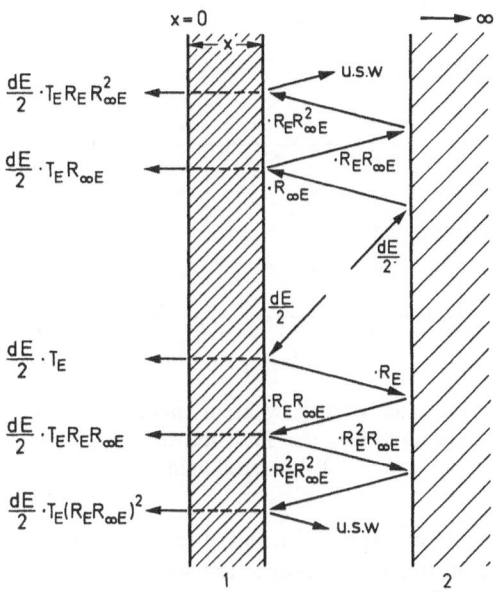

Abb. 53. Zur Ableitung der an die Oberfläche eines halbunendlichen Mediums gelangenden Lumineszenz-Strahlung, die bei x erzeugt wird. Tatsächlich grenzen die Schichten 1 und 2 unmittelbar aneinander

Wenn $K_E = 0$ und damit $R_{\infty E} = 1$, erhält man

$$E' = E = q I_0 (1 - R_{\infty A}),$$

(164)

d. h. die Lumineszenzausbeute ohne Reabsorption. Nimmt man an, daß $S_A = S_E$, d. h. daß der Streukoeffizient in dem Wellenlängenbereich von λ_E bis λ_A praktisch konstant ist (vgl. S. 211), so wird einfacher

$$E'_{(S_E = S_A)} = \frac{q I_0 \cdot F(R_{\infty A})(1 + R_{\infty A})(1 + R_{\infty E})}{R_{\infty A}^{-1} + R_{\infty E}^{-1} - R_{\infty A} - R_{\infty E}},$$

(165)

eine Gleichung, die sich durch zwei absolute Reflexionsmessungen bei λ_A und λ_E auswerten läßt. Das Verhältnis E'/E nach (165) und (164) ist in Abb. 54 in Abhängigkeit von $R_{\infty E}$ für verschiedene $R_{\infty A}$ als Para-

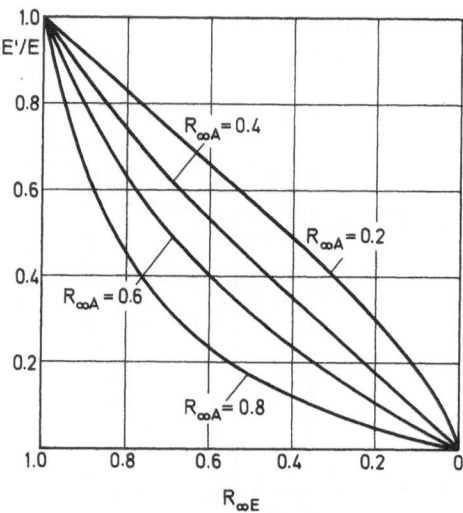

Abb. 54. Verhältnis von meßbarem zu wahrem Lumineszenzvermögen als Funktion des Reflexionsvermögens bei λ_E der Emission für verschiedene $R_{\infty A}$ bei λ_A der Primärstrahlung

meter wiedergegeben. Man sieht, daß bei vorgegebenem $R_{\infty E}$ die Verfälschung der Lumineszenzausbeute um so größer wird, je größer $R_{\infty A}$, d. h. je schwächer die Substanz bei λ_A absorbiert.

h) Versuche zur strengen Lösung der Strahlungstransport-gleichung

Wie auf S. 106 ff. gezeigt wurde, stellt die Schustersche Gleichung für isotrope Streuung eine erste Näherungslösung der allgemeinen Strahlungstransportgleichung dar. Der Erfolg der Schusterschen Methode, in der zur Vereinfachung das Strahlungsfeld in zwei gegenläufige Strahlungsflüsse in Richtung der Normalen zur Oberfläche des planparallel begrenzten Mediums aufgeteilt wird, hat dazu geführt, diese Methode zu verallgemeinern bzw. zu verfeinern, indem man das Strahlungsfeld in eine beliebig große Anzahl von Strahlungsflüssen in verschiedenen Richtungen zerlegt und versucht, auf diese Weise strengere Lösungen der Strahlungstransportgleichung zu gewinnen, die auch für den Fall nichtisotroper Streuung anwendbar bleiben[168]. Dabei wird zunächst vorausgesetzt, daß das streuende Medium in eine Matrix mit dem Brechungsindex 1 (Luft) eingebettet ist.

Will man das Strahlungsfeld in $2n$ Strahlungsflüsse in den Richtungen $\mu_i \equiv \cos\vartheta_i$ ($i = \pm 1$, ± 2, ..., $\pm n$) unterteilen, so kann man die Strahlungstransportgleichung (III, 93) durch ein System von $2n$ linearen Differentialgleichungen mit konstanten Koeffizienten a_j ersetzen:

$$\mu_i \frac{dI(\tau, \mu_i)}{d\tau} = I(\tau, \mu_i) - \frac{1}{2} \sum_{j=-n}^{j=+n} a_j I_j. \tag{166}$$

Das Verfahren beruht allgemein darauf, daß man in dem Integral $\int_{-1}^{+1} f(\mu)\, d\mu$ den Integranden näherungsweise durch ein Polynom ersetzt, das anstelle der ursprünglichen nicht explizit angebbaren Funktion integriert wird (sog. Näherungsquadratur)[169].

Dabei ist es für die praktische Brauchbarkeit des Verfahrens wichtig, daß schon die niedrigen Ordnungen der Näherung ($n = 3$ oder 4) dem wahren Wert des Integrals genügend nahekommen. In der von *Gauß* angegebenen Formel für die numerische Quadratur eines solchen Integrals wird das Intervall von -1 bis $+1$ nach den Nullstellen des Legendreschen Polynoms $P_l(\mu)$ unterteilt und das Integral der Funktion $f(\mu)$ über dieses Intervall ausgedrückt als Summe in der Form.

$$\int_{-1}^{+1} f(\mu)\, d\mu \cong \sum_{1}^{m} a_j f(\mu_j), \tag{167}$$

wobei die μ_j die Nullstellen von $P_l(\mu)$ und

$$a_j = \frac{1}{P_l'(\mu_j)} \int_{-1}^{+1} \frac{P_l(\mu)}{\mu - \mu_j}\, d\mu \tag{168}$$

die Gaußschen Koeffizienten darstellen. Die μ_j- und a_j-Werte sind tabelliert[170].

---

[168] Ausführliche Darstellung bei *S. Chandrasekhar*, l. c. S. 103. Wir beschränken uns hier auf kurze Angaben über den Gedankengang und die Resultate der Rechnung, da die Näherung der isotropen Streuung bei dicht gepackten Medien fast stets ausreichend ist, und die Unterschiede zwischen den Ergebnissen der exakteren Lösungen und der Näherungslösung nach *Schuster* bzw. *Kubelka-Munk* ohnehin in die Fehlergrenze der experimentellen Methoden fallen.

[169] Vgl. dazu z. B. *Margenau, H.*, u. *G. M. Murphy*: Die Mathematik für Physik und Chemie, Bd. 1, S. 576 ff. Frankfurt u. Zürich: Verlag Harri Deutsch 1965.

[170] *Lowan, A. N., N. Davids*, and *A. Levenson*: Bull. Am. Math. Soc. **48**, 739 (1942).

Chandrasekhar hat strenge Lösungen des Gleichungssystems (166) angegeben, aus denen sich die optischen Eigenschaften streuender Medien ableiten lassen bei isotroper Streuung ($p(\cos\theta) = \omega_0$) oder für die Phasenfunktion (III, 94) $p(\cos\theta) = \omega_0 (1 + x \cos\theta)$ bei gleichzeitiger Absorption. Die Lösungen lassen sich ausdrücken in Form nichtlinearer Integralgleichungen der Form

$$H(\mu) = 1 + \mu \cdot H(\mu) \int\limits_0^1 \frac{\Psi(\mu')}{\mu + \mu'} H(\mu')\, d\mu' , \qquad (169)$$

worin die sog. *charakteristische Funktion* Ψ gleich ist $\omega_0/2$ für den Fall isotroper Streuung und gleich $\dfrac{\omega_0}{2} [1 + x(1 - \omega_0)\mu^2]$ für die Phasenfunktion (III, 94) $p(\cos\theta) = \omega_0 (1 + x \cos\theta)$, und durch die Momente

$$\alpha_n = \int\limits_0^1 H(\mu)\, \mu^n\, d\mu \qquad (170)$$

verschiedener Ordnung $n = 0, 1, 2 \ldots$ von $H(\mu)$.

Tabellen dieser sog. *H*- bzw. α-Integrale sind von *Chandrasekhar* angegeben[171].

Das Reflexionsvermögen eines halbunendlichen Mediums ergibt sich für in Richtung μ_0 einfallende Strahlung *bei isotroper Streuung* zu

$$R_\infty(\mu_0) = 1 - H(\mu_0)(1 - \omega_0)^{1/2} , \qquad (171)$$

für diffuse Einstrahlung zu

$$R_{\infty\,\mathrm{diff}} = 1 - 2(1 - \omega_0)^{1/2}\, \alpha_1 = 1 - 2(1 - \omega_0) \int\limits_0^1 \mu \cdot H(\mu)\, d\mu . \qquad (172)$$

Bei Streuung nach der Phasenfunktion $\omega_0(1 + x \cos\theta)$ erhält man entsprechend

$$R_\infty(\mu_0) = 1 - H(\mu_0)\left[1 - \frac{\omega_0(\alpha_0 - c\alpha_1)}{2}\right] \qquad (173)$$

mit

$$c \equiv \frac{x(1 - \omega_0)\,\omega_0\alpha_1}{2 - \omega_0\alpha_0} \qquad (174)$$

bzw.

$$R_{\infty\,\mathrm{diff}} = 1 - 2\alpha_1\left[1 - \frac{\omega_0(\alpha_0 - c\alpha_1)}{2}\right] . \qquad (175)$$

---

[171] l. c. S. 125, 139, 141, 328.

Mit Hilfe der von *Chandrasekhar* angegebenen Tabellen lassen sich diese Ausdrücke für verschiedene ω_0 leicht berechnen, jedoch bisher nur für $x = 1$ und $x = 0$. In Tab. 7 ist das so berechnete Reflexionsvermögen für verschiedene ω_0 angegeben[172], und zwar sowohl für isotrope Streuung wie für die Phasenfunktion $\omega_0(1 + \cos\theta)$, für senkrecht einfallende ($\mu_0 = 1$) und für diffuse Bestrahlung.

Tabelle 7. *Reflexionsvermögen R_∞ ($\mu_0 = 1$) und $R_{\infty\,\mathrm{diff}}$ für isotrope Streuung $p(\cos\theta) = \omega_0$ und für die Phasenfunktion $\omega_0(1 + \cos\theta)$ in Abhängigkeit von ω_0. Halbunendliches Medium in einer Matrix mit $n = 1$*

ω_0	$\mu_0 = 1$		Diffuse Einstrahlung	
	$p(\cos\theta) = \omega_0$ (isotrop)	$p(\cos\theta)$ $= \omega_0(1 + \cos\theta)$	$p(\cos\theta) = \omega_0$ (isotrop)	$p(\cos\theta)$ $= \omega_0(1 + \cos\theta)$
1,000	1,00000	1,00000	1,00000	1,00000
0,999	0,91285	0,89367	0,92971	0,91446
0,995	0,81705	0,77877	0,84985	0,81945
0,990	0,75275	0,70270	0,79457	0,75482
0,975	0,64092	0,57344	0,69501	0,64140
0,950	0,53555	0,45552	0,59667	0,53311
0,925	0,46655	0,38104	0,52965	0,46172
0,900	0,41495	0,32712	0,47802	0,40825
0,85	0,33966	—	0,40017	—
0,80	0,28526	0,20015	0,34187	0,27406
0,7	0,20867	0,13286	0,25655	0,19626
0,6	0,15541	0,09065	0,19471	0,14318
0,5	0,11521	0,06192	0,14653	0,10411
0,4	0,08336	0,04147	0,10934	0,07394
0,3	0,05721	0,02638	0,07445	0,04986
0,2	0,03524	0,01513	0,04626	0,03018
0,1	0,01639	0,00649	0,02170	0,01382
0	0,00000	0,00000	0,00000	0,00000

Sind die streuenden Teilchen in ein Medium eingebettet, dessen Brechungsindex $n > 1$ ist, so treten an den Phasengrenzen zusätzliche reguläre Reflexionen auf, von denen besonders die teilweise totale Reflexion an der Innenseite der Phasengrenze von Bedeutung ist (vgl. Kap. IV e). *Giovanelli* hat das Reflexionsvermögen für die beiden Grenzfälle angegeben, daß die Phasengrenze regulär reflektiert und daß es eine hypothetische Phasengrenze gibt, die trotz $n > 1$ die Eigenschaft besitzt, daß alle reflektierte und durchgelassene Strahlung ideal diffus gestreut wird, unabhängig vom Einfallswinkel. Reale Medien müssen sich dann so

---

[172] *Giovanelli, R. G.:* Opt. Acta **2**, 153 (1955).

verhalten, daß sie im Bereich zwischen diesen beiden Grenzfällen liegen. Als Beispiel für das Ergebnis solcher Rechnungen, die für eine große Zahl verschiedener experimenteller Möglichkeiten ausgeführt wurden, sind in Tab. 8 die theoretischen Werte des Reflexionsvermögens halbunendlicher Medien, deren Matrizes die Brechungsindizes $n = 1$ bis $n = 1,5$ besitzen, angegeben einschließlich des regulären Anteils für senkrechten

Tabelle 8. *Totales Reflexionsvermögen nach Giovanelli für halbunendliche Medien bei isotroper Streuung und senkrecht einfallender Strahlung. Brechungsindizes der umgebenden Matrix $n \geqslant 1$*

ω_0	a/σ	Brechungsindex der Matrix			
		$n = 1$	$n = 1,333$	$n = 1,46$	$n = 1,50$
1,00000	0,00000	1,0000	1,0000	1,0000	1,0000
0,99999	0,00001	0,991	0,986	0,983	0,982
0,99997	0,00003	0,984	0,975	0,971	0,970
0,99990	0,00010	0,972	0,956	0,948	0,945
0,99970	0,00030	0,951	0,925	0,913	0,909
0,99900	0,00100	0,9128	0,868	0,848	0,8414
0,9975	0,00251	0,866	0,802	0,774	0,765
0,9950	0,00503	0,8170	0,736	0,701	0,6910
0,9900	0,01010	0,7528	0,6520	0,613	0,6020
0,9750	0,02564	0,6409	0,520	0,479	0,4685
0,9500	0,05263	0,5356	0,4073	0,370	0,3612
0,9	0,1111	0,4150	0,295	0,266	0,2600
0,8	0,2500	0,2853	0,1898	0,174	0,1720
0,7	0,4286	0,2087	0,137	0,129	0,1289
0,6	0,6667	0,1554	0,1030	0,101	0,1024
0,5	1,0000	0,1152	0,079	0,082	0,0841
0,4	1,500	0,0834	0,061	0,068	0,0708
0,3	2,333	0,0572	0,047	0,057	0,0605
0,2	4,000	0,0352	0,036	0,048	0,0523
0,1	9,000	0,0164	0,028	0,041	0,0456
0,0	∞	0,0000	0,0204	0,0350	0,0400

Strahlungseinfall ($\mu_0 = 1$) und für isotrope Streuung. Auch die Intensitätsverteilung der Strahlung an der Oberfläche eines isotrop streuenden halbunendlichen bzw. planparallelen Mediums, dessen Matrix den Brechungsindex 1 oder $n > 1$ besitzt, ist berechnet worden für den Fall, daß eine linear unendliche Lichtquelle parallel zur Phasengrenze auf der Oberfläche oder innerhalb des streuenden Mediums angebracht ist[173].

[173] *Giovanelli, R. G.*: Opt. Acta **3**, 24, 49 (1956); —*Jefferies, J. T.*: Opt. Acta **2**, 109 (1955).

Das Verfahren läßt sich auch auf diffus reflektierende Medien beliebiger geometrischer Form anwenden.

Von besonderem Interesse für die spätere Prüfung der Theorie durch das Experiment ist ein Vergleich zwischen den Aussagen der Kubelka-Munk-Näherungsgleichungen und denen der exakten Theorie. Im einfachsten Fall des Reflexionsvermögens eines halbunendlichen Mediums mit einer Matrix von $n = 1$ bei diffuser Einstrahlung und isotroper

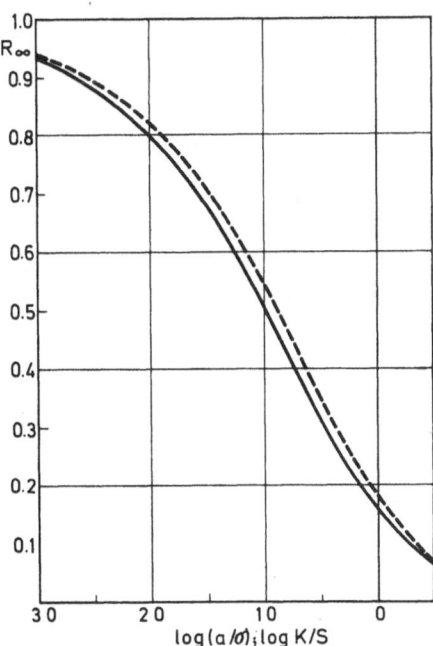

Abb. 55. Reflexionsvermögen R_∞ eines Mediums ($n_{\text{Matrix}} = 1$) bei diffuser Einstrahlung und isotroper Streuverteilung, berechnet nach *Giovanelli* (———) bzw. *Kubelka-Munk* (– – –) in Abhängigkeit von K/S bzw. a/σ mit gemeinsamer Abszisse

Streuverteilung, wie sie von der Kubelka-Munk-Theorie vorausgesetzt werden, gelten die Gln. (31) bzw. (172); R_∞ ist eine Funktion von K/S bzw. a/σ, d. h. des Verhältnisses von Absorptions- zu Streukoeffizient. Die halblogarithmische Auftragung von $R_{\infty\,\text{diff}}$ gegen K/S bzw. a/σ mit einer gemeinsamen Abszissenskala liefert die Abb. 55, aus der hervorgeht, daß die Kurven sehr ähnlich verlaufen, dagegen nur bei $R_\infty = 1$ und $R_\infty = 0$ zusammenfallen und im Zwischengebiet bis zu 8 % voneinander abweichen[174]. Dies beruht hauptsächlich auf verschiedenen Definitionen

---

[174] *Hecht, H. G.*: Modern aspects of reflectance spectroscopy, p. 1 ff. New York: Plenum Press 1968.

von *K* und *a* bzw. *S* und σ. Wie *Blevin* und *Brown*[175] gezeigt haben, vergleicht man deshalb die beiden Gleichungen besser, indem man *K/S* mit einem Normierungsfaktor multipliziert in der Weise, daß die Kurven auch bei etwa $R_\infty = 0{,}5$ zusammenfallen, was lediglich bewirkt, daß die Kubelka-Munk-Kurve längs der Abszisse parallel zu sich verschoben wird. Die Abweichungen zwischen den beiden Kurven betragen dann

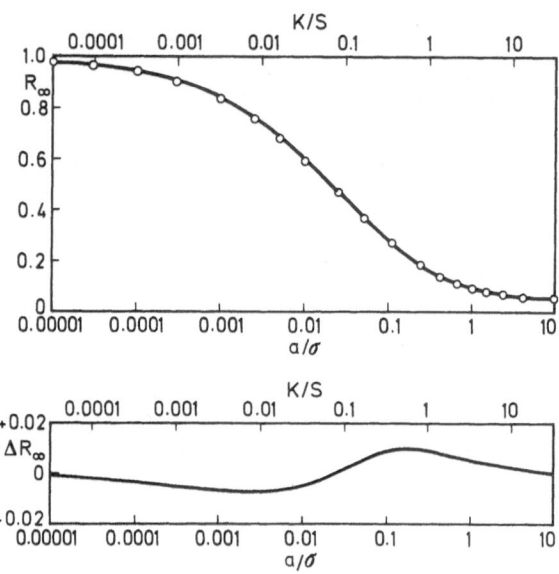

Abb. 56. Reflexionsvermögen eines Mediums ($n_{\text{Matrix}} = 1{,}5$) bei senkrechter Einstrahlung und isotroper Streuverteilung, berechnet nach *Giovanelli* (———) bzw. *Kubelka-Munk* (○). *K/S* bzw. *a/σ*-Abszisse gegeneinander verschoben. Untere Kurve: Abweichungen zwischen beiden Kurven

maximal etwa $\pm\,0{,}01$ in R_∞, was auch etwa der Fehlergrenze bei der experimentellen Messung entspricht. Dies gilt sogar auch für Media, für deren Matrix $n > 1$, bei denen also zusätzlich reguläre Reflexionen auftreten. Abb. 56 zeigt diesen Vergleich der Kurven, die nach Gl. (113) bzw. (171) berechnet wurden für senkrechte Einstrahlung, isotrope Streuung und eine Matrix von $n = 1{,}5$; die Abszissenskalen sind infolge der Normierung gegeneinander verschoben, so daß die Kurven bei $R_\infty = 0{,}469$ zusammenfallen. Unterhalb der graphischen Darstellung sind die Differenzen beider Kurven in Abhängigkeit von *K/S* bzw. *a/σ* angegeben, sie überschreiten auch hier nicht den Wert 0,01. Das bedeutet, daß die Kubelka-Munk-Gleichung eine ausgezeichnete Näherung der

---

[175] *Blevin, W. R.*, and *W. J. Brown:* J. Opt. Soc. Am. **52**, 1250 (1962).

exakten Gleichungen darstellt, sofern man isotrope Streuverteilung voraussetzen kann, was bei Vielfachstreuung in der Regel der Fall sein dürfte (vgl. S. 101). Aber selbst in den Fällen, in denen die Streuung winkelabhängig ist, wie es etwa in dünnen Schichten oder bei zu kleiner Konzentration der Streuzentren vorkommt, kann man die isotrope Streuung als gute Näherung ansehen, wenn man den tatsächlichen Streukoeffizienten σ durch einen effektiven Streukoeffizienten des Einzelstreuprozesses

$$\sigma_e = \sigma(1 - \bar{\mu}) \tag{176}$$

ersetzt[176], worin nach dem Mittelwertssatz

$$\bar{\mu} = \frac{\int\limits_{-1}^{+1} I(\mu)\,\mu\,d\mu}{\int\limits_{-1}^{+1} I(\mu)\,d\mu} \tag{177}$$

und $I(\mu)$ wieder die gestreute Intensität in Richtung μ bedeutet (für isotrope Streuung wird $\bar{\mu} = 0$). Die für verschiedene einfache Phasenfunktionen berechnete Streuverteilung ergibt ein Reflexionsvermögen R_∞ als Funktion von a/σ, das mit dem für isotrope Streuung (Abb. 55) sehr gut übereinstimmt.

Das schon von *Kubelka* behandelte Problem inhomogener Medien (vgl. S. 126) ist von *Giovanelli*[177] eingehender untersucht worden, weil es in der Praxis häufig eine Rolle spielt, etwa bei ungleichmäßig in einer Matrix verteilten Farbpigmenten oder in der solaren Photo- und Chromosphäre. Für den schon von *Kubelka* erwähnten Spezialfall, daß die Inhomogenitäten sich nur in die Richtung x senkrecht zur Oberfläche erstrecken (Papier!) kann man die Gleichungen für homogene Medien beibehalten, wenn man nur die durch Gl. (III, 88) definierte „optische Dicke" als Variable benutzt. Wenn jedoch trotz konstantem Verhältnis $a/\sigma = \omega_0$ die streuenden Teilchen sich zu größeren Aggregaten zusammenballen, die statistisch unregelmäßig verteilt sind, wird das Problem sehr schwierig, und es lassen sich nur Näherungslösungen für bestimmte Modellmedien angeben, bei denen die Inhomogenitäten als geringfügige Störungen der homogenen Verteilung behandelt werden. Ein solcher Fall wäre etwa der, daß der Schwächungskoeffizient $\kappa = a + \sigma$ und der Streuparameter $\lambda = a/\kappa$ zwar in Richtung x konstant ist, in einer Richtung

[176] *Blevin, W. R.*, and *W. J. Brown:* J. Opt. Soc. Am. **51**, 975 (1961).

[177] *Giovanelli, R. G.:* Progress in optics, Vol. 2, p. S. 111 ff. Amsterdam: North Holland Publ. Comp. 1963; — Australian J. Phys. **10**, 337 (1957); **12**, 164 (1959).

y parallel zur Oberfläche aber sinusförmig variiert, so daß

$$\kappa = \kappa_0 + \kappa_1 \cos ly$$
$$\lambda = \lambda_0 + \lambda_1 \cos ly,$$

wobei κ_1/κ_0 und λ_1/λ_0 sehr klein sind und l ein inverses Maß für den Strukturparameter des Mediums darstellt. Die Rechnung ergibt, daß das Reflexionsvermögen solcher Medien sehr beträchtlich erniedrigt wird durch grobe Inhomogenitäten, verglichen mit einem homogenen Medium der gleichen Art. Der Grund liegt darin, daß durch die Aggregation der Teilchen die Zahl der Streuzentren verringert und damit die Eindringtiefe der Strahlung vergrößert wird.

i) Diskontinuums-Theorien

Die Kontinuumstheorien der Absorption und Streuung von Pulverschichten sind deswegen nicht voll befriedigend, weil Streu- und Absorptionskoeffizient sich auf die Einheit der Dicke einer als Kontinuum angesehenen homogenen Schicht beziehen, also kein unmittelbarer Zusammenhang zwischen den optischen Eigenschaften der die Schicht bildenden Teilchen und den Meßgrößen existiert. Zwar sollte der in Remission gemessene Absorptionskoeffizient K_R nach den Überlegungen von S. 111 doppelt so groß sein wie der wahre Absorptionskoeffizient K_T aus Durchsichtsmessungen, aber wie später zu zeigen sein wird (vgl. Tab. 11 auf S. 201) wird diese Erwartung durch das Experiment nicht bestätigt. Der Grund liegt vermutlich darin, daß bei Austritt der Strahlung aus der Grenzfläche Kristall/Luft zum Teil Totalreflexion stattfindet, wodurch der Lichtweg in den Kristallen verlängert wird. Beschränkt man sich also auf den Fall der „diffusen Reflexion", bei dem die Teilchendurchmesser noch wesentlich größer sind als λ, bei dem man also die Wechselwirkung der elektromagnetischen Welle mit einem Teilchen noch durch die Begriffe Reflexion, Brechung und Beugung beschreiben kann (vgl. S. 26), so wäre es wünschenswert, daß man die Meßgrößen K_R und S mit den Eigenschaften der Kristalle (Korngröße, Form, mittlerer äußerer und innerer Brechungsindex, Oberflächenreflexion, Absorptionskoeffizient K_T) verknüpfen kann, um sich von den rein phänomenologischen Theorien freizumachen. Analoges gilt auch für Teilchen, deren Durchmesser vergleichbar mit λ oder kleiner als λ ist, denn auch in die Streutheorie bei Einfachstreuung gehen die für die Teilchen charakteristischen Größen $2\pi r/\lambda$ und n/n_0 ein (vgl. S. 88).

Um den genannten Zusammenhang zu finden, kann man die bisher als homogen betrachtete Schicht des Pulvers sich aus sehr vielen planparallelen Teilschichten zusammengesetzt denken, deren Dicke dem mittleren Durchmesser der Teilchen gleichgesetzt wird. Dieses Modell ist von einer Reihe von Autoren benutzt worden[178], um Beziehungen zwischen der diffusen Reflexion der Schicht und den Eigenschaften der Teilchen abzuleiten. Man geht dabei aus von den Gln. (78) und (79) für die Durchlässigkeit und die Reflexion mehrerer homogener, hintereinander liegender paralleler Schichten, die aus der Kontinuumstheorie abgeleitet wurden. Nimmt man nun an, daß die Schicht aus n einzelnen Teilschichten vom mittleren Durchmesser der Teilchen zusammengesetzt ist, so gilt analog für die Gesamtschicht

$$T = \frac{T_1 T_2, \dots, n}{1 - R_1 R_2, \dots, n}, \tag{178}$$

$$R = R_1 + \frac{T_1^2 R_2, \dots, n}{1 - R_1 R_2, \dots, n}. \tag{179}$$

Für $n \to \infty$, d. h. eine „unendlich dicke" Schicht erhält man daraus $T_\infty = 0$ und

$$R_\infty = R_1 + \frac{T_1^2 R_\infty}{1 - R_1 R_\infty}, \tag{180}$$

oder nach R_∞ aufgelöst

$$R_\infty = \frac{1 + R_1^2 - T_1^2}{2 R_1} - \sqrt{\left(\frac{1 + R_1^2 - T_1^2}{2 R_1}\right)^2 - 1}. \tag{181}$$

Zur Ermittlung von R_1 und T_1 nimmt z. B. *Bodó* an, daß von den einzelnen Teilchen der Bruchteil α der einfallenden Strahlungsleistung regulär reflektiert wird, der Bruchteil $1 - \alpha$ in den Kristall eindringt und durch Absorption auf den Bruchteil $(1 - \alpha) e^{-kd}$ geschwächt wird, wenn man mit k den Absorptionskoeffizienten des betreffenden Stoffes und mit d die Korngröße bezeichnet. An der Rückseite des Kristalls wird wieder der Bruchteil $1 - \alpha$ der noch vorhandenen Strahlungsleistung regulär reflektiert, so daß der Anteil $(1 - \alpha)^2 e^{-kd}$ durchgelassen wird usw. Man erhält eine geometrische Reihe sowohl für die gesamte regulär reflektierte

[178] Vgl. z. B. *Stokes, G. G.:* Proc. Roy. Soc. London **11**, 545 (1860/62); — *Bodó, Z.:* Acta Phys. Acad. Sci. Hung. **1**, 135 (1951); — *Broser, I.:* Ann. Physik **5**, 401 (1950); — Z. Naturforsch. **6a**, 466 (1951); — *Johnson, P. D.:* J. Opt. Soc. Am. **42**, 978 (1952); — *Companion, A.*, and *G. H. Winslow:* J. Opt. Soc. Am. **42**, 978 (1952); — *Bauer, G. T.:* Acta Phys. Acad. Sci. Hung. **14**, 209 (1962).

wie die durchgelassene Strahlungsleistung:

$$R_1 = \alpha + (1-\alpha)^2 \alpha e^{-2kd} + (1-\alpha)^2 \alpha^3 e^{-4kd} + (1-\alpha)^2 \alpha^5 e^{-6kd} + \cdots$$

$$T_1 = (1-\alpha)^2 e^{-kd} + (1-\alpha)^2 \alpha^2 e^{-3kd} + (1-\alpha)^2 \alpha^4 e^{-5kd} + \cdots$$

oder

$$R_1 = \frac{\alpha \cdot \exp(kd) + (1-2\alpha)\exp(-kd)}{\exp(kd) - \alpha^2 \exp(-kd)} \tag{182}$$

$$T_1 = \frac{(1-\alpha)^2}{\exp(kd) - \alpha^2 \exp(-kd)}. \tag{183}$$

Setzt man diese beiden Werte in (181) ein, so erhält man die Meßgröße R_∞ der Schicht als Funktion von α, k und d, d. h. von den Eigenschaften der einzelnen Teilchen. Ähnliche Ausdrücke sind auch von anderen Autoren abgeleitet worden.

Man kann diese Gleichungen prüfen mit Hilfe von Durchsichts- und Reflexionsmessungen bei verschiedenen Wellenlängen an einem Farbglas, das man nachträglich pulverisiert und (z. B. durch wiederholte Sedimentation) in Fraktionen verschiedener, möglichst gleicher Korngröße unterteilt. Man erhält so die Größen k und d; α wird aus Tab. 1 für diffuse Einstrahlung abgeschätzt. Trägt man das gemessene R_∞ der Pulver als Funktion von $\log d$ auf und berechnet es aus den Gln. (181), (182) und (183) als Funktion von $\log kd$, so erhält man Kurven, die nach *Bodó* angenähert zur Deckung gebracht werden können. Die Abweichungen der berechneten und gemessenen Werte sollen $\pm 20\%$ nicht übersteigen[179]. Dabei ist zu berücksichtigen, daß die Berechnung von R_1 und T_1 eine recht grobe Näherung ist, denn weder die Änderung der effektiven Weglänge durch verschiedene Form der Kristalle noch die dazwischen vorhandenen Lücken noch die teilweise Totalreflexion an der Rückseite der Kristalle wurden berücksichtigt. Es ist möglich, daß diese Vernachlässigungen sich in ihrer Wirkung teilweise kompensieren.

Ein neuerer Versuch, die Meßgröße R_∞ eines Pulvers mit den Eigenschaften der das Pulver zusammensetzenden Teilchen zu verknüpfen, wurde von *Melamed*[180] gemacht, wobei auf die Vorstellung planparalleler Schichten ganz verzichtet und stattdessen über die einzelnen Teilchen statistisch summiert wurde. Zur Berechnung von R_∞ geht man folgendermaßen vor:

Es sei zunächst angenommen, daß es sich um gleichgroße kugelförmige Teilchen handelt, deren Durchmesser $d \gg \lambda$ ist, ihre Durch-

[179] Vgl. dazu auch *ter Vrugt, J. W.*: Philips Res. Rep. **20**, 23 (1965).
[180] *Melamed, N. T.*: J. Appl. Phys. **6**, 34, 560 (1963).

lässigkeit[181] für eine ebene elektromagnetische Welle sei t. Die Oberfläche der Probe soll diffus reflektieren, d. h. das Lambertsche Cosinusgesetz soll gelten. r_1 sei das reguläre Reflexionsvermögen des einzelnen Teilchens für diffuse Einstrahlung von außen, r_2 das „innere" reguläre Reflexionsvermögen des Teilchens, das die Totalreflexion an der Grenzfläche Teilchen/Luft mit berücksichtigt (vgl. S. 135)[182]. x sei der Bruchteil der Strahlung, der aus dem Inneren des Teilchens in Rückwärtsrichtung, d. h. in Richtung der Oberfläche der Probe gestreut wird und deshalb zu R_∞ beiträgt. Er ist im Fall isotroper Streuung einfach der Raumwinkel in Rückwärtsrichtung, ausgedrückt als Bruchteil von 4π. Indem man die seitwärts gestreute Strahlung in ihre Komponenten x_b für Rückwärtsstreuung und x_f für Vorwärtsstreuung zerlegt (vgl. S. 97), d. h. wieder nur zwei entgegengesetzt gerichtete Strahlungsflüsse voraussetzt, kann man x bei geringer Absorption, so daß $x_b \cong x_f$ berechnen zu

$$x = \frac{x_b}{1 - (1 - 2x_b)\,t}. \tag{184}$$

Für Teilchen dichtester Kugelpackung wird $x_b = 0{,}284$, entsprechend einem Raumwinkel von $4\pi - \dfrac{\sqrt{3}\,\pi}{2}$. x kann man auffassen als die Wahrscheinlichkeit dafür, daß die aus einem Teilchen austretende Strahlung in Richtung eines anderen Teilchens gestreut wird, das um einen Durchmesser näher an der Oberfläche der Probe liegt.

Für ein Teilchen in der Oberfläche der Probe wird die von außen einfallende Strahlung zum Bruchteil r_1 in den Raumwinkel 2π statt 4π reflektiert, d. h. $x_f = 0$ und x_b ist annähernd doppelt so groß wie für Teilchen innerhalb der Probe. Für die Einheit der einfallenden Strahlungsleistung ist also der anfänglich reflektierte Anteil $2xr_1$ als Beitrag zu R_∞ anzusetzen, der Rest, $1 - 2xr_1$, dringt in das Teilchen ein. Von diesem trägt wiederum der Bruchteil $x(1 - 2xr_1)\,t$ zu R_∞ bei, während der Bruchteil $(1 - x)(1 - 2xr_1)\,t$ ins Innere der Gesamtprobe mit dem Reflexionsvermögen R_∞ eindringt, so daß dieses den Bruchteil

$$(1 - x)(1 - 2xr_1)\,t\,R_\infty$$

wieder auf das Oberflächenteilchen zurückreflektiert, wobei der Bruchteil

---

[181] Diese Durchlässigkeit gilt für den Fall, daß das Teilchen sich in einem nicht-absorbierenden Medium von gleichem Brechungsindex befindet, daß also keine Strahlungsverluste durch Reflexionen an den Phasengrenzen entstehen (vgl. S. 61).

[182] Allerdings gibt es bei kugelförmigen Teilchen keine Totalreflexion beim Austritt der Strahlung aus dem Innern, doch werden die Formeln später auf beliebig geformte Teilchen erweitert.

$x(1-x)(1-2xr_1)(1-r_1)t^2R_\infty$ in Richtung Oberfläche durchgelassen wird. Bei der nächsten Reflexion zwischen Oberflächenteilchen und Gesamtprobe wird der Bruchteil $x(1-x)(1-2xr_1)(1-r_1)tr_1^2R_\infty^2$, bei der darauf folgenden der Bruchteil $x(1-x)(1-2xr_1)(1-r_1)t^2r_1^2R_\infty^3$ zu R_∞ beitragen usw. Als Summe aller dieser wiederholten Reflexionen ergibt sich

$$2xr_1 + x(1-2xr_1)t + x(1-x)(1-2xr_1)(1-r_1)t^2R_\infty$$
$$+ x(1-x)(1-2xr_1)(1-r_1)t^2r_1R_\infty^2 + \cdots$$

Das ist eine geometrische Reihe mit der Summe

$$2xr_1 + x(1-2xr_1)t$$
$$+ x(1-x)(1-2xr_1)(1-r_1)t^2R_\infty[1+r_1R_\infty+r_1^2R_\infty^2+r_1^3R_\infty^3+\cdots]$$
$$= 2xr_1 + x(1-2xr_1)t \tag{185}$$
$$+ x(1-x)(1-2xr_1)(1-r_1)t^2R_\infty/(1-r_1R_\infty).$$

In gleicher Weise muß man die Beiträge der Strahlungsanteile summieren, die bei der zweiten, dritten und den folgenden Reflexionen auf die Oberflächenteilchen auftreffen, aber tiefer ins Innere zurückreflektiert werden und bei den darauf folgenden Reflexionen wieder zu R_∞ beitragen[183]. Man gelangt so zu der Reihe

$$R_\infty = 2xr_1 + x(1-2xr_1t)$$
$$+ x(1-x)(1-2xr_1)t[(1-r_1)tR_\infty/(1-r_1R_\infty)]$$
$$+ x(1-x)^2(1-2xr_1)t[(1-r_1)tR_\infty/(1-r_1R_\infty)]^2$$
$$+ x(1-x)^3(1-2xr_1)t[(1-r_1)tR_\infty/(1-r_1R_\infty)]^3$$
$$+ \cdots$$
$$= 2xr_1 + \frac{x(1-2xr_1)t(1-r_1R_\infty)}{(1-r_1R_\infty)-(1-x)(1-r_1)tR_\infty}. \tag{186}$$

Das ist der allgemeine Ausdruck für das absolute Reflexionsvermögen einer unendlich dicken Schicht. R_∞ hängt also über r_1 vom Brechungsindex der Teilchen und über t von ihrem Absorptionskoeffizienten k ab und enthält keinen empirischen Parameter wie S (Streukoeffizient). Zur Berechnung der in (186) vorkommenden Größen t und r_1 werden folgende Ansätze gemacht:

---

[183] Im Prinzip unterscheidet sich also dieses Verfahren nicht wesentlich von dem, bei dem man den Beitrag einzelner Schichten von der Dicke der Teilchen summiert.

Die Durchlässigkeit eines einzelnen kugelförmigen Teilchens vom Durchmesser d ist nach Gl. (II, 81) gegeben zu

$$T = \frac{2}{(kc_0 d)^2} [1 - (1 + kc_0 d) e^{-kc_0 d}].$$ (187)

Um nun die zusätzliche innere Reflexion an der Phasengrenze Teilchen/ Luft zu berücksichtigen, führt man einen inneren Reflexionskoeffizienten r_2 ein (vgl. S. 135). Unter der Annahme, daß die innere Oberfläche überall die gleichen Reflexionseigenschaften besitzt, tritt bei der ersten Reflexion der Anteil $(1 - r_2) T$ aus dem Teilchen aus, während der Anteil $r_2 T$ ins Innere des Teilchens zurückreflektiert wird. Bei der zweiten Reflexion tritt der Anteil $(1 - r_2) r_2 T^2$, bei der dritten Reflexion der Anteil $(1 - r_2) r_2^2 T^3$ aus usw., d. h. man erhält für die Durchlässigkeit des Teilchens unter Berücksichtigung der unendlich vielen inneren Reflexionen die Reihe

$$t = (1 - r_2) T + (1 - r_2) r_2 T^2 + (1 - r_2) r_2^2 T^3 + \cdots$$
$$= \frac{(1 - r_2) T}{1 - r_2 T}.$$ (188)

Der Rest $1 - t$ wird absorbiert:

$$1 - t = \frac{1 - T}{1 - r_2 T}.$$ (189)

Wenn man für geringe Absorption, d. h. kleine Werte von $kc_0 d$ die e-Funktion in (187) entwickelt und nach dem kubischen Glied abbricht, erhält man

$$T \cong 1 - \tfrac{2}{3} kc_0 d.$$ (190)

Setzt man den Ausdruck für t aus Gl. (188) in Gl. (186) ein, so erhält man

$$R_\infty = \frac{2xr_1(1 - r_2 T) + x(1 - 2xr_1)(1 - r_1 R_\infty)(1 - r_2) T}{(1 - r_1 R_\infty)(1 - r_2 T) - (1 - x)(1 - r_1)(1 - r_2) T R_\infty}.$$ (191)

Das ist eine quadratische Gleichung in R_∞. Da stets $0 \leqq R_\infty \leqq 1$, benutzt man nur die negative Wurzel. Indem man R_∞ mißt, kann bei bekanntem c_0 und d der Absorptionskoeffizient des betreffenden Stoffes berechnet werden, wenn man noch die Größen r_1 und r_2 kennt.

Das mittlere reguläre äußere Reflexionsvermögen r_1 bei diffuser Einstrahlung für unpolarisierte Strahlung ist durch Gl. (II, 24) gegeben, es hängt vom Brechungsindex ab (vgl. Tab. 1). Zur Ermittlung von r_2 macht man den analogen Ansatz

$$r_{2\,(\text{diff. Einstr.})} = 2 \int\limits_0^{\alpha_g} \sin\alpha \cos\alpha \; f(\alpha, n) \, d\alpha + 2 \int\limits_{\alpha_g}^{\pi/2} \sin\alpha \cos\alpha \, d\alpha, \quad (192)$$

wobei α_g der Grenzwinkel der Totalreflexion ist, den man auch für pulverförmige Stoffe mit guter Näherung bestimmen kann, wenn man das Pulver in Medien von verschiedenem Brechungsindex und verschiedener Temperatur einbettet. Aus (192) folgt

$$r_2 = (1 - \sin^2\alpha_g) + 2 \int\limits_0^{\alpha_g} \sin\alpha \cos\alpha \, f(\alpha, n) \, d\alpha . \tag{193}$$

Die Abhängigkeit von r_1 und r_2 von n wird von *Melamed* graphisch dargestellt.

Die Gleichungen gelten, um dies nochmals hervorzuheben, nur für Teilchen, bei denen $d \gg \lambda$, so daß man die Gesetze der regulären Reflexion anwenden kann. Andererseits ist bei solchen Teilchen zu bezweifeln, daß die an der inneren Oberfläche reflektierte Strahlung noch als diffus gelten kann. Die Berechnung von r_2 dürfte deshalb die wichtigste Einschränkung der allgemeinen Brauchbarkeit der statistischen Theorie darstellen (vgl. auch S. 137).

Kapitel V. Experimentelle Prüfung der Kubelka-Munk-Theorie

a) Optische Geometrie der Meßanordnung

Um die Brauchbarkeit der Kubelka-Munk-Theorie für die Praxis zu prüfen, muß man zunächst untersuchen, wie weitgehend man die auf S. 109 erwähnten, in der Theorie steckenden Voraussetzungen erfüllen kann bzw. ob die experimentellen Meßbedingungen nicht die Anwendbarkeit der Theorie einschränken bzw. sogar ausschließen. Die Gleichungen der Kubelka-Munk-Theorie sind aus den S. 109 genannten Gründen für diffuse Einstrahlung abgeleitet. Auch für den Empfang der durchgelassenen bzw. reflektierten Strahlung wird Integration über den Halbraum gefordert. Entsprechende Meßeinrichtungen sind zwar für die Transmission unter Verwendung zweier Photometerkugeln prinzipiell möglich, doch nur unter recht ungünstigen Energieverhältnissen, für die Reflexion lassen sie sich überhaupt nicht konstruieren. Man muß sich praktisch also darauf beschränken, diffus einzustrahlen und gerichtet abzunehmen oder umgekehrt, bzw. sogar gerichtet einzustrahlen *und* abzunehmen. Die für derartige Messungen verfügbaren Geräte (vgl. S. 228 ff.) besitzen deshalb auch verschiedenartige optische Geometrie.

Um den Einfluß dieser Geometrie auf die Meßergebnisse zu untersuchen, wurde die Reflexion verschiedener Pulver relativ zu frisch aufgerauchtem MgO als Standard mit drei verschiedenen Geräten gemessen[184], und zwar 1. mit dem Zeiss-Spektralphotometer PMQ II mit Reflexionsansatz RA 2 bei Einstrahlung unter 45° und senkrechter Abnahme ($_{45}R'_0$), 2. mit dem gleichen Zeiss-Spektralphotometer mit Photometerkugel bei diffuser Einstrahlung und senkrechter Abnahme ($_dR'_0$), 3. mit dem Beckman-Spektralphotometer DK 2 mit Photometerkugel bei senkrechter Einstrahlung und diffuser Abnahme ($_0R'_d$). Die Messungen sind in Tab. 9 wiedergegeben. Die bei jeder Gruppe angegebenen verschiedenen Reflexionswerte wurden bei verschiedenen Wellenlängen erhalten.

Die Übereinstimmung der Ergebnisse liegt innerhalb der Fehlergrenzen der Methode, nur bei den letzten drei Messungen, wo schon merkliche Absorption vorhanden war, scheinen geringe systematische Abweichungen zwischen den $_{45}R'_{\infty 0}$ und den $_0R'_{\infty d}$-Werten aufzutreten.

---

[184] *Kortüm, G.,* u. *D. Oelkrug*: Z. Naturforsch. **19a**, 28 (1964).

Da bei diesen Messungen gleiche Winkelverteilung der Reflexion von Probe und Standard vorausgesetzt ist, kann man annehmen, daß die Meßergebnisse jedenfalls in diesem Reflexionsbereich von der optischen Geometrie der Geräte praktisch unabhängig sind, so daß sie für die Anwendung der Kubelka-Munk-Theorie brauchbar sein sollten. Dies beruht vermutlich darauf, daß die nach der Mieschen Theorie der Einzelstreuung anzunehmende „Vorwärtsstreuung" beim Übergang zur Vielfachstreuung verlorengeht, weil letztere eine bevorzugte Streurichtung

Tabelle 9. *Reflexionsmessungen in Abhängigkeit von der optischen Geometrie (*MgO *als Standard)*

Substanz	$_{45}R'_{\infty 0}$	$_dR'_{\infty 0}$	$_0R'_{\infty d}$
1. CaF_2; R'_∞	0,970	0,978	0,980
	0,941	0,947	0,950
	0,904	0,906	0,912
2. CaF_2; R'_0	0,885		0,880
	0,856		0,853
	0,827		0,828
3. CaF_2; R'_0	0,897	0,899	
	0,846	0,845	
4. Farbglas; R'_∞	0,860		0,862
	0,821		0,825
	0,755		0,773
	0,691		0,708
	0,632		0,648

nicht mehr zuläßt (vgl. S. 101). Wenn man also gerichtet einstrahlt, so ist zu erwarten, daß schon nach wenigen Einzelstreuprozessen die Streuverteilung bereits wieder isotrop ist. Diese Beobachtung darf allerdings nicht verallgemeinert werden. In vielen Fällen ist das Reflexionsvermögen bei gerichteter Einstrahlung deutlich verschieden von dem bei diffuser Einstrahlung gefunden worden[185]. Häufig liegt dies daran, daß die Oberfläche nicht genügend eben ist, so daß bei gerichteter Einstrahlung Schattenwirkungen auftreten, oder daran, daß die Proben Struktur besitzen (z. B. Textilien), oder daß das Pulver zu grob ist.

Ähnliche Erfahrungen hat auch *Stenius*[186] bei Reflexionsmessungen an gefärbten Papieren gemacht. Für $R'_\infty > 0,6$ waren die Ergebnisse innerhalb der Meßgenauigkeit annähernd unabhängig von der optischen

[185] Vgl. z. B. *Helwig*: Licht **8**, 242 (1938); — *McNicholas, H. J.*: J. Res. Bur. Std. **1**, 29 (1928).

[186] *S: son Stenius, Å.*: J. Opt. Soc. Am. **45**, 727 (1955).

Geometrie der benutzten Geräte, unterhalb von $R'_\infty \cong 0{,}6$ gab nur die Geometrie $_dR'_0$ Reflexionswerte, auf die man die Kubelka-Munk-Theorie anwenden konnte, während $_0R'_d$-, $_0R'_{45}$- und $_{60}R'_d$-Werte in dieser Reihenfolge zunehmende Abweichungen von denen der Kubelka-Munk-Theorie zeigten. Das scheint darauf hinzuweisen, daß bei geringen Reflexionswerten, d. h. bei größerer Absorption prinzipiell Bedenken gegen die Anwendbarkeit der Kubelka-Munk-Theorie auftreten, worauf später noch zurückzukommen sein wird.

Besonders auffallend ist das von *Stenius* gefundene Ergebnis, daß $_0R'_d$- und $_dR'_0$-Reflexionswerte nicht zusammenfallen, wie es das Helmholtzsche Reziprozitätsgesetz verlangt. Über die Gültigkeit des Reziprozitätsgesetzes bei diffuser Reflexion ist in der Literatur mehrfach gestritten worden, insbesondere darüber, ob dieses Gesetz auch für Teilreflexionen unter bestimmten Winkeln gilt (also $_{\vartheta,\varphi}R'_d = {_dR'_{\vartheta,\varphi}}$). Nach *Fragstein*[187] ist jedoch an der Gültigkeit der Beziehung $_dR'_0 = {_0R'_d}$ nicht zu zweifeln. Wenn nun trotzdem merkliche Abweichungen zwischen diesen Werten gefunden werden, so kann dies nur daran liegen, daß es sich in der Praxis niemals um eine vollständig *diffuse* Reflexion handelt, sondern daß stets auch *reguläre* Anteile einer Oberflächenreflexion vorhanden sind (vgl. S. 60 ff.). Der reguläre Reflexionsanteil beträgt nach den Fresnelschen Gleichungen z. B. bei Glas ($n = 1{,}5$) bei senkrechter Einstrahlung etwa 4 %, bei diffuser Einstrahlung aber etwa 9,2 % (vgl. S. 12), so daß offenbar auch bei konstant gehaltener Geometrie und Umkehr des Strahlenganges keine gleichen Streuintensitäten mehr erwartet werden können. Ein Anteil an regulärer Reflexion der Probenoberfläche muß also auch Abweichungen von der Kubelka-Munk-Theorie hervorrufen, unabhängig davon, ob gerichtet oder diffus eingestrahlt wird. Ebenso können sogar Unterschiede der mit verschiedenen Geräten gemessenen Reflexionswerte erwartet werden, auch wenn diese mit analoger Geometrie des Strahlenganges arbeiten, da schon Differenzen im Abstand und in der Größe der Photozelle, d. h. Unterschiede des erfaßten Raumwinkels Abweichungen hervorrufen können. Dies wird durch eine Untersuchung bestätigt[188], in der 4 verschiedene Grau-Proben (fast weiß, hellgrau, dunkelgrau, fast schwarz) von 30 verschiedenen Laboratorien mit 14 verschiedenen Geräten und verschiedener optischer Geometrie auf ihr spektrales Reflexionsvermögen im sichtbaren Spektralbereich geprüft wurden. Die Proben besaßen ebene Oberfläche und Glanz, doch wurde darauf gesehen, daß die reguläre Komponente der Reflexion nach Möglichkeit eliminiert wurde; als Vergleichsstandard diente in den meisten Fällen MgO, doch wurden auch andere, gegen MgO kalibrierte

---

[187] *Fragstein, C. v.:* Optik **12**, 60 (1955).

[188] *Robertson, A. R.,* and *W. D. Wright:* J. Opt. Soc. Am. **55**, 694 (1965).

Vergleichsstandards benutzt. Die Meßresultate wurden in zwei Gruppen eingeteilt, je nachdem ob gerichtet eingestrahlt und abgenommen (0/45 bzw. 45/0) oder ob diffus eingestrahlt bzw. abgenommen wurde (0/d bzw. d/0). In beiden Gruppen wurden Streuungen der Meßwerte bis zu 10% beobachtet. Dies lag zum Teil daran, daß das benutzte MgO verschiedenes absolutes Reflexionsvermögen besaß, denn wenn man die R_∞-Werte relativ zu dem der hellsten Probe berechnete, fiel der Einfluß der Unterschiede im Reflexionsvermögen von MgO heraus und die Streuung ging auf etwa 4% herunter. Außerdem zeigte sich, daß die Mittelwerte R'_∞ bei den 45/0- und 0/45-Geräten etwa 1% höher lagen als bei den Geräten mit Photometerkugeln, was darauf zurückgeführt werden könnte, daß die Oberflächen der (Glanz zeigenden) Proben und des MgO verschieden starke Abweichungen vom Lambertschen Cosinusgesetz zeigen müssen.

Bestrahlt man eine Probenoberfläche mit parallelem Licht unter dem Winkel α, so kann man häufig in Richtung des makroskopischen Reflexwinkels ϑ einen „Glanz" beobachten, der durch teilweise reguläre Reflexion bedingt ist. Wie schon im Kap. II ausführlich diskutiert wurde, kann man also „Glanz" vom rein physikalischen Standpunkt aus[189] als die reguläre Komponente des remittierten Lichtes definieren, indem man annimmt, daß eine Glanz zeigende Oberfläche sich aus einer großen Zahl mikroskopisch kleiner regulär reflektierender Komponenten zusammensetzt, die unter allen möglichen Winkeln gegen die makroskopische Oberfläche geneigt sind (vgl. S. 30). Die Unterteilung der remittierten Strahlung in einen diffusen und einen regulären Anteil, von denen der letztere gar nicht in die Probe eindringt, läßt sich nach *Stenius*[190] sehr einfach folgendermaßen beschreiben:

Auf eine Oberfläche, die teils diffus, teils regulär reflektiert, falle ein Strahlungsstrom I_0. Der Bruchteil αI_0 werde regulär reflektiert, der Bruchteil $(1-\alpha)I_0$ dringe in die Schicht ein, und davon werde der Bruchteil I diffus reflektiert. Dann gilt für den diffusen Anteil der Reflexion

$$R_{\text{diff}} = \frac{I}{(1-\alpha)I_0},\qquad(1)$$

für die gemessene Gesamtremission

$$R_{\text{exp}} = \frac{I+\alpha I_0}{I_0}.\qquad(2)$$

---

[189] „Glanz" wird nicht nur als ein physikalisches, sondern auch als teils physiologisches, teils psychologisches Phänomen betrachtet. Vgl. *Harrison, V. G. W.:* Definition and measurement of gloss. London: P.A.T.R.A. 1945. Die beste Übereinstimmung mit dem subjektiven Glanzempfinden erhält man, wenn zur objektiven Glanzmessung das Verhältnis von gerichtet und diffus reflektiertem Licht benützt wird [vgl. *Schlötterer, H.:* Metalloberfläche **16**, 49, 81, 141 (1962)].

[190] *S: son Stenius, Å.:* Svensk Papperstidning **54**, 701 (1951); **56**, 607 (1953)

Eliminiert man I aus den beiden Gleichungen, so wird

$$R_{exp} = (1 - \alpha) R_{diff} + \alpha .$$ (3)

Für verschwindende Oberflächenreflexion wird also $R_{exp} = R_{diff}$. Handelt es sich um kristalline Pulver, bei denen die Kriställchen noch groß gegenüber λ sind, so kann man den regulären Reflexionsanteil nach den Fresnelschen Gleichungen berechnen (vgl. S. 46), und α liegt je nach

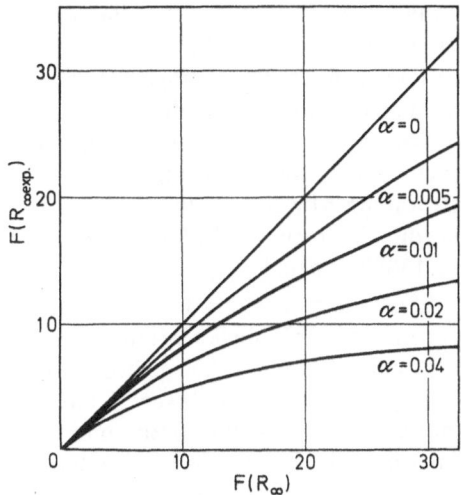

Abb. 57. Einfluß regulärer Reflexionsanteile auf $F(R_\infty)$ absorbierender Pulver

Brechungsindex und Art der Bestrahlung (gerichtet oder diffus) z. B. in den Grenzen zwischen 3 und 9%. Falls die Kristallite statistisch gleichmäßig verteilt sein sollten, ist α über den ganzen Halbraum konstant und wird bei jeder Meßanordnung mitgemessen. In Abb. 57 ist die Kubelka-Munk-Funktion (IV, 32) $F(R_\infty)$ für rein diffuse Reflexion als Abszisse und $F(R_{\infty\ exp})$ als Ordinate für verschiedene Werte von α als Parameter aufgetragen[191]. Für $\alpha = 0$ erhält man natürlich eine Gerade unter 45°. Mit zunehmendem α erhält man Kurven, die gegen einen Grenzwert gehen, dessen Größe durch α bestimmt ist. Man entnimmt z. B. der Abbildung, daß die Höhe zweier Banden, deren $F(R_\infty)$ sich wie 1 : 3 (5 : 15) verhalten, bei überlagerter regulärer Reflexion von 6% Meßwerte ergeben, die sich

---

[191] *Kortüm, G.*, u. *D. Oelkrug:* Naturwiss. **53**, 600 (1966). Der Einfluß von $\varkappa$ auf α wurde dabei vernachlässigt; bei starker Absorption wächst α rasch an (vgl. Abb. 16).

wie $2,7:4,7 = 1:1,74$ verhalten (vgl. S. 67). Im linken unteren Teil der Abbildung können die Abweichungen vom Idealfall für kleine $F(R_\infty)$-Werte noch in erster Näherung als Geraden (mit geringerer Steigung) betrachtet werden, d. h. die Kubelka-Munk-Funktion kann noch als „gültig" angesehen werden.

Für die Zunahme der gemessenen Remission durch den regulären Anteil ergibt sich aus (3)

$$R_{exp} - R_{diff} = \alpha(1 - R_{diff}) . \tag{4}$$

Wie man sieht, nimmt der Einfluß der regulären Reflexion mit zunehmendem Reflexionsvermögen, d. h. abnehmender Absorption ab. Wie *Stenius* angibt, wird tatsächlich bei geringem Glanz, wie ihn handgemachtes Papier besitzt, die Anwendung der Kubelka-Munk-Funktion auf solches Papier bei hohem Remissionsvermögen nicht verhindert, auch wenn man gerichtet einstrahlt. Bei farbigen Papieren dagegen treten bei gerichteter Einstrahlung Abweichungen von der Theorie auf, so daß man gezwungen ist, die allgemeinere Rydesche Theorie für senkrechte Einstrahlung (vgl. S. 130) heranzuziehen.

Aber auch bei diffuser Einstrahlung beobachtet man häufig systematische Abweichungen von der Kubelka-Munk-Theorie, die z. B. darin bestehen, daß der Streukoeffizient S bei gefärbten Papieren mit zunehmender Absorption abnimmt. *Van Akker*[192] hat versucht, die beobachteten Unstimmigkeiten durch die Streu- und Absorptionseigenschaften verschiedener hypothetischer Modelle zu deuten, bei denen die Streu- bzw. Absorptionszentren ungleichmäßig verteilt sind. Die Abweichungen von der Kubelka-Munk-Theorie werden also auf mangelnde isotrope Streuung zurückgeführt, wozu noch Ungleichmäßigkeiten der Packungsdichte und Strahlungsverluste durch innere Totalreflexion hinzukommen können.

b) Die Verdünnungsmethode

Wie im vorausgehenden Abschnitt und ausführlich bereits in Kap. II nachgewiesen wurde, können infolge regulärer Reflexionsanteile erhebliche Abweichungen vom Lambertschen Cosinusgesetz und damit auch von der Kubelka-Munk-Theorie auftreten, die ja das Lambertsche Gesetz voraussetzt. Auf S. 68 ff. wurde im einzelnen gezeigt, wie man die regulären Anteile der remittierten Strahlung durch Verwendung linear polari-

---

[192] Vgl. *van Akker, J. A.*: Modern aspects of reflectance spectroscopy, p. 27 ff. New York: Plenum Press 1968, und die dort angegebene Literatur.

sierter Strahlung und gekreuzter Polarisationsprismen eliminieren und den diffusen Anteil der Reflexion gesondert erfassen kann. Diese Methode besitzt jedoch zwei wesentliche Nachteile: Die Bestrahlungsstärke der Proben wird durch den Polarisator auf die Hälfte herabgesetzt, was sich bei geringer Reflexion (in Absorptionsgebieten) nachteilig bemerkbar macht, und der Öffnungswinkel selbst von Glan-Thompson-Prismen ist relativ klein, so daß mit angenähert paralleler Strahlung gearbeitet werden muß. Außerdem ist die Durchlässigkeit sowohl von Kalkspatprismen wie von sog. Polarisationsfolien (vgl. S. 239) im UV begrenzt. Es gibt jedoch noch eine weitere Methode, den regulären Remissionsanteil auszuschalten, die man als „Verdünnungsmethode" bezeichnen kann: Man verdünnt·das zu untersuchende Pulver (durch Vermahlen oder Mischen) mit einem indifferenten nicht absorbierenden Standard (MgO, NaCl, $BaSO_4$, SiO_2 usw.) in so großem Überschuß, daß der reguläre Anteil der Remission bei der relativen Messung gegen den gleichen reinen Standard innerhalb der Meßgenauigkeit der Methode herausfällt[193]. Diese Methode hat sich in der Tat außerordentlich bewährt und ermöglicht im allgemeinen erst die experimentelle Prüfung der Kubelka-Munk-Theorie unter Bedingungen, die den in der Theorie gemachten Voraussetzungen angepaßt sind.

Man kann die Verdünnung in verschiedener Weise vornehmen: Man vermahlt die Probe mit einem Überschuß des Standards in einem Mörser oder in einer kleinen Kugelmühle bis zur Homogenität der Mischung. Dabei gibt es zwei Grenzfälle. Entweder man erhält eine einfache homogene Mischung der Kristallite (Beispiel Cr_2O_3 und MgO), oder die Probe wird an der Oberfläche des Standards molekulardispers adsorbiert, wie es in der Regel der Fall ist, wenn man organische feste Stoffe mit anorganischen Standards vermahlt. In solchen Fällen mißt man also das Reflexionsspektrum des *adsorbierten* Stoffes, das sich von dem der nichtadsorbierten reinen Probe sehr erheblich unterscheiden kann, wofür später eine Reihe von Beispielen angeführt wird (vgl. S. 264 ff.). Den gleichen Zustand der Probe kann man auch erreichen, wenn man sie in einem indifferenten geeigneten Lösungsmittel löst und aus diesem am Standard adsorbieren läßt. Schließlich kann man die Probe auch aus dem Gaszustand an dem festen Standard adsorbieren lassen. Man erhält dann in allen drei Fällen das gleiche Reflexionsspektrum des molekulardispers adsorbierten Stoffes, wenn man dafür sorgt, daß die Oberfläche des Standards genügend groß ist, um eine molekulardisperse Adsorption zu ermöglichen. Das Spektrum wird also auch noch vom Verdünnungsgrad abhängen können. Ein Beispiel zeigt Abb. 58, die das Spektrum des Anthrachinons in verdünnter alkoholischer Lösung neben dem des an NaCl adsorbierten Anthrachinons bei verschiedenen Ver-

---

[193] *Kortüm, G.,* u. *G. Schreyer:* Angew. Chem. **67**, 694 (1955).

dünnungen wiedergibt[194]. Aufgetragen ist der Logarithmus der „Kubelka-Munk-Funktion" $F(R'_\infty)$ nach Gl. (IV, 32) dividiert durch den Molenbruch x, als Funktion der Wellenzahl und für verschiedene Verdünnungen des Anthrachinons mit NaCl als Parameter. Man sieht, wie mit zunehmender Verdünnung das Reflexionsspektrum des Anthrachinons mit den beiden Hauptbanden bei 29 600 und 39 000 cm^{-1} hervortritt. Bei Molenbrüchen unterhalb $3 \cdot 10^{-4}$ wird das Spektrum vom

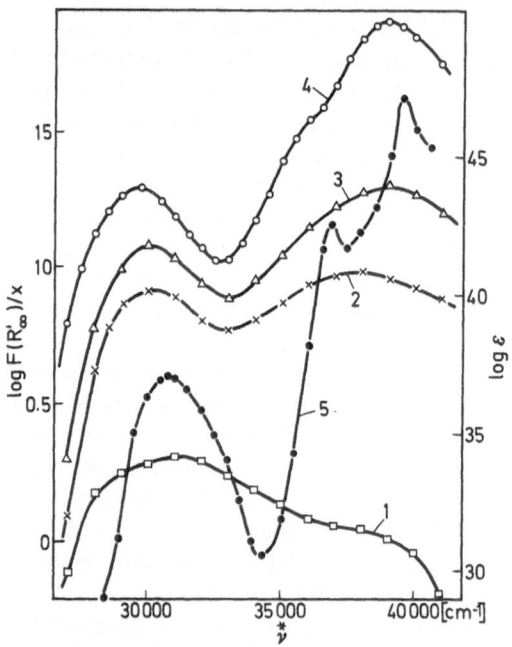

Abb. 58. Reflexionsspektren von Anthrachinon (1) unverdünnt; (2) an NaCl adsorbiert $(x = 1{,}26 \cdot 10^{-2})$; (3) $x = 5{,}0 \cdot 10^{-3}$; (4) $x = 1{,}9 \cdot 10^{-4}$; (5) Durchsichtsspektrum in verdünnter äthanolischer Lösung

Verdünnungsgrad unabhängig und dem Spektrum der alkoholischen Lösung weitgehend ähnlich. Man hat dann das Spektrum des an der Oberfläche von NaCl adsorbierten Einzelmoleküls, was man auch erhält, wenn man das Anthrachinon aus verdünnter Lösung an NaCl adsorbiert. Man sieht ferner, daß das Reflexionsspektrum des unverdünnten reinen Anthrachinons keinerlei Ähnlichkeit mit dem wahren Spektrum zeigt.

[194] *Kortüm, G., W. Braun* u. *G. Herzog:* Angew. Chem. **75**, 653 (1963); — Intern. Edition **2**, 333 (1963).

Insbesondere sind die kurzwelligen Banden sehr stark erniedrigt, was (zum Teil) eine Folge der regulären Reflexionsanteile ist[195].

Allgemein bietet die Verdünnungsmethode für die Untersuchung von Reflexionsspektren eine Reihe von Vorteilen, die kurz zusammengestellt seien:

1. Bei hoher Absorption des zu untersuchenden Stoffes kann der Meßbereich in ein Gebiet $0,1 < R_\infty < 0,7$ verschoben werden, in dem die Streuung der Messungen am kleinsten ist, wie eine Fehlerbetrachtung ergibt (vgl. S. 258).

2. Der Streukoeffizient der Mischung ist praktisch ausschließlich durch den des Verdünnungsmittels gegeben, der sich bei solchen nicht oder schwach absorbierenden Stoffes stets messen läßt[196].

3. Bei der relativen Messung gegen das reine Verdünnungsmittel werden evtl. Abweichungen von isotroper Streuverteilung eliminiert, so daß die Messung von der Art der Meßanordnung unabhängig wird.

4. Reguläre Reflexionsanteile fallen bei der Messung der verdünnten Probe gegen das reine Verdünnungsmittel nicht ins Gewicht.

5. Wird der zu untersuchende Stoff am überschüssigen Standard molekulardispers adsorbiert, wie es bei organischen Stoffen und anorganischen Adsorbentien in der Regel der Fall ist, so fällt auch die Teilchengrößenabhängigkeit des Absorptionskoeffizienten (vgl. S. 61) weg, worauf nochmals zurückzukommen sein wird (S. 220).

c) Konzentrationsabhängigkeit der Kubelka-Munk-Funktion $F(R_\infty)$

Für eine einfache experimentelle Prüfung der Kubelka-Munk-Theorie eignet sich besonders das sog. „Reflexionsvermögen" R_∞ bei unendlicher Schichtdicke, das leicht meßbar ist, und die daraus berechnete „Kubelka-Munk-Funktion" $F(R_\infty)$ nach Gl. (IV, 32).

R_∞ ist nach (IV, 31) eine Funktion des *Verhältnisses* K/S, nicht der Einzelwerte von K und S selbst. Das gilt analog auch für die strengen Theorien von *Chandrasekhar* und *Giovanelli* (vgl. S. 165). Dabei ist angenommen, daß Streuung und Absorption kontinuierlich sind (Dimension von K und S ist $[\text{cm}^{-1}]$), während in Wirklichkeit Absorption und Streuung nur an den in eine Matrix eingelagerten Teilchen stattfinden, also deren Konzentration proportional sein sollten, wenigstens solange

---

[195] Hier tritt außerdem eine Kopplung des Elektronensystems mehrerer Molekeln in Erscheinung, wenn sich diese in der Achse größter Polarisierbarkeit parallel lagern [vgl. *Perkampus, H. H.*: Z. Physik. Chem. N. F. **13**, 278 (1957); **19**, 206 (1959)].

[196] *Kortüm, G.*, u. *D. Oelkrug*: Z. Naturforsch. **19a**, 28 (1964).

die Teilchen genügend Abstand voneinander besitzen. Man kann in diesem Fall die Gl. (IV, 31) schreiben $R_\infty = R_\infty \left(\dfrac{K_0 c}{S_0 c} \right) = R_\infty \left(\dfrac{K_0}{S_0} \right)$, was bedeutet, daß R_∞ von der Konzentration unabhängig sein sollte. Dies wurde durch Messungen von *Blevin* und *Brown*[197] bestätigt, und zwar sowohl für weiße und farbige Pigmentsuspensionen in Wasser bzw. Terpentinöl als auch für pulverförmige Weißstandards in Luft, wobei die Packungsdichte durch Kompression bis zu hohen Drucken (13 bis 334 atm) variiert wurde. R_∞ erwies sich, besonders bei farblosen Stoffen, in einem erstaunlich großen Konzentrationsbereich innerhalb einer Meßgenauigkeit von 1 % als konstant (z. B. bei TiO_2 in Wasser-Suspension im Bereich von 0,01 bis 30 Vol.- % bei 400 mμ). Auch in der Luftmatrix wurden ähnlich große Bereiche der Konzentrationsunabhängigkeit von R_∞ gefunden, erst bei noch höheren Konzentrationen sank R_∞ merklich ab, was die Autoren darauf zurückführen, daß für den Streukoeffizienten die Proportionalität $S = S_0 c$ nicht mehr erfüllt ist.

Im Gegensatz dazu berichtet *Schatz*[198], daß R_∞ von Pulvern in Luft als Matrix im Bereich von 20 bis 4800 atm erheblich druckabhängig ist, und zwar nimmt das diffuse Reflexionsvermögen von Oxiden (z. B. Al_2O_3, MgO, $BaSO_4$, CeO_2 usw.) mit zunehmendem Druck merklich ab, besonders im nahen IR. Der reguläre Anteil dagegen nimmt schwach mit steigendem Druck zu. Die Beobachtungen werden gedeutet durch die Annahme, daß durch die Erhöhung der Packungsdichte der Anteil des im Innern der Teilchen total reflektierten Anteils der Strahlung abnimmt, was ebenfalls darauf hinausläuft, daß der Streukoeffizient der Konzentration nicht mehr proportional bleibt.

Die zu erwartende bzw. beobachtete Konzentrationsunabhängigkeit von R_∞ gilt natürlich nur für monochromatische Strahlung, da K und S in verschiedener Weise von λ abhängen. Die Kubelka-Munk-Funktion (IV, 32) muß deshalb ebenfalls eine Funktion der Wellenlänge sein, sie entspricht der Extinktion E bei Transmissionsmessungen. Trägt man $F(R_\infty)$ gegen R_∞ und parallel dazu die Extinktion E gegen die Durchlässigkeit T bei Durchsichtsmessungen auf, so erhält man die Abb. 59. Man sieht, daß $F(R_\infty)$ bei großem Reflexionsvermögen sehr viel flacher ansteigt als E bei großen Durchlässigkeiten, daß sich dann beide Kurven schneiden und $F(R_\infty)$ sich sehr viel langsamer dem Wert ∞ nähert als E.

Untersucht man $F(R_\infty)$ als Funktion der Wellenzahl in einer *Verdünnungsreihe* in dem Konzentrationsgebiet, in dem keine Wechselwirkung der adsorbierten Molekeln mehr möglich ist (große Oberfläche des Standards), so erhält man in logarithmischer Auftragung eine Reihe

[197] *Blevin, W. R.,* and *W. J. Brown:* J. Opt. Soc. Am. **51**, 129 (1961).

[198] *Schatz, E. A.:* J. Opt. Soc. Am. **56**, 389, 465 (1966); **57**, 941 (1967).

paralleler Kurven, wie sie in Abb. 60 wiedergegeben sind[199]. Hier handelt es sich um Flavazin, das aus Lösungen verschiedener Konzentration an Stärke adsorbiert wurde. Aus den Konzentrationen der Ausgangslösung und der abzentrifugierten Endlösung kann man die (scheinbare) Oberflächenkonzentration c in Mol/g Adsorbens berechnen. Es ergab sich, daß diese Kurven durch Parallelverschiebung in Ordinatenrichtung zur

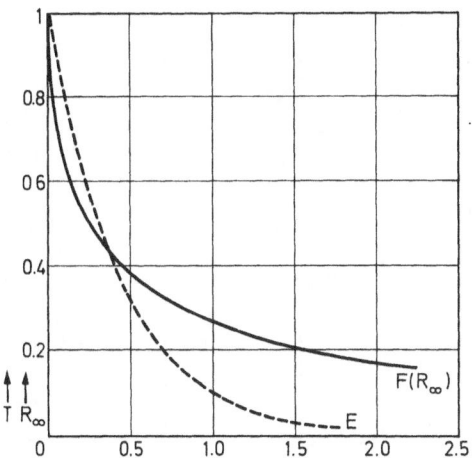

Abb. 59. $F(R_\infty)$ und Extinktion E als Funktion von R_∞ bzw. Durchlässigkeit T

Deckung zu bringen sind. Das stellt eine experimentelle Bestätigung der Gültigkeit der Kubelka-Munk-Funktion

$$F(R'_\infty) \equiv \frac{(1 - R'_\infty)^2}{2R'_\infty} = \frac{K}{S} \tag{5}$$

dar, denn der Streukoeffizient S ist praktisch allein durch den für alle Verdünnungsreihen gleichen Standard (Stärke) bestimmt, und der Absorptionskoeffizient K sollte unter den gemachten Voraussetzungen (kleine Konzentrationen und große Oberfläche des Standards) der Konzentration des adsorbierten Stoffes proportional sein, denn es wurde festgestellt, daß das Lambert-Beersche Gesetz in Lösung ebenfalls gültig war. Trägt man $F(R'_\infty)$ für eine gegebene Wellenlänge λ gegen die Oberflächenkonzentration c auf, so erhält man die Geraden der Abb. 61, die zeigen, daß tatsächlich $F(R'_\infty)$ der Oberflächenkonzentration des adsorbierten Stoffes proportional ist. Wir können also die Kubelka-Munk-Funktion

[199] *Schwuttke, G.*: Z. Angew. Physik **5**, 303 (1953).

in diesem Fall in der Form schreiben

$$F(R'_\infty)_\lambda \sim \frac{\varepsilon c}{S} \quad \text{bzw.} \quad \log F(R'_\infty) = \log c + C. \tag{6}$$

Die Konzentration müßte eigentlich in Mol/l oder in Mol/cm² Oberfläche angegeben werden, bei genügend hoher Verdünnung ist aber auch

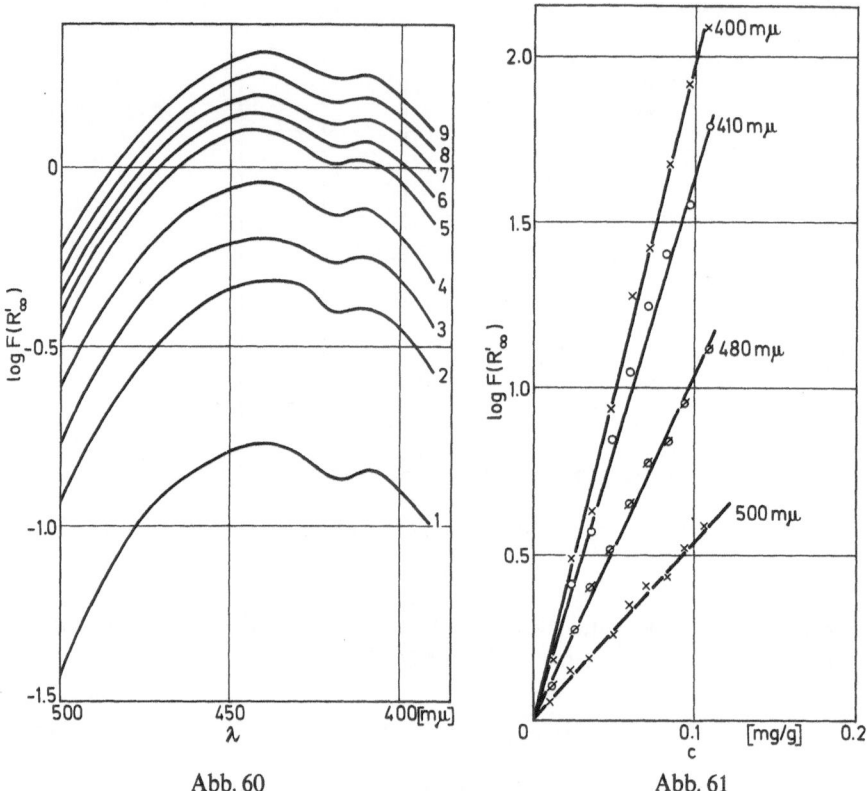

Abb. 60   Abb. 61

Abb. 60. Logarithmus der Kubelka-Munk-Funktion $F(R'_\infty)$ von Flavazin, an Stärke adsorbiert, bei verschiedenen Oberflächenkonzentrationen von etwa 0,01 bis 0,1 mg/g Adsorbens

Abb. 61. Konzentrationsabhängigkeit der Funktion $F(R'_\infty)$ von Abb. 60 bei verschiedenen Wellenlängen

die Angabe in Mol/g Adsorbens oder auch in Molenbrüchen zulässig, da unter dieser Bedingung die verschiedenen Konzentrationsangaben einander proportional sind.

Analoge Messungen sind von verschiedenen Autoren gemacht worden. Als weiteres Beispiel für die Gültigkeit der Gl. (6) und gleichzeitig für die erreichbare Genauigkeit der mit Hilfe solcher Messungen möglichen photometrischen Konzentrationsbestimmung (vgl. S. 258) ist in Abb. 62 die Konzentrationsabhängigkeit von $F(R'_\infty)$ nach neueren Messungen[200] bei Pyren, adsorbiert an trockenem NaCl dargestellt, und zwar bei der Wellenzahl $\tilde{v} = 29\,500\ cm^{-1}$ im Maximum der längstwelligen Absorptionsbande. Abszisse ist der Molenbruch x des Pyrens. Bis $x = 2 \cdot 10^{-4}$ verläuft die Kurve linear, dann biegt sie um. Wann dies stattfindet, hängt wesentlich von der Korngröße und damit von der Oberfläche des Adsorbens ab. Bei sehr feinem Korn kann sich der lineare Bereich bis

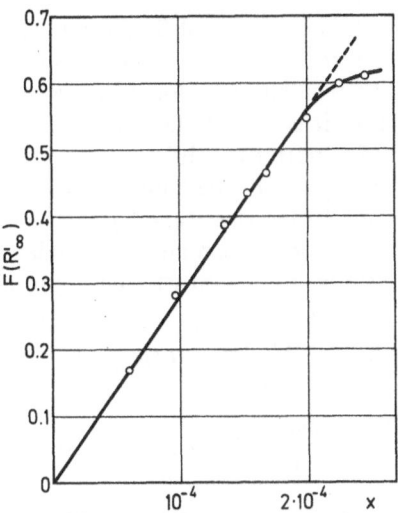

Abb. 62. Kubelka-Munk-Grenzgerade $F(R_\infty)$ von Pyren, an NaCl adsorbiert, bei $\tilde{v} = 29\,500\ cm^{-1}$ als Funktion des Molenbruchs

$x \cong 10^{-3}$ erstrecken. Das Umbiegen der Kurve zeigt an, daß die Oberfläche des Adsorbens sich der Sättigung der ersten monomolekularen Bedeckungsschicht nähert. Umgekehrt kann man aus dieser Sättigungskonzentration die spezifische Oberfläche des Adsorbens bestimmen (vgl. S. 281). Die Streuung der Meßwerte um die Kubelka-Munk-Gerade betrug in diesem Fall etwa 3%, sie hängt noch vom Feuchtigkeitsgehalt der Proben ab. Unter günstigen Verhältnissen läßt sich die Streuung auf etwa 2% herunterdrücken.

Gl. (6) entspricht dem Lambert-Beerschen Gesetz $E = \varepsilon c d$ bei Messungen in Durchsicht. Hier wie dort handelt es sich um ein Grenzgesetz

---

[200] *Kortüm, G.*, u. *W. Braun:* Z. Physik. Chem. N. F. **28**, 362 (1961).

für hohe Verdünnungen. Der Geltungsbereich ist von Fall zu Fall verschieden. Wichtig ist monochromatische Strahlung, denn sowohl ε wie S sind wellenlängenabhängig. Vorausgesetzt ist ferner, daß durch die „Verdünnung" der evtl. vorhandene Anteil an Oberflächenreflexion praktisch ausgeschaltet wurde.

Eigentlich ist in die Gln. (5) und (6) das *absolute* Reflexionsvermögen R_∞ anstelle des gemessenen relativen Reflexionsvermögens R_∞' einzusetzen. Nur wenn die Eigenabsorption des Verdünnungs- bzw. Adsorptionsmittels sehr gering ist, beobachtet man die durch Gl. (6) verlangte Linearität zwischen $F(R_\infty')$ und c bei gegebener Wellenlänge (Abb. 62). Besitzt das Verdünnungsmittel bzw. das Adsorbens eine merkliche Eigenabsorption, so wird diese, wie auf S. 153 gezeigt wurde, nicht eliminiert, wenn man die verdünnte Probe gegen das reine Verdünnungsmittel als Standard mißt, weil hier kein logarithmischer Zusammenhang zwischen Absorptionskoeffizient und Reflexionsvermögen existiert wie in Durchsicht zwischen Extinktionsmodul εc und Transmission. Verdünnt man also die zu messende Probe P mit einem absorbierenden Verdünnungsmittel V, so muß man das Reflexionsvermögen des letzteren gesondert gegen z. B. MgO oder einen andern Standard messen, dessen absolutes Reflexionsvermögen bekannt ist. Dann gilt nach Gl. (IV, 144)

$$F(R_{\infty,\,P+V}) = \frac{K_P + K_V}{S} = F(R_{\infty,\,P}) + F(R_{\infty\,V})$$

oder
$$F(R_{\infty,\,P}) = \frac{K_P}{S} = F(R_{\infty,\,P+V}) - F(R_{\infty,\,V})\,.$$

(7)

Dabei ist vorausgesetzt, daß S praktisch allein durch das im Überschuß befindliche Verdünnungsmittel bestimmt ist. Trägt man das direkt gemessene $F(R_\infty')$ gegen c_{Probe} auf, so ist das Verhältnis $F(R_\infty')/F(R_{\infty,\,P})$ keine Konstante mehr, sondern eine Funktion von R_∞' und $R_{\infty,\,V}$. Setzt man in

$$\frac{F(R_{\infty,\,P+V}')}{F(R_{\infty,\,P})} = \frac{F(R_{\infty,\,P+V}')}{F(R_{\infty,\,P+V}) - F(R_{\infty,\,V})}$$

(8)

die expliziten Ausdrücke mit den entsprechenden Reflexionsvermögen ein und formt etwas um, so erhält man

$$F(R_{\infty,\,P+V}') = F(R_{\infty,\,P}) \cdot \frac{R_{\infty,\,V}(1 - R_{\infty,\,P+V}')}{1 - R_{\infty,\,P+V}' R_{\infty,\,V}^2}\,.$$

(9)

Für $c_P \to 0$ (bzw. $R_{\infty,\,P+V}' \to 1$) geht $F(R_{\infty,\,P+V}')$ asymptotisch mit der Steigung Null in den Koordinatenursprung und wird erst für $R_{\infty,\,P+V}' \to 0$

proportional zu $F(R_{\infty,P})$:

$$\lim_{R'_{\infty,P+V} \to 0} F(R'_{\infty,P+V}) = R_{\infty,V} \cdot F(R_{\infty,P}). \tag{10}$$

Diese Verhältnisse lassen sich durch einen Modellversuch leicht anschaulich machen[201]. Cr_2O_3 wurde mit einem Überschuß von CaF_2-Pulver verdünnt, das absichtlich mit wenig Graphit verunreinigt worden war, und bei verschiedenen Konzentrationen einmal gegen das Ver-

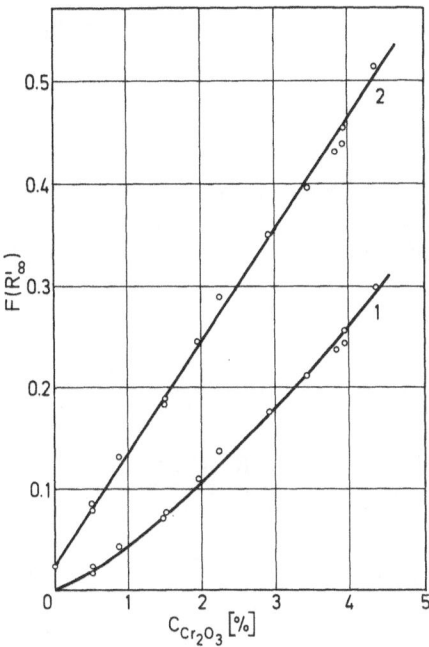

Abb. 63. Relatives Reflexionsvermögen einer Mischung von Cr_2O_3 mit verunreinigtem CaF_2 im Überschuß, gemessen gegen 1. das Verdünnungsmittel, 2. aufgerauchtes MgO im Bandenmaximum bei $16\,000\ cm^{-1}$

dünnungsmittel, ein zweites Mal gegen aufgerauchtes MgO als Standard gemessen. Die Meßergebnisse zeigt Abb. 63. Im ersten Fall erhält man eine durchgebogene Kurve, im zweiten Fall eine Gerade, die die Ordinate in einem Punkt schneidet, der dem $F(R_{\infty\,CaF_2})$ entspricht, und die nach Abzug des letzteren durch den Koordinatenursprung laufen würde.

Wie diese Überlegungen zeigen, sollte man bei allen quantitativen Anwendungen der Kubelka-Munk-Funktion ausschließlich das *absolute*

[201] *Kortüm, G.*, u. *D. Oelkrug*: Naturwiss. **53**, 600 (1966).

Reflexionsvermögen verwenden, das sich nach Gl. (IV, 144) aus den beiden Messungen von Probe + Standard gegen Standard und Standard gegen aufgerauchtes MgO berechnen läßt[202, 203]. Auch bei sehr gut reflektierenden Verdünnungsmitteln bzw. Adsorbentien kann ihre Eigenabsorption nicht immer vernachlässigt werden, wie aus folgender Rechnung hervorgeht[204]. Nach Gl. (IV, 144) ist die Kubelka-Munk-Funktion der zu messenden Probe gegeben durch

$$F(R_{\infty, P}) = F(R_{\infty 2}) - F(R_{\infty 1}).$$

Aus der Relativmessung gegen das reine Verdünnungsmittel ergibt sich statt dessen

$$F(R'_\infty) = \frac{(1 - R'_\infty)^2}{2 R'_\infty}. \tag{11}$$

Die Abweichung zwischen beiden ist demnach

$$F(R'_\infty) - F(R_{\infty, P}) \equiv \Delta F(R'_\infty) = F(R'_\infty) - F(R_{\infty 2}) + F(R_{\infty 1}). \tag{12}$$

Der relative Fehler ergibt sich zu

$$\frac{\Delta F(R'_\infty)}{F(R'_\infty)} = 1 - \frac{F(R_{\infty 2})}{F(R'_\infty)} + \frac{F(R_{\infty 1})}{F(R'_\infty)}, \tag{13}$$

worin

$$F(R_{\infty 2}) = \frac{(1 - R'_\infty R_{\infty 1})^2}{2 R'_\infty R_{\infty 1}} \tag{14}$$

und

$$F(R_{\infty 1}) = \frac{(1 - R_{\infty 1})^2}{2 R_{\infty 1}}. \tag{15}$$

R'_∞ ergibt sich aus (11) zu

$$R'_\infty = 1 + F(R'_\infty) - \sqrt{[1 + F(R'_\infty)]^2 - 1}. \tag{16}$$

Aus den Gln. (13) bis (16) läßt sich der relative Fehler in $F(R'_\infty)$, bedingt durch die Eigenabsorption des Verdünnungsmittels ($R_{\infty 1} \neq 1$) in Abhängigkeit von $F(R'_\infty)$ mit $R_{\infty 1}$ als Parameter berechnen. Eine solche Kurvenschar ist in Abb. 64 dargestellt. Man sieht, daß die relativen Fehler bei geringer Eigenabsorption des Verdünnungsmittels (z. B. $R_{\infty \, NaCl} = 0,95$ bis 0,98) nur bei kleinen $F(R'_\infty)$-Werten merklich ins Ge-

[202] *Fujimoto, M.*, u. *G. Kortüm*: Ber. Bunsenges. **68**, 488 (1964).

[203] *Kortüm, G.*, u. *V. Schlichenmaier*: Z. Physik. Chem. N. F. **48**, 267 (1966).

[204] *Kortüm, G.*, u. *W. Braun*: Z. Physik. Chem. N. F. **48**, 282 (1966).

wicht fallen, während bei stärkerer Eigenabsorption (z. B. SiO_2, Al_2O_3 usw.) auch hohe $F(R'_\infty)$-Werte beträchtlich verfälscht werden.

Auch die Konzentrationsabhängigkeit von $F(R'_\infty)$, wie sie schon in Abb. 63 dargestellt wurde, läßt sich mit Hilfe der obigen Gleichungen analytisch darstellen[205]

$$F(R'_\infty) = \frac{[R_{\infty 1} - f(x)]^2}{2R_{\infty 1}f(x)} \tag{17}$$

mit

$$f(x) \equiv 1 + ax + F(R_{\infty 1}) - \sqrt{2[ax + F(R_{\infty 1})] + [ax + F(R_{\infty 1})]^2}. \tag{18}$$

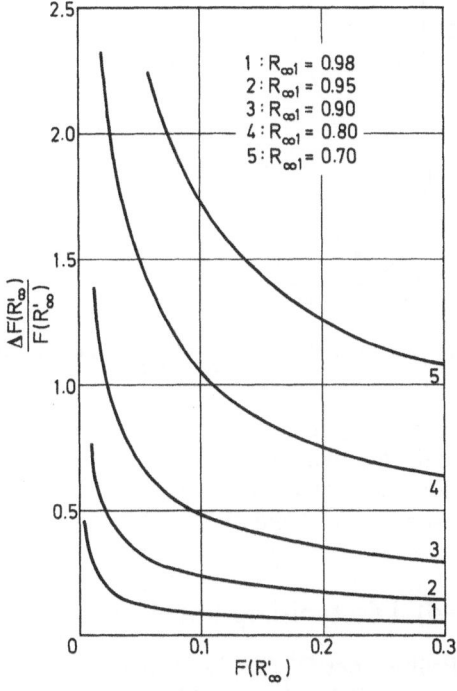

Abb. 64. Abhängigkeit des relativen Fehlers $\Delta F(R'_\infty)/F(R'_\infty)$ von $F(R'_\infty)$ mit $R_{\infty\,Standard}$ als Parameter

Darin ist x der Molenbruch bzw. die Konzentration, z. B. in Mol/g Verdünnungsmittel oder in Gew.-%, und a die Neigung der Geraden $F(R_\infty)$ $= ax$ (2 in Abb. 63). In Abb. 65 ist dieser Zusammenhang graphisch dargestellt, man erhält eine umso stärkere Krümmung der Kurven, je kleiner

[205] *Kortüm, G.,* u. *W. Braun:* l. c.

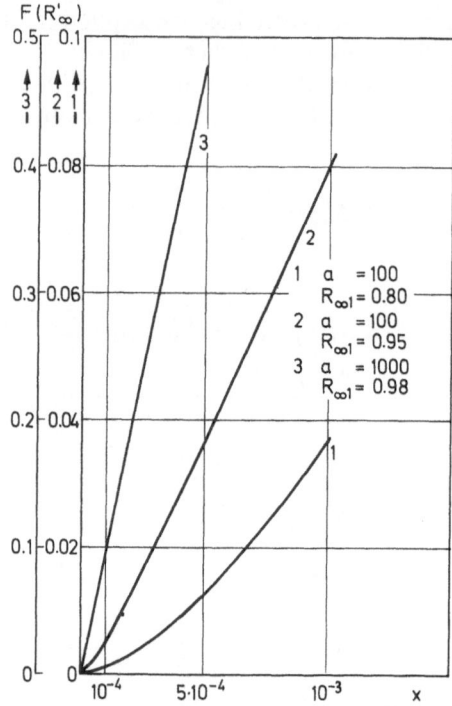

Abb. 65. Berechnete Funktion $F(R'_\infty) = \dfrac{[R_{\infty 1} - f(x)]^2}{2R_{\infty 1} \cdot f(x)}$ mit $R_{\infty 1}$ als Parameter

$R_{\infty 1}$, d. h. je größer die Eigenabsorption des Verdünnungsmittels ist. Ferner sieht man, daß sich, wie in Abb. 64, der Einfluß des von 1 abweichenden Reflexionsvermögens des Adsorbens bei kleinen Probe-Konzentrationen besonders stark auswirkt, wie zu erwarten ist.

d) Die typische Farbkurve

Eine schärfere Prüfung der Gl. (IV, 32) wäre dann möglich, wenn die Absorptionskoeffizienten K bereits aus Messungen in Durchsicht bei verschiedenen Wellenlängen bekannt wären. Wie schon aus Abb. 58 hervorgeht, kann man K-Werte natürlich nicht aus den Durchsichtsspektren des betreffenden gelösten Stoffes entnehmen, da sie von der jeweiligen Umgebung des absorbierenden Stoffes mitbestimmt werden. Man muß sie also unter den gleichen Bedingungen in Durchsicht messen, wie sie bei der Reflexionsmessung vorliegen. Außerdem sollte es sich um „verdünnte" Stoffe handeln, damit bei der relativen Messung gegen den Standard die störenden regulären Reflexionsanteile zu vernachlässigen sind. Für derartige Messungen kommen also z. B. *Mischkristalle* in Frage, deren eine, im Überschuß befindliche, Komponente nicht absorbiert und als Verdünnungsmittel dient, und deren Spektrum sich sowohl in Durchsicht wie in Reflexion messen läßt. Als geeignet für diesen Zweck erwiesen sich Mischkristalle aus $KClO_4$ und 0,17 Mol-% $KMnO_4$, deren Remissionskurven bei verschiedenen Korngrößen schon in Abb. 25a angegeben wurden, und deren Durchsichtsspektren von verschiedenen Autoren[206] gemessen worden sind. In Tab. 10 sind die Lage der Haupt-Absorptionsmaxima dieser Mischkristalle, gemessen nach den beiden Methoden, in cm^{-1} nebst den aus den Durchsichtsmessungen ermittelten Absorptionskoeffizienten k für diese Maxima angegeben.

Tabelle 10. *Absorptionsspektren von* $K(Mn, Cl)O_4$-*Mischkristallen bei* $T = 83°K$

1. In Durchsicht

k	14,5		22,4		20,1		14,1		7,7		4,15		—
$\overset{*}{\nu}$	18056		18821		19594		20359		21112		21890		22650
$\Delta\overset{*}{\nu}$		765		773		765		753		780		760	

2. In Reflexion

$\overset{*}{\nu}$	18040		18800		19570		20340		21100		21880		22640
$\Delta\overset{*}{\nu}$		760		770		770		760		780		760	
$\log\dfrac{1}{R'_\infty}$	1,27		1,45		1,41		1,27		1,05		0,82		—

Mittlere Streuung von $\overset{*}{\nu}$ ca. $20\,cm^{-1}$.

Man entnimmt der Tabelle, daß beide Messungen innerhalb der Fehlergrenze der Methoden übereinstimmen, soweit es die Lage der Banden angeht. Trägt man die aus den in Reflexion gemessenen scheinbaren Extinktionen $\log(1/R'_\infty)$ berechneten Werte $F(R'_\infty)$ gegen die aus Durchsichtsmessungen ermittelten k-Werte auf, so erhält man die in Abb. 66 wiedergegebene Gerade. Wenn danach $F(R'_\infty)$ den wahren Absorptionskoeffizienten bei verschiedenen Wellenlängen proportional ist, so muß das bedeuten, daß der Streukoeffizient S in Gl. (5) in diesem Wellenlängenbereich von λ unabhängig ist, d. h. die Reflexionsmessung bei unendlicher Schichtdicke liefert die sog. „*typische Farbkurve*" des betreffenden Stoffes, die durch Parallelverschiebung in der Ordinate mit dem wahren Absorptionsspektrum zusammenfällt, wenn man $\log F(R'_\infty)$

---

[206] *Schnetzler, K.:* Z. Physik. Chem. B **14**, 241 (1931); — *Teltow, J.:* Z. Physik. Chem. B **40**, 397 (1938); **43**, 198 (1939).

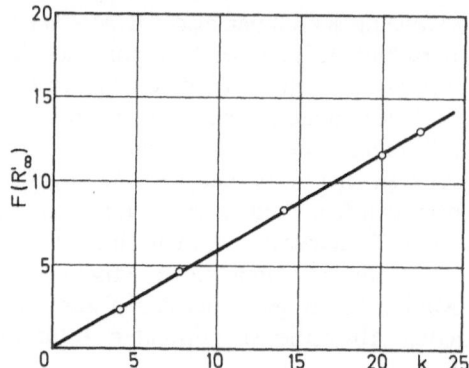

Abb. 66. Prüfung der Kubelka-Munk-Funktion mittels Durchsichts- und Reflexionsmessungen an den gleichen Mischkristallen

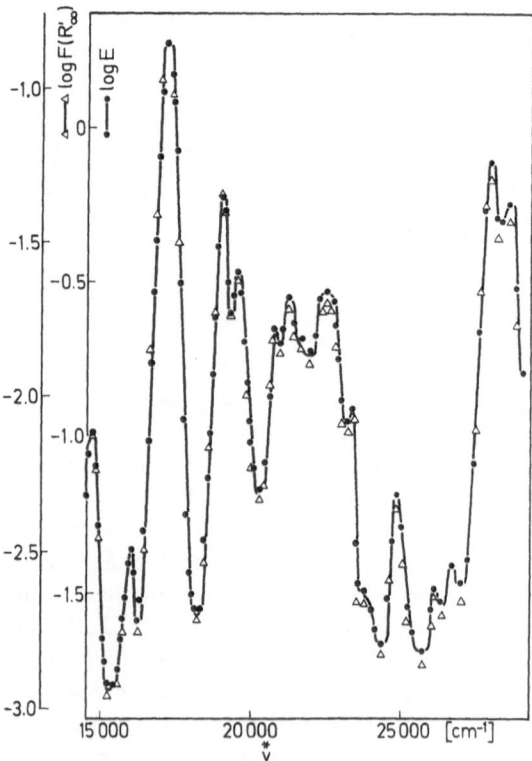

Abb. 67. Durchsichtsspektrum ●—● und Reflexionsspektrum △—△ eines Didymfilterglases

gegen λ bzw. $\tilde{\nu}$ aufträgt. Es sei nochmals ausdrücklich darauf hingewiesen, daß hierfür zwei Voraussetzungen notwendig sind: Erstens die Gültigkeit der Kubelka-Munk-Funktion, d. h. diffuse Streuung und damit „verdünnte" Systeme; zweitens Unabhängigkeit des Streukoeffizienten S in dem untersuchten Spektralbereich von der Wellenlänge, d. h. daß λ klein ist gegen die Dimensionen der streuenden Teilchen (vgl. S. 212).

Beide Bedingungen sind erfüllt bei einem nicht zu fein gepulverten (1 bis 2 μ) Farbglas[207], in dem die färbenden Ionen der seltenen Erden in der Grundglasmasse in hoher Verdünnung vorliegen[208]. Das Glas wurde zunächst in Durchsicht gegen eine gleich dicke Quarzplatte als Vergleich gemessen, dann im Achatmahltopf zerkleinert und gegen auf gleiche Weise behandeltes gewöhnliches Glas als Standard in Reflexion gemessen. Abb. 67 zeigt, daß das logarithmisch aufgetragene Durchsichts- und Reflexionsspektrum sich weitgehend zur Deckung bringen lassen, daß also auch hier die „typische Farbkurve" erhalten wurde. Geringe systematische Abweichungen im kurzwelligen Teil des Spektrums sind auf eine geringe λ-Abhängigkeit des Streukoeffizienten zurückzuführen, wie weiter unten gezeigt wird. Diese Messungen (wie schon Tab. 10) zeigen, daß unter geeigneten Bedingungen die Reflexionsspektroskopie durchaus in der Lage ist, den Durchsichtsspektren gleichwertige Ergebnisse zu liefern.

e) Einfluß von Deckgläsern

Eines der Hauptanwendungsgebiete der Reflexionsspektroskopie ist die Aufnahme von Spektren adsorbierter Stoffe (vgl. S. 264ff.). Dabei hat sich herausgestellt, daß an aktiven Oberflächen adsorbierte Stoffe sich häufig als sehr reaktionsfähig mit Sauerstoff oder mit Wasserdampf erweisen. In solchen Fällen muß man die Meßproben mit Quarz- oder Glasplatten gegen von außen wirkende Einflüsse abdecken, d. h. wir haben ein System aus zwei homogenen Schichten (Abb. 53) vor uns, dessen Reflexionsvermögen R', bezogen auf einen Standard, früher berechnet wurde (vgl. S. 138). Um das Ergebnis dieser Rechnung nachzuprüfen, wurde das Reflexionsvermögen R'_∞ von Cr_2O_3 mit CaF_2 oder MgO verdünnt, gegen MgO als Standard bei verschiedenen Wellenzahlen, verschiedenen Verdünnungen und bei gerichteter Einstrahlung ($\alpha = 45°$) gemessen, und zwar an den gleichen Proben einmal ohne und einmal mit Quarzdeckscheiben[209]. Das Ergebnis zeigt Abb. 68a. Die $F(R'_\infty)$-Werte

---

[207] Didymfilterglas BG 36 der Firma Schott & Gen. Mainz.

[208] *Kortüm, G., W. Braun* u. *G. Herzog:* Angew. Chem. **75**, 653 (1963); — Intern. Ed. **2**, 333 (1963); — *Oelkrug, D.:* Dissertation, Tübingen 1963.

[209] *Kortüm, G.,* u. *D. Oelkrug:* Naturwiss. **53**, 600 (1966).

mit Quarzdeckscheibe liegen stets oberhalb der $F(R_\infty)$-Werte ohne Quarzdeckscheibe, durch die Deckscheibe wird das Reflexionsvermögen der Probe eindeutig erniedrigt, dagegen bleibt die Lage der Maxima erhalten. Aus (IV, 115 a) erhält man für die Kubelka-Munk-Funktion bei unendlicher Schichtdicke

$$F(R'_{\infty\,exp}) = \frac{\left(1 - \dfrac{R_{\infty 3}(1-R_{12})}{1-R_{12}R_{\infty 3}}\right)^2}{\dfrac{2R_{\infty 3}(1-R_{12})}{1-R_{12}R_{\infty 3}}}$$

$$= \frac{F(R_{\infty 3})}{(1-R_{12}R_{\infty 3})(1-R_{12})}.$$

(19)

Dabei ist R_{12} die Reflexion der Quarzplatte bei diffuser Einstrahlung (vgl. S. 13), wie sie durch (II, 25) gegeben ist. Trägt man die beiden unmittelbar aus Meßgrößen gewonnenen Funktionen $F(R'_\infty)_{\text{mit Deckscheibe}}$

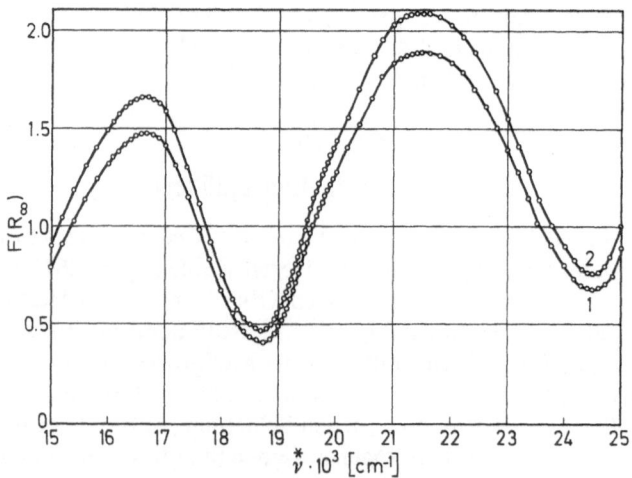

Abb. 68a. Reflexionsspektrum von Cr_2O_3/MgO, gegen MgO als Standard aufgenommen, ohne (1) bzw. mit (2) Deckscheibe aus Quarz

und $F(R_\infty)_{\text{ohne Deckscheibe}}$ gegeneinander auf, so erhält man mit sehr guter Näherung eine Gerade, die aber nicht unter 45° ansteigt. Trägt man die Differenz $F(R_\infty)_{\text{mit D.}} - F(R_\infty)_{\text{ohne D.}}$, auf absolute Werte umgerechnet, gegen $F(R_\infty)_{\text{ohne D.}}$ auf, so erhält man die Meßpunkte der Abb. 68 b. Die durchgelegte Kurve wurde mittels (19) berechnet, wobei sich die beste Übereinstimmung mit den Meßpunkten ergab, wenn man R_{12} der

Quarzplatte gleich 0,10 setzte anstatt gleich 0,155, wie es Gl. (II, 25) für $n_{\text{Quarz}} = 1,5$ erwarten läßt. Das bedeutet, daß die Messungen die Theorie zwar qualitativ, aber nicht quantitativ bestätigen. Hierauf hat schon Judd[210] hingewiesen und die verschiedenen Möglichkeiten diskutiert, die das theoretisch berechnete R_{12} erniedrigen könnten. Wenn man bedenkt, daß R_{12} bei großen Einfallswinkeln beträchtlich wird (bei streifendem Einfall ist $R_{12} = 1$), so ist es wahrscheinlich, daß ein Teil der Strahlung seitlich aus der Probe austritt oder vom Probenteller absorbiert wird. Dadurch wird der Einfluß der Deckscheibe verringert.

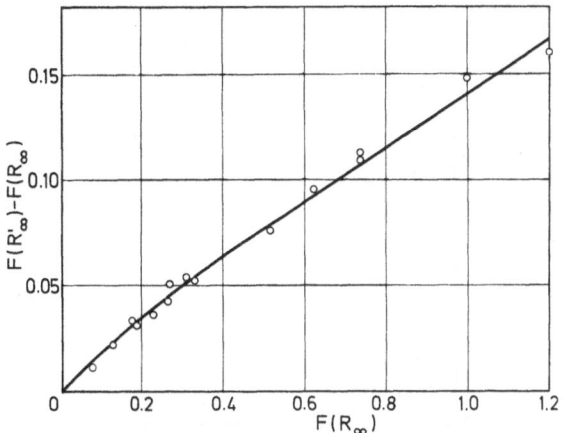

Abb. 68b. Reflexionsspektrum von Cr_2O_3: $F(R_\infty)_{\text{mit Deckglas}} - F(R_\infty)_{\text{ohne Deckglas}}$ als Funktion von $F(R_\infty)$

Wie man der Gl. (19) entnimmt, wird für geringe Absorption $(R_{\infty 3} \to 1)$

$$F(R_{\infty 3})_{\text{mit D.}} \cong \frac{F(R_{\infty 3})_{\text{ohne D.}}}{(1 - R_{12})^2}, \tag{20}$$

für starke Absorption $(R_{\infty 3} \to 0)$

$$F(R_{\infty 3})_{\text{mit D.}} \cong \frac{F(R_{\infty 3})_{\text{ohne D.}}}{1 - R_{12}}. \tag{21}$$

Die Kubelka-Munk-Funktion einer abgedeckten Probe hat also für kleine Werte von $F(R_\infty)$ eine größere Steigung als für große $F(R_\infty)$-Werte, die Abweichungen von der Geraden sind aber gering, wie aus Abb. 68b hervorgeht. Wie diese Messungen zeigen, sollten Deckgläser bei der Messung von Reflexionsspektren vermieden werden, wenn nicht besondere Gründe sie erfordern.

---

[210] Judd, D. B., and K. S. Gibson: J. Res. Natl. Bur. Std. **16**, 261 (1936).

f) Streu- und Absorptionskoeffizienten

Die Kubelka-Munk-Theorie setzt monochromatische Strahlung voraus, sie sagt also nichts aus über die Wellenlängenabhängigkeit des Streukoeffizienten. Da es sich um Vielfachstreuung an eng gepackten Teilchen verschiedener Form und Größe handelt, kann auch die Miesche Theorie der Einfachstreuung nur als Leitfaden für die zu erwartende λ-Abhängigkeit von S dienen, und man muß versuchen, die Streukoeffizienten als Funktion von λ aus dem Experiment zu gewinnen. Bereits aus der Kubelka-Munk-Funktion $F(R_\infty)$ lassen sich die Streukoeffizienten abschätzen, wenn man die Absorptionskoeffizienten aus gleichzeitigem

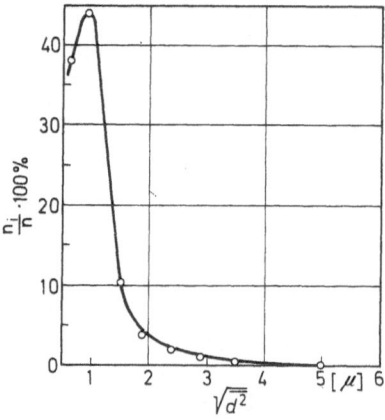

Abb. 69 Korngrößenverteilung von gemahlenem Didymfilterglas mit $\sqrt{\bar{d}^2} = 1{,}1$

Durchsichtsmessungen entnimmt, wie dies etwa bei dem S. 195 erwähnten Filterglas möglich ist. Da S gleichzeitig von der Korngröße abhängig ist, muß man Proben mit einer möglichst schmalen Korngrößenverteilung herstellen, die man mikroskopisch ausmißt. In Abb. 69 ist eine solche Verteilung des gemahlenen Didymfilterglases angegeben, wobei wenigstens 500 Teilchen ausgemessen wurden[211]. Daraus erhält man die mittlere Korngröße mittels $\sqrt{\bar{d}^2} = \sqrt{\Sigma n_i d_i^2 / \Sigma n_i}$. Mißt man die Reflektionsspektren einer Reihe von solchen Proben mit verschiedenen $\sqrt{\bar{d}^2}$ unter möglichst gleichen Bedingungen (gleiche spektrale Bandbreite, gleicher Standard usw.) und entnimmt die Absorptionskoeffizienten K dem gleichzeitig gemessenen Durchsichtsspektrum[212] der Abb. 67, so

---

[211] *Kortüm, G., W. Braun* u. *G. Herzog*: Angew. Chem. **75**, 653 (1963); — Intern. Ed. **2**, 333 (1963).

[212] Wegen Gl. (IV, 16) müssen die den Durchsichtsmessungen entnommenen K_T-Werte verdoppelt werden.

erhält man einerseits die Abhängigkeit des Streukoeffizienten S von der Wellenzahl bei verschiedenen Korngrößen, andererseits die Abhängigkeit des Streukoeffizienten von der Korngröße bei gegebener Wellenzahl. Dies ist in Abb. 70 und Abb. 71 dargestellt: Der Streukoeffizient ist der mittleren Korngröße umgekehrt proportional, ein Ergebnis, das mehrfach beobachtet wurde[213]; bei gröberen Pulvern ist ferner in dem untersuchten Spektralbereich S von $\tilde{v}$ unabhängig, bei feineren Pulvern steigt S mit der Wellenzahl deutlich an, wenn auch die Messungen hier unsicherer sind. Dies bedingt natürlich eine geringe Verzerrung der „typischen Farbkurve" in Abb. 67, worauf schon hingewiesen wurde.

Dieses Verfahren zur Ermittlung von Streukoeffizienten mit Hilfe der aus Durchsichtsspektren entnommenen K_T-Werte ist natürlich nur anwendbar, wenn die Durchsichtsspektren leicht zugänglich sind, was in der Regel außer bei Gläsern oder Mischkristallen nicht der Fall sein wird. Aber davon abgesehen vermag dieses Verfahren prinzipiell nur Schätzungswerte der Streukoeffizienten zu liefern, auch wenn man den durch Gl. (IV, 16) bedingten Faktor 2 berücksichtigt. Zwar ist Proportionalität zwischen K_R und K_T zu erwarten, wenn die absorbierenden Molekeln oder Ionen jeweils bei der Reflexions- und der Durchsichtsmessung im gleichen Zustand vorliegen, wie es etwa bei Farbgläsern der Fall ist, aber der oben genannte Faktor 2 ist unter idealisierenden Bedingungen eines homogenen Mediums (K und S an allen Stellen konstant) und isotroper Streuverteilung abgeleitet. Tatsächlich aber wechseln Gebiete von großem K (Substanz) und kleinem K (Luft) ab, d. h. die Packungsdichte ist, verglichen mit der bei Durchsichtsmessung, kleiner; ferner kann der wirklich innerhalb des Pulvers zurückgelegte Weg durch Totalreflexion an den Kriställchen in undefinierter Weise verändert werden. Aus diesen Gründen ist es möglich, daß der theoretisch errechnete Faktor 2 den wirklichen Verhältnissen nicht entspricht.

Ein experimenteller Vergleich von K_T und K_R wurde auf folgende Weise erhalten[214]. Es wurde das Durchsichtsspektrum und die „typische Farbkurve" in Reflexion eines Farbglases (BG 24 von *Schott*) gemessen, analog zu Abb. 67, wobei die mittlere Korngröße etwa 5 μ betrug.

Beide Spektren fielen fast vollständig zusammen. Die Streukoeffizienten des Pulvers wurden aus R_∞ und den Durchlässigkeiten einer dünnen Pulverschicht ermittelt, wie es weiter unten beschrieben wird. Allerdings konnte S im interessierenden Absorptionsgebiet selbst nicht bestimmt werden, weil dort die Durchlässigkeiten für die Auswertung zu gering waren; deshalb wurde nur in den an die Bande anschließenden Bereichen von 10 000 bis 14 500 cm^{-1} und von 22 500 bis 28 000 cm^{-1} gemessen und S dazwischen interpoliert, was wegen seiner geringen Wellenlängen-

---

[213] Vgl. *Kortüm, G.,* u. *P. Haug:* Z. Naturforsch. **8a**, 372 (1953).
[214] *Kortüm, G.,* u. *D. Oelkrug:* Naturwiss. **53**, 600 (1966).

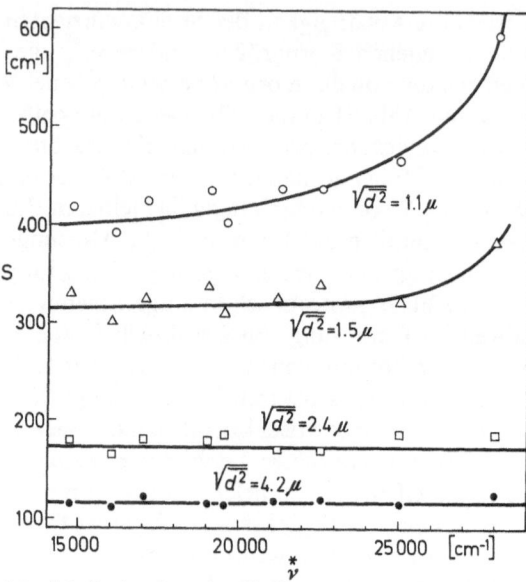

Abb. 70. Abhängigkeit des Streukoeffizienten S von der Wellenzahl bei verschiedenen Korngrößen, gemessen an Glasfilterpulver

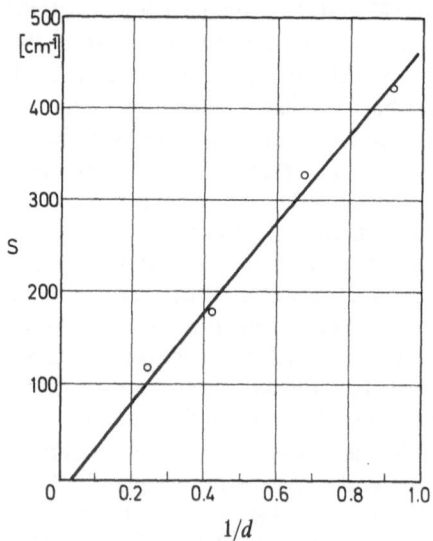

Abb. 71. Abhängigkeit des Streukoeffizienten S von der mittleren Korngröße, gemessen an Glasfilterpulver

abhängigkeit leicht möglich war[215]. Die mit diesen S-Werten mittels Gl. (IV, 32) berechneten K_R-Werte können dann mit den aus Durchsichtsmessungen gewonnenen K_T-Werten verglichen werden (Tab. 11).

Das gefundene Verhältnis K_R/K_T ist größer als der theoretische Wert 2 und im Bereich von 15000 bis 22000 cm^{-1} konstant. Wie weitgehend dies auf die oben diskutierten Gründe oder auf eine nicht vollständig isotrope Streuverteilung zurückzuführen ist, läßt sich nicht sicher entscheiden. An sich wäre ein Verhältnis $K_R/K_T < 2$ wahrscheinlicher, weil die Probe in Reflexion weniger dicht gepackt vorliegt als in Durchsicht. Sicher liegt aber bei einer Korngröße von ca. 5 µ beim Einzelstreuprozeß keine isotrope Streuverteilung mehr vor. Die Streuung kommt

Tabelle 11. *Streu- und Absorptionskoeffizienten des Farbglases BG 24*

$\tilde{v} \cdot 10^{-3}$ [cm^{-1}]	S [cm^{-1}] (interpoliert)	K_R [cm^{-1}]	K_T [cm^{-1}]	K_R/K_T
14,5	468	4,8	1,67	2,9
15	471	18,2	6,35	2,9
16	474	65,3	24,73	2,6
17	477	81,9	29,93	2,7
18	479	61,7	22,67	2,7
19	482	55,2	20,12	2,8
20	485	37,2	13,45	2,8
21	488	25,2	9,02	2,8
22	490	11,5	3,93	2,9

zum Teil durch Reflexion an den Korngrenzen zustande. Bei Austritt der Strahlung aus der Grenzfläche Kristall/Luft findet außerdem zum Teil Totalreflexion statt, so daß dadurch der Lichtweg im Kristall verlängert wird, was einer scheinbaren Zunahme von K entspricht. Jedenfalls muß man damit rechnen, daß die in Durchsicht gemessenen K_T-Werte den in Reflexion gemessenen K_R zwar proportional, aber nicht mit ihnen identisch sind.

Alle bisher angeführten Beispiele zur Prüfung der Kubelka-Munk-Theorie bezogen sich auf die Bedingung „unendliche Schichtdicke". Eine schärfere Prüfung der Theorie ist nur dann möglich, wenn man die Streu- und Absorptionskoeffizienten z. B. aus Reflexionsmessungen allein ermittelt. Dazu muß man das sog. „Streuvermögen" Sd als Funktion von R_0, der Reflexion vor schwarzem Untergrund, und von R_∞ bei un-

---

[215] Streng genommen ist auch diese Interpolation nicht zulässig, weil der Streukoeffizient auch von $m = n/n_0$, dem Verhältnis der Brechungsindizes der Teilchen und der Matrix abhängen wird (analog wie bei der Mie-Streuung) und n im Absorptionsgebiet anomale Dispersion besitzt (vgl. S. 318).

endlicher Schichtdicke messen, wie aus den nach *Kubelka-Munk* errechneten Diagrammen (vgl. z. B. Abb. 48) entnommen werden kann. Man benutzt dazu die Gln. (IV, 43) bzw. (IV, 56), die einander äquivalent sind. Ältere Untersuchungen dieser Art haben vor allem *Dreosti*[216] und *Judd*[217] an Emaille, weißen Anstrichfarben, Silikaten, Opalgläsern und Mastixemulsionen ausgeführt und die Brauchbarkeit der Kubelka-Munk-Theorie bestätigt. Im folgenden sei eine Anzahl neuerer Messungen[218] besprochen, die gleichzeitig auch Aufschluß über die Wellenzahl- und Korngrößenabhängigkeit der Streukoeffizienten geben.

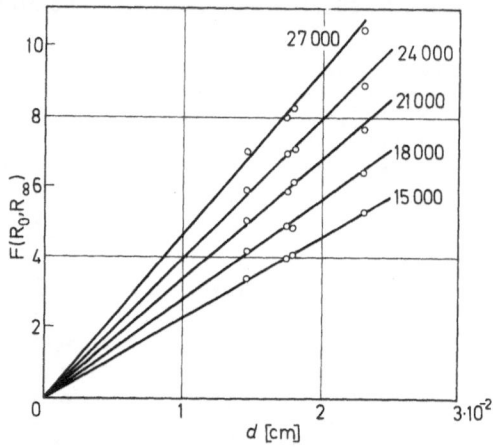

Abb. 72. $F(R_0, R_\infty)$ von CaF_2-Pulver in Abhängigkeit von der Schichtdicke d bei verschiedenen Wellenzahlen als Parameter

Es wurden Messungen von R_0 und R_∞ an Kalziumfluoridpulvern verschiedener Schichtdicke gemacht mit MgO als Vergleichsstandard und unter gerichteter Einstrahlung. Zur Messung von R_0 wurden die Pulver in geschwärzte Probenteller von 0,1 bis 0,3 mm Tiefe möglichst eben eingewalzt, und die Schichtdicke mikroskopisch ermittelt. Das Reflexionsvermögen des schwarzen Untergrundes betrug etwa 0,02 und konnte vernachlässigt werden. Die gemessenen Relativwerte R' wurden mit Hilfe der ϱ-Werte von MgO (vgl. S. 151) auf Absolutwerte R umgerechnet. Trägt man das aus diesen Messungen berechnete $F(R_0, R_\infty)$ nach Gl. (IV, 56) gegen die benutzten Schichtdicken d auf, so erhält man für jede gegebene Wellenzahl eine Gerade, die durch den Nullpunkt geht, und deren Steigung den Streukoeffizienten S liefert. Das bedeutet

[216] *Dreosti, G. M.:* Dissertation, Utrecht 1930.
[217] *Judd, D. B.:* J. Res. Natl. Bur. Std. **19**, 287, 317 (1937).
[218] *Oelkrug, D.:* Dissertation, Tübingen 1963.

eine Bestätigung der Gl. (IV, 56) und bestätigt gleichzeitig die schon früher gewonnene Erfahrung, daß sich die gerichtete Einstrahlung nicht bemerkbar macht, weil sich schon nahe der Oberfläche eine isotrope Streuverteilung einstellt (vgl. S. 176). In Abb. 72 sind diese Messungen wiedergegeben. S, die Steigung der Geraden, ist hier stark abhängig von der Wellenzahl.

Man kann das „Streuvermögen" Sd auch mittels Gl. (IV, 61) aus R_∞ und der Durchlässigkeit T des Pulvers ermitteln. Als Modellbeispiel zur Prüfung dieser Gleichung dienten Filterpapiere konstanter Schichtdicke $(150 \pm 2\,\mu)$[219]. Zur Messung von R_∞ wurden 15 dieser Papiere übereinander gelegt, zur Messung von T und auch R_0 dienten jeweils 1 bis 5 Papiere hintereinander[220]. Als Untergrund für die R_0-Messungen diente schwarzer Samt, dessen Reflexionsvermögen von 0,005 vernachlässigt werden konnte. Es wurde gerichtet unter 0° eingestrahlt. Die aus den Messungen berechneten Funktionen $F(R_0, R_\infty)$ und $F(T, R_\infty)$ sind in Abb. 73 gegen die Zahl der hintereinandergelegten Papiere aufgetragen.

Man erhält auch hier eine durch den Nullpunkt gehende gemeinsame Gerade, d. h. beide Meßmethoden führen zu dem gleichen, durch die Neigung gegebenen Streukoeffizienten S. Bei diesen (etwas rauhen und glanzlosen) Papieren wurde ebenfalls keine Verfälschung der Meßergebnisse durch gerichtete Einstrahlung beobachtet. Sie würde sich in Abweichungen von der Geraden bemerkbar machen.

---

[219] *Kortüm, G.,* u. *D. Oelkrug:* Z. Naturforsch. **19a**, 28 (1964).

[220] Für zwei *gleiche* homogene Schichten hintereinander gilt nach (IV, 75a) und (IV, 77a)

$$T_{1,2} = \frac{T_1^2}{1 - R_1^2} \quad \text{und} \quad R_{1,2} = R_1 + \frac{T_1^2 R_1}{1 - R_1^2}. \tag{22}$$

Ferner kann man den Zusammenhang zwischen T, R_0 und R_∞ nach (IV, 66) ausdrücken durch

$$a \equiv \frac{1}{2}\left(\frac{1}{R_\infty} + R_\infty\right) = \frac{1 + R_0^2 - T^2}{2R_0}.$$

a ist bei gegebener Probe für beliebige Schichtdicken konstant, d. h. für eine Schicht 1 und eine Doppelschicht 1,2 muß gelten

$$\frac{1 + R_{01}^2 - T_1^2}{2R_{01}} = \frac{1 + R_{01,2}^2 - T_{1,2}^2}{2R_{01,2}}. \tag{23}$$

Setzt man die Ausdrücke für $T_{1,2}$ und $R_{01,2}$ ein, so sieht man, daß die Gleichung erfüllt ist. Das bedeutet, daß man sich eine *homogene* Schicht durch zwei (oder auch mehr) Teilschichten ersetzt denken kann, ohne daß sich an den Gleichungen der Theorie etwas ändert.

Etwas andere Ergebnisse erhielt *Stenius*[221] bei der Untersuchung handgemachter Papiere. Er benutzte zur Berechnung von S aus Messungen von R_0 und R_∞ die Gln. (IV, 37) und (IV, 40) und ersetzte die Schichtdicke durch das sog. Flächengewicht W des Papiers in g/m². Das zugehörige s und k wird dann als der *spezifische* Streu- bzw. Absorptionskoeffizient bezeichnet. Trägt man s und k als Funktion von W verschiedener Papiere aus dem gleichen Papierbrei auf, so erhält man die Kurven

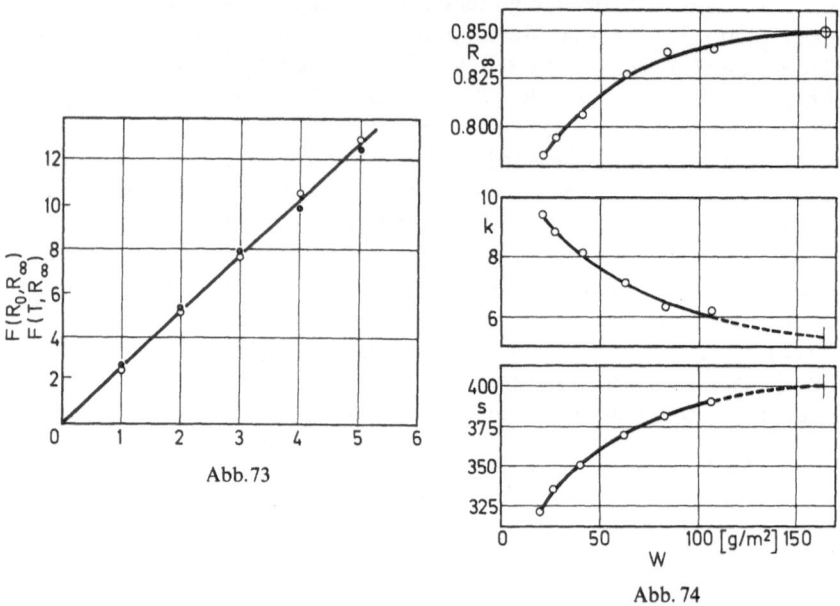

Abb. 73. Reflexions- und Durchsichtsmessungen an Filterpapieren bei 19000 cm⁻¹.
● Reflexion; ○ Durchsicht

Abb. 74. Der „spezifische" Streukoeffizient s handgemachten Papiers als Funktion des sog. Flächengewichts bei 456 mµ

der Abb. 74, gemessen bei 456 mµ. s und k sind nicht konstant für gegebene Wellenlänge, sondern nehmen mit wachsendem W zu bzw. ab. Das bedeutet nach (IV, 32), daß auch R_∞ (nach Umrechnung auf absolute Größe) nicht konstant ist, sondern von W abhängig ist. Da s und k für sehr große W nicht gemessen werden können, muß man sie mittels dieser Kurven auf $W \to \infty$ extrapolieren, während R_∞ unmittelbar meßbar ist. Für diese auf $W \to \infty$ extrapolierten Werte von s und k gilt dann wieder die Kubelka-Munk-Funktion (IV, 32).

---

[221] *S: son Stenius, Å.*: Svensk Papperstidning **54**, 663, 701 (1951).

Zur Deutung dieser Meßergebnisse muß man annehmen, daß es sich bei diesen Papieren nicht um homogene Schichten handelt, sondern daß die inneren Teile der Schicht dichter gepackt sind und deshalb stärker streuen als die äußeren Teile. Man kann also ein solches Papier sich zusammengesetzt denken aus zahlreichen sehr dünnen Schichten parallel zur Oberfläche, die ihrerseits sich homogen verhalten in bezug auf s und k, und muß dann die Kubelka-Munk-Theorie für das Mehrschichtenmodell (vgl. S. 126 ff.) anwenden[222]. Dabei läßt sich zeigen, daß für eine symmetrische Folge solcher dünnen Schichten in bezug auf die zentrale Schicht die Kubelka-Munk-Theorie gültig bleibt. Da Papiere diese Symmetrie nicht besitzen (verschiedene Eigenschaften der Netz- und der Filzseite), muß man sie falten, um eine solche symmetrische Folge zu erhalten, d. h. solche gefalteten Papiere gehorchen wieder der Kubelka-Munk-Theorie (vgl. S. 129). Wegen der Inhomogenität von Papieren eignen sich diese im allgemeinen nicht sehr gut für die Prüfung der Theorie. Daß sie trotzdem häufig dafür herangezogen wurden, beruht darauf, daß man in Papier freitragende Schichten vor sich hat, deren Reflexionswerte R_0 und R_∞ ebenso wie ihre Durchlässigkeit T leicht gemessen werden können. Bei Pulvern, die sich zur Prüfung der Theorie wegen ihrer Homogenität viel besser eignen, macht es zwar auch keine Schwierigkeiten, R_0 und R_∞ zu messen (vgl. Abb. 72), dagegen bedarf es zur Messung von T einer festen durchsichtigen Unterlage oder sogar einer Küvette mit zwei Fenstern, wodurch man wieder gezwungen ist, die kompliziertere Mehrschichten-Theorie zu benutzen, um den Einfluß der Fenster auf T zu eliminieren (vgl. S. 195).

Zur Aufnahme der „typischen Farbkurve" (vgl. S. 192) wird der zu untersuchende Stoff mit einem nichtabsorbierenden Standard verdünnt bzw. daran adsorbiert. Da bei den in Frage kommenden Konzentrationen ($10^{-4} < x < 10^{-2}$) der absorbierende Stoff keinen Einfluß auf die Streuverhältnisse hat (vgl. S. 183) und auch nicht zu erwarten ist, daß er das Streuvermögen des Verdünnungsmittels ändert, können die Streukoeffizienten am reinen Verdünnungsmittel bestimmt, und die Meßergebnisse für die absorbierende Probe übernommen werden. Das ist insofern günstig, als die S-Werte absorbierender Proben wegen zu kleiner Meßeffekte im allgemeinen nicht zugänglich sind. Aus diesem Grunde lohnt es sich, die Streukoeffizienten solcher Weißstandards in Abhängigkeit von Wellenzahl, Korngröße und Brechungsindex zu messen und dadurch zu entscheiden, ob für die Vielfachstreuung an Pulvern ähnliche Gesetzmäßigkeiten existieren, wie sie für die Einfachstreuung nach *Rayleigh* bzw. *Mie* berechnet und experimentell bestätigt worden sind. Die im folgenden angegebenen Messungen[223] sind, nach wachsender

---

[222] *S: son Stenius, Å.*: l. c.

[223] *Kortüm, G.*, u. *D. Oelkrug*: Z. Naturforsch. **19a**, 28 (1964).

Korngröße geordnet, in Tab. 12 zusammengestellt. Die Korngrößen wurden teils mit dem Lichtmikroskop, teils mit dem Elektronenmikroskop bestimmt und gemittelt, teils auch aus den mit der BET-Methode (Adsorption von Stickstoff) ermittelten spezifischen Oberflächen berechnet.

Teilchen sehr kleinen Durchmessers ($d \ll \lambda$) lassen sich nur schwierig herstellen. Am besten geeignet sind Aerosile (Degussa), die durch Variation der Herstellungsbedingungen in Form von Pulvern mit einer sehr engen Teilchengrößenverteilung (nach Abb. 69) gewonnen werden können (mittlere Korngröße zwischen 0,1 und 0,01 μ). Die nach Gl. (IV, 56) für $K \to 0$ bzw. $R > 0,95$ aus Messungen von T und R_∞ berechneten Streukoeffizienten sind in Abb. 75 doppelt logarithmisch gegen die Wellenzahl $\tilde{\nu}$ aufgetragen. Da bei so kleinen Teilchen und Einfachstreuung die

Tabelle 12. *Streukoeffizienten der Kubelka-Munk-Theorie*

Untersuchte Stoffe	Spez. Oberfl. nach BET [m²/g]	mittlere Korngröße [μ]	Herstellung und Vorbehandlung	Meß-größen	Potenz α der Wellenzahl-abhängigkeit v. $S(S = \text{const. } \tilde{\nu}^\alpha)$	
Aerosile	376	0,01	1 h bei 600° C erhitzt	$T_{1,2,3}, R_\infty$	3,6	
	294	0,015			3,5	
	196	0,02			3,2	Korngröße
	106	0,04			3,0	$< \lambda$
	38	0,08			2,6	
Calciumfluorid		$\cong 0,2$	gefällt	$T_{1,2}, R_\infty$	$\cong 1$	
SiO₂-Al₂O₃ Crack-Katalysator	520 (innere Oberfl.)	0,2—0,4	2 h bei 600° C erhitzt 20 h gemahlen	$T_{1,2}, R_\infty$	$\cong 1$	Korngröße $\cong \lambda$
Natriumchlorid p.a.	8	$\cong 0,4$	2 h bei 600° C erhitzt 12 h gemahlen	R_0, R_∞	$\cong 1$	
Magnesiumoxid		0,1—0,2	auf schwarzen Untergrund aufgeraucht	R_0	$\cong 1$	
Quarzpulver		5, 10	Zermahlen von Quarzglas	R_0, R_∞	< 1	
Glaspulver		2,5, 3, 7, 15	Zermahlen von Fensterglas	R_0, R_∞	$\cong 0$	Korngröße $> \lambda$
Natriumchlorid pulv. subt.		15—25	2 h bei 400° C erhitzt	R_0, R_∞	$\cong 0$	
Farbglas BG 23 (*Schott* u. Gen.)		$\cong 5$	Zermahlen	$T_{1,2}, R_\infty$	< 1	

Rayleigh-Gleichung (III, 19) gültig sein müßte, nach der $S' \sim \lambda^{-4} \sim \overset{*}{v}{}^4$, müßte bei dieser Darstellung aus der Steigung der jeweiligen Geraden die Potenz der $\overset{*}{v}$-Abhängigkeit abzulesen sein. Tatsächlich findet man eine lineare Abhängigkeit von S von $\log \overset{*}{v}$. Die $\overset{*}{v}$-Abhängigkeit nimmt mit abnehmender Korngröße deutlich zu, dagegen wird die für Einfachstreuung gültige Potenz 4 nicht ganz erreicht[224]. Immerhin bedeutet dies, daß

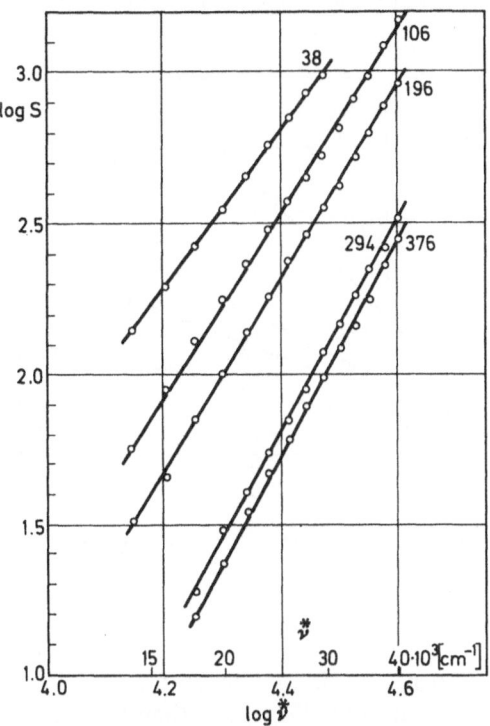

Abb. 75. Streukoeffizienten von Aerosilen, Packungsdichte $G/\varrho = 0,107$; spezifische Oberfläche in m²/g als Parameter

auch bei Vielfachstreuung an so kleinen Teilchen ähnliche Verhältnisse vorliegen wie im Fall der Einfachstreuung.

Auch die aus Abb. 75 hervorgehende starke Zunahme der Streukoeffizienten mit zunehmender Korngröße steht im Einklang mit dieser

---

[224] Nach einer verfeinerten Theorie von *Stratton, J. A.,* and *H. G. Houghton:* Phys. Rev. **38,** 159 (1931) sind in diesem Korngrößenbereich tatsächlich kleinere Wellenlängenexponenten zu erwarten. Vgl. auch *Luck, W.:* Diplomarbeit, Berlin 1945.

Vorstellung. Bei Einfachstreuung nach *Rayleigh* sollte S nach Gl. (III, 20) der dritten Potenz des Radius der Teilchen, d. d. ihren Volumen proportional sein. Dabei muß natürlich N und damit auch G/ϱ, die sog. *Packungsdichte* konstant gehalten werden. Umgekehrt muß bei konstantem Volumen v der Teilchen in kondensierten Systemen nach (III, 25) die sog. „Trübung" S' der Teilchenzahl N proportional sein. Dies wird auch bei der Vielfachstreuung gefunden. Trägt man S bei einem gegebenen Aerosil gegen die Packungsdichte G/ϱ, d. h. nach (III, 20) gegen N auf[225],

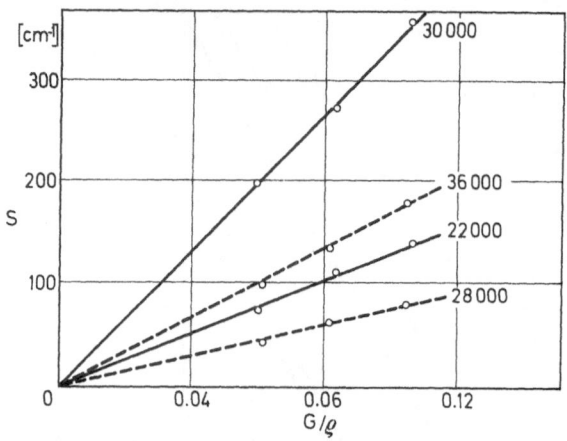

Abb. 76. Streukoeffizienten von Aerosil in Abhängigkeit von der Packungsdichte G/ϱ bei verschiedenen Wellenzahlen als Parameter. ○---○ Aerosil 376 m²/g, ○——○ Aerosil 196 m²/g

so erhält man Geraden, wie sie in Abb. 76 für zwei Proben und zwei Wellenlängen dargestellt sind. Dagegen stimmt die beobachtete Abhängigkeit des Streukoeffizienten von der Korngröße nicht mit der nach *Rayleigh* für kleine Teilchen zu erwartenden linearen Abhängigkeit mit r^3 bzw. v überein, wie ja auch die beobachtete Wellenzahlabhängigkeit nicht durch $\overset{*}{v}^4$, sondern durch $\overset{*}{v}^{\alpha}$ gegeben ist, wobei $\alpha < 4$ (vgl. Abb. 75). Die Gesetze der Einfachstreuung kleiner Teilchen können also bei Vielfachstreuung nicht einfach übernommen werden. Immerhin lassen aber diese Messungen den Schluß zu, daß für kleine Teilchen auch in dichter Packung der Streuvorgang ähnlich beschrieben werden kann wie bei der Einfachstreuung. Das rührt einmal davon her, daß in beiden Fällen isotrope Streuverteilung vorliegt, so daß die Streukoeffizienten nach

---

[225] Aerosile sind leicht auf kleinere Volumina komprimierbar, da sie sehr lockere Pulver bilden.

Rayleigh und nach *Kubelka-Munk* auf Grund ihrer Definition einander proportional sein sollten. Zum anderen ist die am Einzelteilchen gestreute Energie relativ klein, so daß auch die Wechselwirkung zwischen den gestreuten Wellen nicht allzuviel Bedeutung haben kann. Unterschiede treten aber deshalb auf, weil bei dichter Packung sich die Teilchen zu größeren Aggregaten vereinigen können. Dadurch wird der für die Streuung wirksame Teilchendurchmesser und damit auch der Streukoeffizient vergrößert. Tatsächlich ist bei den kleinen Aerosilen der gemessene Streukoeffizient um 1—2 Zehnerpotenzen größer als der nach *Rayleigh* berechnete[226].

Bei Teilchen, deren Korngrößen mit der Lichtwellenlänge vergleichbar sind (zweite Gruppe in Tab. 12) ist der gemessene Streukoeffizient S

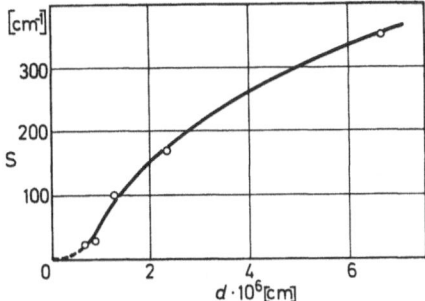

Abb. 77. Korngrößenabhängigkeit des Streukoeffizienten von Aerosil bei 20000 cm^{-1}

in den meisten Fällen der Wellenzahl etwa proportional ($\alpha \cong 1$). Ein Beispiel gibt Abb. 78, in der die gemessenen Streukoeffizienten von MgO (Korngröße ca. 0,1 µ) und von einem Crack Katalysator SiO_2–Al_2O_3 (Korngröße ca. 0,3 µ) als Funktion von $\tilde{v}$ wiedergegeben sind. Auch feinst gepulvertes CaF_2 (Korngröße ca. 0,2 µ) zeigt das gleiche Verhalten. In allen diesen Fällen wurde S aus Messungen von T und R_∞ ermittelt. Bemerkenswert ist, daß die spezifische Oberfläche des Crack-Katalysators, nach der BET-Methode gemessen, etwa 600 m^2/g betrug, d. h. der weitaus größte Teil der Oberfläche bestand aus „innerer Oberfläche". Diese aus Poren, Spalten usw. bestehende innere Oberfläche spielt also offenbar für die Größe des Streukoeffizienten keine Rolle, dieser wird ausschließlich durch die äußere Korngröße bestimmt, wie schon oben bei

---

[226] Die Aggregation der Aerosil-Teilchen bei Anwendung von Druck wird auch durch die beobachtete reguläre Reflexion (Glanzspitzen) bestätigt (vgl. S. 45). Auch nach der Theorie [*Giovanelli, R. G.*: Progr. Optics **2**, 111 (1963)] wird durch Aggregation der Teilchen das Verhältnis a/σ vergrößert und damit das Reflexionsvermögen R_∞ verringert.

den Aerosilen erwähnt wurde. Alle drei untersuchten Stoffe besitzen
S-Werte gleicher Größenordnung entsprechend den vergleichbaren
Korngrößen. Man erkennt jedoch eine eindeutige Abhängigkeit der
Größe von S von den Brechungsindizes der drei Stoffe ($n_{CaF_2} \cong 1,45$;
$n_{SiO_2-Al_2O_3} \cong 1,55$; $n_{MgO} \cong 1,75$). Dies steht im Einklang mit der Mie-
Theorie für Einfachstreuung (vgl. Gl. (III, 49a) und (III, 52)). Das große
Streuvermögen von MgO ist also durch seinen großen Brechungsindex
bedingt. Auch die beobachtete lineare Abhängigkeit des Streukoef-
fizienten von λ^{-1} bzw. $\overset{*}{v}$ entspricht etwa der Forderung der Mie-Theorie

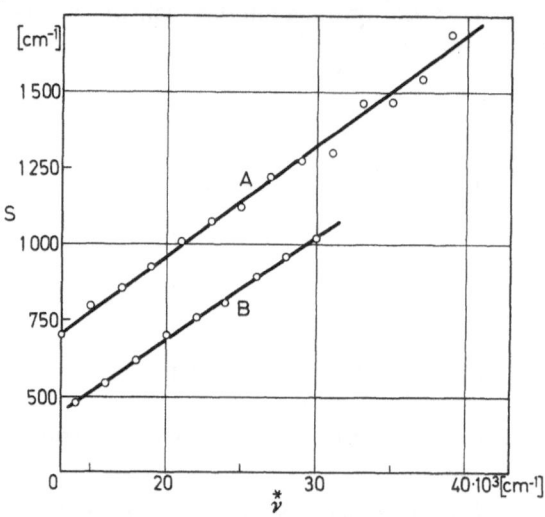

Abb. 78. Streukoeffizienten von MgO (A) und einem Crack-Katalysator
SiO$_2$-Al$_2$O$_3$ (B) in Abhängigkeit von der Wellenzahl

in diesem Teilchengrößenbereich. Das bedeutet jedoch keineswegs, daß
man Ergebnisse der Mie-Theorie auch für die Vielfachstreuung ohne
weiteres übernehmen könnte. Das geht schon daraus hervor, daß S und S'
ganz verschieden definiert sind (vgl. S. 112). Vor allem muß man aber
bedenken, daß es sich hier um geometrisch undefinierte Teilchen in
polydisperser Form handelt, während die Mie-Theorie für kugelförmige
Teilchen einheitlicher Größe abgeleitet ist. Schon beim Übergang von
der Kugelform zu Scheibchen oder Stäbchen wird theoretisch eine
Zunahme des Streuvermögens gefordert, deren Größe vom Brechungsindex abhängt[227], und je breiter die Korngrößenverteilungskurve ist,
umso mehr werden die Gesetzmäßigkeiten für die einheitliche Korngröße verwischt.

---

[227] *Gans, R.*: Ann. Physik **37**, 881 (1912).

Einen anderen, häufiger vorkommenden Fall zeigt Abb. 79. Die Streukoeffizienten von trockenem NaCl (mittlere Korngröße 0,4 μ), berechnet aus Messungen von R_0 und R_∞, nehmen zunächst ebenfalls linear mit $\overset{*}{\nu}$ zu, ab 30000 cm^{-1} wird aber der Anstieg steiler. Man kann dies darauf zurückführen, daß der Brechungsindex von NaCl in diesem Wellenzahlgebiet bereits stark ansteigt ($n_{30000} = 1{,}589$; $n_{36000} = 1{,}622$; $n_{40000} = 1{,}656$). Schon bei der Einfachstreuung geht der Brechungsindex in erster Näherung nach Gl. (III, 49 a) in der Form $\left(\dfrac{n^2-1}{n^2+2}\right)^2$ in die Streuformel ein. Im vorliegenden Fall würde das von 30000 bis 36000 cm^{-1}

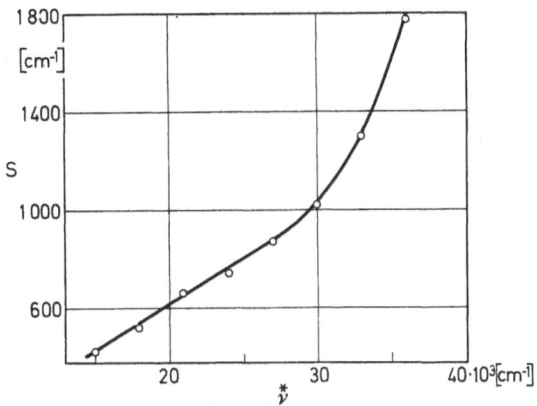

Abb. 79. Streukoeffizienten von NaCl in Abhängigkeit von der Wellenzahl

bereits eine Zunahme von S um etwa 10% bewirken, die sich dem Einfluß der Wellenzahl überlagert. Bei Vielfachstreuung dürfte dieser Einfluß noch erheblich größer sein.

Teilchen schließlich, deren mittlere Korngröße groß ist gegenüber λ (dritte Gruppe in Tab. 12), zeigen nach der Theorie der Einfachstreuung keine Wellenlängenabhängigkeit des Streuvermögens (vgl. S. 94) und S ist nach Gl. (III, 53) umgekehrt proportional zur Korngröße bei gegebener Wellenlänge. Wie schon aus Abb. 70 hervorging und wie systematische Messungen des Streukoeffizienten an Glaspulvern (aus R_0 und R_∞-Werten) bestätigen, verläuft auch S bei Vielfachstreuung umgekehrt proportional zum Teilchendurchmesser. Die Wellenzahlabhängigkeit von S bei verschiedenen mittleren Teilchendurchmessern als Parameter ist in Abb. 80 dargestellt, sie bestätigt die in Abb. 40 wiedergegebenen Messungen. Insofern folgt also auch die Vielfachstreuung den Forderungen der Mieschen Theorie. Eine zahlenmäßige Übereinstim-

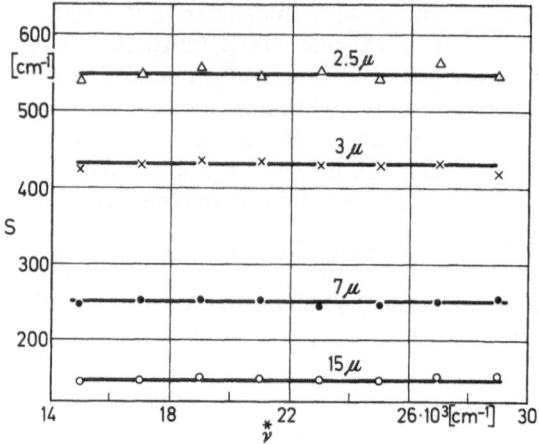

Abb. 80. Streukoeffizienten von Glaspulver in Abhängigkeit von der Wellenzahl;
Parameter: mittlerer Teilchendurchmesser

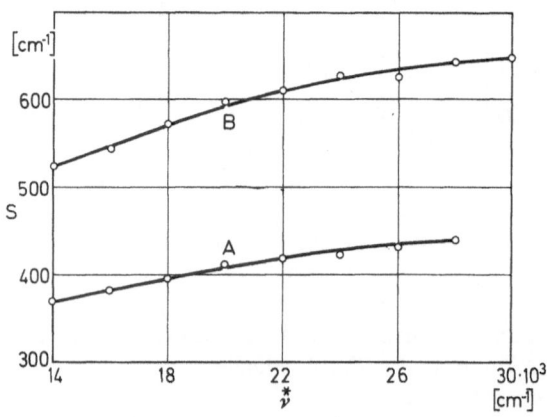

Abb. 81. Streukoeffizienten von Quarzpulver in Abhängigkeit von der Wellenzahl;
Parameter: mittlerer Teilchendurchmesser

mung ist natürlich aus den oben angegebenen Gründen nicht zu erwarten,
schon weil keine einheitlichen Korngrößen vorlagen. So wachsen z. B.
die Streukoeffizienten von Quarzpulver im gleichen Korngrößen- und
Wellenzahlbereich um 10–20 % an, weil beim Zermahlen des harten und
spröden Quarzglases eine sehr breite Korngrößenverteilung entsteht,
wobei auch Teilchen unter 1 μ nicht auszuschließen sind (Abb. 81). Der
Streukoeffizient von NaCl-Pulver von einer mittleren Korngröße von
20–25 μ ist bei 35000 cm^{-1} ebenfalls wellenzahlunabhängig und steigt

dann an, was wiederum durch die Dispersion des Brechungsindex erklärt werden kann.

Bei bekanntem S lassen sich mit Hilfe von (IV, 32) die Absorptionskoeffizienten K pulverförmiger Stoffe berechnen. Alle bisher untersuchten „Weiß-Standards" haben endliche K-Werte, was fast immer auf schwer entfernbare Verunreinigungen zurückzuführen ist (vgl. S. 153). In manchen Fällen gelingt es, durch geeignete Vorbehandlung solche Verunreinigungen teilweise zu entfernen. So wird z. B. das Reflexionsvermögen R_∞ von Aerosilen durch einstündiges Glühen bei 600° C von

Tabelle 13. *Absorptionskoeffizienten von Aerosilen*

$\tilde{v} \cdot 10^{-3}$	spez. Oberfläche m²/g				
	38	106	196	294	376
14	0,2	0,1	~0,1		
16	0,2	0,1			
18	0,3	0,1	0,1	~0,1	~0,1
20	0,2	0,1	0,1		
22	0,3	0,1	0,1		
24	0,3	0,2	0,1	0,1	0,1
26	0,4	0,2	0,1	0,1	0,2
28	0,4	0,1	0,2	0,1	0,2
30	0,3	0,1	0,2	0,1	0,2
32	0,5	0,3	0,2	0,1	0,1
34	0,4	1,0	0,2	0,2	0,1
36	0,8	2,4	0,4	0,5	0,2
38	4,2	5,2	1,6	1,6	1,2
40	7,7	10	4,6	4,3	4,4

75% auf 95% erhöht (bei 35000 cm^{-1}), das von NaCl pulv.subt. von 78% auf 87% (bei 37000 cm^{-1}). Andererseits können die Pulver durch den Mahlvorgang zusätzlich verunreinigt werden (Abrieb). In Tab. 13 sind die Absorptionskoeffizienten der Aerosile von Abb. 75 in cm^{-1} wiedergegeben[228]. Sie liegen alle in der gleichen Größenordnung und wachsen erst ab 36000 cm^{-1} merklich an. Möglicherweise beruht dies auf Verunreinigungen an SiO, das bei 41000 cm^{-1} ein Bandenspektrum besitzt[229].

Als weiteres Beispiel sind in Abb. 82 die Absorptionskoeffizienten der vier Glasproben verschiedener Korngröße von Abb. 80, berechnet aus den dort angegebenen Streukoeffizienten nach Gl. (IV, 32), dargestellt. Innerhalb der Meßgenauigkeit fallen die Meßpunkte zusammen. Auch die Form der Kurve ist mit dem Durchsichtsspektrum vergleichbar.

---

[228] *Oelkrug, D.*: Dissertation, Tübingen 1963.
[229] *Mohn, H.*: 100 Jahre Heraeus, Hanau, Wiss.techn. Band S. 331 (1951).

Streukoeffizienten stärker absorbierender Stoffe lassen sich aus experimentellen Gründen nach den beschriebenen Methoden nicht mehr bestimmen, weil die Durchlässigkeiten auch sehr dünner Schichten praktisch Null werden, und weil R_0 von R_∞ kaum noch verschieden ist (vgl. S. 247). Man kann jedoch stark absorbierende Stoffe nach der S. 181 beschriebenen Verdünnungsmethode untersuchen, und es bedarf lediglich noch des Beweises, daß das Streuvermögen einer solchen Probe praktisch ausschließlich durch das Streuvermögen des in großem Überschuß befindlichen Verdünnungsmittels gegeben ist, daß also die Zugabe des absorbierenden Stoffes dieses Streuvermögen praktisch nicht ändert. Ist

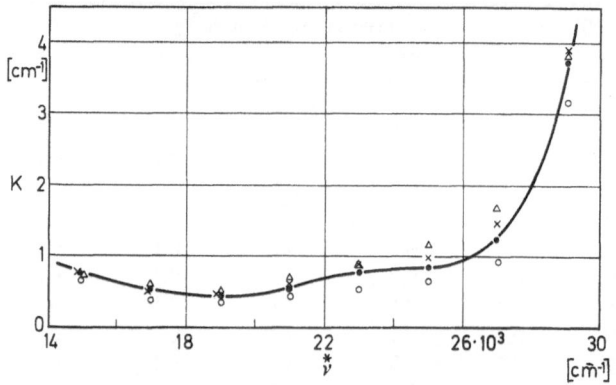

Abb. 82. Absorptionskoeffizienten der Glaspulver von Abb. 80

dies der Fall, so genügt es jeweils, den Streukoeffizienten des reinen Verdünnungsmittels zu messen, um aus R_∞ der Probe mittels Gl. (IV, 32) auch die Absorptionskoeffizienten zu gewinnen.

Zur Herstellung einer solchen Probe wurde Aerosil mit einer Oberfläche von 196 m^2/g, dessen Streukoeffizienten bekannt sind (Abb. 75) mit feinem Graphitpulver im Verhältnis $10^3 : 1$ vermischt. Graphit besitzt über den ganzen zugänglichen Spektralbereich ein ziemlich konstantes Absorptionsvermögen, während die Streukoeffizienten des Aerosils mit der Wellenzahl stark zunehmen. Man sollte also erwarten, daß nach Gl. (IV, 32) $F(R_\infty) = K/S$ der Mischung mit zunehmender Wellenzahl abfällt. Dies ist tatsächlich der Fall (Abb. 83). Wegen der geringen Konzentration des Graphits und des relativ geringen Streuvermögens des Aerosils lassen sich auch die Streukoeffizienten der Mischung noch aus Messungen von T einer dünnen Schicht und von R_∞ bestimmen. Sie fallen, wie aus Abb. 84 hervorgeht[230], mit denen des reinen Aerosils praktisch vollkommen zusammen. Damit ist gezeigt, daß das Streuvermögen einer solchen verdünnten Probe tatsächlich durch das Streuvermögen des Verdünnungsmittels allein festgelegt ist. Dies wurde auch

230 *Kortüm, G.,* u. *D. Oelkrug:* Z. Naturforsch. **19a**, 28 (1964).

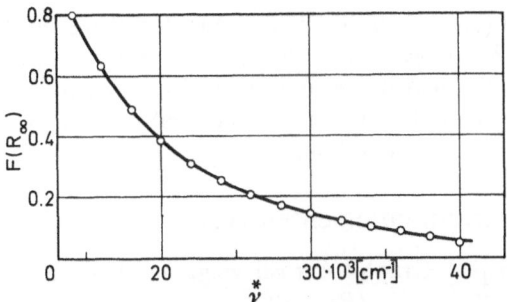

Abb. 83. Reflexionsspektren von Aerosil + Graphit

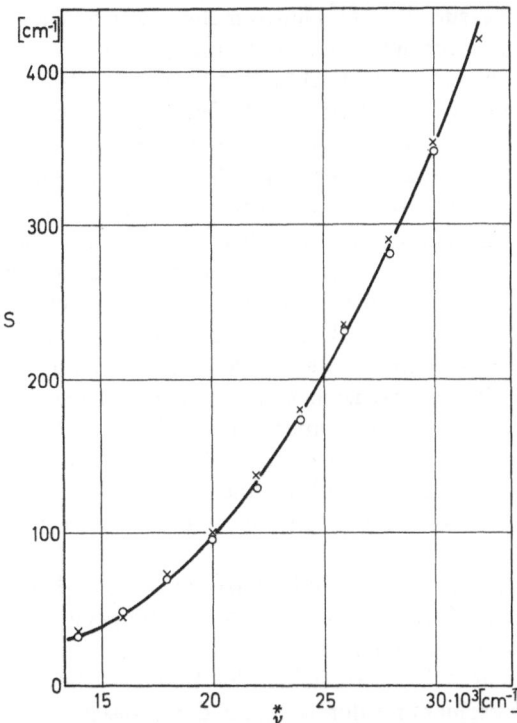

Abb. 84. Streukoeffizienten von reinem Aerosil 196 (×) und von Aerosil + Graphit (○) bei gleicher Packungsdichte $G/\varrho = 0{,}107$

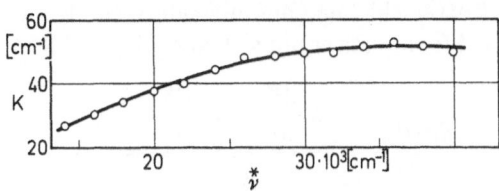

Abb. 85. Absorptionskoeffizienten des Graphits aus Reflexionsmessungen an Aerosil-Graphit-Gemischen

von anderen Autoren bestätigt[231]. Die aus den S-Werten berechneten K-Werte (Abb. 85) zeigen einen den $F(R_\infty)$-Werten entgegengesetzten Verlauf. Dies ist ein instruktives Beispiel dafür, wie sehr „typische Farbkurven" in extremen Fällen durch die Wellenzahlabhängigkeit der Streukoeffizienten verzerrt werden können.

g) Einfluß der Streukoeffizienten auf die „typische Farbkurve"

Wie das Beispiel Graphit/Aerosil zeigt, wird die aus Messungen des „Reflexionsvermögens" $\dfrac{(R_\infty - 1)^2}{2R_\infty} = f(\tilde{v})$ eines Stoffes von seinem tatsächlichen Spektrum $K = f(\tilde{v})$ umso mehr abweichen, je stärker seine Streukoeffizienten oder die seines Verdünnungsmittels von der Wellenzahl abhängen. Die typischen Farbkurven geben also das Spektrum nur dann richtig wieder, wenn die Streukoeffizienten $\tilde{v}$-unabhängig sind. Das ist nach den Ergebnissen des letzten Abschnitts dann der Fall, wenn die Korngrößen ein Vielfaches der Wellenlänge sind, d. h. man sollte die zu untersuchenden Stoffe bzw. das Verdünnungsmittel in grobkörniger Form untersuchen. Dann treten aber leicht andere Verfälschungen des Spektrums auf: großer regulärer Reflexionsanteil, kleine Oberfläche in Fällen, wo ein Stoff in adsorbiertem Zustand untersucht werden soll, keine homogene Mischung in Fällen, in denen die Verdünnung durch Mahlen hergestellt werden soll, weil die Mahldauer zu kurz ist, usw. Aus diesen Gründen ist es vorzuziehen, die Proben in feinerem Zustand (Korngrößen von 0,1 bis 1 μ) zu untersuchen. Man muß dann aber damit rechnen, daß die typischen Farbkurven infolge des wellenzahlabhängigen Streukoeffizienten gegen das UV hin zunehmend verflacht sind. Das bedeutet, daß die relativen Intensitäten einzelner Banden verfälscht werden. Sind diese Intensitäten zur Charakterisierung des Spektrums notwendig oder will man sie für photometrische Zwecke heranziehen, so muß der Verlauf der Streukoeffizienten in Abhängigkeit von $\tilde{v}$ gemessen und damit K aus $F(R_\infty)$ berechnet werden.

Bei noch feinerem Korn ist neben der Bandenverflachung eine zunehmende Rotverschiebung der Maxima der typischen Farbkurve zu erwarten. Dadurch können z. B. verdeckte Maxima, die nur durch eine Schulter angedeutet sind, völlig zum Verschwinden gebracht werden. Man kann diese Rotverschiebung auf folgende Weise berechnen:

Die Lage eines Maximums ergibt sich aus Gl. (IV, 32)

$$\frac{dF(R_\infty)}{d\tilde{v}} = \frac{S\dfrac{dK}{d\tilde{v}} - K\dfrac{dS}{d\tilde{v}}}{S^2} = 0 . \tag{24}$$

---

[231] Judd, D. B., u. Mitarb.: J. Res. Natl. Bur. Std. 19, 287 (1937).

Beschreibt man Form und Lage $\overset{*}{v}_0$ einer Absorptionsbande durch die bekannte Lorentzsche Beziehung[232]

$$K = \frac{K_{max} b^2}{4(\overset{*}{v}_0 - \overset{*}{v})^2 + b^2},\tag{25}$$

worin b die Halbwertsbreite der Bande bedeutet, und den Streukoeffizienten in Abhängigkeit von $\overset{*}{v}$ durch

$$S = \overset{*}{v}^{\alpha}\tag{26}$$

und setzt (25) und (26) nebst ihren Ableitungen in (24) ein, so erhält man für die relative Bandenverschiebung

$$\frac{\overset{*}{v}_0 - \overset{*}{v}}{\overset{*}{v}_0} = \frac{1 - \sqrt{1 - c^2\alpha(\alpha + 2)}}{\alpha + 2},\tag{27}$$

worin $c \equiv b/2\overset{*}{v}_0$. Trägt man diese als Funktion von $b/\overset{*}{v}_0$ für verschiedene Potenzen α der Wellenzahlabhängigkeit von S als Parameter auf, so erhält man die Kurven der Abb. 86. Besitzt z. B. eine Bande bei $\overset{*}{v}_0$ $= 30000$ cm^{-1} eine Halbwertsbreite von $b = 6000$ cm^{-1}, was bei Reflexionsmessungen häufig vorkommen kann, so entnimmt man der Abb. 86 für $b/\overset{*}{v}_0 = 0,2$ und $\alpha = 4$ eine relative Rotverschiebung der Bande von etwas mehr als 0,02, d. h. von etwa 650 cm^{-1}, für das in der Regel vorkommende $\alpha = 1$ von etwa 150 cm^{-1}. Bei schmaleren Banden werden die Verschiebungen rasch kleiner, so daß durch die Wellenzahlabhängigkeit von S keine wesentlichen Verfälschungen zu erwarten sind.

Bei sehr feinem Korn muß man außer der Bandenverflachung und evtl. -Rotverschiebung durch die λ-Abhängigkeit der Streukoeffizienten noch eine weitere mögliche Fehlerquelle in Betracht ziehen, die darauf beruht, daß die Bedingung der „unendlichen Schichtdicke" unter Umständen nicht erfüllt werden kann[233]. Ob dies der Fall ist, läßt sich mit Hilfe einfacher, aus der Kubelka-Munk-Theorie abzuleitender Beziehungen abschätzen. Für die Reflexion R_0 einer dünnen, noch teilweise durchlässigen nichtabsorbierenden Schicht ($K = 0$) ergibt sich in Abhängigkeit vom Streukoeffizienten S und Schichtdicke d nach Gl. (IV, 57a)

$$R_0 = \frac{Sd}{Sd + 1} \quad \text{und} \quad R_0 + T = 1.\tag{28}$$

Die Streukoeffizienten von Stoffen, die üblicherweise als Vergleichsstandard oder Verdünnungsmittel verwendet werden, liegen in der Größenordnung von 300 bis 1000 cm^{-1} (vgl. Abb. 78), so daß R_0 bei der meist

---

[232] Vgl. z. B. *Kortüm, G.*: Kolorimetrie, Photometrie und Spektrometrie, 4. Aufl., S. 48 ff. Berlin-Göttingen-Heidelberg: Springer 1962.

[233] *Kortüm, G.*, u. *D. Oelkrug*: Naturwiss. **53**, 600 (1966).

gebräuchlichen Schichtdicke von 3 mm in den Grenzen zwischen 0,989 und 0,997 liegt. In solchen Fällen kann man also mit guter Näherung die 3 mm schon als „unendlich dicke" Schicht ansehen.

Bei sehr feinkörnigen Stoffen, wie z. B. den S. 207 besprochenen Aerosilen, deren Streukoeffizienten im Sichtbaren zwischen 10 und

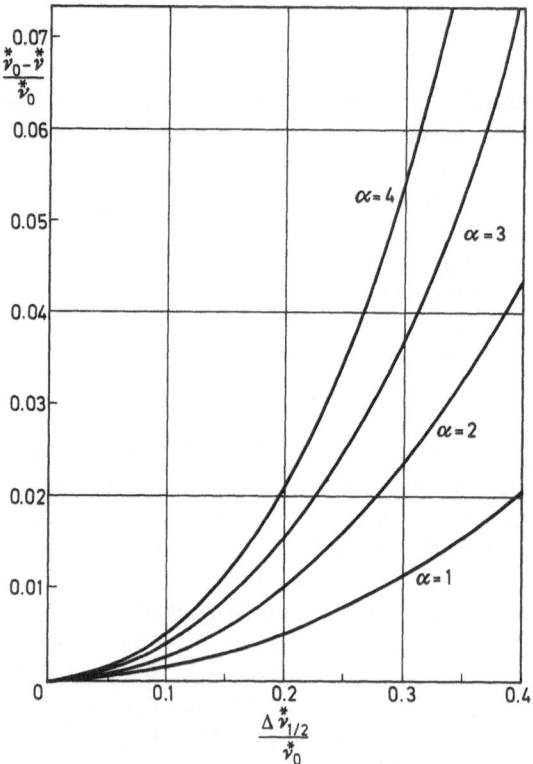

Abb. 86. Relative Verschiebung eines Absorptionsmaximums als Funktion der Halbwertsbreite und der Wellenzahlabhängigkeit von S

$50 \, \mathrm{cm}^{-1}$ liegen, wären deshalb Schichtdicken zwischen 20 und 100 mm notwendig, um ein R_0 von 0,99 zu erreichen. Die bei sehr kleinen Teilchen stark abnehmende Streuung $(S \sim d^3)$ begünstigt ein tiefes Eindringen der Strahlung in die Probe und bewirkt, daß die auf kleiner Fläche bestrahlte Probe auf viel größerer Fläche reflektiert. Man muß also Probenteller von 4 bis 20 cm Durchmesser verwenden, damit die Strahlung wieder vollständig in den vorderen Halbraum zurückgestreut wird. Auch mit Photometerkugeln entsprechender Öffnung ist dann keine quantitative

Messung mehr möglich, d. h. praktisch kann eine „unendliche" Schichtdicke in solchen Fällen nicht hergestellt werden. Allerdings wird bei Zusatz eines absorbierenden Stoffes zu einem solchen schwach streuenden Standard die Schichtdicke sehr bald „endlich", weil die Eindringtiefe der Strahlung mit zunehmender Absorption stark abnimmt. Deshalb können z. B. die Aerosile zwar als Verdünnungsmittel bzw. Adsorbens, nicht aber als Vergleichsstandard benutzt werden.

h) Korngrößenabhängigkeit der Kubelka-Munk-Funktion

Es wurde schon in Kap. II g darauf hingewiesen, daß der Absorptionskoeffizient in heterogenen Systemen eine Funktion der Teilchengröße ist, und daß man diesen Effekt auch in Durchsicht beobachten kann, wenn man die Streuung durch geeignete Wahl der Brechungsindizes von Teilchen und umgebendem Medium nach Möglichkeit unterdrückt. Da nun, wie wir S. 201 sahen, K_T und K_R einander proportional sind, muß auch bei Reflexionsmessungen K_R teilchengrößenabhängig sein. Wie aus Abb. 23 hervorgeht, nimmt K_T mit zunehmendem Teilchendurchmesser d ab, und zwar umso stärker, je größer der Extinktionsmodul kc_0 der Teilchen ist. Das gilt für alle möglichen Packungsdichten und bedeutet, daß das Spektrum durch die Teilchengrößenabhängigkeit von K_T verflacht wird. Bei Reflexionsmessungen an schwach absorbierenden Stoffen findet man die umgekehrte Abhängigkeit: Mit zunehmendem d nimmt die Absorption zu (Abb. 25a, 28), auch wenn man den Einfluß regulärer Reflexionsanteile durch Messung mit linear polarisierter Strahlung eliminiert. Die Erklärung liegt, wie schon S. 64 erwähnt wurde, darin, daß sich hier die Teilchengrößenabhängigkeit von K_R und S überlagern, so daß man tatsächlich die Abhängigkeit von K_R/S und damit der Kubelka-Munk-Funktion von d beobachtet.

Setzt man S in Analogie zur Mieschen Theorie der Einfachstreuung für $d \geqq 1 \,\mu$ proportional zu d^{-1} an, was auch experimentell etwa bestätigt wird (vgl. Abb. 70), so kann man $F(R_\infty) = K/S$ als Funktion von d aus Gl. (II, 80) und $S \sim 1/d$ berechnen. Zum Beispiel ist für das Absorptionsmaximum von $KMnO_4$ bei $19\,000 \ \mathrm{cm}^{-1}$ $kc_0 \cong 10^4$. In Abb. 87 ist eine zu $F(R_\infty)$ proportionale Größe für diesen Wert von kc_0 gegen $\log d$ aufgetragen[234]. $F(R_\infty)$ nimmt zunächst mit wachsendem d zu und wird für $d > 10 \,\mu$ von d praktisch unabhängig. Dies wurde tatsächlich bei Messungen mit linear polarisierter Strahlung bestätigt[235] (Abb. 30), was die prinzipielle Richtigkeit dieser Überlegungen bestätigt.

Verdünnt man eine stark absorbierende Probe mit einem nichtabsorbierenden Verdünnungsmittel im Überschuß, so daß K_R kleiner wird, so

[234] *Kortüm, G.,* u. *D. Oelkrug:* Naturwiss. **53**, 600 (1966).

[235] *Kortüm, G.,* u. *J. Vogel:* Z. Physik. Chem. N. F. **18**, 230 (1958).

ist das Streuvermögen der Mischung praktisch allein durch das Verdünnungsmittel bestimmt. Mit zunehmender Konzentration des absorbierenden Stoffes in der Mischung wird lediglich die Packungsdichte
erhöht, die nach Abb. 23 für $P \ll 1$ kaum einen Einfluß auf das Verhältnis
$K/K_{(d \to 0)}$ hat, so daß auch für diesenFall die Teilchengrößenabhängigkeit
der Absorption bestehen bleibt.

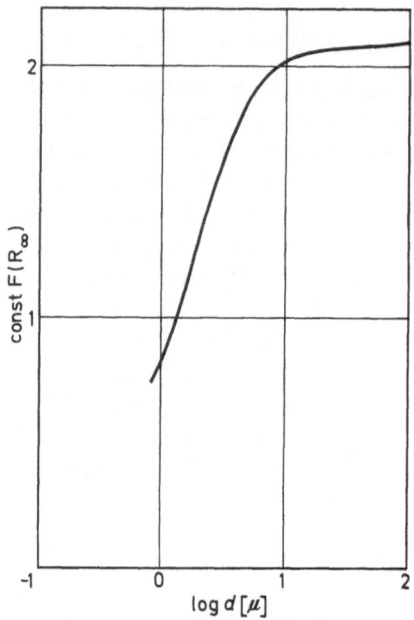

Abb. 87. Korngrößenabhängigkeit von $F(R_\infty)$

Wird der zu untersuchende Stoff an einem Standard molekulardispers adsorbiert, so bildet das Adsorpt mit den Teilchen des Adsorbens
eine Einheit, so daß dessen Korngröße für den Absorptionskoeffizienten
maßgebend wird. Andererseits kann in diesem Fall die Konzentration c_0
des absorbierenden Stoffes ebenfalls auf die Einheit Adsorbens/Adsorpt
bezogen werden, sie wird deshalb bei den üblicherweise höchstens
monomolekularen Bedeckungen (10^{-5} bis 10^{-3} g/g) sehr klein, so daß die
Korngrößenabhängigkeit des Absorptionskoeffizienten K_R vernachlässigbar wird.

Faßt man diese Ergebnisse der Prüfung der Kubelka-Munk-Theorie
zusammen, so kommt man zu folgendem Schluß: Unter geeigneten
Meßbedingungen läßt sich mit Hilfe der Theorie die „typische Farbkurve"
einer gleichzeitig diffus streuenden und absorbierenden Probe gewinnen,

die, logarithmisch aufgetragen, durch eine Parallelverschiebung in der $\log F(R_\infty)$-Koordinate mit dem wahren Absorptionsspektrum zusammenfällt. Dabei ist vorausgesetzt, daß reguläre Reflexionsanteile durch genügend starke Verdünnung des betreffenden Stoffes mit einem geeigneten Weiß-Standard eliminiert werden (relative Messung), und daß die Streukoeffizienten des Standards in dem benutzten Spektralbereich wellenzahlunabhängig sind. Ist letzteres nicht gesichert, so muß man die Streukoeffizienten des Standards bei der gegebenen Korngröße gesondert messen. Nach Möglichkeit sollten Reflexionswerte $R'_\infty < 0{,}6$ nicht gemessen werden, da bei größerer Absorption offenbar Abweichungen von der Kubelka-Munk-Theorie auftreten, deren Ursachen noch nicht vollständig geklärt sind. Auch aus diesem Grunde ist die Verdünnung der Meßprobe mit einem geeigneten Standard zu empfehlen. Davon abgesehen bietet die Verdünnungsmethode eine Reihe weiterer Vorteile, die nochmals kurz zusammengestellt seien:

1. Die Streukoeffizienten der Mischung sind praktisch ausschließlich durch die des Verdünnungsmittels gegeben. Da sich diese stets messen lassen, kann man auch die Absorptionskoeffizienten K_R aus der Kubelka-Munk-Funktion berechnen.

2. Bei der relativen Messung gegen das reine Verdünnungsmittel werden evtl. Abweichungen von isotroper Streuverteilung eliminiert, so daß die Messung von der Geometrie der Meßanordnung unabhängig wird.

3. Das Reflexionsvermögen des Verdünnungsmittels kann leicht gegen aufgerauchtes MgO gemessen werden, so daß auch die Umrechnung der relativen Meßwerte in absolute stets möglich ist. Das ist besonders wichtig für alle quantitativen Auswertungen der Kubelka-Munk-Funktion.

4. Reguläre Reflexionsanteile fallen bei Messung der verdünnten Probe gegen das reine Verdünnungsmittel praktisch nicht ins Gewicht.

5. Wird der zu untersuchende Stoff am überschüssigen Standard molekulardispers adsorbiert, wie es bei organischen Stoffen fast immer der Fall ist, so fällt auch die Teilchengrößenabhängigkeit des Absorptionskoeffizienten weg.

Zur experimentellen Prüfung der statistischen Theorie der diffusen Reflexion nach *Melamed*[236] wurde in ähnlicher Weise verfahren, wie in Abb. 67, d. h. es wurde das Durchsichtsspektrum eines Farbglases mit dem Reflexionsspektrum des daraus hergestellten Pulvers verschiedener mittlerer Korngröße verglichen, wobei die Absorptionskoeffizienten des Pulvers mit Hilfe der statistischen Theorie nach Gl. (IV, 191) aus den gemessenen R_∞-Werten berechnet wurden. Die Übereinstimmung ist im

---

[236] *Melamed, N.*: J. Appl. Phys. **34**, 560 (1963).

allgemeinen recht gut. Auch von anderen Autoren[237] ist die Gültigkeit der Melamed-Theorie geprüft und als zufriedenstellend gefunden worden.

Dagegen hat *Companion*[238] beträchtliche Abweichungen zwischen Theorie und Experiment bei V_2O_5-Pulvern gefunden. Für x_b mußte er den Faktor 0,1 anstelle von 0,284 benutzen, der für dichteste Kugelpackung gilt, was darauf hinweist, daß die Kriställchen infolge ihrer ebenen Begrenzungsflächen sich enger zusammenlegen können, als dem in der Theorie benutzten Modell gleich großer Kugeln entspricht.

Die Theorie ist nicht auf adsorbierte Stoffe anwendbar, und die Voraussetzung, daß die Korndimensionen $d \gg \lambda$ sein müssen, fördert die Verfälschung der Messungen durch reguläre Reflexion der Probenoberfläche, da die Gültigkeit des Lambertschen Cosinusgesetzes vorausgesetzt wird.

[237] *Poole, C. P.,* u. *J. F. Itzel, Jr.:* J. Chem. Phys. **39**, 3445 (1963).

[238] *Companion, A. L.:* Theorie and applications of diffuse reflectance spetroscopy. Developments in applied spectroscopy, Vol. 4. New York: Plenum Press 1965.

Kapitel VI. Methodik

a) Prüfung des Lambertschen Cosinus-Gesetzes

Um die „Indicatrix" einer remittierenden Oberfläche (vgl. S. 29) aufzustellen, benutzt man ein Goniophotometer, mit dessen Hilfe man bei gegebenem (und meistens ebenfalls variablem) Einfallswinkel α die Strahlungsleistung unter verschiedenen Reflexionswinkeln und Azimuten messen kann. Zahlreiche derartige Photometer sind in der Literatur beschrieben[239], wobei ältere Geräte naturgemäß stets nach dem visuellen photometrischen Meßprinzip mit Vergleichsstrahlengang arbeiten. Die Genauigkeit solcher Messungen beträgt deshalb – bei Ausschaltung der zahlreichen möglichen systematischen Fehler – höchstens 1–2%. Häufig benutzt wurde z. B. das bekannte Pulfrich-Photometer von Zeiss mit geeignetem Zusatzgerät[240]. Die Lage der Probe zur optischen Achse des Photometers kann mit Hilfe einer vertikalen und einer horizontalen Achse eingestellt und an Teilkreisen mit Nonius auf 1′ abgelesen werden. Auf diese Weise läßt sich ein Viertel der Indikatrixkugel vermessen. Auch der Einfallswinkel der Strahlung kann durch Schwenken der Lichtquelle um eine dritte Achse geändert werden. Ein einsetzbares Nicolsches Prisma erlaubt, auch mit linear polarisiertem Licht zu messen. Die Probe wird in der Meßblende des Pulfrich-Photometers abgebildet, so daß man ein strukturloses Gesichtsfeld hat. Dieses wird seinerseits auf ein zweites einsetzbares Nicolsches Prisma abgebildet. Gemessen wird durch Einstellung der Meßblende im Vergleichsstrahlengang auf gleiche Helligkeit. Als Bezugsstandard dient z. B. MgO oder $BaSO_4$ bei 45° Einfalls- und 0° Meßwinkel. Eine systematische Fehlerquelle stellt hier z. B. die Benutzung einer zweiten Lampe für den Vergleichsstrahlengang dar, da die Energieverteilung (Farbtemperatur) der beiden Lampen im allgemeinen nicht gleich sein wird.

Modernere lichtelektrische Geräte sind nach dem gleichen Prinzip gebaut, man läßt lediglich den Vergleichsstrahlengang weg und mißt die

---

[239] Vgl. z. B.: *Messerschmidt, J. E.*: Ann. Physik **34**, 867 (1888); — *McNicholas, H. J.*: J. Res. Natl. Bur. Std. **1**, 29 (1928); **13**, 211 (1934); — *Weigel, R. G.*, u. *G. Ott*: Z. Instrumentenk. **51**, 1, 61 (1931); — *Slater, J. M.*: J. Opt. Soc. Am. **25**, 218 (1935); — *Moon, P.*, and *J. Laurence*: J. Opt. Soc. Am. **31**, 130 (1941); — *Harrison, V. G. W.*: J. Sci. Instr. **24**, 21 (1942); dort zahlreiche weitere Zitate.

[240] *Falta, W.*: Jenaer Jahrb. **1954**,

Strahlungsdichte der Probe mit Hilfe des Photostroms einer Sperr-schichtzelle. In Abb. 88 ist das Schema des Goniophotometers der Firma Zeiss wiedergegeben. Der Glühfaden einer Lampe G wird durch den Kondensor K auf die (auswechselbare) Blende B_1 abgebildet. Diese Blende bildet zusammen mit dem Objektiv O_1 den Beleuchtungskolli-mator, dessen Achse um den Punkt M geschwenkt werden kann. Ein gleichartiger Kollimator leitet das remittierte Licht auf die Sperrschicht-zelle Ph. Durch die Kollimatoren wird der Öffnungswinkel der beiden Lichtbündel auf einen definierten Wert festgelegt (0,24 bis 1° je nach Größe der Blende), da ja der Idealfall paralleler Strahlen nicht realisierbar

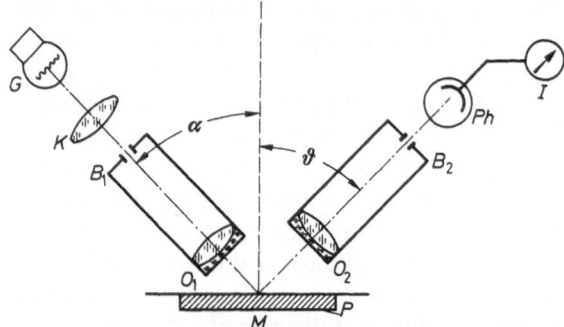

Abb. 88. Schema des Goniophotometers der Firma Carl Zeiss

ist, weil man die Blenden aus Intensitätsgründen nicht beliebig klein machen kann. Eine am Kondensor K liegende feste Blende wird durch eine Feldlinse auf der Probe abgebildet, so daß das Leuchtfeld bei senk-rechter Beleuchtung ($\alpha = 0°$) rund und strukturlos ist. Für Winkel $\alpha > 0$ wird das beleuchtete Feld elliptisch. Eine analoge Feldblende ist im Meßkollimator vor der Photozelle angebracht, auf ihr wird die Probe abgebildet. Da sie etwas kleiner ist als das Bild des Leuchtfeldes, kann stets nur der beleuchtete Teil der Probe gemessen werden. Zwischen Blende und Glühlampe bzw. Photozelle können Farbfilter eingeschaltet werden. Als Standard für diffuse bzw. reguläre Reflexion dienen $BaSO_4$ bzw. eine Schwarzglasplatte mit einem Reflexionsgrad von 4,2% für kleine $\alpha = \vartheta$. Systematische Fehler können hier z. B. durch mangelnde Proportionalität zwischen Beleuchtungsstärke und Photostrom auf-treten, wie sie bei Sperrlichtzellen stets vorhanden ist[241]. Deshalb muß auch der Innenwiderstand des zur Messung des Photostromes benutzten

---

[241] Vgl. *Kortüm, G.*: Kolorimetrie, Photometrie und Spektrometrie, 4. Aufl. Berlin-Göttingen-Heidelberg: Springer 1962; — Vgl. auch *G. Kortüm* u. *R. Hamm*, Ber. Bunsenges. im Druck.

Galvanometers möglichst klein sein. Durch Verwendung eines Multipliers und eines optischen Abgleichs läßt sich die Methode leicht in eine Nullmethode sehr viel größerer Genauigkeit abändern[241].

Statt gerichtet einzustrahlen, kann man die Probe auch diffus mit Hilfe einer Photometerkugel oder einer von außen gleichmäßig beleuchteten Milchglashalbkugel bestrahlen und die remittierte Strahlung unter verschiedenen Winkeln ϑ und φ abnehmen und so ebenfalls die Indikatrix bestimmen. Messungen dieser Art sind z. B. von *McNicholas*[242] ausgeführt worden. Ein registrierendes Goniophotometer wird von *R. S. Hunter*[243] beschrieben.

b) Die Photometerkugel

Die Kubelka-Munk-Theorie setzt diffuse Bestrahlung der Meßprobe voraus. Wie auf S.176 gezeigt wurde, ist in manchen Fällen das Reflexionsvermögen davon unabhängig, ob man gerichtet oder diffus einstrahlt, sobald aber die Probe eine Struktur oder Glanz besitzt oder Rauhigkeiten, die bei gerichteter Einstrahlung Schattenwirkungen hervorrufen, ist die diffuse Einstrahlung unerläßlich. Man benutzt dafür die sog. Photometerkugel[244], die schon früher (S. 143) erwähnt wurde, als es sich um die Ermittlung absoluter Reflexionswerte handelte.

Zunächst sei gezeigt, daß die von einer Probe remittierte Strahlungsleistung bei diffuser Bestrahlung mit einer Photometerkugel infolge der Vielfachreflexion an den Wänden der Kugel erheblich größer ist als bei einmaliger Reflexion. Bestrahlen wir die Probe unter gegebenem Winkel mit der Bestrahlungsstärke S und bezeichnen das Reflexionsvermögen der Probe mit R_P, so ist die vom Empfänger mit der Aperturblende $\Delta\omega$ in Richtung ϑ (vgl. Abb. 11) registrierte Strahlungsdichte nach (II, 55) gegeben durch

$$B_{1P} = R_P S \, \Delta\omega \, . \tag{1}$$

Pressen wir jedoch die Probe an die Öffnung einer Photometerkugel, so daß sie einen Teil der Innenfläche der Kugel bildet (Abb. 52), die ein

---

[242] *McNicholas, H. J.:* J. Res. Natl. Bur. Std. **1**, 29 (1928).

[243] *Hunter, R. S.:* Modern aspects of reflectance spectroscopy, p. 226 ff. New York: Plenum Press 1968.

[244] *Sumpner, W. E.:* Proc. Res. Phys. Soc. London **12**, 10 (1892); — *Ulbricht, T.:* Elektrotech. Z. **21**, 595 (1900). Eine ausgezeichnete zusammenfassende Übersicht über Theorie, Fehlermöglichkeiten und Herstellungsweise der reflektierenden Schicht bei *Wendlandt, W. W., and H. G. Hecht:* Reflectance spectroscopy. New York: Interscience Publishers John Wiley & Sons 1966. Statt der Photometerkugel kann auch eine Halbkugel benutzt werden, die bezüglich der Strahlungsausbeute sogar noch günstiger ist [vgl. dazu *Derksen, W. L.,* u. Mitarb.: J. Opt. Soc. Am. **47**, 995 (1957)].

mittleres Reflexionsvermögen R_K besitzen möge, so ist infolge der Vielfachstreuung an der Kugelwand die unter sonst gleichen Bedingungen
auf den Empfänger fallende Strahlungsdichte nach (IV, 127)[245]

$$B_P = R_P R_w S \cdot \frac{1}{1 - R_K} \Delta\omega \,. \tag{2}$$

$\dfrac{1}{1 - R_K}$ ist der sog. „Kugelfaktor". R_w, das Reflexionsvermögen der
Kugelwand, die gewöhnlich mit MgO ausgekleidet ist[246], ist von der
Größenordnung 1, R_K von der Größenordnung 0,95, so daß man auf dem
Empfänger etwa die 20fache Strahlungsdichte registriert wie ohne die
Kugel. Das ist besonders für stark absorbierende Proben wichtig. Das
mittlere Reflexionsvermögen R_K der Kugel setzt sich nach (IV, 129)
zusammen aus dem der Kugelwand R_w und dem der Probe R_p, jeweils
multipliziert mit der zugehörigen Oberfläche. Ist f_p die Fläche der
Probe, f_E die der Eintritts- und f_M die der Austrittsöffnung der Strahlung
und F die Gesamtfläche der Kugel, so ist

$$R_K = \frac{(F - \Sigma f)\, R_w + f_P R_P}{F} \,. \tag{3}$$

Ersetzt man die Probe durch einen Standard (Substitutionsverfahren), so
erhält man analog zu (2)

$$B_{St} = R_{St} R_w S \frac{1}{1 - R_{K'}} \Delta\omega \,. \tag{4}$$

$R_{K'}$ ist von R_K verschieden, es ist analog zu (3) gegeben durch

$$R_{K'} = \frac{(F - \Sigma f)\, R_w + f_P R_{St}}{F} \,. \tag{5}$$

Das mittlere Reflexionsvermögen der Kugel hängt davon ab, wie stark
sich R_P und R_{St} unterscheiden. Erst bei verschwindend kleiner Fläche
f_P wird $R_K \cong R_{K'}$. Aus (2) und (4) folgt

$$\frac{B_P}{B_{St}} = \frac{R_P}{R_{St}} \cdot \frac{1 - R_{K'}}{1 - R_K} \,. \tag{6}$$

---

[245] Hat man keinen Schirm in der Kugel, die das von P direkt reflektierte Licht
von der Meßfläche abhält, so hat man die gleiche Summe wie in (IV, 126), d. h. die
geometrische Reihe in (IV, 127) hat ein Glied mehr.

[246] Im Vakuum-UV (500 bis 2000 Å) verwendet man stattdessen Na-Salicylat
mit einer Unterlage eines MgO-Pigments, das gut reflektiert in dem λ-Bereich,
in dem das Salicylat stark fluoresziert. Vgl. *Heaney, J.-B.*: J. Opt. Soc. Am. **56**,
1423 (1966).

Die Meßgröße B_P/B_{St} ist bei diesem Substitutionsverfahren in der Photometerkugel also nicht mehr gleich dem „relativen Reflexionsvermögen"
R', weil die Bestrahlungsbedingungen bei den beiden Messungen nicht
gleich sind. Der Faktor

$$f \equiv \frac{1 - R_{K'}}{1 - R_K} \tag{7}$$

wird als „Kugelfehler" bezeichnet. Das relative Reflexionsvermögen der
Probe, bezogen auf den Standard, ergibt sich aus (6) und (7) zu

$$R' \equiv \frac{R_P}{R_{St}} = \frac{B_P}{B_{St}} \cdot \frac{1}{f}. \tag{8}$$

Der Kugelfehler kann beträchtlich werden. Wird MgO als Wandbelag
und als Standard benutzt mit $R_{St} = 0{,}98$ und rechnet man mit folgenden
Dimensionen der Kugel, wie sie etwa denen eines praktisch verwendeten
Gerätes entsprechen: $r = 6{,}3$ cm, $f_P = f_E = f_M = 7$ cm^2 so erhält man mit
$R_{K'} = 0{,}9526$ für verschiedene Werte von R_P die Kugelfehler der folgenden
Tabelle.

Tabelle 14. *Kugelfehler bei Reflexionsmessungen nach der Substitutionsmethode mit
einer Photometerkugel*

R_P	0,900	0,800	0,700	0,600	0,500	0,400	0,300	0,200
R_K	0,9515	0,9501	0,9487	0,9473	0,9459	0,9445	0,9431	0,9417
f	1,025	1,055	1,085	1,114	1,144	1,173	1,203	1,233
$1/f$	0,9753	0,9479	0,9220	0,8975	0,8743	0,8522	0,8313	0,8113

Je kleiner R_P ist, umso größer wird natürlich der Kugelfehler. Er hängt
ferner von der relativen Größe der Probenfläche zur Oberfläche der
Kugel ab: Je kleiner f_P und je größer F, um so geringer wird der Fehler.
Da aber R_K mit wachsendem F abnimmt, wie aus (3) hervorgeht, muß
man einen Kompromiß schließen und mit einer mittleren Kugelgröße
arbeiten. Für spezielle Messungen sind Photometerkugeln bis zu 1 m
Durchmesser benutzt worden[247]. Bei den gebräuchlichen Meßgeräten
wird der Kugelfehler meist durch geeignete Strahlenführung vermieden.

Photometerkugeln werden fast immer mit aufgerauchtem MgO ausgekleidet[248]. Die Unterlage muß ebenfalls ein hohes Reflexionsvermögen
besitzen (z. B. aufgerauhtes Aluminium oder mit Wasserglas verrührtes
MgO), damit nicht etwa durch die MgO-Schicht durchgehende Strahlung
absorbiert wird.

---

[247] Vgl. *Blevin, W. R.*, and *J. Brown:* J. Opt. Soc. Am. **51**, 129 (1961).
[248] Zur Technik des Aufrauchens vgl. *Dimitroff, J. M.*, and *D. W. Swanson:*
J. Opt. Soc. Am. **46**, 555 (1956).

c) Meßgeräte

Reflektometer oder Remissionsphotometer sind häufig in der Literatur beschrieben worden. Man benutzt heute ausschließlich lichtelektrische Methoden. Die Brauchbarkeit der verschiedenen Geräte richtet sich nach dem benutzten Meßverfahren, wobei man zwischen Ausschlagsmethoden, Kompensationsmethoden, Substitutionsmethoden und Flimmermethoden unterscheidet[249a]. Die beiden letzgenannten sind von den Eigenschaften des Empfängers und Verstärkers unabhängig und

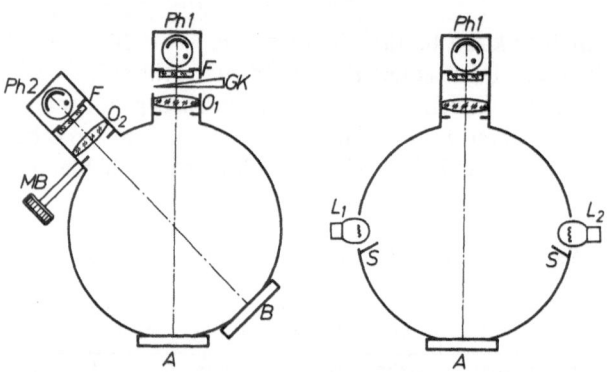

Abb. 89. Lichtelektrisches Remissionsphotometer (Elrepho) von *Zeiss* in zwei zueinander senkrechten Vertikalschnitten

liefern deshalb die sichersten Ergebnisse. Sie sind aber bisher bei käuflichen Geräten kaum benutzt worden. Ein Beispiel für ein modernes Gerät ist das elektrische Remissionsphotometer (Elrepho) der Firma Carl Zeiss, dessen prinzipieller Aufbau in Abb. 89 in zwei zueinander senkrechten Schnitten angegeben ist. Die Probe A wird an die Öffnung einer Photometerkugel angepreßt und durch zwei Glühlampen L indirekt über die Kugel diffus bestrahlt. Direkte Strahlung wird durch die Schirme S abgehalten. Die reflektierte Strahlung wird senkrecht abgenommen ($_dR_0$), d. h. das Objektiv O_1 bildet die Probe auf der Kathode der Photozelle Ph_1 ab. In gleicher Weise wird eine Vergleichsplatte B vom Objektiv O_2 auf der Photozelle Ph_2 abgebildet. Zur Messung dient die verstellbare Meßblende MB im Vergleichsstrahlengang, ihre Stellung kann an einer Teilung abgelesen werden. Der Graukeil GK kann die Bestrahlungsstärke der Photozelle auf den zehnten Teil verringern. F sind Farbfilter (Halbwertsbreite etwa 30 mμ). Man legt zunächst an die Probenöffnung einen

---

[249a] *Kortüm*, G.: Kolorimetrie, Photometrie und Spektrometrie, 4. Aufl. Berlin-Göttingen-Heidelberg: Springer 1962.

zweiten Standard mit bekanntem Reflexionsvermögen, stellt die Meßblende auf diesen Wert ein und gleicht mit dem Graukeil die beiden Photoströme auf Null ab. Ersetzt man dann den Standard durch die Probe und gleicht mit der Meßblende wieder auf Null ab, so kann ihr relatives Reflexionsvermögen, bezogen auf den Standard, an der Meßblende abgelesen werden. Der Vergleichsstrahlengang dient zur Ausschaltung von Intensitätsschwankungen der Lampen, es handelt sich hier also um eine Zweizellenmethode mit optischem Abgleich, d. h. um eine Art. Nullmethode. Die Reproduzierbarkeit der Messung wird mit

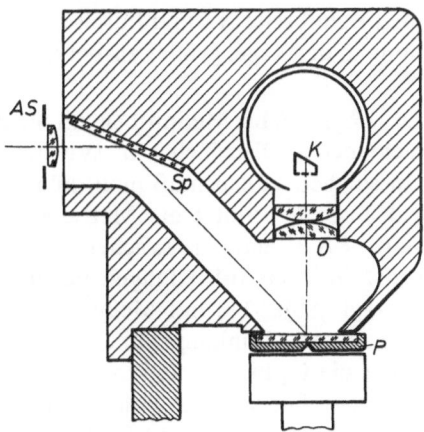

Abb. 90. Remissionsansatz RA 2 zum Zeiss-Spektralphotometer PMQ II

± 0,2 % angegeben. Als Standard dient eine Milchglasscheibe, die gegen MgO geeicht werden kann, aber sehr viel besser konstant ist. Bei diesem Gerät wird der auf S. 227 besprochene „Kugelfehler" eliminiert, weil für A und B die Bestrahlungsbedingungen immer gleich bleiben. Wird die Bestrahlungsstärke durch Austausch von Probe und Standard geändert, so gilt dies auch für den Vergleichsstrahlengang B, so daß die Differenz der Photoströme der beiden Empfänger sich nicht ändert. Allerdings wird vorausgesetzt, daß Bestrahlungsstärke und Photostrom einander proportional sind und daß der Proportionalitätsfaktor für beide Empfänger der gleiche ist, d. h. es liegt keine wirkliche Nullmethode vor.

Abgesehen von speziellen Geräten für die Remissionsmessung kann man prinzipiell jedes lichtelektrische Spektrometer auch für spektrale Reflexionsmessungen heranziehen; tatsächlich wird zu den meisten käuflichen Geräten bereits eine entsprechende Zusatzeinrichtung geliefert. Man unterscheidet, wie in der Durchsichtsspektrometrie, zwischen Einstrahl- und Doppelstrahlgeräten. In Abb. 90 ist als Beispiel der sog. Remissionsansatz RA 2 zum Zeiss'schen Spektralphotometer PMQ II schematisch dargestellt. Das Gerät ist ein Einstrahlgerät und arbeitet nach der Ausschlagsmethode. Die aus dem Monochromator kommende Primärstrahlung fällt unter 45° auf die auswechselbare Probe P. Dabei bildet eine Linse das Prisma des Monochromators auf die Probenfläche ab, so daß eine Änderung der Spaltbreite nur die Bestrahlungsstärke ändert. Die Probe wird ihrerseits durch das Objektiv O auf der Kathode des Multipliers abgebildet ($_{45}R_0$). Nach Auswechseln der Probe durch einen Standard ergibt sich aus den beiden Ausschlägen das relative Reflexionsvermögen R'_∞. Da man die effektiven Spaltbreiten in der Regel größer wählen muß, als bei Durchsichtsmessungen, sind die Fehler infolge der relativ großen Bandbreite $\Delta\lambda$ und durch ungenügende Monochromasie der Strahlung in der Regel größer als bei Absorptionsmessungen in Durchsicht [249b].

Die Meßgeometrie $_{45}R_0$ kann bei Meßproben mit Struktur (Textilien, Papier, Pulver mit nichtebener Oberfläche) zu systematischen Fehlern führen (vgl. S. 176). In solchen Fällen muß man diffus einstrahlen und gerichtet abnehmen, d. h. man benutzt die Meßgeometrie $_dR_0$. Dafür ist der Remissionssatz RA 3 zum Zeiss'schen Spektralphotometer PMQ II vorgesehen, der in zwei Aufstellungen benutzt werden kann. Bei der Aufstellung A (vgl. Abb. 91a) mit Meßgeometrie $_dR_0$ wird die Probe mit der abgeschirmten Glühlampe über die Photometerkugel diffus bestrahlt und über die Optik 4, 5, 6, 7 auf den Eintrittsspalt des Monochromators abgebildet. Die spektral zerlegte Remissionsstrahlung fällt wahlweise auf einen der für verschiedene Spektralbereiche empfindlichen Empfänger. Als Vergleichsstandard dient die Kugelwand, die mit Hilfe des Kippspiegels 4 anstelle der Probe abgebildet wird. Der Kugelfehler ist auf diese Weise ausgeschaltet, doch kann man keine anderen Vergleichsstandards benutzen bzw. muß diese erst gegen die Kugelwand (MgO) als Standard eichen.

Bei der Aufstellung B (vgl. Abb. 91b) ist die Meßgeometrie $_0R_d$, d. h. reziprok. Die Glühlampe wird durch den Multiplier 11, das Empfängergehäuse durch das Strahlungsquellen-Gehäuse 12 ersetzt, die Strahlung durchläuft das Gerät in umgekehrter Richtung. Diese Aufstellung ist

---

[249b] Für die Benutzung des Beckman-Spektrometers zu Remissionsmessungen sind diese Fehler und die Möglichkeiten, sie zu verringern, im einzelnen untersucht worden [vgl. *Hammond, H. K.*, and *I. Nimeroff*: J. Opt. Soc. Am. **42**, 367 (1952)]. Eine ausführliche Diskussion der Fehlerquellen bei Reflexionsmessungen haben *W. L. Derksen* u. Mitarb. gegeben [J. Opt. Soc. Am. **47**, 995 (1967)]. Abgesehen von der Richtigkeit des Vergleichsstandards sind es die gleichen, die auch bei Durchsichtsmessungen eine Rolle spielen, vor allem also mangelnde Monochromasie der Strahlung und effektive spektrale Breite. Vgl. dazu *Kortüm, G.*: Kolorimetrie, Photometrie und Spektrometrie, 4. Aufl. Berlin-Göttingen-Heidelberg: Springer 1962.

vorzuziehen, wenn die Probe photochemisch empfindlich ist, da sie jeweils nur mit einem schmalen Wellenlängenbereich bestrahlt wird wie
beim RA 2. Beide Aufstellungen sollten wegen des Reziprozitätsgesetzes
(vgl. S. 177) gleichwertig sein: $_dR_0 = {_0}R_d$. Für Messungen im UV ist der
Remissionsansatz RA 3 (im Gegensatz zum RA 2) nicht verwendbar

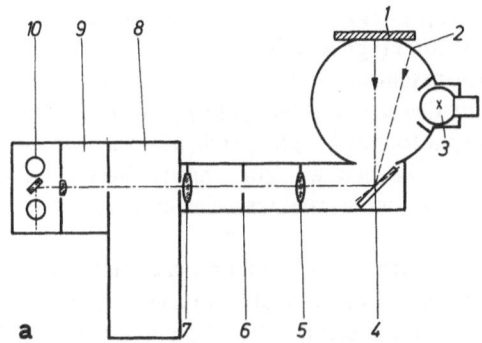

Abb. 91a. Remissionsansatz RA 3 zum Zeiss-Spektralphotometer PMQ II; Aufstellung *A*, Meßgeometrie $_dR_0$. *1* Probe, *2* Kugelwand, *3* Glühlampe, *4* Kippspiegel,
5, 7 Linsen, *6* Blende, *8* Monochromator, *9* Küvettenwechsler, *10* Empfängergehäuse

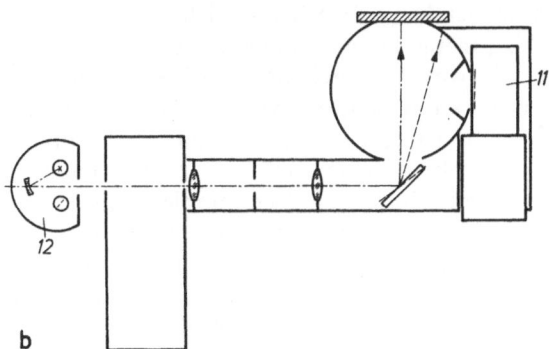

Abb. 91b. Remissionsansatz RA 3 zum Zeiss-Spektralphotometer PMQ II; Aufstellung *B*, Meßgeometrie $_0R_d$. *11* Empfänger, *12* Strahlungsquellen

(Grenze 380 mμ), weil wegen der Absorption des Kugelbelages keine
Quarzoptik verwendet wird. Neuerdings wird jedoch auch der Ansatz
RA 3 mit Quarzoptik und einer aufgerauhten Photometerkugel aus
Aluminium geliefert, auf die man jeweils frisches MgO aufrauchen kann.
    Ein weiterer Remissionsansatz zum Spektralphotometer PMQ II
wurde zur qualitativen und quantitativen Auswertung von *Dünnschicht-
chromatogrammen* im sichtbaren und ultravioletten Spektralbereich ent-

wickelt[249c]. Er besteht aus einem Kreuztisch, auf den die waagerecht aufgelegte Dünnschichtplatte von oben her senkrecht und monochromatisch bestrahlt wird. Die emittierte Strahlung wird unter 45° abgenommen und dem Empfänger zugeführt (Geometrie $_0R_{45}$). Auch in diesem Fall kann die Strahlenrichtung umgekehrt werden, wobei das Chromatogramm mit dem Kontinuum einer Glüh- oder H_2-Lampe bestrahlt wird ($_{45}R_0$). Diese Anordnung wird zur Untersuchung fluoreszierender Proben benutzt (vgl. S. 240). Zur Registrierung der Spektren kann ein Kompensationsschreiber und gegebenenfalls auch ein Integrator mit der Bewegung des Kreuztisches gekoppelt werden. Dieses Chromatogramm-Spektralphotometer eignet sich sowohl zur einfachen Lokalisierung der Substanzzonen wie zur unmittelbaren Aufnahme der Absorptions- bzw. Fluoreszenzspektren der einzelnen Flecken und damit zu ihrer Analyse.

Auch zu Doppelstrahlspektrometern hat man Zusatzgeräte für Reflexionsmessungen entwickelt, wobei in der Regel das Verhältnis der Strahlungsleistungen gemessen wird, die einerseits von der Probe und andererseits vom Vergleichsstandard remittiert werden, wobei der Wert des Standards gleich 100% gesetzt wird. Dieses Verhältnis, sein Logarithmus (d. h. die scheinbare Extinktion der Probe) oder auch direkt die Kubelka-Munk-Funktion $F(R'_\infty)$ werden als Funktion von λ oder $\overset{\circ}{v}$ registriert. Auch bei diesen Geräten handelt es sich meistens um modifizierte Ausschlagsmethoden mit doppeltem Strahlengang und nur einem Empfänger[250]. Es wird also auch hier die Linearität des Empfängers und der Verstärker vorausgesetzt. Beispiele für diese Art des Meßverfahrens sind etwa die Zusatzgeräte zum Beckman-Spektralphotometer DK, zum Bausch & Lomb-Spectronic 505-Spektrophotometer und zum Cary-Spektralphotometer Modell 14. Der Strahlengang des letzteren ist in Abb. 92a perspektivisch-schematisch wiedergegeben.

Monochromatische, durch einen Unterbrecher mit 30 Hz modulierte Strahlung fällt abwechselnd senkrecht auf die Probe bzw. den Standard, wird diffus gestreut in eine Photometerkugel und fällt durch die Öffnung F in der Kugel auf den Empfänger. Das Verhältnis der beiden Photoströme wird registriert. Die Meßgeometrie ist also $_0R_d$. Da Probe und Standard sich stets gemeinsam in der Photometerkugel befinden, tritt kein „Kugelfehler" auf (vgl. S. 227). Schirme innerhalb der Kugel verhindern, daß weder von der Probe noch vom Standard direkt reflektierte Strahlung auf den Empfänger gelangt.

[249c] *Jork, H.*: Cosmo Pharma **3**, 33 (1967); — *Stahl, E.*, u. *H. Jork*: Zeiss-Informationen **16**, 52 (1968) und die dort angegebene Literatur.

[250] Vgl. dazu *Savitzky, A.*, and *R. S. Halford*: Rev. Sci. Instr. **21**, 203 (1950); — vgl. auch *Kortüm, G.*: Kolorimetrie, Photometrie u. Spektrometrie, 4. Aufl., S. 309. Berlin-Göttingen-Heidelberg: Springer 1962.

. Mit der gleichen Anordnung kann man auch die Gesamtdurchlässigkeit diffus streuender Schichten für senkrecht einfallende Strahlung messen, indem man Probe und Standard durch gepreßte Scheiben aus MgO ersetzt und die zu untersuchende dünne Schicht in der Eintrittsöffnung des Vergleichsstrahlenganges anbringt, so daß die gesamte durchgelassene Strahlung auf die Wand der Photometerkugel gelangt. Ersetzt man die MgO-Scheibe im Vergleichsstrahlengang durch eine „Strahlungsfalle", so wird der ungestreut durchgelassene Anteil der Strahlung absorbiert und man mißt nur die diffuse Durchlässigkeit der dünnen Schicht, was für die Theorie von *Duntley* (vgl. S. 137) von Bedeutung ist.

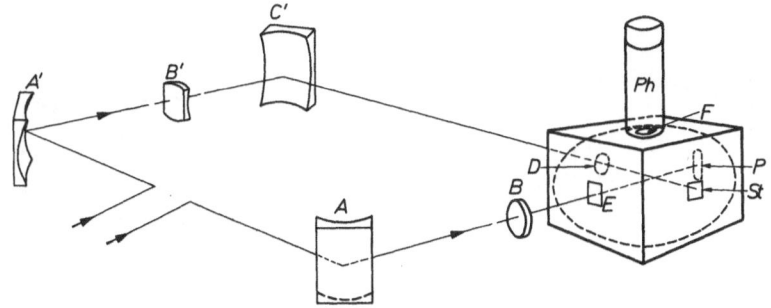

Abb. 92a. Remissionsansatz zum Cary-Spektralphotometer Modell 14 mit Photometerkugel und Meßgeometrie $_0R_d$. *ABP* Meßstrahlung; *A′ B′ C′ St* Vergleichsstrahlung; *P* Probe; *St* Standard; *D* Probenstellung zur Messung der Durchlässigkeit für diffuse Strahlung; *F* Austritt der Strahlung zur Photozelle *Ph*

Man kann ferner die Photometerkugel durch einen sog. „Ringkollektor" ersetzen, wobei die Meßgeometrie $_0R_d$ durch die Meßgeometrie $_0R_{45}$ ersetzt wird: Die Probe wird ebenfalls senkrecht bestrahlt, aber nur die unter $45 \pm 7°$ reflektierte Strahlung wird über einen Ringspiegel dem Empfänger zugeführt und mit der Strahlung des Vergleichsstrahlenganges verglichen. Bei starker Absorption der Probe kann die Vergleichsstrahlung geschwächt werden. Man ersetzt dann die Probe durch einen Standard und wiederholt die Messung, d. h. man mißt das relative Reflexionsvermögen.

Auch bei den Doppelstrahlgeräten kann man in der Regel den Strahlengang umkehren (analog wie beim RA 3 Zusatzgerät zum Zeissschen Einstrahlgerät) und so anstelle der Meßgeometrie $_0R_d$ die Meßgeometrie $_dR_0$ benutzen. Den zugehörigen Strahlengang z. B. des Cary-Spektralphotometers zeigt Abb. 92b. Man bestrahlt die Wand der Photometerkugel von unten über einen Spiegel mit einer H_2- bzw. Wolframlampe. Probe und Standard werden so diffus bestrahlt, und die reflektierte Strahlung wird senkrecht abgenommen, indem beide abwechselnd mit Hilfe eines Unterbrechers und der vorhandenen Optik auf dem Spalt des Monochromators abgebildet werden. Diese Methode ist dann vorzuziehen, wenn die Probe photochemisch stabil ist und gleichzeitig fluoresziert, weil in diesem Fall das Reflexionsspektrum weniger durch Fluoreszenz verfälscht wird.

Neuerdings ist ein verbessertes Zusatzgerät zum Cary-Modell 14-Spektrometer mit einer Photometerkugel von 25 cm Durchmesser für den Spektralbereich von 250 mµ bis 2,5 µ entwickelt worden[251], das nicht

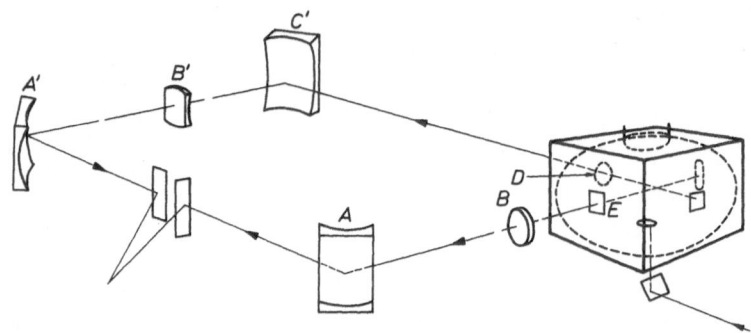

Abb. 92 b. Remissionsansatz zum Cary-Spektralphotometer Modell 14 mit Photometerkugel und Meßgeometrie $_dR_0$. Umgekehrter Strahlengang

mehr entfernt werden muß, wenn man zu Durchsichtsmessungen übergehen will. Auch eine Mikroeinrichtung zur Messung der Spiegelreflexion von kleinen Kristallen ist vorgesehen.

Nach einer Flimmermethode und damit einer echten Nullmethode für Reflexionsmessungen arbeitet z. B. das Hardy-Spektralphotometer[252] in Verbindung mit einer Photometerkugel (Abb. 93). Die Remissionsflächen B und C dienen als Probe und Vergleichsstandard. Besitzt z. B. die Probe B eine ebene polierte Oberfläche, so gelangt der reflektierte Anteil der Strahlung nach B'. Besteht B' aus z. B. MgO, so wird dieser Anteil diffus gestreut und mitgemessen, d. h. man erhält die Gesamtremission; besteht B' aus einer „Strahlungsfalle", so wird der regulär reflektierte Anteil vernichtet, und allein der von B diffus gestreute Anteil gemessen, beide relativ zur Streuung von C und C', die etwa aus MgO

[251] *Hedelman, S.,* and *W. N. Mitchell:* Modern aspects of reflectance spectroscopy, p. 158 ff. New York: Plenum Press 1968.

[252] *Hardy, A. C.:* J. Opt. Soc. Am. **25**, 305 (1936); — *Gibson, K. S.,* and *H. S. Keegan:* J. Opt. Soc. Am. **28**, 372 (1938); — *van den Akker, I. A.:* J. Opt. Soc. Am. **33**, 257 (1943).

bestehen[253]. Auch bei Pulvern läßt sich auf diese Weise der diffuse und der reguläre Anteil der Remission annähernd getrennt erfassen, indem man das Pulver preßt, so daß die Oberfläche unter dem regulären Reflexionswinkel „Glanz" zeigt. Jedoch kann man den regulären Anteil auf diese Weise nicht vollständig erfassen, da auch bei gepreßten Oberflächen die Kristallite nicht sämtlich eben liegen werden (vgl. auch Abbildung 14 und 15c)[254]. Die sog. Flimmermethode beruht auf folgendem: Die aus dem Spalt S eines Doppelmonochromators austretende Strahlung wird durch das Rochon-Prisma N_1 linear polarisiert und durch das Wollaston-Prisma W in zwei gleiche zueinander senkrecht polarisierte

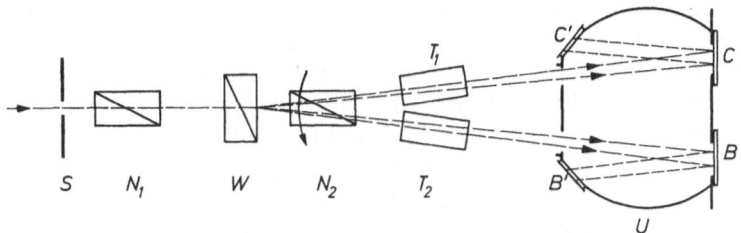

Abb. 93. Hardy-Spektralphotometer für Remissionsmessungen

Strahlenbündel zerlegt, die das rotierende zweite Rochon-Prisma N_2 durchsetzen. Dabei wird jedes der beiden Strahlenbündel abwechselnd durchgelassen und ausgelöscht. Die Phasenverschiebung beträgt 180°, die Modulationsfrequenz 60 Hz. Die von der Photometerkugel diffus gestreute Strahlung wird von dem hinter U befindlichen Empfänger registriert. Durch Verdrehen des ersten Rochon-Prismas kann das Intensitätsverhältnis beider Strahlenbündel beliebig geändert werden, so daß man die Absorption der streuenden Probe kompensieren und aus dem Drehwinkel berechnen kann. Solange die Intensität der beiden Bündel verschieden ist, entsteht ein pulsierender Gleichstrom, dessen

---

[253] In ähnlicher Weise können auch beim Reflexionsansatz zum Perkin-Elmer-Modell 4000 A und 350 [R. E. Anacreon, and R. H. Noble: Appl. Spectroscopy 14, 29 (1960)] die regulär und diffus reflektierten Anteile voneinander getrennt werden.

[254] Zur Messung des (relativen oder absoluten) regulären Reflexionsvermögens ebener Oberflächen in Abhängigkeit von der Wellenlänge sind zahlreiche Geräte angegeben worden, die fast stets nach der Ausschlagsmethode arbeiten [vgl. z. B. Bennett, H. E., and W. F. Koehler: J. Opt. Soc. Am. 50, 1 (1960); — Reid, C. D., and E. D. McAlister: J. Opt. Soc. Am. 49, 78 (1959); — Shaw, J. E., and W. R. Blevin: J. Opt. Soc. Am. 54, 334 (1964)]. Vorzuziehen sind Methoden, bei denen die Strahlung senkrecht einfällt, so daß die Meßergebnisse unabhängig vom Polarisationszustand der einfallenden Strahlung werden.

Wechselstromkomponente verstärkt und der Erregerspule eines Motors zugeführt wird, der das Prisma N_1 solange dreht, bis Gleichheit der Leistung der beiden Strahlenbündel erreicht ist. Dann verschwindet die Wechselstromkomponente des Photostroms. Dieses Meßverfahren mit optischem Abgleich der Absorption ist weitgehend voraussetzungslos und insbesondere von den Eigenschaften des Empfängers und Verstärkers unabhängig, so daß es sehr sichere Werte liefert[255].

Zur Messung von Reflexionsspektren bei *extrem hohen oder tiefen Temperaturen* bis herunter zur Temperatur des siedenden Stickstoffs muß man besondere Küvettengehäuse bzw. Probenhalter konstruieren[256], in die die Meßteller eingesetzt werden können. Wesentlich ist dabei, daß sich die gesamten Proben einschließlich evtl. vorhandener Deckgläser auf konstanter Temperatur halten lassen, damit sich z. B. nicht eine leichter flüchtige Komponente am Deckglas durch Sublimation anreichert. Ein solches Gehäuse wird dann mit ähnlicher Optik wie z. B. beim RA 2 (vgl. S. 229) an das Spektralphotometer angeschlossen. Konstruktionen solcher Küvettengehäuse sind z. B. für Fluoreszenzmessungen angegeben worden[257] und lassen sich durch geringfügige Änderungen auch für Reflexionsmessungen umbauen. Man kann auch den unteren Teil des RA 2-Zusatzgerätes mit den Probentellern von dem restlichen Gerät abtrennen und thermisch isolieren. Man heizt diesen unteren Teil am besten mit Hilfe eines Stickstoffstroms gegebener Temperatur, der auch die Pulveroberfläche überstreicht, so daß keine Temperaturgradienten in der Probe auftreten. Letztere wird in einigem Abstand mit einer Quarzscheibe abgedeckt.

Messungen bei tiefen Temperaturen kann man einfach so ausführen, daß man einen Metallblock mit dem eingeschnittenen Probenteller in einen Dewar mit dem Kältebad taucht und mittels zweier Umkehrprismen die Strahlung mit der Geometrie $_{45}R_0$ auffallen läßt bzw. abnimmt[258]. Dies hat den Vorteil, daß die Probe nicht abgedeckt zu werden braucht. Man kann aber auch eine geschlossene Quarzküvette mit der Probe unmittelbar in einen mit ebenen Fenstern versehenen Quarzdewar mit flüssigem Stickstoff eintauchen und vor dem Fenster fixieren (Abb. 94). Sie wird dann von einer Photometerkugel aus diffus bestrahlt und auf dem Monochromatorspalt bzw. dem Empfänger abgebildet $(_dR_0)$[259]. Eine Tieftemperaturzelle für den Reflexionsansatz des Unicam SP. 540-

[255] Vgl. *Kortüm, G.:* Kolorimetrie, Photometrie und Spektrometrie, 4. Aufl. Berlin-Göttingen-Heidelberg: Springer 1962.

[256] Vgl. etwa *Wendlandt, W., P. H. Franke,* and *J. P. Smith:* Anal. Chem. **35**, 105 (1963); — *Frei, R. W.,* and *M. M. Frodyma:* Anal. Chim. Acta **32**, 501 (1965).

[257] *Kortüm, G.,* u. *H. Bach:* Spectrochim. Acta **21**, 1117 (1965).

[258] *Kortüm, G.,* u. *H. Schöttler:* Z. Elektrochem. **57**, 353 (1953).

[259] *Oelkrug, D.:* Ber. Bunsenges. Physik. Chem. **70**, 736 (1966); **71**, 697 (1967).

Spektrometers wurde von *Symons* und *Trevalion*[260] beschrieben. Ferner berichtet die Firma McPherson über einen Zweistrahlzusatz für Reflexionsmessungen im Spektralbereich von 1050 Å bis zum Sichtbaren, der auch für Tieftemperaturmessungen geeignet ist. Die von Probe bzw. Vergleichsstandard reflektierte Strahlung wird jeweils über einem Lichtleiter dem Multiplier abwechselnd zugeführt.

In neuerer Zeit werden registrierende Spektralphotometer für Remissionsmessungen auch zu Farbmessungen und Berechnungen von Färberezepten und Farbanpassungen herangezogen, was besonders für die Textil-, Kunststoff- und Lackindustrie von großer Bedeutung ist (vgl. S. 311 ff.). Zuerst wurde das oben erwähnte Hardy-Gerät durch Einbau

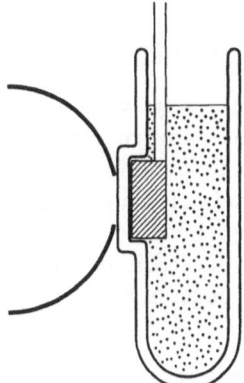

Abb. 94. Reflexionsküvette für Messungen bei tiefen Temperaturen

einer Kurvenscheibe so modifiziert, daß die Registrierung nicht mehr den Remissionsgrad R_∞ bzw. die daraus zu berechnende scheinbare Extinktion $\log(1/R_\infty)$, sondern unmittelbar die Kubelka-Munk-Funktion als Funktion von λ liefert [261]. Inzwischen ist eine ganze Reihe registrierender (und auch nichtregistrierender) Farbmeßgeräte auf den Markt gekommen [262], zum Teil mit unmittelbar angeschlossenen Analogrechnern zur Integrierung der Normfarbwerte. Ein neues Farbmeßgerät wird von der Firma Zeiss angekündigt [263] (DMC 25), das sich von anderen dadurch unterscheidet, daß die Meßgeometrie für Beleuchtung und Reflexion variabel ist. Um z. B. die Spiegelreflexion (Glanz) auszuschalten,

[260] *Symons, M. C. R.*, u. *P. A. Trevalion:* Unicam Spectrovision **10**, 8 (1961).

[261] *Pritchard, B. S.*, and *E. I. Stearns:* J. Opt. Soc. Am. **42**, 752 (1952). Vgl. auch *Derby, R. E.:* Am. Dyestuff Rep. **41**, 550 (1952); auch das Cary-Spektrometer kann mit $F(R_\infty)$-Skala geliefert werden.

[262] Vgl. z. B. *Van den Akker, J. A.*, u. Mitarb.: Tappi **35**, 141 A (1952).

[263] *Loof, H.:* Zeiss-Informationen (im Druck).

steht ein Remissionsansatz mit Bestrahlung unter 45° und Messung unter 0° ($_{45}R_0$) zur Verfügung. Es wird mit zwei Strahlungsquellen unter verschiedenem Azimut bestrahlt, wodurch ein Schattenwurf bei grober Oberflächenstruktur vermieden wird. Mit diesem Ansatz austauschbar sind Photometerkugeln verschiedener Größe zur diffusen Bestrahlung der Meßprobe und gerichteter Abnahme unter 8° oder (unter Umkehr der Strahlungsrichtung) zur gerichteten Bestrahlung unter 8° und integrierender Abnahme über die Photometerkugel. Der Meßbereich geht vom nahen IR bis ins mittlere UV. Zur Integration der Normfarbwerte dient ein angeschlossener Analogrechner. Der gesamte Meß- und Rechenvorgang ist vollautomatisch.

d) Messungen mit linear polarisierter Strahlung

Wie im Abschnitt II, g gezeigt wurde, kann man reguläre Anteile der Remission einer Probe dadurch eliminieren, daß man die Probe zwischen zwei gekreuzten Polarisationsfolien oder gekreuzten Polarisationsprismen anbringt und dafür sorgt, daß der Winkel zwischen Einfallsebene und Schwingungsebene der Strahlung (das Azimut) 0° oder 90° beträgt. Das bedeutet natürlich, daß man gerichtet einstrahlt und senkrecht abnimmt, also Meßgeometrie z. B. $_{45}R_0$. Abb. 95 zeigt den für

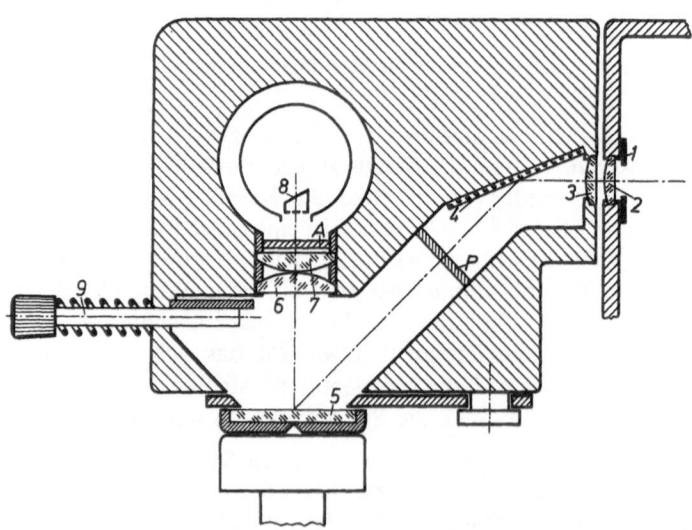

Abb. 95. Zeissscher Remissionsansatz RA 2 mit eingebauten Polarisationsfolien. *1* Austrittsspalt des Monochromators, *2, 3, 6, 7* Optik, *4* Umlenkspiegel, *5* Probe, *8* Multiplier-Kathode, *P* Polarisator, *A* Analysator

derartige Messungen abgeänderten Remissionsansatz RA 2 für das Spektralphotometer von Zeiss von Abb. 90, in den zwei Polarisationsfolien *P* und *A* eingebaut sind. Diese bestehen aus gestreckten, mit Jod angefärbten Polyäthylenfolien, die zwischen 1 mm dicken Glasplatten eingekittet sind. Die Durchlässigkeit der gekreuzten Folien liegt in der

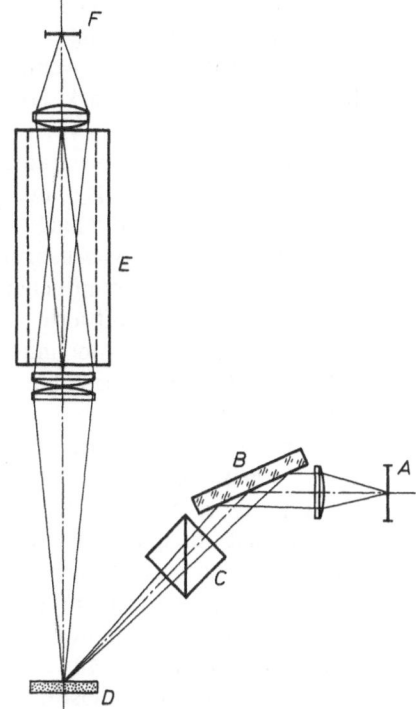

Abb. 96. Remissionsansatz für Messungen zwischen gekreuzten Polarisationsprismen. *A* Spalt des Monochromators, *B* Umlenkspiegel, *C* Polarisator, *D* Probe, *E* Analysator, *F* Multiplier

Regel zwischen 0,01 und 0,001 %, ist also genügend klein. Sie sind wegen ihrer Eigenabsorption nur im sichtbaren Spektralbereich verwendbar[264].

Für Messungen auch im UV bis etwa 250 mμ wurde ein Remissionsansatz zum Spektralphotometer PMQ II von Zeiss entwickelt, in dem Polarisationsprismen aus Kalkspat anstelle der Polarisationsfolien benutzt wurden (Abb. 96). Der Polarisator besteht aus einem Glan-

---

[264] Hersteller: E. Käsemann, Optische Werkstätten, Oberaudorf/Inn. Verwendeter Typ: Ks-MIK. Neuerdings sind auch UV-durchlässige Polarisationsfilter beschrieben worden: *Makas, A. S.*: J. Opt. Soc. Am. **52**, 43 (1962).

Prisma mit Luftzwischenschicht und einem Öffnungswinkel von 7°,
der Analysator aus einem Glan-Thompson-Prisma mit 30° Öffnungswinkel[265].

e) Messung fluoreszierender Proben

Wird durch die Meßstrahlung in einer Absorptionsbande der Probe
Fluoreszenz erregt, so wird die gesamte unzerlegte Fluoreszenzstrahlung
als scheinbare Remission mitgemessen, wenn man monochromatisch
einstrahlt, so daß die Messung sehr stark verfälscht werden kann. In
solchen Fällen muß man also die Probe vor dem Monochromator anordnen, denn dann wird die Fluoreszenzstrahlung, die ja stets länger-
wellig ist als die Erregerstrahlung (Spiegelsymmetrie!), bei der Remissionsmessung praktisch vollständig durch die nachfolgende Zerlegung eliminiert außer im Überlappungsgebiet von Absorptions- und Fluoreszenz-
bande. Man kann natürlich (bei empfindlichen Proben) auch monochromatisch einstrahlen und die remittierte + Fluoreszenzstrahlung
durch einen zweiten Monochromator nochmals zerlegen und so voneinander trennen[266], das erfordert aber einen erheblich höheren meß-
technischen Aufwand.

In manchen Fällen ist es allerdings erwünscht, Remission und
Fluoreszenz einer Probe gemeinsam zu messen. Das ist etwa dann der
Fall, wenn es sich um fluoreszierende Körperfarben oder um sog.
„optische Aufheller" handelt, die das Reflexionsvermögen schwach far-
biger Medien durch zusätzliche kurzwellige Fluoreszenz „weiß" erscheinen lassen, wenn man z. B. Tageslicht einstrahlt. Auch in diesem Fall muß
man die Probe vor dem Monochromator anordnen und mit einem
Kontinuum bestrahlen. Die hinter dem Monochromator relativ zu einem
Standard (MgO) gemessene Strahlungsleistung $I(\lambda)$ setzt sich dann aus
dem reflektierten Anteil und einem Fluoreszenzanteil zusammen, der
durch den kürzeren Wellenlängenbereich angeregt wurde. Es leuchtet
unmittelbar ein, daß $I(\lambda)$ in diesem Fall (im Gegensatz zu reinen Remissionsmessungen) von der Strahlungsleistung und der spektralen Energieverteilung der Lichtquelle im Anregungsbereich der Fluoreszenz und
außerdem von der Quantenausbeute der Fluoreszenz abhängig wird.
Man kann also $I(\lambda)$ durch die Wahl der Lichtquelle stark verändern.

Für solche speziellen Messungen sind sowohl nichtregistrierende[267]
wie registrierende[268] Geräte entwickelt worden, doch können auch
übliche Meßgeräte mit umkehrbarem Strahlengang dafür herangezogen

---

[265] Bezogen von der Firma B. Halle, Berlin-Steglitz.

[266] *Donaldson, R.:* Brit. J. Appl. Phys. **5**, 210 (1954).

[267] *Schultze, W.:* Farbe **2**, 13 (1953).

[268] *Koch, O.,* u. *K. Bunge:* Chem. Ing. Tech. **32**, 810 (1960).

werden[269], wobei man zur Fluoreszenzerregung in der Regel Xenon-lampen mit hoher Bestrahlungsstärke und geeignetem Filter benutzt, das das kurzwellige UV absorbiert. Die spektrale Energieverteilung dieser Kombination entspricht etwa der des Tageslichts. Zusätzliche UV-Sperrfilter dienen dazu, Fluoreszenz und Remission voneinander zu trennen, sofern die Probe durch das Sichtbare nicht zu Fluoreszenz angeregt wird (vgl. auch S. 315).

f) Einfluß von Feuchtigkeit auf Reflexionsspektren

Wie schon im Kapitel III gezeigt wurde, hängt das Streuvermögen kleiner Teilchen außer von dem Verhältnis von Teilchenumfang und Wellenlänge noch von dem Verhältnis der Brechungsindizes n der Teilchen und n_0 des umgebenden Mediums ab. Das gilt auch für die Vielfachstreuung. Wird also z. B. in den Poren eines trockenen Pulvers die Luft durch Wasserdampf und anschließend durch kapillarkonden-siertes Wasser ersetzt, so sinkt das Verhältnis n/n_0, der Streukoeffizient nimmt ab und damit nach Gl. (IV, 32) $F(R_\infty)$ zu. Ganz allgemein be-obachtet man ja auch, daß feuchte Proben schon visuell dunkler erschei-nen als trockene. Es ist deshalb zu erwarten und wird durch die Erfahrung bestätigt, daß die nach der Verdünnungsmethode (S. 181) gewonnenen Reflexionsspektren durch Feuchtigkeit beeinflußt werden können, wenn entweder der zu untersuchende Stoff oder das Verdünnungsmittel oder beide hydrophil sind und leicht Wasser anlagern. In solchen Fällen ist man häufig gezwungen, Proben und Verdünnungsmittel (Standard) vorher sehr sorgfältig zu trocknen und sie während der Aufnahme der Spektren gegen Eindringen von Feuchtigkeit durch Deckgläser zu schützen (vgl. S. 195). Einige Versuche mit K_2CrO_4 und NaCl als leicht wasserlöslichen und mit Cr_2O_3 und CaF_2 als schwer wasserlöslichen Stoffen haben dies bestätigt[270]. Nimmt man z. B. das Reflexionsspektrum von Cr_2O_3, verdünnt mit CaF_2, gegen reines CaF_2 als Standard auf, so erhält man die Kurven der Abb. 97, wenn man die zunächst hoch-getrockneten Proben längere Zeit an wasserdampfgesättigter Luft und danach wieder im Vakuum über P_2O_5 stehen läßt. Durch den Einfluß eingedrungener Feuchtigkeit werden die Banden recht beträchtlich erhöht, ohne daß sich ihre Lage ändert, doch ist dieser Effekt weitgehend rever-sibel, wenn man die Feuchtigkeit wieder entzieht. Daß sich die Änderung des Spektrums nicht vollkommen rückgängig machen läßt, dürfte darauf

---

[269] Zum Beispiel das S. 228 beschriebene „Elrepho". Vgl. dazu *Berger, A.:* Zeiss-Informationen (im Druck).

[270] *Kortüm, G., W. Braun* u. *G. Herzog:* Angew. Chemie **75**, 653 (1963); — Intern. Ed. **2**, 333 (1963).

beruhen, daß sich das kondensierte Wasser aus den feinsten Poren nur sehr schwer wieder entfernen läßt. Macht man die gleichen Messungen mit $K_2CrO_4 + CaF_2$, so sind die analogen Änderungen des Spektrums nicht mehr reversibel. Dies mag zum Teil auch durch Rekristallisationseffekte bedingt sein, die eine Kornvergrößerung zur Folge haben und damit eine zusätzliche Erhöhung der Absorption infolge größerer Eindringtiefe bewirken könnten (vgl. S. 64). Solche Einflüsse lassen sich

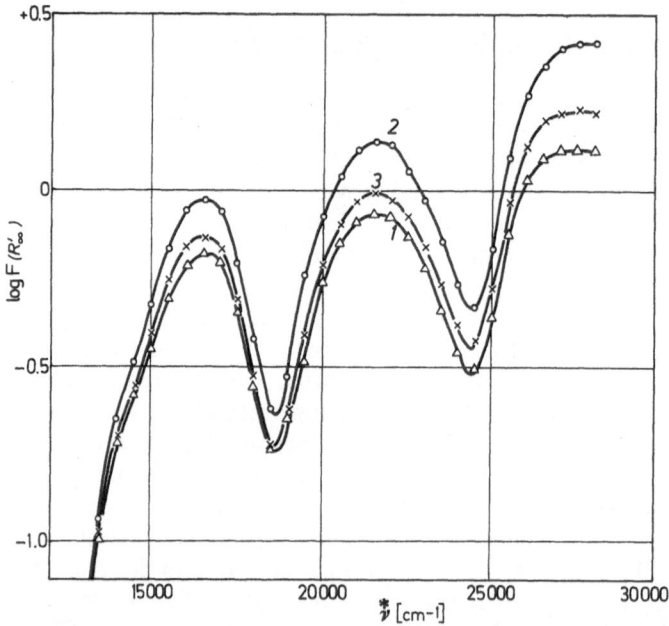

Abb. 97. Reflexionsspektren von Cr_2O_3 + Überschuß von CaF_2 gegen CaF_2 als Standard. *1* wasserfrei, *2* nach 76 stündigem Stehen an wasserdampfgesättigter Luft, *3* nach 7 Tagen über P_2O_5 im Vakuum

durch nachträgliche Trocknung natürlich nicht mehr rückgängig machen. Häufig machen sich solche Rekristallisationen äußerlich schon dadurch bemerkbar, daß das relativ locker in die Meßzelle eingedrückte Pulver sich unter dem Einfluß der feuchten Luft zu einer harten Scheibe zusammenzieht.

Wie diese Versuche zeigen, ist es empfehlenswert, wasserunlösliche Verdünnungsmittel bzw. Standards zu wählen, wenn sich dies nicht aus anderen Gründen verbietet. Für quantitative, z. B. photometrische Messungen oder für Reflexionsmessungen von adsorbierten Stoffen ist es jedoch unerläßlich, Feuchtigkeit möglichst vollständig auszuschließen, was allerdings einen wesentlich höheren experimentellen Aufwand erfordert[271]. Die Verdünnungsmittel sind je nach ihrer chemischen Konstitution längere Zeit zu glühen (400–1000° C), evtl. bis zur Gewichtskonstanz und im Vakuumexsikkator erkalten zu lassen. Dieser wird in einen sog. „Handschuhkasten" (Manipulator) gebracht, in dem sich bereits die abgewogene Probe und die Mahlbecher in ebenfalls vorgetrocknetem Zustand befinden. Man füllt Probe und Verdünnungsmittel bzw. Verdünnungsmittel allein als Standard in die Mahlbecher um und verschließt diese luftdicht mittels einer geeigneten Dichtung (z. B. Teflonringe). Nach dem Mahlen werden die Mahlbecher in den Handschuhkasten zurückgebracht, und verdünnte Probe nebst Standard in die Meßteller eingefüllt. Im Handschuhkasten befinden sich zu diesem Zweck die Quarzdeckplatten, Dichtungsmittel, Werkzeug zum Umfüllen der Proben (Pinzette, Spatel usw.) und eine Heizplatte, so daß die Probenteller unter vollständigem Ausschluß von Feuchtigkeit meßbereit gemacht werden können.

„Handschuhkästen" kann man sich leicht im Laboratorium herstellen. Sie bestehen aus einem luftdichtem Behälter, der mit einer gut passenden, übergreifenden Glas- oder Plexiglasplatte zur Beobachtung abgedichtet ist. Die notwendigen Manipulationen darin lassen sich mit Hilfe zweier, über angelötete passende Ringe geklebte Gummihandschuhe von außen her ausführen. In den Kasten wird von unten her langsam hochgetrocknetes CO_2 eingeleitet, das zwischen Behälter und Deckel entweicht. Der Behälter enthält außerdem eine Schale mit P_2O_5 als Trockenmittel. Etwa eine Stunde vor Abfüllung der Proben wird die Heizplatte eingeschaltet, auf der Probenteller, Quarzplatten und Werkzeug nochmals ausgeheizt werden unter ständiger Durchspülung des Kastens mit trockenem CO_2. Nach Abschaltung des Heizstroms und Erkalten der Platte kann mit der Herstellung der Meßproben begonnen werden.

Neuerdings sind derartige Handschuhkästen auch in verschiedener Ausführung (evakuierbar oder nichtevakuierbar, mit oder ohne Schleusenkammer) und verschiedener Form und Größe im Handel zu haben[272].

g) Herstellung der Meßproben

Wie bei der Einzelstreuung ist auch der Streukoeffizient bei Vielfachstreuung außer vom Verhältnis n/n_0 sehr stark von der Korngröße abhängig, und damit natürlich auch das zugehörige Spektrum $F(R_\infty)$,

[271] *Kortüm, G., J. Vogel* u. *W. Braun:* Angew. Chem. **70**, 651 (1958).

[272] Vgl. z. B. Mecaplex AG, Grenchen, Schweiz, zu beziehen z. B. über Firma Dr. H. Rumm, Augsburg.

worauf schon früher hingewiesen wurde (Kap. II, g). Die Korngröße ist bei der Verdünnungsmethode (S. 181) ihrerseits abhängig von der Mahldauer und von der Härte des Mahlgutes. Der *Mahlvorgang* im Mörser oder in der Kugelmühle zur Verdünnung der Meßprobe mit dem Weißstandard ist deshalb immer dann zu standardisieren, wenn es sich um vergleichende oder quantitative photometrische Messungen handelt. Als geeignet haben sich Porzellanmahlbecher zwischen 50 und 250 cm^3 Inhalt mit zwei großen oder sechs kleineren Kugeln aus glattem Porzellan erwiesen[273]. Für härteres Mahlgut sind Mahlbecher aus Achat mit

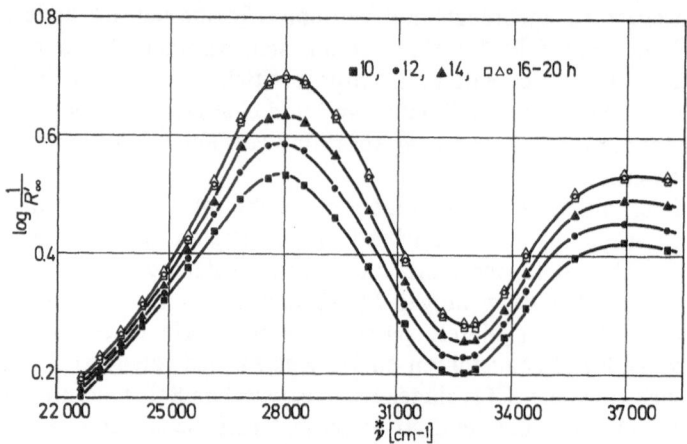

Abb. 98. Einfluß der Mahldauer auf das Reflexionsspektrum K$_2$CrO$_4$/BaSO$_4$; ■ 10 h, ● 12 h, ▲ 14 h, □○△ 16—20 h

Achatmahlkugeln oder mit Kugeln aus Hartmetall (*W*-carbid + Co) vorzuziehen. Innerhalb einer Meßreihe von verschiedenen Verdünnungen ist stets dieselbe Art von Mahlbechern mit gleichen Kugeln zu verwenden, wenn die Messungen quantitativ reproduzierbar werden sollen. Die Korngröße des Mahlgutes hängt wesentlich von Art und Zahl der Kugeln, von der Tourenzahl der Mühle und von der Mahldauer ab. Der Standard muß genau so behandelt werden wie die Probe, am besten in einer Zwillingsmühle. Zur gleichmäßigen Mischung von Probe und Standard bzw. zur gleichmäßigen Adsorption des zu untersuchenden Stoffes an der Oberfläche des Standards mahlt man wenigstens 6 Std, am besten über Nacht. In Abb. 98 ist der Einfluß der Mahldauer auf die scheinbare Extinktion $\log \dfrac{1}{R_\infty}$ einer Mischung von K$_2$CrO$_4$ mit BaSO$_4$

---

[273] Geeignete Kugelmühlen liefern z. B. Firma Ludwig Hormuth, Wiesloch (Baden) und Firma Alfred Fritsch, Idar-Oberstein.

wiedergegeben. Sie nimmt bis zu einem Grenzwert zu, der mit fortgesetzter Vermahlung nicht weiter ansteigt[274]. Das hängt damit zusammen, daß schließlich die feinsten Körner wieder zusammenbacken und man zu einem stationären Zustand der Korngröße und der Korngrößenverteilung gelangt, die im Bereich von 2 bis etwa 0,2 μ liegt.

Bei langen Mahldauern läßt sich ein geringer Abrieb der Mahlbecher und -kugeln nicht vermeiden. Systematische Versuche haben jedoch gezeigt, daß dieser Abrieb die Messungen innerhalb der Genauigkeit der Methode nicht beeinträchtigt, wenn es sich um länger gebrauchte glatte Porzellankugeln handelt. Achatkugeln und mehr noch Widiakugeln zeigen stets einen geringen Abrieb, besonders wenn sie neu sind. Dies muß gegebenenfalls durch Messung des gemahlenen Standards gegen aufgerauchtes MgO berücksichtigt werden.

Um noch feineres Korn zu erzielen, kann man den von v. Ardenne[275] angegebenen „Vibrator" benutzen. In ihm schwingt eine Stahlfeder in einem passenden Gefäß mit 2–3 Stahlkugeln in Resonanz vor dem Kern eines mit 50 Hz Wechselstrom betriebenen Elektromagneten. Man erreicht damit in kurzer Zeit einigermaßen einheitliche Korngrößen von unter 1 μ. Um sehr feines Korn zu bekommen, muß man auf mechanische Zerkleinerungsmethoden verzichten und ein, allerdings nur für lösliche Stoffe anwendbares und als „Lyophilisierung" bezeichnetes Verfahren benutzen: Man löst den betreffenden Stoff in Wasser oder einem anderen geeigneten und kristallisierbaren Lösungsmittel, bringt die Lösung mit CO_2-Aceton oder flüssigem N_2 schnell zum Erstarren und sublimiert anschließend das Lösungsmittel im Vakuum ab. Je nach Geschwindigkeit des Ausfrierens und Konzentration der Lösung kann man so einheitliche Korngrößen von wenigen Zehntel μ und darunter erreichen. Man kann auch Probe und Verdünnungsmittel (z. B. K_2CrO_4 und KBr) im gewünschten Verhältnis gemeinsam lyophilisieren und erhält dann eine trockene Pulvermischung, die unmittelbar (z. B. gegen reines KBr) gemessen werden kann. Die kleinsten bisher zugänglichen Korndimensionen haben die schon S. 44 erwähnten Aerosile, die man durch Hydrolyse von gasförmigem $SiCl_4$ herstellt (vgl. Tab. 12) und die sich als Verdünnungsmittel für bestimmte Probleme sehr bewährt haben[276].

Neben der Korngröße hat auch die Beschaffenheit der *Probenoberfläche* Einfluß auf das gemessene Reflexionsspektrum. Sie soll nach Möglichkeit glatt und eben sein, aber trotzdem keinen Glanz besitzen. Rauhigkeiten und Vertiefungen können bei schräger, gerichteter Beleuchtung (RA 2) Schattenwirkungen hervorrufen und so eine zu große

---

[274] *Kortüm, G.,* u. *G. Schreyer:* Angew. Chem. **67**, 694 (1955).

[275] *v. Ardenne, M.:* Angew. Chem. **54**, 144 (1941); — Kolloid-Z. **93**, 158 (1940).

[276] Vgl. auch *Wagner, E.,* u. *H. Brunner:* Angew. Chem. **72**, 744 (1960). Ähnlich läßt sich auch TiO_2 sehr feinkörnig herstellen.

Absorption vortäuschen. Man preßt entweder die Probe mit einem passenden (schwach angeätzten) Glas- oder Metallstempel bzw. einer Quarzplatte unter möglichst geringem Drehen in die Meßteller ein, oder man legt über den gehäuft gefüllten Meßteller ein Glanzpapier und rollt mit einem dicken Glasstab die Probe eben. Bei sehr lockeren Proben muß man die Abhängigkeit des Spektrums von der *Packungsdichte* berücksichtigen (vgl. S. 61) und evtl. bei photometrischen Messungen immer gleiche Mengen in die Probenteller einwägen. Zuweilen gibt es Mischungen, die schon bei geringsten Drucken Glanz zeigen. Das ist z. B. bei Cr_2O_3–MgO der Fall, nicht aber bei Cr_2O_3–CaF_2. In solchen Fällen muß man die Proben zunächst glatt streichen, dann aber nochmals mit einem feinen Sieb eine gleichmäßig dicke Schicht darüber sieben, damit der Glanz verschwindet. Proben mit *Oberflächenstruktur* (Papier, Textilien etc.) sollten stets mit diffuser Einstrahlung gemessen werden. Bei gerichteter schräger Einstrahlung erhält man für das Reflexionsvermögen in zwei zueinander senkrechten Lagen Unterschiede von mehreren Prozenten.

Die Probenteller sollen stets bis zum Rand gefüllt sein. Verschiedener *Abstand der Probenoberflächen von der Kugelwand* oder insbesondere von der Abbildungslinse (Abb. 95) ergibt Unterschiede im Reflexionsvermögen bis zu 5%, vermutlich weil sich der erfaßte Raumwinkel der von der Probe remittierten Strahlung mit dem Abstand von der Linse ändert. Im Prinzip sollte es bedeutungslos sein, ob man als Bezugsstandard das *Verdünnungsmittel* selbst oder einen anderen nicht absorbierenden Standard benutzt, solange man isotrope Streuverteilung voraussetzt. Diese könnte jedoch in den obersten Pulverschichten noch nicht vollständig erreicht sein (vgl. S. 101), so daß die Winkelverteilungen der remittierten Strahlung für verschiedene Standards (mit evtl. verschiedener Korngröße und Kristallform) doch voneinander abweichen könnten. Es empfiehlt sich deshalb stets, als Vergleichsstandard das Verdünnungsmittel zu benutzen.

Zur Messung von R'_∞ genügen im allgemeinen *Schichtdicken* von 2 bis 5 mm, je nach Packungsdichte, nur bei den sehr feinkörnigen Aerosilen (Tab. 12) erwiesen sich Schichtdicken bis zu 10 mm als notwendig[277]. Dabei können allerdings leicht Fehler dadurch auftreten, daß das innerhalb der Probe seitlich gestreute Licht nicht mehr quantitativ durch die Probenoberfläche austritt.

Zur Ermittlung von *Streukoeffizienten* muß man außer R_∞ auch R_0 bzw. T messen (vgl. S. 201). Die Wahl der Schichtdicken zur Messung von R_0 bzw. T hängt von den Streu- und Absorptionsverhältnissen der

---

[277] Im roten Spektralbereich genügte bei den feinsten Aerosilen auch diese Schichtdicke nicht.

Probe ab[278]. Will man R_0 messen, so ist für die Genauigkeit, mit der man S bestimmen kann, in erster Linie die Differenz zwischen R_0 und R_∞ maßgebend, sie sollte nicht kleiner als 0,05 sein. Will man T messen, so sollte dieses im Bereich zwischen 0,5 und 0,05 liegen. Bei größeren Durchlässigkeiten und gerichteter Einstrahlung geht das Licht teilweise ungestreut durch, so daß sich die Kubelka-Munk-Theorie nicht mehr anwenden läßt. Bei nichtabsorbierenden Stoffen (Standards) sind die Meßbedingungen bei Schichtdicken zwischen 0,1 und 0,3 mm am günstigsten. Mit zunehmender Absorption sinkt die Differenz zwischen R_0 und R_∞ rasch ab und ebenso sinkt die Durchlässigkeit. Dabei wird die Reflexionsmethode schneller unbrauchbar als die Durchsichtsmethode, wie man an folgendem Beispiel sieht: Es sei $S = 500\ cm^{-1}$ (vgl. z. B. Abb. 80), $d = 0,01\ cm$ und $R_\infty = 0,600$. Dann erhält man nach Gl. (IV, 57) einen Wert $R_0 = 0,598$, d. h. $R_\infty - R_0$ liegt unterhalb der Meßgenauigkeit der Methode. Bei Durchsichtsmessungen erhält man unter den gleichen Bedingungen nach (IV, 60) $T = 0,08$, was sich noch recht genau messen läßt.

Um Streukoeffizienten stärker absorbierender Stoffe messen zu können, müßte man sehr viel dünnere Schichten herstellen. Das ist durch zwei Schwierigkeiten begrenzt: Die Körnigkeit des Materials bedingt Unebenheiten der Schicht und ruft dadurch große Fehler hervor; durch die nicht unterschreitbare Korngröße der Pulver wird der Schichtdicke eine untere Grenze gesetzt, weil die Theorie voraussetzt, daß die Korngröße klein sein muß gegenüber der Schichtdicke. Aus diesen Gründen lassen sich praktisch nur Streukoeffizienten schwach absorbierender Stoffe messen[279]. Da in der S.181 beschriebenen Verdünnungsmethode vor allem die Streukoeffizienten der als Verdünnungsmittel bzw. Standard benutzten Stoffe von Interesse sind, fällt diese Einschränkung nur wenig ins Gewicht.

Zur Messung von R_0 walzt man das Pulver in einen Probenteller von 0,1 bis 0,3 mm Tiefe mit Hilfe von Glanzpapier und einem runden Glasstab möglichst eben ein. Die Schichtdicke wird unter dem Mikroskop mit Mikrometereinteilung durch Scharfstellung auf die Probenoberfläche und den Rand des Tellers bestimmt, die Tiefe des leeren Tellers wird analog gemessen. Bei einer Ablesegenauigkeit von etwa 1 µ läßt sich die Probendicke doch nur auf etwa 5 µ genau herstellen. Durch Messung an vielen Stellen und Mitteln kann man den Fehler jedoch herabdrücken.

[278] Vgl. Dissertation *Oelkrug, D.*, Tübingen 1963.

[279] Dadurch ist auch eine kürzlich von *Caldwell, B. P.*: J. Opt. Soc. Am. **58**, 755 (1968) angegebene Methode zur Berechnung von Kubelka-Munk-Koeffizienten (S, K, R_∞, R_0) aus Durchlässigkeitsmessungen an 2 Schichten mit dem Dickenverhältnis 1 : 2 in ihrer Anwendbarkeit begrenzt.

Als schwarzer Untergrund auf dem Boden des Tellers kann eine matte schwarze Lackschicht benutzt werden, die nur etwa 2% des auffallenden Lichts reflektiert. Dieses geringe Reflexionsvermögen des Untergrundes kann praktisch vernachlässigt werden.

Wie auf S.140 gezeigt wurde, sind *Durchsichtsmessungen* an absorbierenden Stoffen nach Möglichkeit unter Benutzung nur einer Quarzplatte auszuführen, da man bei zwei Deckplatten keine exakten Werte

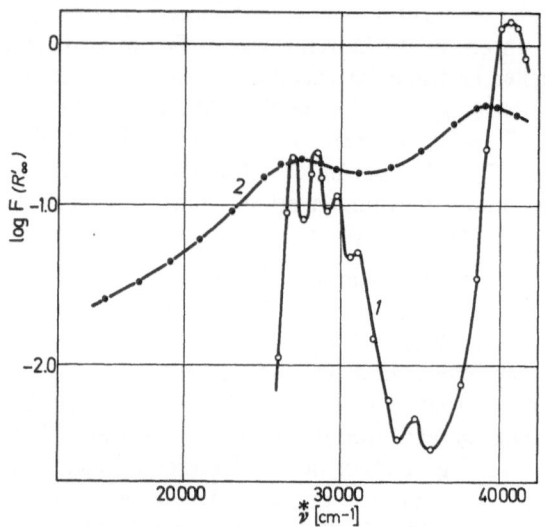

Abb. 99. Reflexionsspektren von Anthracen an Kieselgel. *1* SiO_2 nicht vorgetrocknet; *2* SiO_2 eine Stunde bei 600° getrocknet

mehr erhalten kann. Ferner ist zu bedenken, daß man bei Durchsichtsmessungen an sehr dünnen Schichten und unter gerichteter Einstrahlung, wie sie meistens verwendet wird[280], eigentlich die Kubelka-Munk-Theorie nicht mehr benutzen darf, sondern die in Kap. IV, d diskutierten Theorien anwenden sollte.

Bei der *Auswahl des Standards* zur Verdünnung von Meßproben muß man daran denken, daß diese mit dem Standard reagieren könnten. Säuren, an MgO oder $CaCO_3$ adsorbiert, ergeben das Spektrum des Salzes, umgekehrt Salze an saurem Al_2O_3 adsorbiert, überlagerte Spektren von Säure und Salz. Manche Standards kann man in hochgetrocknetem Zustand nicht für die Adsorption bzw. Verdünnung organischer Stoffe verwenden. Zum Beispiel wird Kieselgel schon nach

---

[280] Andernfalls müßte man zwei Photometerkugeln verwenden, was experimentell recht schwierig ist.

einstündigem Trocknen bei 600° C so aktiv, daß aromatische Stoffe beim Vermahlen mit dem Kieselgel weitgehend zersetzt werden. An Abb. 99 ist ein Beispiel wiedergegeben[281a, 281b]. Anscheinend werden die beim Ausheizen des Kieselgels entstehenden Si–O–Si-Brücken durch den Mahlvorgang mechanisch zerschlagen (evtl. durch lokale Überhitzung) und bilden aktive Zentren $O_3Si^{(+)}$ bzw. $O_3Si–O^{(-)}$ oder auch Radikale, die mit den organischen Stoffen reagieren können[281c].

h) Adsorption aus der Gasphase und aus Lösung

Während für einen reinen Mischungs- bzw. Verdünnungsvorgang die Mahlmethode sehr brauchbar ist, eignet sie sich zur Untersuchung der Spektren adsorbierter Molekeln (vgl. S. 264 ff.) nicht immer so gut, wie das Beispiel von Abb. 99 zeigt. Außerdem wird durch das Mahlen auch die Korngröße des Adsorbens häufig geändert, was störend ist, wenn man etwa den Einfluß der Oberflächenbedeckung bei konstanter Oberfläche untersuchen will. In solchen Fällen ist es zuweilen vorzuziehen, den zu untersuchenden Stoff aus der Gasphase oder aus Lösung am Standard zu adsorbieren.

Die *Adsorption aus der Gasphase* ist natürlich nur möglich, wenn der betreffende Stoff im leicht zugänglichen Temperaturbereich genügend

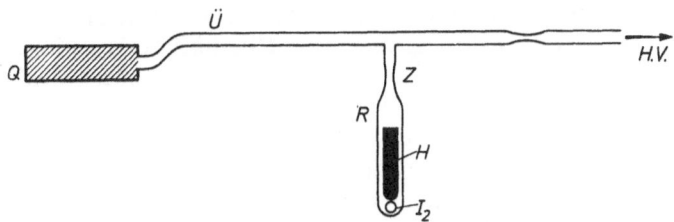

Abb. 100. Apparatur zur Untersuchung der Reflexionsspektren von Stoffen, die aus der Gasphase adsorbiert sind (von der Seite gesehen)

großen Dampfdruck besitzt bzw. ohnehin gasförmig ist. Der große Vorteil dieser Methode besteht darin, daß man das Adsorbens in einer geschlossenen Küvette im Hochvakuum ausheizen, damit von allen anderen adsorbierten Stoffen befreien und in der gleichen Apparatur mit dem zu untersuchenden Stoff belegen kann. In Abb. 100 ist das Schema einer solchen Apparatur angegeben, wie sie z. B. zur Untersuchung der Spektren

[281a] *Kortüm, G.,* u. *W. Braun:* Z. Physik. Chem. N. F. **28**, 362 (1961).

[281b] *Briegleb, G.,* u. *H. Delle:* Z. Physik. Chem. N. F. **24**, 359 (1960).

[281c] *Weyl, W. A.:* Research **3**, 230 (1950); — *Benson, R. E.,* and *J. E. Castle:* J. Physic. Chem. **1958**, 840.

von adsorbiertem Jod benutzt wurde[282]. Die Küvette Q aus Quarz, gefüllt mit dem Adsorbens ist durch ein Übergangsstück $\ddot{U}$ (Quarz-Jenaer Glas) mit einem Temperierrohr R verbunden, in dem sich eine zugeschmolzene Jodampulle befindet. Das Ganze wird viele Stunden lang im Hochvakuum bei 500–600° ausgeheizt, dann wird bei laufender Pumpe bei S abgeschmolzen. Eine gleiche Küvette (ohne R) dient als Vergleichsstandard. Man bestimmt zunächst eine evtl. Differenz im Reflexionsvermögen der beiden Küvetten, dann wird die Jodampulle mit dem Hammer H zerschlagen, die Temperatur der Küvette t_1 und des Temperierrohres t_2 durch geeignete Thermostaten eingestellt, wobei stets $t_1 > t_2$, und nach Einstellung des Adsorptionsgleichgewichts, die je nach der Korngröße und Packungsdichte des Standards eine bis mehrere Stunden dauern kann, das Reflexionsspektrum gemessen. Im Temperierrohr befindet sich stets überschüssiges Jod, so daß der Dampfdruck durch t_2 festgelegt ist. Schmilzt man das Temperierrohr mit dem überschüssigen Jod bei Z ab, so kann man auch Messungen bei konstanter Jod-Belegung und verschiedenen Temperaturen machen und so das Assoziationsgleichgewicht $2\,J_2 \rightleftarrows J_4$ in der Grenzflächenphase bestimmen. Da es sich hier um eine „Probe mit Deckglas" handelt, sind die Messungen nach den Gln. (IV, 114 bis 115a) auszuwerten.

Die Adsorption aus der Gasphase ist experimentell relativ einfach, sie hat jedoch neben der evtl. langen Einstelldauer des Gleichgewichts den Nachteil, daß sie für Stoffe mit kleinem Dampfdruck nicht geeignet ist, weil entweder die Belegungsdichte der Oberfläche sehr gering ist oder – bei höheren Temperaturen – Zersetzungs- oder andere Reaktionen am Adsorbens stattfinden können. Die *Adsorption aus Lösung* ist deshalb vielseitiger, dafür aber auch experimentell schwieriger; im übrigen vermeidet natürlich auch sie die durch den Mahlvorgang bedingten unerwünschten Komplikationen. Eine dafür geeignete Apparatur[283] ist schematisch in Abb. 101 wiedergegeben. L ist das Lösungsmittelvorratsgefäß, das einerseits über den Vakuumhahn H_1 und eine Kühlfalle K_1 mit der Pumpe, andererseits über H_2 mit einer als Lösungsgefäß dienenden Kühlfalle K_2 verbunden ist. A ist das Adsorptionsgefäß, das seinerseits über H_3 und die Kühlfalle K_3 an die Hochvakuumleitung angeschlossen ist; es ist darunter nochmals vergrößert dargestellt. Der seitliche Stutzen führt zu dem Gefäß, in dem das Adsorptionsmittel ausgeheizt wird. Bei Drehung des Schliffs um 90° fällt es in das Adsorptionsgefäß A und wird dort durch Kippen der ganzen Apparatur mit der Lösung vereinigt, die in K_2 hergestellt wird. Adsorbens und Lösung werden mit

---

[282] *Kortüm, G.,* u. *H. Koffer:* Ber. Bunsenges. **67,** 67 (1963).

[283] *Kortüm, G.,* u. *V. Schlichenmaier:* Z. Physik. Chem. N. F. **48,** 267 (1966); — *Kortüm, G.,* u. *M. Friz:* im Druck.

einem Magnetrührer durchmischt; nach der Adsorption sedimentiert das Pulver auf der unten angekitteten bzw. angeschmolzenen Quarzplatte. Die Probe wird von unten her bestrahlt und das Reflexionsvermögen mit einem angepaßten Reflexionsansatz bei Einstrahlung unter $45°$ gemessen (Meßgeometrie $_{45}R_0$). Das Lösungsmittel wird vorher

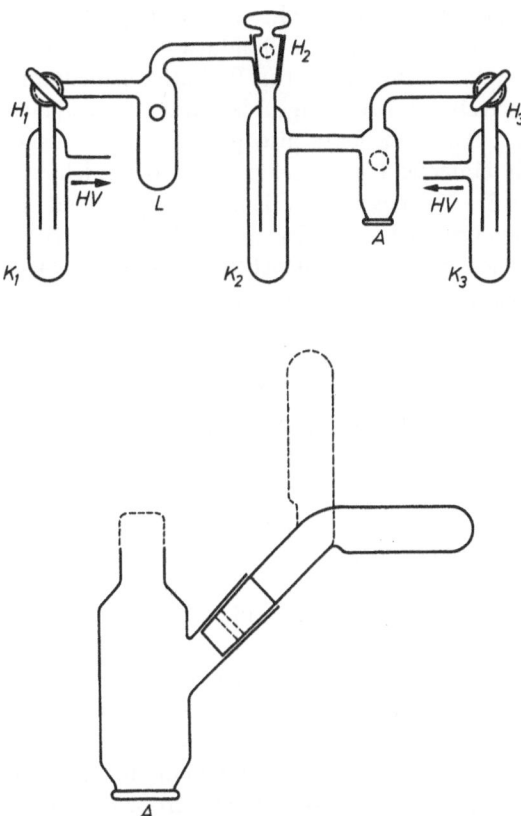

Abb. 101. Apparatur zur Untersuchung der Reflexionsspektren von Stoffen, die aus Lösung adsorbiert sind

durch mehrmaliges Ausfrieren mit flüssigem N_2 und Wiederauftauen in L vollständig entgast und dann nach K_2 überdestilliert, wo sich die vorher eingewogene und ebenfalls im Hochvakuum getrocknete und entgaste Probe befindet. Auf diese Weise wird erreicht, daß die Lösung in der geschlossenen Apparatur unter Ausschluß von Luft und Feuchtigkeit hergestellt werden kann. Die Menge der Probe, des Lösungsmittels (z.B. Hexan) und des Adsorbens werden so gewählt, daß das Adsorptionsgleichgewicht praktisch vollständig auf seiten des Adsorbens liegt, so daß bei bekannter spezifischer Oberfläche des Adsorbens die Belegungsdichte berechnet werden kann.

Man kann auf zwei verschiedene Arten messen: Entweder man zieht nach der Adsorption das Lösungsmittel im Hochvakuum wieder vollständig ab. Dann hat man wieder eine „Probe mit Deckglas" vor sich, und die Messungen können nach den Gln. (IV, 114–115a) ausgewertet werden, wobei man gegen einen Standard ebenfalls mit Deckglas mißt. Oder man läßt das Lösungsmittel als Einbettungsmedium in der Küvette, weil dann der relative Brechungsindex und damit auch der Streukoeffizient kleiner, die Meßeffekte also größer werden. In diesem Fall ist allerdings die einfache Kubelka-Munk-Theorie nicht mehr streng anwendbar (vgl. S. 134), diese Methode ist also auf solche Fälle beschränkt, in denen es sich um qualitative Ergebnisse (Lage der Absorptionsbanden) handelt, die auch in diesem Fall richtig erfaßt wird. Dagegen kann man die Messungen nach (IV, 113) auswerten.

i) Messungen im Infrarot

Während sich Reflexionsmessungen unter Benutzung geeigneter Multiplier oder PbS-Zellen ohne Schwierigkeiten mit den üblichen Geräten auch auf das nahe Infrarot (ca. 2 μ) ausdehnen lassen[284], ergeben sich bei dem Versuch, auch das längerwellige Infrarot in den Meßbereich einzubeziehen, erhebliche experimentelle Schwierigkeiten. Das hat zwei Gründe:

Erstens sind die infrarotempfindlichen Detektoren auch gegen die Temperaturstrahlung der Umgebung (ca. 300° K) empfindlich, was ein sehr hohes Strahlungsrauschen bedingt. Da dieses mit der Wurzel aus der Detektorfläche zunimmt[285], muß man versuchen, mit einer möglichst kleinen Oberfläche auszukommen. Während die Empfängerfläche eines Multipliers in der Größenordnung von 1 cm^2 liegt, haben die Thermoelemente oder Bolometer Flächen in der Größenordnung von 0,5 mm^2.

Zweitens kommt die Schwierigkeit hinzu, die von der Probe diffus reflektierte Strahlung möglichst vollständig auf der kleinen Detektorfläche zu sammeln. Nun gilt allgemein für die Abbildung einer Fläche ΔF mit Hilfe eines optischen Systems O auf eine kleinere Fläche $\Delta F'$ die Beziehung

$$\sin^2 \alpha' \geqq \frac{\Delta F}{\Delta F'} \sin^2 \alpha, \qquad (9)$$

---

[284] Vgl. z. B. *Hoffmann, B. K.*: Chem. Ing. Tech. **35**, 55 (1963).

[285] Vgl. z. B. *Kortüm, G.*: Kolorimetrie, Photometrie, Spektrometrie, 4. Aufl. Berlin-Göttingen-Heidelberg: Springer 1962.

wobei α bzw. α' die halben Öffnungswinkel bedeuten (vgl. Abb. 102). Für den Fall diffuser Strahlung (α = 90°) folgt aus der Ungleichung, daß keine verkleinernde Abbildung möglich ist, d. h. man muß auch die Probenfläche so klein wie möglich machen.

Versuche, die Photometerkugel (z. B. mit NaCl ausgekleidet) für Reflexionsmessungen im IR zu benutzen [286], schlugen fehl. Nimmt man zunächst an, daß die Wand der Kugel ideal reflektiert ($R_\infty = 1$), und daß Einstrahlöffnung und Detektorfläche klein sind gegenüber der Kugeloberfläche, so ist, wenn man die absorbierende Probe zunächst durch einen Standard ersetzt denkt, der Bruchteil der Gesamtstrahlung, der auf den Detektor fällt, gleich dem Verhältnis Detektorfläche/(Detektorfläche + Einfallöffnung), also in der Größenordnung 1/2. In Wirklichkeit

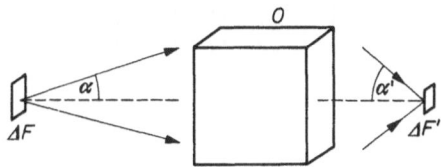

Abb. 102. Optische Abbildung einer Fläche ΔF auf eine kleinere Fläche $\Delta F'$

ist aber das Reflexionsvermögen der Kugelwand nicht gleich 1, sondern merklich kleiner, im IR noch mehr als im Sichtbaren. Nimmt man an, daß die Photometerkugel nur 5 cm Durchmesser hat und daß $R_\infty = 0,95$, so entspricht der Absorption der Wand von 5% einer zusätzlichen Öffnungsfläche von $\pi d^2 \cdot 0,05 = 4\ cm^2$. Ist Detektorfläche $\simeq$ Einfallöffnung $= 0,01\ cm^2$, so wird das obige Verhältnis etwa gleich 1/400, d. h. es gelangt schon ohne absorbierende Probe nur noch ein verschwindender Bruchteil der Strahlung auf den Detektor. Photometerkugeln scheiden also für die Messung im IR aus.

Man kann diese optischen Schwierigkeiten relativ leicht überwinden, wenn man die zu messende Probe in einen Hohlraumstrahler hineinbringt [287]. Ein solches Gerät ist von *Perkin-Elmer* [288] entwickelt worden (Modell 13/205), der Strahlengang ist in Abb. 103 schematisch wiedergegeben. Das Meßprinzip beruht darauf, daß man in dem Hohlraumstrahler, der auf 400 bis 1100° C geheizt werden kann, einen Teil

---

[286] Diplomarbeit v. *Hirschhausen, H.* Tübingen 1961.

[287] *Gier, J. T.*, u. Mitarb.: J. Opt. Soc. Am. **44**, 558 (1954); — *Starr, W. L.*, and *E. Streed:* J. Opt. Soc. Am. **45**, 584 (1955); — Einzelheiten zum Hohlraumtyp-Spektrometer siehe bei *Keith, R. H.*: Modern aspects of reflectance spectroscopy, p. 70ff. New York: Plenum Press 1968.

[288] Perkin-Elmer Instrument News 10, Nr. 4, 1 (1959); — *Reid, C. D.*, and *E. D. McAlister:* J. Opt. Soc. Am. **49**, 78 (1959).

der Innenfläche durch die (mit Wasser gekühlte) Probe ersetzt. Da
Öffnung des Strahlers und Probenfläche klein gegen die Innenfläche des
Strahlers sind, erhält die Probe eine Strahlung von der Dichte und der
spektralen Verteilung eines schwarzen Körpers. Sie reflektiert einen Teil
dieser Strahlung durch eine (kleine) Austrittsöffnung im Boden. Ein
Vergleichs-Strahlenbündel, von der Wand des Hohlraumes ausgehend,
verläßt den Hohlraum durch die gleiche Öffnung. Beide Bündel werden

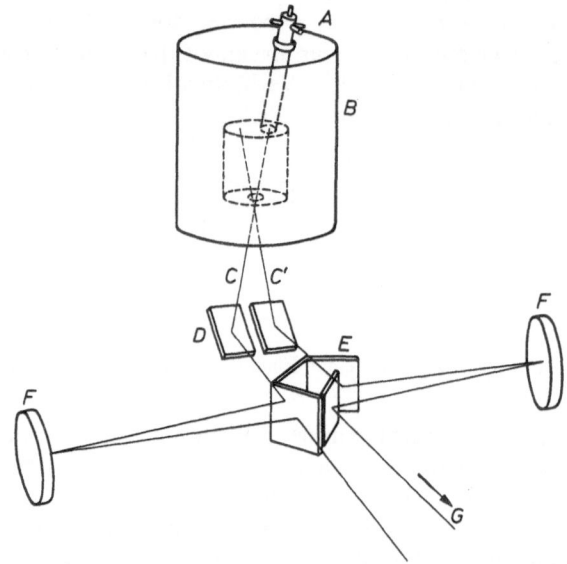

Abb. 103. Strahlengang im Reflexionsspektrometer Modell 13/205 der Firma
Perkin/Elmer, Norwalk, Conn. USA; *A* Probenteller, *B* Hohlraum, *C* Meß-
strahlung, *C'* Vergleichsstrahlung, *D* Spiegel, *E* Ablenkspiegel, *F* sphärische Spiegel,
G zum Spektrometer

über ein Spiegelsystem einem Zweistrahl-Spektrometer zugeführt, ihr
Intensitätsverhältnis wird in üblicher Weise gemessen. So einfach diese
Methode aussieht, so hat sie doch einen schwerwiegenden Nachteil:
Weil die Probe mit ihrer Umgebung nicht im Strahlungsgleichgewicht
steht, wird sie aufgeheizt, und es hängt von ihrer Absorption und ihrer
Wärmeleitfähigkeit ab, ob sie sich wirklich so gut kühlen läßt, daß ihre
Oberflächentemperatur die angegebene Grenze von 50° C nicht über-
steigt. Eigenemission der Probe durch zu hohe Temperatur und Tem-
peraturschwankungen der Hohlraumwände können erhebliche systematische Fehler hervorrufen.
    Die einzige bisher befriedigende Methode, die von der Probe diffus
reflektierte Strahlung auf einem Detektor kleiner Fläche zu sammeln,

benutzt die optischen Abbildungseigenschaften des Rotationsellipsoids[289]. Man bringt die Probe P in den einen, den Detektor R in
den anderen Brennpunkt eines mit Aluminium verspiegelten Halb-
ellipsoids. Durch eine Öffnung im Ellipsoid wird die Probe monochromatisch bestrahlt (Abb. 104), so daß eine Aufheizung nicht zu be-
fürchten ist. In den früher veröffentlichten Anordnungen hat man
allerdings das Ellipsoid durch einen einfacher herzustellenden sphäri-

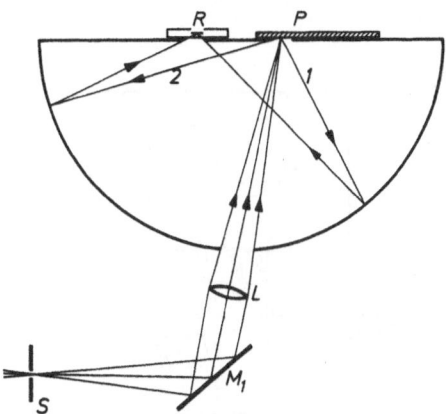

Abb. 104. Optische Abbildung der diffus reflektierenden Probe auf den Detektor
mittels des Rotationsellipsoids

schen Spiegel ersetzt, Probe und Detektor werden dabei in gleichem,
möglichst kleinen Abstand vom Kugelmittelpunkt angeordnet[290], wobei
allerdings infolge sphärischer Aberration die Detektoroberfläche wieder
ziemlich groß gemacht werden muß. Zur Kalibrierung des Gerätes muß
auch hier eine Probe bekannten Reflexionsvermögens als Vergleich
gemessen werden, wenn man quantitative Messungen machen will.
Anscheinend treten recht beträchtliche systematische Fehler bei den
Messungen auf[291], so daß Absolutmessungen ohne Kalibrierung nicht
möglich sind.

Ein Reflexionsspektrometer für das IR, das wirklich mit einem
Rotationsellipsoid arbeitet, wurde durch Umbau eines Perkin-Elmer

---

[289] *Paschen, F.:* Ber. Berl. Akad. Wiss. **27** (1899); — *Coblentz, W.:* Bull. Natl.
Bur. Std. **9**, 283 (1913); — *Sanderson, J. A.:* J. Opt. Soc. Am. **37**, 771 (1947); —
Derksen, W. L., and *T. I. Monahan:* J. Opt. Soc. Am. **42**, 263 (1952).

[290] Eine derartige Konstruktion zusammen mit einem Zweistrahlspektrometer wird auch von der Firma Beckman angegeben.

[291] *Kronstein, M.,* u. Mitarb.: J. Opt. Soc. Am. **53**, 458 (1963).

12 C-Spektrometers mit CaF_2-Prisma entwickelt[292]. Aus dem Seriengerät wurden Thermoelement, Umkehrspiegel und Sammelspiegel entfernt. Abb. 105 zeigt den Strahlengang. Die Strahlung wird unmittelbar hinter dem Austrittsspalt des Monochromators durch den ebenen Umlenkspiegel M_6 in den sphärischen Hohlspiegel M_7 geworfen. Dieser bildet den Austrittsspalt im Verhältnis 2 : 1 verkleinert in der Rotationsachse des halbelliptischen Spiegels M_8 ab, und zwar in dem einen Brennpunkt des Ellipsoids, wo die Probe angeordnet wird. Die von der

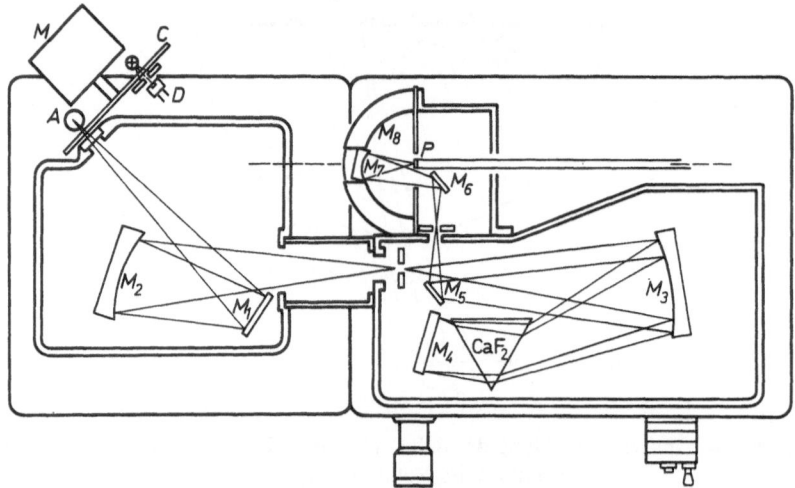

Abb. 105. Strahlengang des Perkin-Elmer 12 C-Spektrometers, umgebaut zu einem Reflexionsspektrometer mit Rotationsellipsoid. *A* Globar, M_1—M_6 Optik, M_7 Hohlspiegel zur Bestrahlung der Probe *P*, M_8 elliptischer Spiegel, *M* 50 Hz-Motor, *C* 800 Hz-Unterbrecher, *D* Abtaster

Probe diffus reflektierte Strahlung wird durch das Ellipsoid auf den im anderen Brennpunkt befindlichen Detektor geworfen. Der sphärische Spiegel M_7 befindet sich in einer aus dem Halbellipsoid ausgesparten Öffnung genau gegenüber der Probe. Dadurch wird erreicht, daß man die Probe auch mit einem Fenster abdecken kann, denn die vom Fenster regulär reflektierte Strahlung wird wieder in den Spiegel M_7 zurückgeworfen und gelangt nicht in den Detektor. Letzterer besteht aus golddotiertem Germanium[293] mit einer Empfängerfläche von 1×5 mm. Die spektrale Empfindlichkeit genügte für Messungen bis 7,6 µ, d. h. das

---

[292] *Kortüm, G.,* u. *H. Delfs:* Spectrochim. Acta **20**, 405 (1964); — Eine ähnliche Anordnung wurde von *Brandenberg, W. M.:* J. Opt. Soc. Am. **54**, 1235 (1964) angegeben; ferner werden die fokussierenden Eigenschaften elliptischer und sphärischer Spiegel theoretisch untersucht.

[293] Firma Philco, Lansdale, Pennsylvania, USA.

Gebiet der Grundschwingungen der meisten organischen Molekeln. Es wäre natürlich ohne weiteres möglich, das Halbellipsoid mit einem Zweistrahlspektrometer zu kombinieren, wobei man die Anordnung so treffen könnte, daß man die Strahlungsleistung selbst als Bezug verwendet. Da jedoch alle Detektoren um so schlechter ansprechen, je größer der Einfallswinkel der Strahlung wird (nach *U. White* [294] werden bei einem Öffnungswinkel von 2π nur etwa 60% der diffus einfallenden Strahlung registriert), muß auch in diesem Fall mit Hilfe einer Probe bekannten Reflexionsvermögens (MgO) kalibriert werden.

Ein IR-Reflexionsspektrometer mit einem Rotationsellipsoid wird auch von *Blevin* und *Brown* [295] beschrieben, doch wird hier nur der Teil der Ellipse zur Reflexion benutzt, der durch eine Ebene durch die Nebenachse abgeschnitten wird. Das hat den Vorteil, daß der Öffnungswinkel der auf den Detektor im einen Brennpunkt fallenden Strahlung weniger als $\pi/2$ beträgt anstatt 2π, so daß große Einfallswinkel auf den Detektor vermieden werden. Andererseits schirmt die Probe, die im anderen Brennpunkt des Spiegels mit Hilfe eines Trägers angebracht ist, die Strahlung zwischen dem elliptischen Spiegel und dem Detektor teilweise ab, wofür korrigiert werden muß. Kalibriert wird mit Hilfe eines ebenen Aluminiumspiegels, der durch Drehung des Trägers an die Stelle der Probe gebracht wird und dessen Reflexionsvermögen als bekannt vorausgesetzt wird. Als Detektor dient ein Bolometer mit NaCl-Fenster und einer relativ großen Empfängerfläche von $12,5 \times 6,5$ mm, die ein beträchtliches Strahlungsrauschen bedingt. Der Meßbereich liegt zwischen 0,7 und 14 µ. Auch hier wird wegen mehrfacher Reflexion zwischen Spiegel und Detektor eine weitere Kalibrierung mittels einer Probe bekannten diffusen Reflexionsvermögens für quantitative Messungen notwendig sein.

Eine von *White* [294] angegebene Methode zur Messung des Reflexionsvermögens im IR versucht die Vorteile der optischen Abbildungseigenschaften des Rotationsellipsoids und der diffusen Einstrahlung zu vereinen, wobei allerdings auch hier das Ellipsoid durch einen weniger günstigen sphärischen Spiegel ersetzt wird. In den beiden Brennpunkten werden Strahlungsquelle und Probe angeordnet, so daß letztere über den Spiegel diffus bestrahlt wird. Die reflektierte Strahlung fällt durch ein Loch in der Halbkugel und über ein Spiegelsystem auf den Empfänger. Da die Probe aufgeheizt werden kann bzw. auch Proben bei hohen Temperaturen untersucht werden sollen, wird die Strahlung durch einen Unterbrecher zwischen Strahlungsquelle und Probe moduliert, damit zwischen Emission und Reflexion der Probe unterschieden werden kann.

[294] *White, U.*: J. Opt. Soc. Am. **54**, 1332 (1964); — Vgl. ferner *Keegan, H. J.*, and *V. R. Weidner*: J. Opt. Soc. Am. **55**, 1567 (1965); **56**, 540A (1966).

[295] *Blevin, W. R.*, and *W. J. Brown*: J. Sci. Instr. **42**, 385 (1965).

Die Vergleichsstrahlung wird unmittelbar von der Strahlungsquelle selbst abgenommen, so daß ein Zweistrahl-Spektrometer benutzt werden kann. Der Probenhalter ist heiz- bzw. kühlbar, so daß die Proben in einem großen Temperaturbereich (-175 bis $1000°$ C) untersucht werden können. Der emittierte Strahlungsanteil dient zur Temperaturmessung.

k) Fehlerbetrachtung

Nimmt man an, daß die Genauigkeit der Messung nicht durch die Ablesestreuung der Meßvorrichtung (z. B. Galvanometerausschlag), sondern praktisch allein durch den Intensitätsunterschied dR_∞ begrenzt ist, auf den der Empfänger gerade noch reagiert, so ergibt sich der relative Fehler der Kubelka-Munk-Funktion durch Differentiation von Gl. (IV, 32) nach R_∞ zu

$$\frac{dF(R_\infty)}{F(R_\infty)} = - \frac{1 + R_\infty}{1 - R_\infty} \cdot \frac{dR_\infty}{R_\infty}. \tag{10}$$

Selbst wenn der absolute Fehler dR_∞ nur 0,003 beträgt, eine Grenze, die sich im allgemeinen nicht unterschreiten läßt, wäre der relative Fehler von K/S bei $R_\infty = 0,9$ bereits rund 6 %, bei $R_\infty = 0,1$ etwa 4 %. Die gelegentlich zu findende Angabe, daß man bei Remissionsmessungen eine relative Meßgenauigkeit von 0,1 bis 0,2 % erreichen könne, entbehrt also jeder Grundlage. Der relative Fehler geht durch ein Minimum bei $R_\infty = 0,414$, er ist in Abhängigkeit von R_∞ in Abb. 106 wiedergegeben, wobei der minimale Fehler gleich 1 gesetzt ist. Man sieht, daß der günstigste Meßbereich bei $0,2 < R_\infty < 0,6$ liegt[296], und daß der Fehler bei größerem und kleinerem Reflexionsvermögen außerordentlich steil anwächst. In Wirklichkeit ist dieser Fehler noch größer, da ja auch das absolute Reflexionsvermögen von MgO, auf das alle Werte bezogen sind, nur recht ungenau bekannt ist (vgl. S. 150).

Für die Genauigkeit, mit der man den Streukoeffizienten S aus Messungen von R_∞ und R_0 ermitteln kann, ist die Differenz von R_∞ und R_0 maßgebend, worauf schon S. 247 hingewiesen wurde. Nach *Stenius*[297] ergibt sich das Verhältnis des relativen Fehlers in S zum relativen Fehler in R_∞ bei konstantem R_0 zu

$$- \frac{dS/S}{dR_\infty/R_\infty} = - \frac{R_\infty}{S} \left(\frac{\partial S}{\partial R_\infty} \right)_{R_0}. \tag{11}$$

In Abb. 107 ist dieses Verhältnis als Funktion von R_0 und R_∞ in Form einer Kurvenschar dargestellt. Man sieht, daß dieses Verhältnis um so

---

[296] Vgl. auch *Nickols, D. G.*, and *S. E. Orchard*: J. Opt. Soc. Am. **55**, 162 (1965).
[297] *S: son Stenius, Å.*: Svensk Papperstidning **54**, 663, 700 (1951).

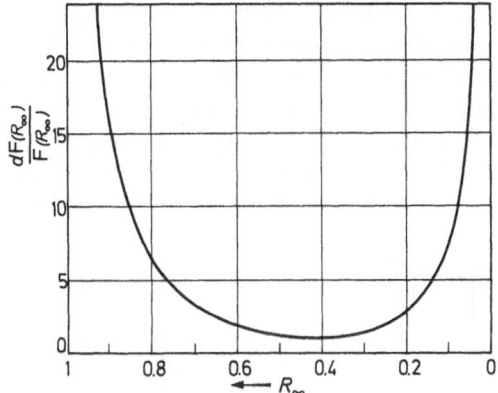

Abb. 106. Relative Fehler der Kubelka-Munk-Funktion in Abhängigkeit von R_∞
(Minimum = 1)

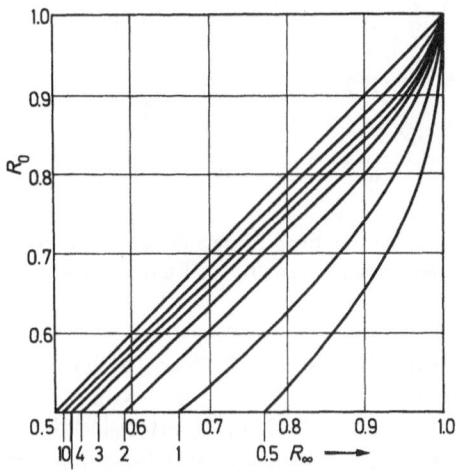

Abb. 107. Das Verhältnis des relativen Fehlers des Streukoeffizienten S zu dem des
Reflexionsvermögens R_∞ als Funktion von R_0 und R_∞

kleiner ist, je größer die Differenz zwischen R_0 und R_∞ ist. Bei $R_0 = R_\infty$
wird es natürlich unendlich groß. Außerdem nimmt der Fehler mit
zunehmender Absorption ebenfalls rasch zu, worauf auch schon hingewiesen wurde.

Der zu (11) analoge Ausdruck

$$-\frac{dK/K}{dR_\infty/R_\infty} = -\frac{R_\infty}{K}\left(\frac{\partial K}{\partial R_\infty}\right)_{R_0}, \tag{12}$$

17*

also das Verhältnis des relativen Fehlers im Absorptionskoeffizienten zum relativen Fehler in R_∞ bei konstantem R_0 ist in Abb. 108 ebenfalls als Funktion von R_0 und R_∞ dargestellt. Der Vergleich mit Abb. 107 zeigt, daß das Verhältnis $R_\infty\, dK/K\, dR_\infty$ etwa um den Faktor 10 größer ist, als das Verhältnis $R_\infty\, dS/S\, dR_\infty$ unter sonst gleichen Bedingungen. So fällt z. B. der Punkt $R_\infty = 0,8$ und $R_0 = 0,6$ in Abb. 108 auf eine Kurve mit etwa dem Wert 0,8, während er in Abb. 107 aber auf eine Kurve mit

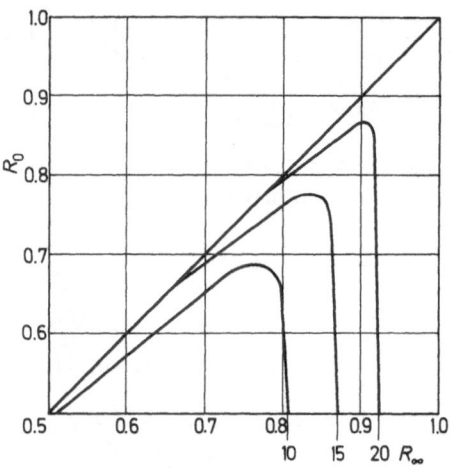

Abb. 108. Das Verhältnis des relativen Fehlers des Absorptionskoeffizienten K zu dem des Reflexionsvermögens R_∞ als Funktion von R_0 und R_∞

dem Wert 10 fällt. Ein Meßfehler in R_∞ von 1 % verursacht demnach in diesem Fall im Streukoeffizienten einen Fehler von nur 0,8 %, im Absorptionskoeffizienten aber von 10 %. Das charakterisiert die außerordentlich große Empfindlichkeit des Absorptionskoeffizienten gegen Meßfehler in R_∞. Außerdem zeigt Abb. 108, daß hier das Verhältnis der Fehler $\dfrac{dK/K}{dR_\infty/R_\infty}$ mit zunehmendem Reflexionsvermögen nicht abnimmt sondern anwächst, wie dies ja auch zu erwarten ist. Sehr kleine K-Werte lassen sich also praktisch überhaupt nicht mehr aus Messungen von R_0 und R_∞ ermitteln.

Kapitel VII. Anwendungen

Die Anwendungsmöglichkeiten der Reflexionsspektroskopie in Industrie und Forschung sind praktisch unbegrenzt, und man findet in der Literatur zahllose Beispiele, in denen sie zur Lösung verschiedenartigster Probleme mit Erfolg herangezogen wurde, ohne daß ihre Möglichkeiten immer voll ausgeschöpft worden wären. Es kann nicht Aufgabe dieses Buches sein, diese Anwendungsmöglichkeiten aufzuzählen oder auch nur durch Beispiele zu belegen. Wir wollen uns vielmehr darauf beschränken, solche Probleme herauszugreifen, die sich mit anderen Methoden nur schwierig oder überhaupt nicht lösen lassen. Auf diese Weise wird nicht nur der Nutzen der Reflexionsspektroskopie im Vergleich mit der Spektroskopie in Durchsicht besonders klar herausgestellt, sondern diese Beispiele können zusätzliche Anregungen geben, diese Methode für weitere, der Lösung bisher schwer zugängliche Probleme heranzuziehen.

a) Spektren unlöslicher bzw. solcher Stoffe, die durch den Lösungsvorgang verändert werden

Prototypen derartiger Stoffe sind die anorganischen Pigmente. Sie sind, von Ausnahmen abgesehen, Oxide, Sulfide, Hydroxide, Sulfate, Silikate, Chromate, Karbonate von Schwermetallen, die durch Fällung oder Hydrolyse aus wässerigen Lösungen der betreffenden Salze hergestellt werden, und deren typische Farbkurven von den Durchsichts-Spektren der betreffenden Salze stark verschieden sein können. Die „Farbe" solcher Pigmente hängt außer vom Absorptionskoeffizienten K noch vom Streukoeffizienten S ab, der seinerseits, wie wir sahen, eine Funktion von Brechungsindex (Kristallform), Teilchengröße, Teilchenform und Wellenlänge ist, so daß durch Zusammenwirken dieser Faktoren das gleiche Pigment recht verschiedene Farbe besitzen kann. Ein bekanntes Beispiel sind die Eisenoxidpigmente, deren Farbskala sich von gelb über rot und braun bis zu schwarz erstreckt, sie enthalten neben anderen Zusätzen α-Fe_2O_3, γ-Fe_2O_3, α-FeOOH, γ-FeOOH und Fe_3O_4 in wechselnden Mengen und besitzen je nach Zusammensetzung und Korngröße verschiedene Farbtöne. Zur Charakterisierung solcher Pigmente trägt man statt des Remissionsvermögens R'_∞ besser die Kubelka-Munk-Funktion $F(R'_\infty) = K/S$, gemessen gegen einen Standard

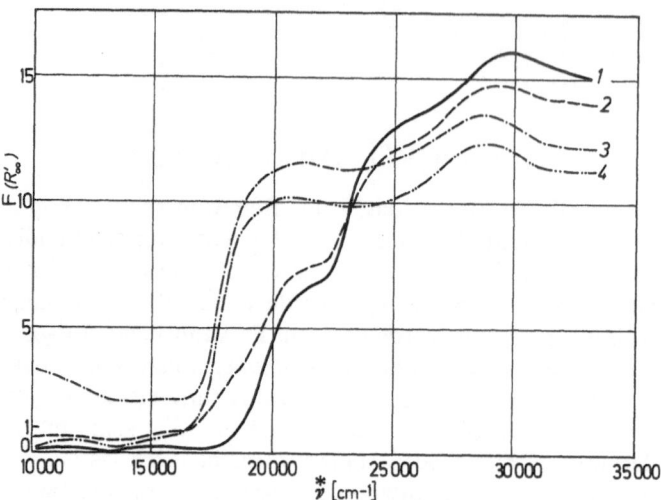

Abb. 109. $F(R'_\infty)$ vier verschiedener Eisenoxidpigmente, unverdünnt gegen CaF_2 als Standard bei hoher Dispersion (Cary-Modell 14) aufgenommen. *1* gelb, *2* braun, *3* braun, *4* rot

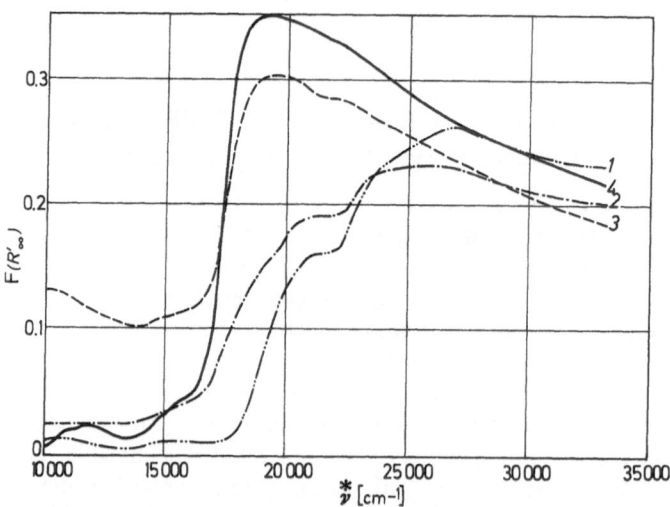

Abb. 110. „Typische Farbkurven" der gleichen Pigmente wie in Abb. 109 etwa 1 : 100 mit CaF_2 verdünnt gegen CaF_2 als Standard aufgenommen

hohen Reflexionsvermögens (MgO, CaF_2, NaCl), als Funktion von λ oder $\overset{*}{\nu}$ auf, wobei es in der Regel nicht notwendig ist, auf Absolutwerte R_∞ umzurechnen. In Abb. 109 ist dies für vier verschiedene Eisenoxidpigmente ähnlicher Farbe geschehen [298]. Selbst die dem Auge fast gleich

---

[298] Nach Messungen von *M. Schranner*.

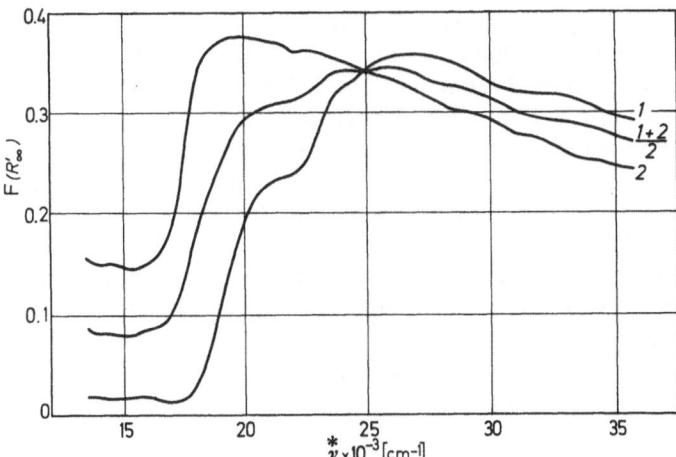

Abb. 111. Reflexionsspektren zweier etwa 1 : 1000 mit CaF$_2$ verdünnter Eisenoxid-pigmente und ihrer Mischung 1 : 1, gemessen gegen CaF$_2$ als Standard. Additivität der Spektren

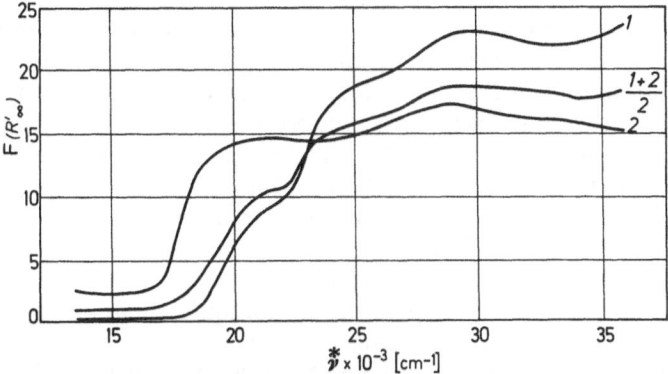

Abb. 112. Reflexionsspektren der unverdünnten Pigmente und ihrer Mischung 1 : 1, gemessen gegen CaF$_2$ des Standard. Keine Additivität der Spektren

erscheinenden Pigmente 2 und 3 besitzen stark verschiedene Spektren. Bei diesen Kurven handelt es sich nicht um „typische Farbkurven" im Sinne von S. 193, denn die Kubelka-Munk-Funktion gilt nur für ver-dünnte Stoffe, d. h. bei hoher Absorption im allgemeinen nicht. Verdünnt man die Pigmente mit dem Standard etwa im Verhältnis 1 : 1000, so erhält man „typische Farbkurven", die sich, logarithmisch aufgetragen, weitgehend durch Verschiebung in der Ordinate zur Deckung bringen lassen, sie sind für die gleichen vier Pigmente in Abb. 110 dargestellt. Man erkennt die außerordentlich großen Unterschiede im Intensitätsverhältnis der einzelnen Banden gegenüber Abb. 109.

Daß nur bei genügend großer Verdünnung der Pigmente mit einem nichtabsorbierenden Standard die Anwendung der Kubelka-Munk-Funktion sinnvoll ist, erkennt man daran, daß nur unter dieser Bedingung die $F(R'_\infty)$-Werte sich mit guter Näherung additiv verhalten, wenn man etwa zwei Pigmente miteinander mischt. Das geht aus den Abb. 111 und 112 hervor[299]. Während die typische Farbkurve einer Mischung im Gewichtsverhältnis 1 : 1 der beiden verdünnten Proben sich tatsächlich mit guter Näherung[300] additiv aus den typischen Farbkurven der beiden Komponenten zusammensetzt, wie aus dem isosbestischen Punkt und den gleichen Abständen zu den letzteren hervorgeht (Abb. 111), ist bei den reinen Pigmenten (Abb. 112) von einer Additivität keine Rede, was nur ein anderer Ausdruck dafür ist, daß die Kubelka-Munk-Funktion hier nicht gültig ist.

b) Spektren adsorbierter Stoffe

Zur Untersuchung der Änderungen, die das Spektrum eines Moleküls bei der Adsorption an einer festen Oberfläche infolge der Adsorptions-Wechselwirkung erfährt, lag bis vor kurzem nur eine einzige Methode vor, die der sog. „streuenden Transmission": Man mißt die Durchlässigkeit sehr dünner Pulverschichten, an denen die zu untersuchenden Molekeln vorher adsorbiert werden. Diese Methode hat sich besonders im mittleren Infrarot bewährt[301], und zwar aus folgenden Gründen: Wie S. 207 gezeigt wurde, kann man für genügend kleine Teilchen auch bei Vielfachstreuung annehmen, daß der Streuquerschnitt $Q_{St.}$ bei zunehmender Wellenlänge in erster Näherung mit λ^{-4} abnimmt, analog wie bei der Rayleigh-Streuung. Wie der Vergleich der Formeln (III, 52) und (III, 56) zeigt, wird aber der Absorptionsquerschnitt $Q_{Abs.}$ in derselben Näherung nur mit λ^{-1} abnehmen. Das bedeutet, daß mit zunehmendem λ streuende Medien aus sehr kleinen Teilchen mehr und mehr transparent werden (Infrarotphotographie!), daß aber die Absorption dadurch nur in sehr viel geringerem Grade beeinflußt wird. Deshalb

---

[299] *Kortüm, G.,* u. *D. Oelkrug:* Naturwiss. **53**, 600 (1966).

[300] Daß die Additivität nicht ganz exakt ist innerhalb der Fehlergrenze der Messung, kann an Unterschieden des Streukoeffizienten der beiden Komponenten einerseits und der Mischung andererseits liegen, da letztere noch zusätzlich gemahlen wurde. Die reinen Komponenten wurden lediglich durch längeres Schütteln im Reagenzglas gemischt.

[301] Vgl. z. B.: *Eischens, R. P.:* Z. Elektrochem. **60**, 782 (1956); — *Terenin, A.,* and *L. Roev:* Spectrochim. Acta **15**, 274 (1959); — *Sheppard, W.:* Spectrochim. Acta **14**, Anh. 249 (1959); — *Succhesi, P. J., J. L. Charter,* and *D. J. C. Yates:* J. Physic. Chem. **66**, 1451 (1962); — *Basila, M. R.:* J. Physic. Chem. **66**, 2233 (1962) und zahlreiche andere Arbeiten.

gelingt es gerade im mittleren Infrarot, recht brauchbare Absorptionsspektren in streuender Transmission zu bekommen, während schon im
nahen Infrarot, weit mehr noch aber im sichtbaren und ultravioletten
Teil des Spektrums diese Methode mehr oder weniger versagt. Hinzu
kommt, daß man die Messungen in streuender Transmission nicht
quantitativ auswerten kann, weil über den Streuanteil sowohl wie über
die Schichtdicke keine zuverlässigen Angaben gemacht werden können,
während jedenfalls im Sichtbaren und im UV eine solche quantitative
Auswertung mit Hilfe der Kubelka-Munk-Theorie ohne weiteres
möglich ist. Aus diesen Gründen kann man erwarten, daß sich die Reflexionsspektroskopie besonders dafür eignet, die Spektren adsorbierter
Molekeln im Sichtbaren und UV, aber auch im nahen IR aufzunehmen,
was durch die Praxis bestens bestätigt wurde. Tatsächlich hat sich die
Reflexionsspektroskopie zur Aufnahme der Spektren von Molekeln,
die an farblosen Trägersubstanzen adsorbiert sind, so gut bewährt, daß
diese Methode als Standardmethode zur Untersuchung der Wirkung
von Adsorptionskräften angesehen werden kann.

Adsorption unter Wirkung sog. van der Waalsscher Kräfte (Disper-
sions-, Dipol-, Induktionswechselwirkung) ändert das Elektronenspek-
trum eines Stoffes im allgemeinen nicht wesentlich, wie man es etwa bei
substantiven Farbstoffen auf verschiedenen Fasern beobachten kann.
Die Reflexionsspektren zeigen gegenüber den Durchsichtsspektren der
wässerigen Lösung geringe Verschiebungen, die man als sog. Medium-
effekte auffassen kann, obwohl der Farbton für das dafür sehr empfind-
liche Auge merklich von Faser zu Faser verschieden sein kann. Erst
stärkere Wechselwirkung zwischen Adsorpt und Adsorbens in Form
einer sog. *Chemisorption* führt zu größeren Änderungen des Spektrums
gegenüber dem der Lösung. Die Art dieser Wechselwirkung kann von
Fall zu Fall sehr verschieden sein und läßt sich häufig mit Hilfe der
Reflexionsspektren aufklären. Ladungsüberführungen (Säure-Base-
Wechselwirkung), Redox-Reaktionen, reversible Spaltungsreaktionen,
Tautomerie-Verschiebungen usw. können eintreten und das Spektrum
des adsorbierten Moleküls gegenüber dem des freien (gasförmigen oder
gelösten) Moleküls außerordentlich stark verändern. Dafür sollen im
folgenden einige Beispiele gegeben werden.

Säure-Base-Reaktionen zwischen Adsorbens und Adsorpt

Die zuerst von *Weitz* [302] gemachte Beobachtung, daß viele organische
Stoffe bei der Adsorption an aktiven Oberflächen ihre Farbe ändern,

---

[302] Vgl. *Weitz, E., F. Schmidt* u. *J. Singer:* Z. Elektrochem. **46**, 222 (1940);
47, 65 (1941).

konnte an einer ganzen Reihe von Verbindungen mit Hilfe von Reflexionsmessungen darauf zurückgeführt werden, daß das saure Adsorbens mit
dem basischen Adsorpt ein farbiges Salz bildet, dessen Spektrum gegenüber dem der freien Base nach langen Wellen verschoben ist[303]. Ein
besonders gut untersuchtes Beispiel ist das p-Dimethylamino-azobenzol
(DMAB), dessen Farbe bei der Adsorption an Silicagel, getrocknetem
α-Al_2O_3 bzw. γ-Al_2O_3, Bentonit u. a. von gelb nach rot umschlägt. Der
gleiche Farbumschlag findet statt, wenn man die alkoholische Lösung
des DMAB ansäuert. Daraus muß man schließen, daß die betreffenden
Adsorbentien saure Eigenschaften besitzen, die teils auf der Fähigkeit
beruhen, Protonen abzuspalten (z. B. Silanolgruppen SiOH), teils durch
eine unvollständige äußere Elektronenschale bedingt sind (sog. Lewis-
Säuren), wie dies in starkem Maße bei SiO_2-Al_2O_3-Mischkatalysatoren
(Bentonit) der Fall ist. Die Chemisorption besteht hier also in der Bildung
eines Farbsalzes in der Oberfläche des Adsorbens, die im Fall des Proto-
nenaustausches durch die Reaktion

$$
\left[\bigcirc\!\!-\bar{N}\!=\!\bar{N}\!-\!\bigcirc\!\!-\bar{N}R_2 \longleftrightarrow \bigcirc\!\!-\overset{(-)}{\bar{N}}\!-\!N\!=\!\bigcirc\!=\!\overset{(+)}{\bar{N}}R_2 \right]
$$

$$+H^+ \Big\downarrow$$

$$
\left[\bigcirc\!\!-\!\!\underset{H}{\overset{(+)}{N}}\!=\!\bar{N}\!-\!\bigcirc\!\!-\bar{N}R_2 \longleftrightarrow \bigcirc\!\!-\!\!\underset{H}{N}\!-\!\bar{N}\!=\!\bigcirc\!=\!\overset{(+)}{N}R_2 \right]
$$

beschrieben werden kann. Die gleichmäßigere Beteiligung der beiden
Grenzstrukturen am Zustand des Kations, in dem ein Elektron frei
beweglich ist, bewirkt die Erniedrigung der Energiedifferenz zwischen
Grund- und erstem Anregungszustand und damit die Rotverschiebung
der ersten Absorptionsbande. Da nach der erweiterten Säuren-Basen-
Theorie von *Ebert* und *Konopik*[304] auch die Kationen von Salzen als
Säuren aufgefaßt werden können, sollte man erwarten, daß bei der
Adsorption von DMAB an Salzen wie $BaSO_4$ oder $CaSO_4$ die gleiche
Farbverschiebung auftritt. Dies ist tatsächlich der Fall[305], wenn man
die Salze vorher glüht, d. h. vollständig von adsorbiertem Wasser be-
freit. Diese Chemisorption ist natürlich auf eine monomolekulare
Schicht der adsorbierten Molekeln beschränkt, wie man aus der Kon-
zentrationsabhängigkeit des Reflexionsspektrums erkennt (Abb. 113).
Bei kleinen Belegungsdichten beobachtet man nur die Bande der roten

[303] *Schwab, G.-M.,* u. *E. Schneck:* Z. Physik. Chem. N. F. **18**, 206 (1958); —
Schwab, G.-M., B. C. Dadlhuber, u. *E. Wall:* Z. Physik. Chem. N.F. **37**, 99 (1963).

[304] *Ebert, L.,* u. *N. Konopik:* Öst. Chem. Z. **50**, 184 (1949).

[305] *Kortüm, G., J. Vogel* u. *W. Braun:* Angew. Chem. **70**, 651 (1958).

Form. Mit zunehmender Belegung der Oberfläche tritt auch die Bande der gelben Form überlagert hervor. Während die rote Bande schließlich nicht mehr höher wird, wächst die gelbe Bande ständig weiter, entsprechend der Adsorption in der zweiten und folgenden Schichten, d. h. Chemisorption und physikalische Adsorption finden nebeneinander

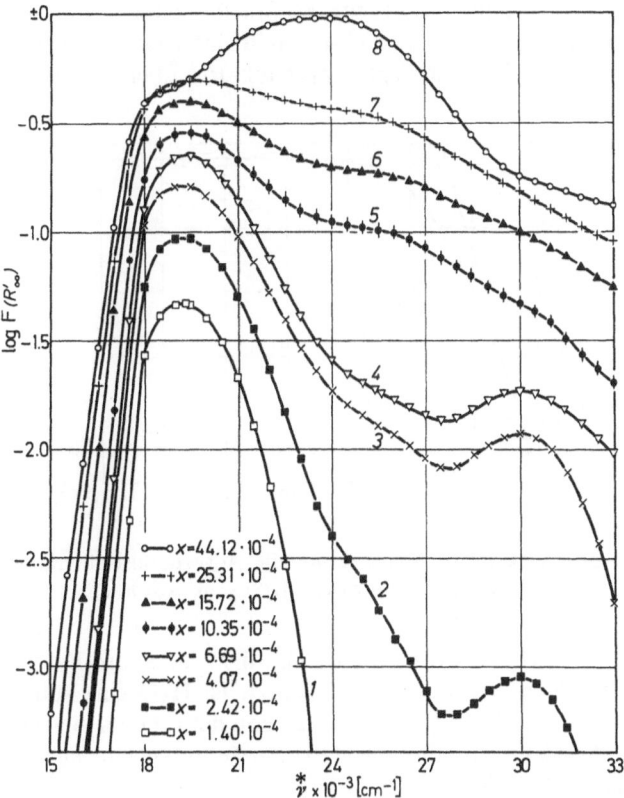

Abb. 113. Reflexionsspektren von p-Dimethylaminoazobenzol an trockenem BaSO$_4$ adsorbiert bei verschiedenen Konzentrationen (Molenbrüche)

statt, erstere jedoch nur soweit, wie die unmittelbare Säure-Base-Reaktion in der ersten Adsorptionsschicht stattfinden kann. Trägt man die $F(R'_\infty)$-Werte, gemessen gegen den reinen Standard BaSO$_4$, für die Maxima der längstwelligen Bande, die die Chemisorption anzeigt, gegen den Molenbruch des adsorbierten DMAB auf, so erhält man die in Abb. 114 gezeichnete Kurve. Sie hat die Form einer Langmuirschen Adsorptionsisotherme. Bei kleinen Konzentrationen steigt $F(R'_\infty)$ etwa linear mit x an, wie dies schon von Abb. 62 her bekannt ist, bei großen

Konzentrationen tritt Sättigung ein. Durch Extrapolation der beiden geradlinigen Äste erhält man den Sättigungsmolenbruch der Chemisorption zu $x_{\text{sätt.}} = 14 \cdot 10^{-4}$. Analoge Spektren findet man an $CaSO_4$ und $MgSO_4$, wobei die Lage der roten Bande gleich bleibt, aber (bei gleichem Molenbruch des DMAB) in der Reihenfolge Ba^{2+}, Ca^{2+}, Mg^{2+} an Intensität zunimmt.

Bei Zutritt feuchter Luft zur Meßprobe schlägt die rote Farbe momentan nach gelb um und man erhält das Reflexionsspektrum der gelben Form zurück. Im Vakuumexsikkator über $CaCl_2$ stellt sich

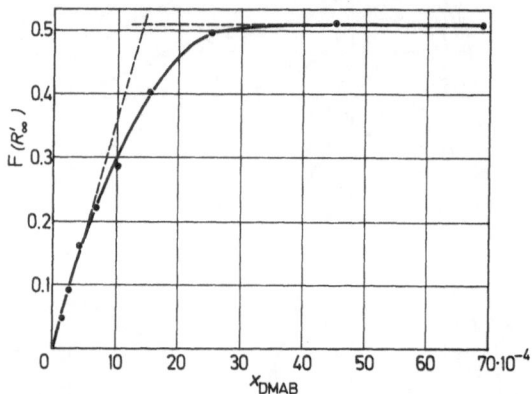

Abb. 114. Aus Reflexionsmessungen ermittelte Adsorptionsisotherme des p-Dimethylaminoazobenzols an $BaSO_4$ als Adsorbens

aber die rote Farbe langsam wieder ein, d. h. die Säure-Base-Reaktion mit der Oberfläche ist reversibel. Offenbar ist H_2O eine stärkere Base als das DMAB und kann deshalb dieses von der Oberfläche verdrängen. Diese Reaktion ist so empfindlich, daß man sie zum Nachweis von Spuren Wasser verwenden kann.

Eine Säure-Base-Reaktion, bei der umgekehrt das Adsorbens als Base und das Adsorpt als Säure wirkt, findet man bei der Adsorption mancher *Schwermetalljodide* an Alkali- und Erdalkalihalogeniden bzw. -oxiden. Dabei entstehen planare oder tetraedrische Komplexe an der Oberfläche, die sich wieder durch Farbänderungen zu erkennen geben. Ein gut untersuchtes Beispiel ist das HgJ_2 [306, 307]. Ein heterogenes Gemisch von rotem HgJ_2 und einem großen Überschuß z. B. von trockenem MgO wandelt sich im Lauf einiger Tage in ein homogenes gelb gefärbtes Pulver um, wobei die Debye-Scherrer-Linien des HgJ_2

---

[306] *Kortüm, G.*: Trans. Faraday Soc. **58**, 1624 (1962).
[307] *Griffiths, T. R.*: Anal. Chem. **35**, 1077 (1963).

verschwinden. Anscheinend spreitet das HgJ_2 auf der Oberfläche des Adsorbens zu einem monomolekularen Film, wobei der Bedeckungsgrad vom Molenbruch abhängt. Das Reflexionsspektrum (Abb. 115) ist von dem des reinen HgJ_2 völlig verschieden, und erst bei höheren Konzentrationen taucht die Bande der roten kristallinen Form bei $18000 \, cm^{-1}$

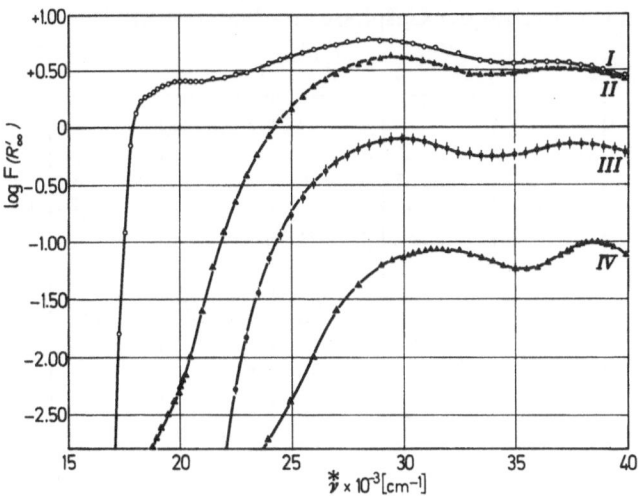

Abb. 115. Reflexionsspektren von HgJ_2, adsorbiert an trockenem MgO.
(I) $x = 1 \cdot 10^{-2}$; (II) $x = 5 \cdot 10^{-3}$; (III) $x = 1 \cdot 10^{-3}$; (IV) $x = 1 \cdot 10^{-4}$

wieder auf und überlagert sich dem der adsorbierten Form. Letzteres ist dem des Spektrums des tetraedrischen Komplexes $[HgJ_4]^{2-}$ in konzentrierter wässeriger KJ-Lösung so ähnlich (Abb. 116), daß an der Bildung eines analogen Komplexes an der Oberfläche durch Säure-Base-Wechselwirkung nicht zu zweifeln ist. Sowohl das freie Hg^{2+} wie das Molekül HgJ_2 in wässeriger Lösung absorbieren weit kürzerwellig. Bemerkenswert ist es, daß an Alkali-Fluoriden als Adsorbens die Komplexbildung ausbleibt: Man erhält bei allen Konzentrationen ein Reflexionsspektrum, das mit dem des reinen HgJ_2 völlig übereinstimmt, und das Debye-Scherrer-Diagramm des kristallinen HgJ_2 bleibt erhalten. Offenbar sind F^--Ionen keine genügend starke Base, um die Komplexbildung zu ermöglichen. Völlig analoge Beobachtungen macht man bei der Adsorption von BiJ_3, z. B. an trockenem KJ. Abb. 117 zeigt die Konzentrationsabhängigkeit des Reflexionsspektrums. Letzteres findet man sehr ähnlich in wässeriger Lösung, beide sind von dem des festen BiJ_3 stark verschieden.

Elektronen-Donator-Akzeptor-Komplexe

Eine von der Säure-Base-Wechselwirkung verschiedene Art der
Elektronenüberführung zwischen Adsorbens und Adsorpt stellt die
Entstehung von sog. charge-transfer-Verbindungen[308] dar, wobei ent-
weder das Adsorbens als Elektronen-Donor und das Adsorpt als
Akzeptor dient oder umgekehrt. Hierher gehören z. B. die bei der
Adsorption von Jod aus der Gasphase an Alkalihalogenide auftretenden

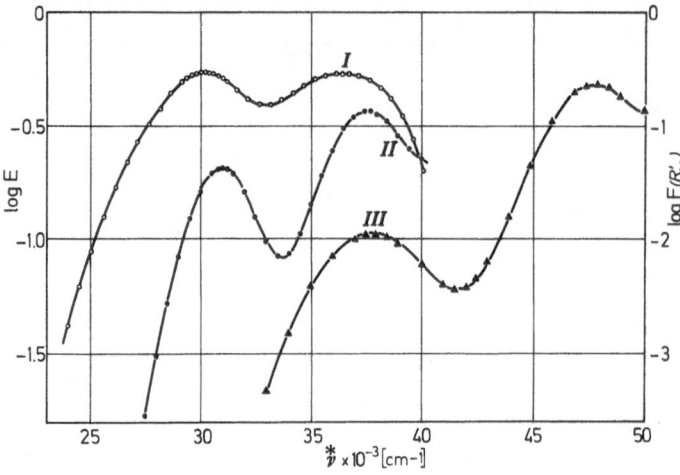

Abb. 116. (I) Reflexionsspektrum von HgJ_2, adsorbiert an KJ; $x = 1{,}5 \cdot 10^{-4}$;
(II) Absorptionsspektrum von HgJ_2 in 10 n KJ-Lösung; (III) Absorptionsspektrum
von HgJ_2 in Wasser

Molekülkomplexe des $n\sigma$-Typs $Hal^- + J_2 \rightleftharpoons (J_2 Hal)^-$, die sich durch
ihre spezifische Doppelbande zu erkennen geben. Hier wirken die
negativen Ionen des Adsorbens als Elektronendonator, das adsorbierte
Jod als Elektronen-Akzeptor. In Abb. 118 sind die Reflexionsspektren
von J_2 an trockenem NaJ adsorbiert bei verschiedenen Sättigungs-
drucken des festen Jods wiedergegeben[309]. Die Doppelbande ist hier
zu einer gemeinsamen Bande verschmolzen, die eine deutliche Un-
symmetrie zeigt. Zusatz geringer Mengen Wasserdampfs spaltet sie
wieder in getrennte Banden auf. Trägt man $F(R'_\infty)$ des Maximums der

---

[308] Vgl. *Mulliken, R. S.*: J. Physic. Chem. **56**, 801 (1952); — *Briegleb, G.*:
Elektronen-Donator-Acceptor-Komplexe. Berlin-Göttingen-Heidelberg: Springer
1961.

[309] *Mackensen, M. v.*: Diplomarbeit, Tübingen 1963.

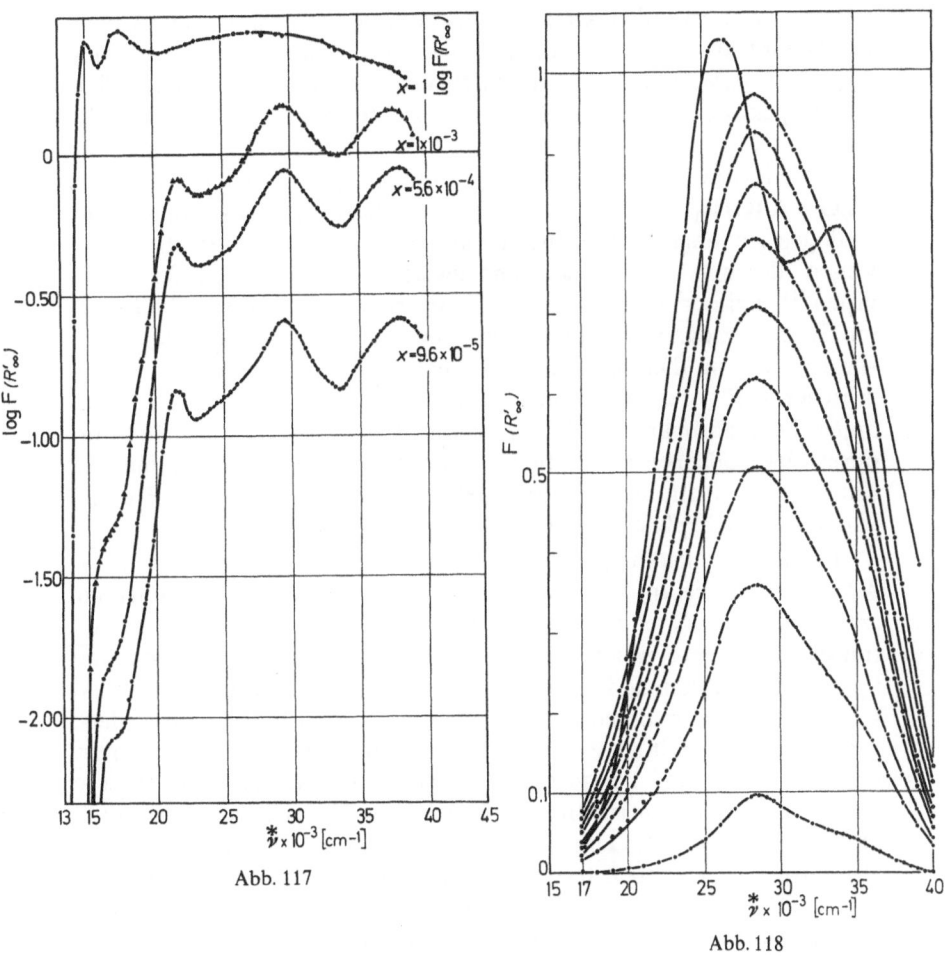

Abb. 117

Abb. 118

Abb. 117. Reflexionsspektrum des reinen und des an trockenem KJ bei verschiedenen Molbrüchen adsorbierten BiJ₃

Abb. 118. Reflexionsspektren des an trockenem NaJ adsorbierten Jods bei verschiedenen Sättigungsdampfdrucken des Jods. Gestrichelte Kurve nach Zulaß feuchter Luft

Bande gegen den Joddampfdruck auf, so erhält man keine Langmuirsche Adsorptionsisotherme wie in Abb. 114, sondern eine Freundlichsche Isotherme $F(R'_\infty) = 1,36\, p_{J_2}^{0,36}$, wie daraus hervorgeht, daß $\log F(R'_\infty)$ gegen $\log p_{J_2}$ aufgetragen eine Gerade mit der Neigung 0,36 ergibt. Das weist darauf hin, daß auf der Oberfläche aktive Zentren verschiedener Wechselwirkungsenergie mit dem Molekül J_2 vorhanden sind. In analoger Weise werden ganz allgemein durch Adsorption von J_2- oder Br_2-Dampf an trockenen Alkalihalogeniden Trihalogenkomplexe des Typs X^-J_2 bzw. X^-Br_2 an der Oberfläche gebildet ($X^- = J^-$, Br^-, Cl^-), deren Spektren mit den in Lösung beobachteten sehr gut übereinstimmen[310].

Durch Adsorption von J_2 oder Br_2 an hoch getrockneten Oxiden wie Al_2O_3, $Al(OH)_3$, MgO, CaO lassen sich reflexionsspektroskopisch die analogen Ladungsüberführungs-Komplexe OH^-J_2 bzw. OH^-Br nachweisen, deren Absorptionsmaxima zwischen 43000 und 46000 cm^{-1} liegen[311]. Bei der Adsorption von J_2 an trockenem Aerosil erhält man im Gegensatz dazu vorwiegend das unveränderte Spektrum des Jods, wie es auch im Dampfzustand vorliegt, und eine lineare Beziehung zwischen $F(R'_\infty)$ des Maximums der J_2-Bande (19300 cm^{-1}) bis zu sehr hohen Dampfdrucken[312], d. h. in diesem Fall ist offenbar das Jod nur physikalisch adsorbiert und die Oberfläche des Adsorbens ist homogen. Ein weiteres Maximum bei etwa 32000 cm^{-1} kann dem auch im Dampf und in Lösung beobachteten J_4 zugeordnet werden.

Bei nicht vollständig ausgeheizten Halogeniden oder Oxiden als Adsorbentien, die an der Oberfläche noch adsorbierte Wassermoleküle enthalten, beobachtet man neben den Banden der gebildeten charge-transfer Komplexe weitere längerwellige Banden, wobei das gesamte Spektrum zeitabhängig ist. Als Beispiel sind in Abb. 119 die Reflexionsspektren des an unausgeheiztem MgO adsorbierten Joddampfs wiedergegeben mit der Zeit als Parameter. Man beobachtet eine schwache nur wenig zeitabhängige Bande bei 43800 cm^{-1}, die wieder dem OH^-J_2-Komplex zuzuordnen ist. Ihre geringe Intensität weist darauf hin, daß die Oberfläche des MgO durch adsorbierte Wassermoleküle weitgehend abgesättigt ist. Daneben treten zwei intensive Banden bei 26800 und 34000 cm^{-1} hervor. Sie sind charakteristisch für den J_3^--Komplex, der hier durch Reaktion des adsorbierten Joddampfs mit adsorbiertem Wasser nach $J_2 + H_2O \rightarrow JOH + HJ$ über $J^- + J_2 \rightarrow J_3^-$ entsteht. Die bei etwa 23000 cm^{-1} angedeutete schwache Schulter entspricht der Absorption des hydratisierten Jodmoleküls. Daß diese Zuordnung der Banden richtig sein dürfte, geht daraus hervor, daß es auch in mehreren Tagen nicht gelingt, das adsorbierte Jod durch Kühlung des Vorratgefäßes mit flüssigem Stickstoff bei $p = 10^{-6}$ Torr vollständig zu desorbieren. Nur die Bande des OH^-J_2-Komplexes geht geringfügig zurück, er ist also offenbar etwas weniger stabil als der J_3^--Komplex, der seine Entstehung einer hydrolytischen Oberflächenreaktion verdankt.

[310] *Kortüm, G.*, u. *H. Vögele*: Ber. Bunsenges. **72**, 401 (1968).

[311] *Kortüm, G.*, u. *M. Grathwohl*: Ber. Bunsenges. **72**, 500 (1968).

[312] *Kortüm, G.*, u. *H. Koffer*: Ber. Bunsenges. **67**, 67 (1963).

Redox-Reaktionen

Besonders interessante Ergebnisse findet man bei der Adsorption aromatischer Kohlenwasserstoffe an SiO_2–Al_2O_3-Mischkatalysatoren. Diese sog. Crackkatalysatoren werden durch gemeinsame Ausfällung aus Silicat- und Aluminatlösungen hergestellt. Sie enthalten, da Si^{4+} zum

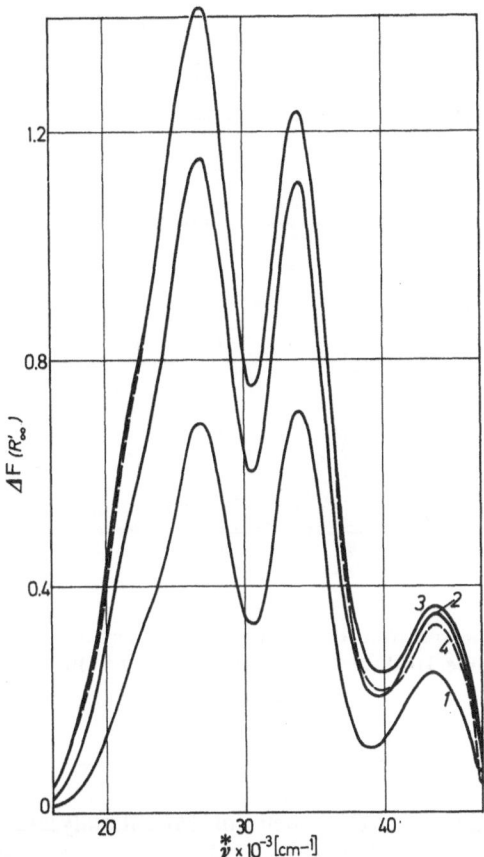

Abb. 119. Reflexionsspektren des an ungetrocknetem MgO adsorbierten Joddampfs ($p = 0,2$ Torr) in Abhängigkeit von der Zeit. *1)* nach 1 h, *2)* nach 6,5 h, *3)* nach 24 h, *4)* 5d desorbiert

Teil durch Al^{3+} ersetzt wird, wegen der Neutralitätsbedingung noch Na^+-Ionen, die gegen NH_4^+-Ionen ausgetauscht werden können. Bei der thermischen Behandlung wird NH_3 abgespalten und es entsteht eine Form mit erheblicher Protonen-Azidität, die sich infrarotspektroskopisch nachweisen läßt. Daneben bedingen die Elektronenlücken an Al^{3+}-Ionen eine starke Lewis-Azidität.

Adsorbiert man aromatische Kohlenwasserstoffe M an solchen Katalysatoren unter den S. 250 geschilderten Hochvakuum-Bedingungen, so findet man im Reflexions-Spektrum Banden, die sich entweder den Protonenkomplexen MH^+, d. h. charge-transfer-Komplexen, zuordnen lassen, oder positiven Radikalionen M^+, die auf Grund der hohen

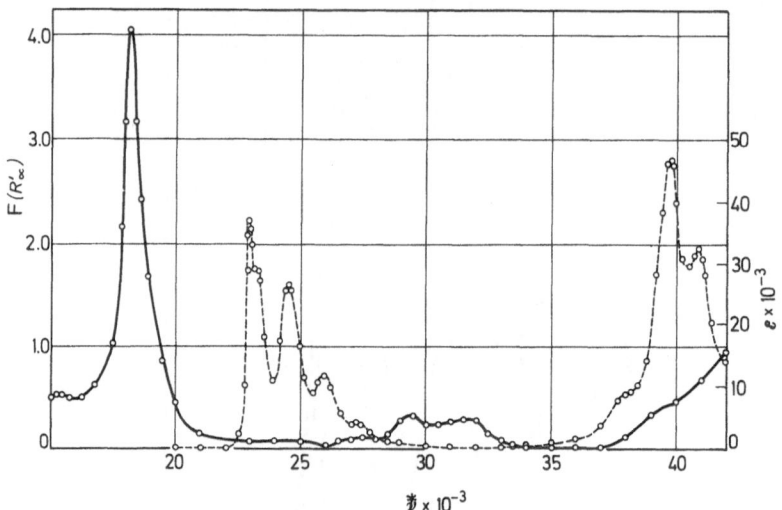

Abb. 120. Reflexionsspektrum des Perylens, adsorbiert an einem SiO_2–Al_2O_3-Mischkatalysator unter Hochvakuumbedingungen. $c = 4,5 \cdot 10^{-5}$ Mol/g. --- Benzol in Hexan

Elektronenaffinität der Al^{3+}-Ionen im Mischkatalysator durch eine Redoxreaktion zwischen Adsorbens und Substrat entstehen und durch Elektronenspinresonanz unmittelbar nachgewiesen werden können. In manchen Fällen scheint sich zwischen beiden Formen ein Gleichgewicht einzustellen etwa nach der Reaktion[313] $MH^+ + K \rightleftarrows M^+ + K^- + H^+$, so daß bei günstiger Lage dieses Gleichgewichts beide Formen nebeneinander beobachtet werden. Ein solcher Fall liegt beim Benzol vor, dessen Reflexionsspektrum am SiO_2–Al_2O_3-Mischkatalysator mehr-

[313] *Aalbersberg, W. I., G. J. Hoijtink, E. L. Mackor*, and *W. P. Weijland*: J. Chem. Soc. **1959**, 3049.

fach untersucht wurde[314, 315]. Neben der Bande bei 39 300 cm^{-1} des physikalisch adsorbierten Benzols treten drei neue Banden bei 18 000 cm^{-1}, 21 750 cm^{-1} und 31 500 cm^{-1} auf, von denen die beiden letzten dem Protonenkomplex $C_6H_6H^+$ zugeordnet werden können, während die längstwellige Bande bei 18 000 cm^{-1} dem Radikalion $C_6H_6^+$ zugeschrieben wird[315]. Das zugehörige Präparat zeigt ein kräftiges ESR-Signal, und die Bande verschwindet sofort bei Zutritt von Luft.

In ähnlicher Weise verhalten sich zahlreiche aromatische Kohlenwasserstoffe (vgl. Abb. 120). Zuweilen finden auch Redoxreaktionen statt, die unter dem Einfluß einer katalytisch wirkenden Oberfläche einer starken Polarisation einer Bindung bzw. sogar einer elektrolytischen Dissoziation entsprechen. So erhält man z. B. bei der Adsorption von Triphenylchlormethan an SiO_2, CaF_2, $MgSO_4$, $BaSO_4$ das Triphenylmethylkation, das sich durch eine charakteristische Doppelbande bei etwa 23 000 und 24 000 cm^{-1} erkennen läßt[316]. Das Kation ist beständig, Folgereaktionen finden nicht statt, bei Desorption mit Methanol erhält man das Carbinol. Bei der Adsorption an Al_2O_3, BeO, MgO und CaO dagegen reagiert das primär gebildete Kation weiter. An hochausgeheiztem MgO findet man u. a. Triphenylmethan, 9-Phenyl-Fluoren und das 9-Phenylfluorenkation. Dies hängt vermutlich damit zusammen, daß diese Adsorbentien freie OH$^-$-Ionen abspalten können.

Reversible Spaltungsreaktionen

Sehr häufig beobachtet man bei der Adsorption ringförmiger organischer Stoffe an Ionengittern eine reversible Ringaufspaltung, wobei Zwitterionen entstehen, die sich durch ein ganz verschiedenes Spektrum bemerkbar machen. Gut untersucht ist das farblose Lacton der Malachitgrün-o-carbonsäure (MGL)[317], das mit grünblauer Farbe an trockenen Salzen adsorbiert wird, wie auch schon von *Weitz* beobachtet worden war. Das Reflexionsspektrum an trockenem NaCl bei verschiedenen Konzentrationen (Molenbrüche zwischen 10^{-3} und 10^{-4}) nebst dem Spektrum in Methanollösung zeigt Abb. 121. Die beiden Banden bei 16 500 und 24 000 cm^{-1} sind charakteristisch für die „typische Farbkurve" des Adsorpts, sie finden sich wieder im Durchsichtsspektrum des Malachitgrüns[318], so daß die Annahme nahe liegt, daß bei der

---

[314] *Kortüm, G.,* u. *V. Schlichenmaier:* Z. Physik. Chem. N. F. **48**, 267 (1966).

[315] *Barachevski, V. A.,* u. *A. N. Terenin:* Opt. Spectr. USSR **17**, 161 (1964).

[316] *Kortüm, G.,* u. *M. Friz:* Ber. Bunsenges. (im Druck).

[317] *Kortüm, G.,* u. *J. Vogel:* Chem. Ber. **93**, 706 (1960).

[318] *Lewis, G. N.,* and *H. Bigeleisen:* J. Am. Chem. Soc. **65**, 2102 (1943).

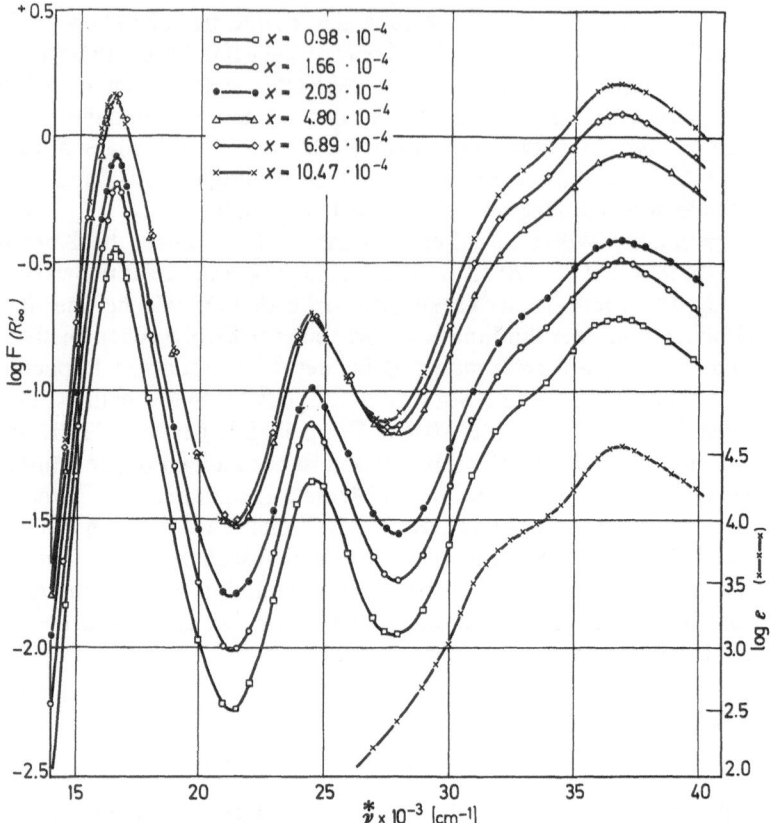

Abb. 121. Reflexionsspektren von MGL an wasserfreiem NaCl adsorbiert und
Durchsichtsspektrum in Methanollösung

Adsorption der Lactonring des MGL aufgespalten wird, wobei ein
Zwitterion entsteht mit der Resonanzstruktur des Malachitgrüns:

Daß diese Deutung richtig ist, konnte neuerdings dadurch bewiesen
werden, daß im infraroten Reflexionsspektrum des adsorbierten Lactons
nebeneinander die Gruppenfrequenzen des Rings und der $-COO^-$-

Gruppe gefunden wurden [319]. Da sich das Lacton durch Erwärmen in Lösung und selbst durch Schmelzen nicht in das Zwitterion überführen läßt, bedarf die Ringspaltung offenbar einer größeren Aktivierungsenergie, die bei der Adsorption durch die polarisierende Wirkung des Ionengitters soweit herabgesetzt wird, daß schon bei Zimmertemperatur eine teilweise Aufspaltung eintritt. Trägt man die $F(R'_\infty)$-Werte der beiden Bandenmaxima bei 16 500 bzw. 24 000 cm^{-1}, die für den Anteil des gespaltenen Lactons maßgebend sind, gegen den Molenbruch x auf, so erhält man wieder Langmuirsche Adsorptionsthermen, analog wie in Abb. 114, was auf Sättigung der ersten monomolekularen Adsorptionsschicht hinweist.

Der Grad der Ringaufspaltung, gemessen durch die Intensität der Banden, nimmt bei gleicher Oberflächenbedeckung von LiCl bis CsCl als Adsorbens monoton ab, während sich die Lage der beiden für das Zwitterion charakteristischen Banden praktisch nicht ändert. Umgekehrt zeigen verschiedene Anionen (F$^-$, Cl$^-$, Br$^-$, J$^-$) auch auf die Intensität der Banden keinen Einfluß. Man kann daraus schließen, daß die adsorptive Bindung des Zwitterions an das Adsorbens im wesentlichen eine Coulombsche Wechselwirkung zwischen den Kationen des Gitters und den Carboxylationen des Zwitterions ist, weil sich die positive Ladung des Zwitterions durch Resonanz über einen größeren Bereich des Moleküls verteilt. Je kleiner das Kation des Salzes, um so größer ist die polarisierende Wirkung auf den Ring und um so stärker ist das Gleichgewicht I $\rightleftarrows$ II nach rechts verschoben. Die analoge Abhängigkeit der Bandenintensität von der Größe des Kations beobachtet man bei der Adsorption des MGL an trockenen Erdalkalisulfaten und -oxiden. Die stärkere polarisierende Wirkung der zweiwertigen Kationen macht sich darin bemerkbar, daß bei gleicher Oberflächenkonzentration der Aufspaltungsgrad wesentlich größer ist als bei den Alkaliionen.

Die Ringaufspaltung ist reversibel. Desorbiert man, so erhält man das farblose Lacton zurück. Die Desorption gelingt auch hier, wenn man Wasserdampf (feuchte Luft) zutreten läßt, jedoch hängt die Verdrängung des Zwitterions durch H$_2$O hier ebenfalls von der Größe der Kationen des Adsorbens ab. An LiCl adsorbiert wird das Lacton nur äußerst langsam von H$_2$O verdrängt, selbst nach zwölfstündigem Stehen an der Luft ist der hygroskopische Kristallbrei noch deutlich blau gefärbt. Umgekehrt macht sich bei größeren Kationen der Einfluß der Vortrocknung des Adsorbens auf die Spaltung des Lactons um so stärker bemerkbar, je größer das Kation, d. h. je geringer seine polarisierende Wirkung ist. In Abb. 122 ist dies am Beispiel des NaCl wiedergegeben. An ungetrocknetem NaCl ist die Ringspaltung eben noch zu

---

[319] *Kortüm, G.*, u. *H. Delfs:* Spectrochim. Acta **20**, 405 (1964).

erkennen, mit zunehmender Vortrocknung treten die Banden des Zwitterions mehr und mehr hervor. An ungetrocknetem KCl, RbCl und CsCl beobachtet man überhaupt keine Spaltung mehr.

Ein anderes Beispiel für eine reversible Ringspaltung unter dem Einfluß von Adsorptionskräften bilden die *Spiropyrane*. Diese sind in

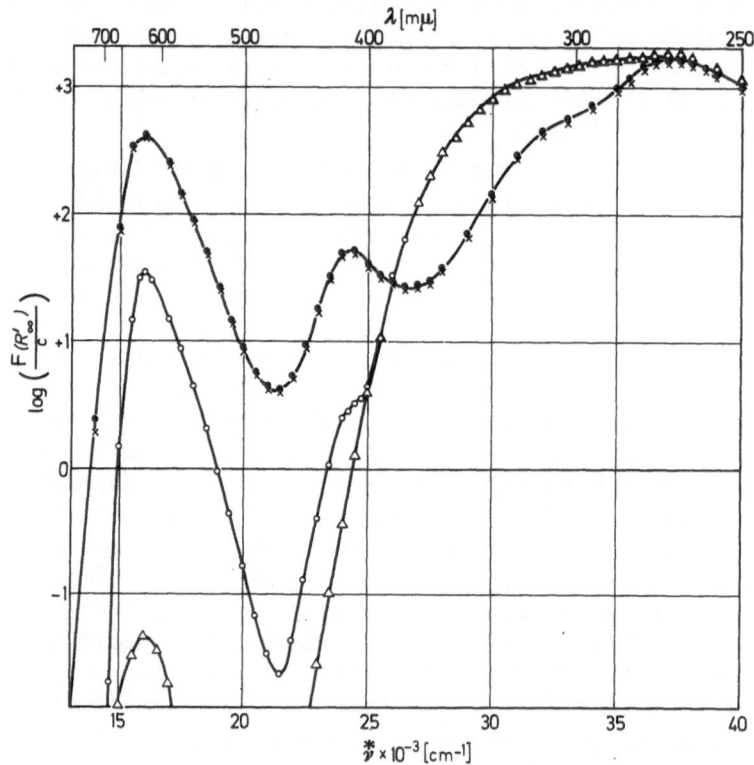

Abb. 122. Reflexionsspektren von MGL an NaCl, nach verschieden intensiver Vortrocknung, adsorbiert. $F(R'_\infty)$. ●——● 1 h bei 600° C getrocknet; ×——× 1 h bei 400° C getrocknet; ○——○ 30 h bei 100° C getrocknet; △——△ ungetrocknet

Lösung sowohl thermochrom[320] wie photochrom[321], d. h. der Spiranring wird durch Erwärmen wie durch UV-Bestrahlung bei tiefer Temperatur teilweise aufgespalten unter Entstehung eines Zwitterions, das

[320] *Dilthey*, W., u. H. *Wübken*: J. Prakt. Chem. **114**, 179 (1926); — *Löwenstein*, A., u. W. *Katz*: Chem. Ber. **59**, 1377 (1926).

[321] *Bergmann*, E. D., W. *Weizmann* u. E. *Fischer*: J. Am. Chem. Soc. **72**, 5009 (1950); — *Hirshberg*, Y., and E. *Fischer*: J. Chem. Soc. **1954**, 297, 3129.

mit einem Merocyanin in Resonanz steht (Beispiel 1,3,3-Trimethyl-
indolino-β-Naphtospiran, Abb. 123) und deshalb farbig ist. In Di-
phenyläther-Lösung erhält man bei 250° C etwa 1% des Merocyanins
im Gleichgewicht. Adsorbiert an MgO beträgt die Aufspaltung schon
bei Zimmertemperatur ca. 50%. Das Reflexionsspektrum ist (bis auf
geringfügige, mediumbedingte Verschiebungen der Banden) mit dem der

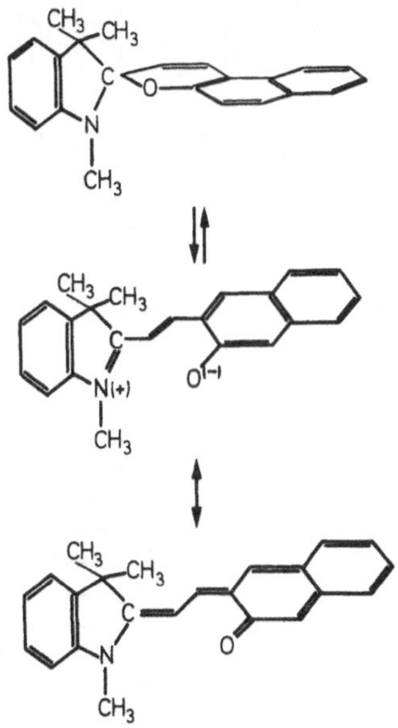

Abb. 123. Aufspaltung des 1,3,3-Trimethylindolino-β-Naphthospirans durch Adsorption in ein Zwitterion

photochromen bzw. thermochromen Form in Lösung identisch. Adsorbiert man an hochgetrocknetem NaCl, so findet man bei kleinen Oberflächenkonzentrationen eine weitere breite Bande bei 20500 cm^{-1}, die
von der thermochromen Bande überlappt wird, mit zunehmender Be-
deckung der Oberfläche aber mehr und mehr gegenüber der letzteren
zurücktritt[322] (Abb. 124). Die gleiche Bande findet man in sauren
alkoholischen Lösungen, d. h. hier liegt noch ein zusätzliches Säure-
Base-Gleichgewicht vor, wobei die Na$^+$-Ionen des Adsorbens als Säure,
die $^-$OR-Gruppe als Base wirksam sind. Das Spiropyran wird bei der
Aufspaltung nebeneinander als Zwitterion und als Kation adsorbiert.

---

[322] *Kortüm, G.*, u. *G. Bayer: Z.* Physik. Chem. N. F. **33**, 254 (1962).

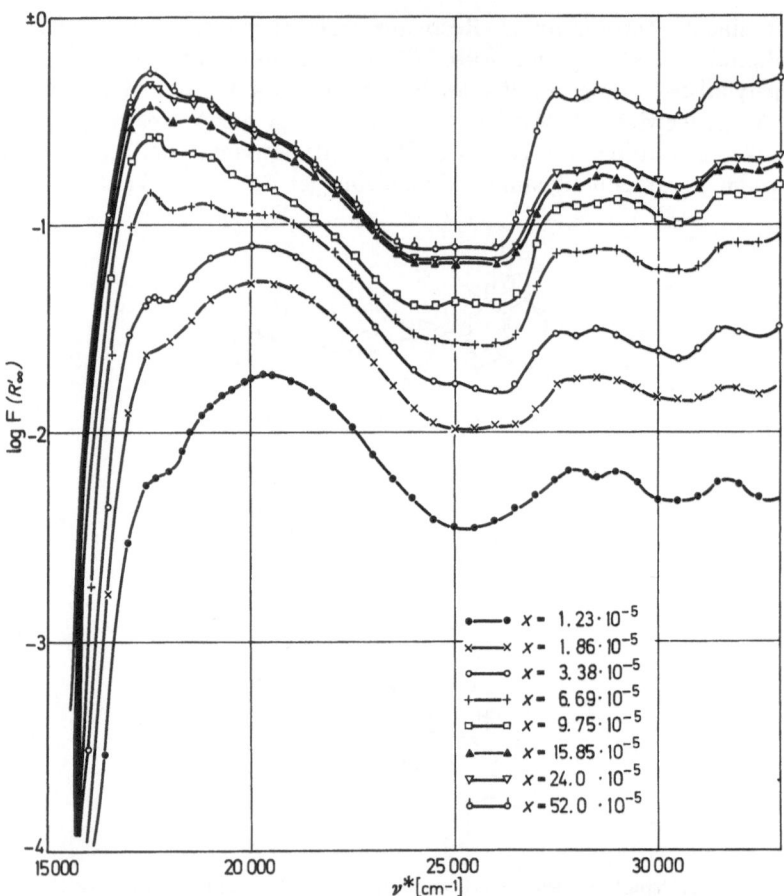

Abb. 124. Reflexionsspektrum des 1,3,3-Trimethylindolino-β-Naphthospirans an NaCl adsorbiert bei verschiedenen Konzentrationen (Molenbrüche)

Oberflächenbestimmung an Pulvern

Der bei der Säure-Base-Wechselwirkung mit dem Adsorbens (Abb. 113) oder bei einer Ringaufspaltung (Abb. 121) beobachtete Farbumschlag geeigneter adsorbierter organischer Stoffe kann offenbar nur in einer monomolekularen Schicht auf der Oberfläche des Adsorbens stattfinden (Chemisorption). Die quantitative Auswertung der Kubelka-Munk-Funktion $F(R_\infty)$ in einem größeren Konzentrationsbereich unter konstanten äußeren Bedingungen (Temperatur, Korngröße des Adsorbens, Trocknungsgrad usw.) liefert Langmuirsche Adsorptions-isothermen, wie sie bereits in Abb. 114 dargestellt wurden. Man kann

diese Isothermen dazu benutzen, sehr genaue relative Oberflächen-
bestimmungen der benutzten Adsorbentien zu machen[323], die denen
mit Hilfe der BET-Methode nicht nachstehen.

Als Beispiel sind die aus Abb. 121 entnommenen Langmuirschen
Adsorptionsisothermen für die Bande bei $16\,500\ \mathrm{cm}^{-1}$, die für die auf-
gespaltene Form des Lactons charakteristisch ist, bei zwei Proben von
wasserfreiem NaCl verschiedener Korngröße bzw. Oberfläche (A, B)
neben der Isotherme der physikalischen Adsorption (C) für die Bande

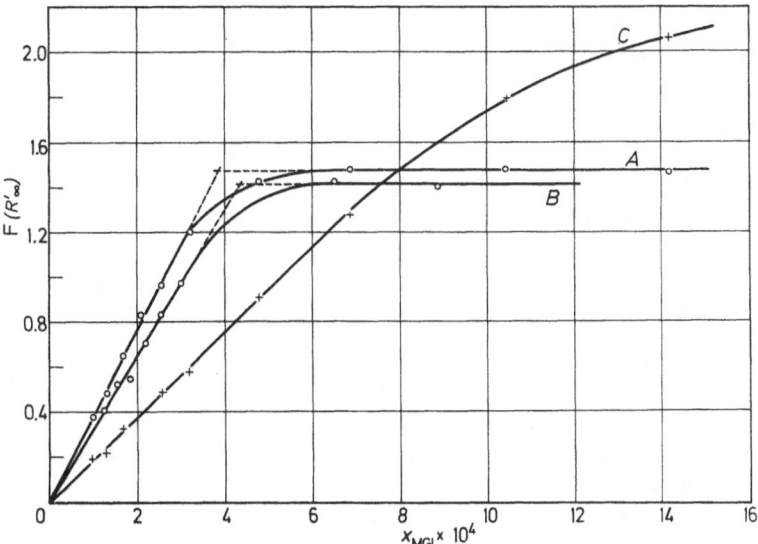

Abb. 125. Adsorptionsisothermen der Chemisorption von MGL an zwei Proben
von wasserfreiem NaCl verschiedener Korngröße (A, B) und Adsorptionsisothermen
der physikalischen Adsorption (C) unter gleichen Bedingungen

bei $37\,000\ \mathrm{cm}^{-1}$, die der Gesamtmenge des Lactons entspricht, wieder-
gegeben (Abb. 125). Letztere zeigt keine Sättigung, weil auch die höheren
Adsorptionsschichten miterfaßt werden, dagegen die von der Kubelka-
Munk-Funktion geforderte lineare Konzentrationsabhängigkeit bis
$x = 6 \cdot 10^{-4}$. Bei höheren Konzentrationen versagt die Kubelka-Munk-
Funktion, wie schon mehrmals gezeigt wurde. Auch die Langmuir-
Isothermen zeigen zunächst den verlangten linearen Anstieg von $F(R'_{\infty})$
mit x und biegen dann zur Sättigung um. Extrapoliert man den linearen
Anstieg und den horizontalen Ast der Chemisorptions-Isothermen bis
zum Schnitt, so erhält man als Sättigungskonzentrationen $x_{mA} = 3,85 \cdot 10^{-4}$
bzw. $x_{mB} = 4,33 \cdot 10^{-4}$ Mol MGL/Mol NaCl. Bei der größeren Ober-

[323] Kortüm, G., u. D. Oelkrug: Z. Physik. Chem. N. F. **34**, 58 (1962).

fläche erhält man niedrigere $F(R'_\infty)$-Werte, da mit zunehmender Oberfläche, d. h. kleinerer mittlerer Korngröße der Streukoeffizient S zunimmt (vgl. S. 200). Das Oberflächenverhältnis der beiden NaCl-Proben
ergibt sich zu $x_{mB}/x_{mA} = 1{,}12$, während die BET-Methode der Stickstoff-Adsorption für die gleichen Proben den Wert 1,11 liefert. Die Übereinstimmung ist sehr gut.

Die Oberflächenbestimmung von Pulvern durch Adsorption von
Farbstoffen aus flüssiger Phase ist schon länger bekannt. Sie ist leicht
auszuführen, weil sich die Konzentrationsänderung in der Lösung durch
die Adsorption leicht photometrisch messen läßt. Gegen diese Methode
lassen sich aber zwei Einwände erheben: Erstens kann man nicht ohne
weiteres feststellen, ob die Farbstoffmolekeln nur in einer oder eventuell
mehreren Schichten adsorbiert werden, zweitens kann ein Teil der Oberfläche auch von Lösungsmittelmolekeln besetzt werden, wenn etwa aus
wässerigen oder anderen polaren Lösungen adsorbiert werden muß.
Ein Beispiel ist das auf S. 277 erwähnte Lacton der Malachitgrün-o-
karbonsäure an LiCl.

Gleichgewichtseinstellung und Orientierung an Oberflächen

Für Probleme der heterogenen Katalyse und der chemischen Kinetik
in Grenzflächenphasen ist es von Interesse, wieweit adsorbierte Molekeln
bei genügend kleinen Oberflächen-Konzentrationen als frei beweglich
in der Grenzfläche anzusehen sind, so daß sich etwa Assoziations- oder
Dissoziationsgleichgewichte einstellen können. Hierzu wurden einige
Untersuchungen über die Adsorption von charge-transfer-Molekülkomplexen an verschiedenen Adsorbentien gemacht[324].

In Abb. 126 sind die Reflexionsspektren der Molekülverbindung
Pyren-Trinitrobenzol, an wasserfreiem NaCl adsorbiert, bei verschiedenen Konzentrationen wiedergegeben; das gleiche NaCl diente als Bezugsstandard. Trotz der sehr geringen Konzentrationen lassen sich die
Kurven durch Parallelverschiebung nicht wie in Abb. 124 zur Deckung
bringen. Dies gelingt nur im kurzwelligen Teil des Spektrums, das den
einzelnen Komponenten Pyren bzw. Trinitrobenzol zuzuordnen ist,
während die charge-transfer-Bande bei $22\,000\ \mathrm{cm}^{-1}$, die dem Molekülkomplex zuzuordnen ist, erheblich rascher absinkt mit abnehmender
Konzentration als die übrigen Banden. Dies wurde zuerst als echte
Abweichung von der durch die Kubelka-Munk-Funktion geforderten
linearen Beziehung zwischen $F(R_\infty)$ und x angesehen und analog zu
entsprechenden Beobachtungen in Lösung, wo man ebenfalls Abweichungen vom Lambert-Beerschen Gesetz findet, als teilweise Disso-

---

[324] *Kortüm, G.*, u. *W. Braun:* Z. Physik. Chem. N. F. **18**, 242 (1958); **28**, 362
(1961).

ziation der Molekülverbindungen in der Grenzfläche gedeutet. Trägt man die $F(R'_\infty)$-Werte im Maximum der Pyrenbande bei $29\,500\ cm^{-1}$ und der charge-transfer-Bande bei $22\,000\ cm^{-1}$ als Funktion von x auf, so erhält man nur für die Pyrenbande die Kubelka-Munksche Grenzgerade, während die charge-transfer-Bande eine nach unten durchgebogene Kurve liefert (Abb. 127). Eine neuere Untersuchung [325]

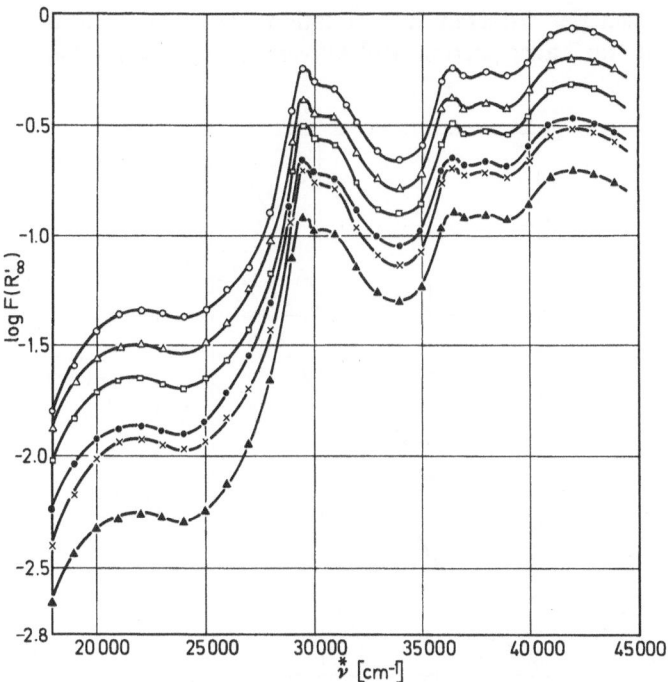

Abb. 126. Reflexionsspektren der Molekülverbindung Pyren-s-Trinitrobenzol an hochgetrocknetem NaCl adsorbiert, bei verschiedenen Molenbrüchen: $x = 2,75$; $2,00$; $1,48$; $1,00$; $0,90$; $0,52 \cdot 10^{-4}$

zeigte jedoch, daß hier der gleiche Fall vorliegt, wie er in Abb. 63 schon skizziert wurde: Die scheinbaren Abweichungen von der Kubelka-Munk-Funktion beruhen darauf, daß relative statt absolute R_∞-Werte benutzt, d. h. die – hier sehr geringe – Eigenabsorption des Standards vernachlässigt wurde, was nach Überlegungen von S. 190 gerade bei geringer Absorption zu beträchtlichen Fehlern führen muß. Tatsächlich läßt sich die Kurve in Abb. 127 durch Gl. (V, 17) ausgezeichnet wiedergeben. Korrigiert man die $F(R'_\infty)$-Werte der Pyrenbande in gleicher Weise, so ändert sich nur die Steigung, nicht aber die Linearität der

[325] *Kortüm, G.,* u. *W. Braun:* Z. Physik. Chem. N. F. **48**, 282 (1966).

$F(R'_\infty) - x$-Geraden, weil die $F(R'_\infty)$-Werte hier um eine Zehnerpotenz größer sind als die der charge-transfer-Bande. Wie dieses Beispiel in sehr eindrucksvoller Weise zeigt, ist bei der quantitativen Auswertung der Kubelka-Munk-Funktion die Umrechnung der gemessenen relativen R'_∞-Werte auf absolute R_∞-Werte auch dann notwendig, wenn das Reflexionsvermögen des Vergleichsstandards sehr hohe Werte (0,98 bis 0,95) besitzt.

Entgegen der früheren Interpretation dieser Messungen tritt bei diesen an NaCl adsorbierten Molekülverbindungen keine Dissoziation

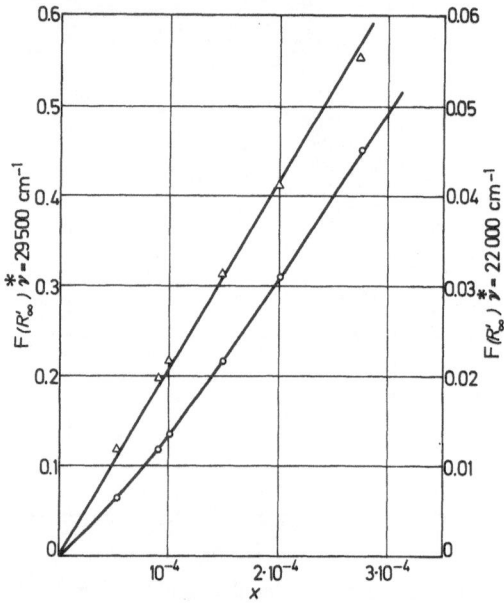

Abb. 127. $F(R'_\infty)$-Werte im Maximum der Pyrenbande bei 29 500 cm^{-1} und der charge-transfer-Bande des Komplexes Pyren-s-Trinitrobenzol bei 22 000 cm^{-1} als Funktion der Konzentration an trockenem NaCl als Adsorbens

in der zweidimensionalen Grenzflächenphase ein. Das gilt auch für lufttrockenes, d. h. wasserhaltiges NaCl. Dagegen ergaben sich bei der Adsorption der gleichen Molekülverbindung an Silikagel doch Hinweise auf einen Dissoziationseffekt: Vermahlt man die Molekülverbindung am Adsorbens mit einem äquivalenten Überschuß einer der Komponenten, so steigt die Absorption in der charge-transfer-Bande an. Das läßt sich durch die Nichtberücksichtigung der Eigenabsorption des Trägermaterials nicht deuten.

Zur Klärung dieses Widerspruchs wurden Messungen an der an Kieselgel adsorbierten Molekülverbindung Hexamethylbenzol-s-Trinitrobenzol gemacht, wobei frisch aufgerauchtes MgO als Vergleichsstandard diente, so daß auf absolute Remissionsgrade umgerechnet werden konnte[326]. Trägt man das daraus berechnete $F(R_\infty)$ wieder gegen den Molenbruch x der adsorbierten Molekülverbindung auf, so bleibt im Gegensatz zu den Messungen an NaCl als Adsorbens eine beträchtliche Abweichung vom erwarteten linearen Verlauf der $F(R_\infty) - x$-Funktion erhalten. Sie läßt sich als Dissoziationseffekt interpretieren: Aus dem Massenwirkungsgesetz folgt

$$K_x = \frac{\alpha^2}{1-\alpha} \cdot x_0 \quad \text{bzw.} \quad \alpha = \frac{1}{2}\left[\sqrt{\left(\frac{K_x}{x_0}\right)^2 + \frac{4K_x}{x_0}} - \frac{K_x}{x_0}\right]. \quad (1)$$

Da ferner im Gebiet der charge-transfer-Bande

$$F(R_\infty) = k\,x_{AD} = k\,x_0(1-\alpha), \quad (2)$$

folgt

$$F(R_\infty) = k\left[x_0 + \frac{K_x}{2} - \frac{K_x}{2}\sqrt{1 + \frac{4x_0}{K_x}}\right]. \quad (3)$$

Dabei ist α der Dissoziationsgrad, x_0 die Einwaagekonzentration und x_{AD} die Gleichgewichtskonzentration der Molekülverbindung. Wägt man die beiden Komponenten getrennt und in nicht-äquivalenten Mengen ein, so daß

$$\left.\begin{aligned}
x_A = x_{0A} - x_{AD} = x_{0A} - \frac{F(R_\infty)}{k} \\
x_D = x_{0D} - x_{AD} = x_{0D} - \frac{F(R_\infty)}{k},
\end{aligned}\right\} \quad (4)$$

so erhält man aus diesen vier Gleichungen die Beziehung

$$\frac{x_{0A}\,x_{0D}}{F(R_\infty)} + \frac{F(R_\infty)}{k^2} = \frac{K_x}{k} + \frac{1}{k}(x_{0A} + x_{0D}), \quad (5)$$

die sich nach bekannten Verfahren [327] auswerten läßt. Dabei ergab sich aus den bekannten Einwaagen x_{0A} und x_{0D} und den gemessenen $F(R_\infty)$-Werten $K_x = 8{,}6 \cdot 10^{-4}$ und $k = 236$. Trägt man die linke Seite von Gl. (5) gegen $(x_{0A} + x_{0D})$ auf, so erhält man die zu erwartende Gerade.

Daß das in der Grenzfläche sich einstellende Dissoziationsgleichgewicht durch das Massenwirkungsgesetz beschrieben werden kann, geht schon qualitativ aus Abb. 128 hervor, in der die Spektren der Molekülverbindung ohne bzw. mit äquivalentem Überschuß jeweils einer

---

[326] *Braun, W.*, u. *G. Kortüm:* Z. Physik. Chem. N. F. **61**, 167 (1968).
[327] Vgl. *Kortüm, G.*, u. *W. Braun:* Z. Physik. Chem. N. F. **28**, 362 (1961).

Komponente wiedergegeben sind. Ein Überschuß von Hexamethylbenzol erhöht die charge-transfer-Bande um den gleichen Betrag wie
ein gleich großer Überschuß von s-Trinitrobenzol.

Das Dissoziationsgleichgewicht in der Oberfläche des Adsorbens
stellt sich auch dann im Laufe einiger Tage ein, wenn man das Adsorbens
mit den grob dispersen Kristallen der beiden Komponenten stehen läßt.
Dies geschieht vermutlich teils über die Gasphase, vorwiegend aber
durch Spreitung auf der Oberfläche, wie dies schon am Beispiel des
HgJ_2 auf KJ beobachtet wurde (S. 268). Dabei müssen offenbar die
Wechselwirkungskräfte zwischen dem Adsorbens und den einzelnen

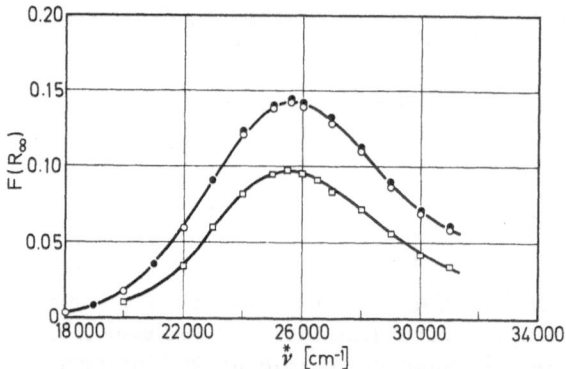

Abb. 128. Erhöhung der Absorption der charge-transfer-Bande durch Zusatz jeweils
einer Komponente. □–□–□ Molekülverbindung $x = 10^{-3}$; ●–●–● Hexamethylbenzol $x = 10^{-3}$ + s-Trinitrobenzol $x = 2,05 \cdot 10^{-3}$; ○–○–○ s-Trinitrobenzol
$x = 10^{-3}$ + Hexamethylbenzol $x = 2 \cdot 10^{-3}$

Komponenten der Molekülverbindung von vergleichbarer Größenordnung sein wie die charge-transfer-Wechselwirkung zwischen den
Komponenten selbst, so daß sich ein Gleichgewicht zwischen undisso-
ziierter Molekülverbindung und chemisorbierten Komponenten einstellen kann, was formal der Dissoziation in Lösung entspricht. Ist die
Aktivität des Adsorbens (NaCl) gegenüber den Komponenten gering,
so werden die Komponenten an der Oberfläche als reine Molekülverbindung vorliegen, man beobachtet keine Dissoziation.

Pikrinsäure kann mit aromatischen Aminen zwei verschiedene
„komplextautomere" Verbindungen bilden, nämlich entweder Salze
vom Typus $PiO^-\cdots{}^+HNAr$ oder Molekülverbindungen (charge-transfer)
vom Typus $PiOH \cdots NR$ [328]. Die Umwandlung der gelben Salzmodi-
fikation in die rote Molekülverbindung beim Erhitzen kann im Reflexionsspektrum unmittelbar nachgewiesen werden[329].

---

[328] *Hertel, E.:* Liebigs Ann. Chem. **451**. 179 (1926).
[329] *Briegleb, G.,* u. *R. Delle:* Z. Physik. Chem. N. F. **24**, 359 (1960).

Über die *Orientierung* von adsorbierten Molekeln auf Oberflächen gibt es eine Reihe von Untersuchungen an Farbstoffen[330]. Poliert man eine Glas- oder Kristalloberfläche (z. B. NaCl, CaF_2) durch Reiben in immer der gleichen Richtung und adsorbiert an der so vorbehandelten Oberfläche z. B. Methylenblau durch Eintauchen des Glases in eine verdünnte Methanollösung, so entsteht ein Film von orientierten Molekeln, der bei der Reflexion linear polarisierter Strahlung ein ganz verschiedenes Verhalten zeigt, je nachdem der elektrische Vektor parallel oder senkrecht zur ursprünglichen Polierrichtung schwingt. Durch derartige Reflexionsmessungen im Sichtbaren und IR kann man zeigen, daß die Methylenblau-Molekeln flach auf der Oberfläche liegen (mit der Ebene ihrer Benzolringe parallel zur Oberfläche) und mit ihrer längsten Achse senkrecht zur ursprünglichen Polierrichtung. Hier bestehen offenbar Beziehungen zur Epitaxie, wo auf einer vorgegebenen Strukturebene eines Kristalls eine andersartige Kristallphase orientiert aufwachsen kann.

Photochemische Reaktionen

Wie oben am Beispiel des Malachitgrün-o-carbonsäurelactons und der Spiropyrane gezeigt wurde, wird die Aktivierungsenergie von Spaltungsreaktionen durch Adsorption an geeigneten Oberflächen herabgesetzt. Außer dieser spezifischen Wirkung des Adsorbens findet man aber auch zahlreiche Fälle, in denen durch das Adsorbens neue Reaktionswege eröffnet werden. So wird z. B. Anthracen bei UV-Bestrahlung nicht, wie in Lösung zu Dianthracen dimerisiert, sondern an verschiedenen Adsorbentien bei Gegenwart von Sauerstoff zu Anthrachinon oxydiert, wobei die Geschwindigkeit dieser Oxydation sehr stark vom Adsorbens abhängt[331]. Auch Anthrachinon, an Al_2O_3 adsorbiert, wird bei UV-Bestrahlung in Gegenwart von Sauerstoff weiter oxydiert. Es entsteht eine neue Bande im Sichtbaren mit Schwingungsstruktur, während die Anthrachinonbanden zurückgehen. Die auftretenden isosbestischen Punkte beweisen, daß nur *ein* neuer Stoff entsteht (Abb. 129). Die Isolierung dieses Produkts ergab ein Spektrum, das mit dem des 1,2-Dioxyanthrachinons (Chinizarins) identisch war. Je nach den Eigenschaften des benutzten Al_2O_3 soll man daneben oder auch vorwiegend Alizarin oder Chrysazin erhalten[332]. Auch an SiO_2 adsorbiert wird Anthrachinon photochemisch in Chinizarin umgewandelt, doch mit wesentlich geringerer Quantenausbeute, an KCl adsorbiert wird es nicht oxydiert.

---

[330] *Demon, L.*: Ann. Phys. Paris **1**, 101 (1946); — *Anderson, S.*: J. Opt. Soc. Am. **39**, 49 (1949).

[331] *Kortüm, G.*, u. *W. Braun*: Liebigs Ann. Chem. **632**, 104 (1960).

[332] *Voyatzakis, E.*, u. Mitarb.: Compt. Rend. **251**, 2696 (1960).

Ein weiteres Beispiel. für eine *reversible* photochemische Reaktion
einer Molekel im adsorbierten Zustand ist die tautomere Umwandlung
des 2-(2',4'-dinitrobenzyl)-pyridins. Diese Verbindung wird bei Bestrahlung blau und geht im Dunkeln wieder reversibel in die farblose Form

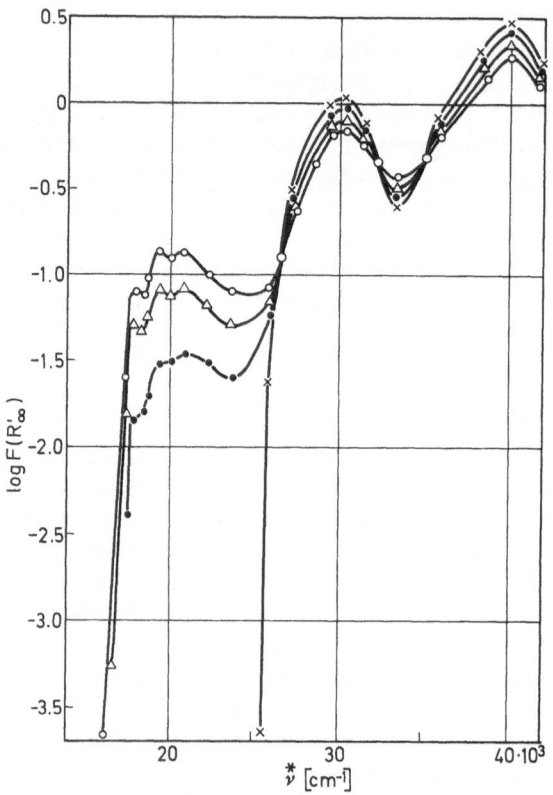

Abb. 129. Photochemische Umwandlung von Anthrachinon, an Al_2O_3 adsorbiert,
in Gegenwart von Sauerstoff. ×–× unbestrahlt, ●–● 10 min, △–△ 20 min,
○–○ 30 min bestrahlt

über[333]. Das gilt sowohl für den Kristall wie für die Lösung, doch ist die
Geschwindigkeit der Ausbleichreaktion in Lösung so groß, daß man sie
nur bei sehr tiefer Temperatur[334] oder mit einer speziellen flash-Tech-
nik[335] messen kann. Für die Umwandlung sind folgende Reaktions-

---

[333] *Hardwick, R.,* u. Mitarb.: Trans. Faraday Soc. **56**, 44 (1960); J. Chem.
Phys. **32**, 1888 (1960).

[334] *Sousa, J.,* and *J. Weinstein:* J. Org. Chem. **27**, 3155 (1962).

[335] *Wettermark, G.:* J. Am. Chem. Soc. **84**, 3658 (1962).

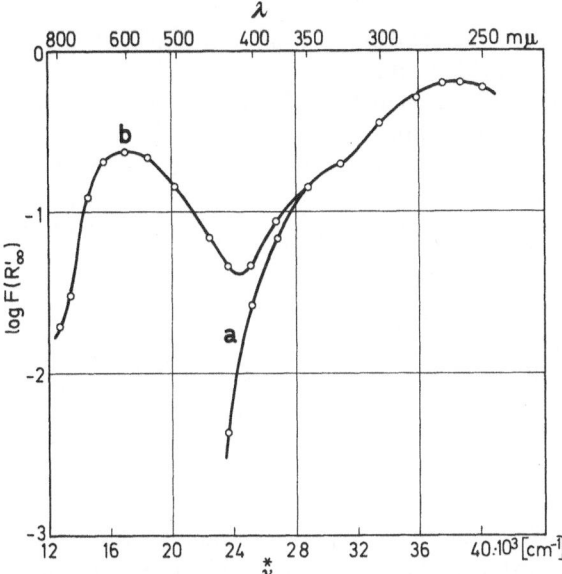

Abb. 130. Reflexionsspektren des 2-(2′, 4′-dinitrobenzyl)-pyridins, adsorbiert an NaCl, vor Bestrahlung (a) und nach 30 min Bestrahlung mit diffusem Tageslicht (b)

schemata diskutiert worden:

Adsorbiert man die farblose Verbindung an einem geeigneten Adsorbens (NaCl, LiF, SiO_2) im Überschuß, so wird sie bei Bestrahlung ebenfalls blau, was beweist, daß es sich hier um eine photochemische Reaktion des einzelnen Moleküls handelt. Die Ausbleichgeschwindigkeit ist jedoch, im Gegensatz zur Lösung, so klein, daß man die Farbänderung bei Zimmertemperatur leicht reflexionsspektroskopisch messen kann[336]. Abb. 130

---

[336] *Kortüm, G., M. Kortüm-Seiler,* and *S. D. Bailey:* J. Phys. Chem. **66**, 2439 (1962).

zeigt das Reflexionsspektrum der unbestrahlten und der bestrahlten Verbindung, adsorbiert an NaCl. An LiF und SiO$_2$ erhält man analoge Spektren mit einem zusätzlichen Maximum bei etwa 600 mµ, das dem photochemischen Reaktionsprodukt zuzuschreiben ist.

An MgO als Adsorbens tritt schon beim Vermahlen im Dunkeln eine irreversible Reaktion zwischen Adsorbens und Adsorpt ein, die auf Grund polarographischer Untersuchungen folgendermaßen zu formulieren ist:

Die chinoide Struktur dieses Reaktionsproduktes erklärt das völlig verschiedene Reflexionsspektrum (zwei Maxima bei 670 und 480 mµ), sie würde aber die tautomere Reaktion I ⇄ II nicht verhindern, so daß man aus diesen Beobachtungen schließen kann, daß der Mechanismus der tautomeren Umwandlung sich durch die Reaktion I ⇄ III beschreiben läßt. Dieser Schluß wird auch dadurch gestützt, daß das 2-(4'-nitrobenzyl)-pyridin auch an NaCl oder SiO$_2$ adsorbiert keine photochemische Umwandlung zeigt, für diese Tautomerie scheint also die orthoständige Nitrogruppe wesentlich zu sein.

c) Kinetische Messungen

Besondere Bedeutung besitzt die Reflexionsspektroskopie für die kinetische Verfolgung von Reaktionen zwischen festen Phasen oder von Reaktionen adsorbierter Stoffe, weil es für diesen Zweck allgemein an geeigneten Methoden mangelt. Als Beispiel wurde die Ausbleichreaktion III → I des im letzten Abschnitt besprochenen 2-(2',4'-Dinitrobenzyl)-pyridins im tautomeren Zustand an SiO$_2$ als Adsorbens bei verschiedenen Temperaturen untersucht. Zu diesem Zweck wurden die Proben in Quarzzellen eingeschmolzen, die nach Bestrahlung im Thermostaten aufbewahrt werden konnten. In bestimmten Zeitabständen wurde das Reflexionsvermögen bei 600 mµ im Maximum der Bande gegen das reine Adsorbens als Standard gemessen. Nach Umrechnung von R'_∞ auf Absolutwerte (vgl. S. 153) wurde log $F(R_\infty)$ gegen die Zeit bei vier verschiedenen Temperaturen aufgetragen (Abb. 131). Man erhält *zwei* Reaktionen erster Ordnung verschiedener Geschwindigkeit, die der Aus-

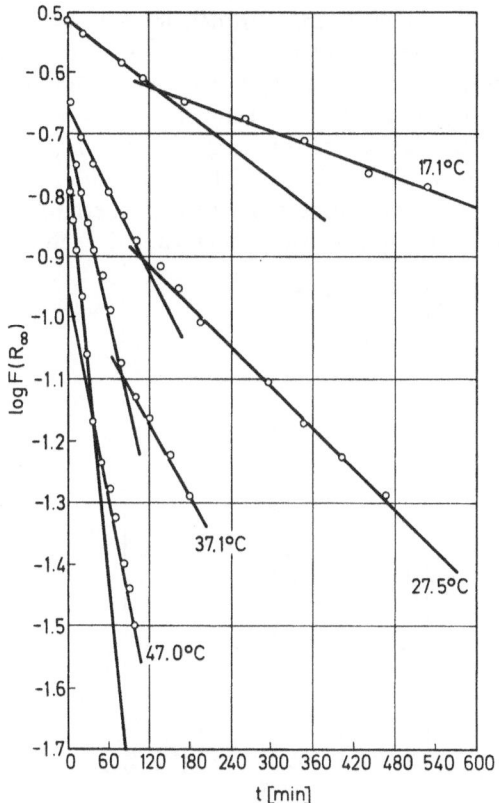

Abb. 131 Ausbleichreaktion des an SiO_2 adsorbierten tautomeren 2-(2′,4′-dinitro-
benzyl)-pyridins als Funktion der Temperatur

bleichung des neutralen Moleküls und des an der Oberfläche durch
Reaktion mit SiOH-Gruppen entstandenen Kations

zugeordnet werden können. Dies folgt einerseits aus der Beobachtung,
daß auch in Lösung die entsprechende Reaktionsgeschwindigkeit pH-
abhängig ist[337], andererseits aus der Tatsache, daß man bei Adsorption an

---

[337] *Wettermark:* J. Am. Chem. Soc. **84**, 3658 (1962).

NaCl oder LiF keine Knickpunkte in den $\log F(R_\infty)$-t-Geraden findet. Aus den beiden Neigungen der Geraden können die zugehörigen Geschwindigkeitskonstanten k berechnet werden. Trägt man die $\log k$-Werte gegen die reziproke absolute Temperatur $1/T$ auf, so erhält man mit guter Näherung Geraden (Abb. 132), aus deren Neigung man die Aktivierungsenergien $E_1 = 15{,}5$ kcal/Mol für die schnellere und $E_2 = 13{,}4$ kcal/Mol für die langsamere Reaktion erhält. Sie sind etwa dreimal größer als in Lösung, wie man auf Grund der sehr viel geringeren

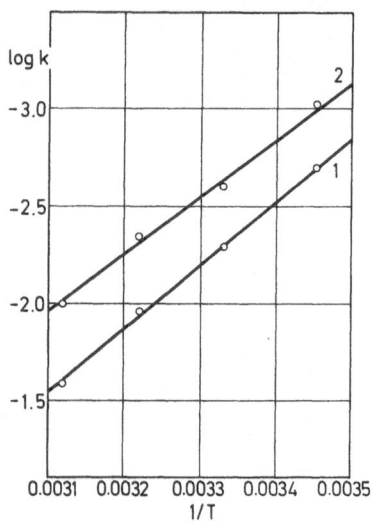

Abb. 132. Berechnung der Aktivierungsenergien aus den reflexionsspektroskopisch gemessenen Geschwindigkeitskonstanten der Reaktion von Abb. 123

Ausbleichungsgeschwindigkeit im adsorbierten Zustand erwarten muß. Da $E_1 > E_2$, muß ein Unterschied $f_1 > f_2$ im Frequenzfaktor existieren, der auf verschieden starke Wechselwirkung des Kations bzw. des neutralen Moleküls mit der Oberfläche des Adsorbens hinweist.

Analoge Untersuchungen wurden von *Wettermark* und *King*[338] am Benzaldehyd-Phenylhydrazon und am Zimtsäurealdehyd-Semikarbazon durchgeführt.

Bei höheren Temperaturen bietet die Anwendung der Reflexionsmethode gewisse Schwierigkeiten, weil sich leicht ein Temperaturgefälle zwischen der Probenoberfläche und dem Boden des geheizten Probentellers einstellt. Abgesehen von der undefinierten Temperatur der Probe kann bei flüchtigen Stoffen sich ein zusätzliches Konzentrationsgefälle einstellen, indem diese sich an der Oberfläche anreichern (vgl. dazu

---

[338] *Wettermark*, G., and *A. King*: Photochem. Photobiol. **4**, 417 (1965).

S. 236). Man kann diese Fehler dadurch vermeiden, daß man Reaktions- und Meßvorgang voneinander trennt, indem man die Reaktion in der festen Mischphase im Thermostaten bzw. Ofen ablaufen läßt, die Proben nach bestimmten Zeiten rasch auf Zimmertemperatur abkühlt und dann ihr Reflexionsvermögen bestimmt. Auf diese Weise wurde z. B. die Reaktion $ZnS + CdO \rightarrow ZnO + CdS$ im Temperaturbereich von 458 bis 511° C reflexionsspektroskopisch verfolgt[339], ebenso die Dehydratisierung des Phenylbenzyl-carbinols zu Stilben an Aluminiumoxid als Katalysator

im Bereich zwischen 130 und 150° C[340].

Gemessen wurde hier das Reflexionsvermögen bei $32500\ cm^{-1}$, wo Carbinol nicht absorbiert, als Funktion der Zeit. Voraussetzung für die rechnerische Auswertung dieser Messungen ist offenbar, daß man die Konzentrationsabhängigkeit der zugehörigen $F(R_\infty)$-Werte des Stilbens vorher bestimmt, so daß man die Konzentration des entstandenen Stilbens anhand dieser Kurven für jeden Zeitpunkt ermitteln kann. Diese Konzentrationsabhängigkeit ist in Abb. 133 dargestellt (x = Molenbruch des Stilbens). Während man an NaCl mit guter Näherung eine Gerade erhält, ergibt sich an Al_2O_3 eine durchgebogene Kurve mit sehr viel kleineren $F(R'_\infty)$-Werten im gleichen Konzentrationsbereich. Letztere sind dadurch bedingt, daß Al_2O_3 ein sehr viel kleineres Korn und damit einen höheren Streukoeffizienten besitzt als fein gemahlenes NaCl. Die nicht lineare Abhängigkeit der $F(R'_\infty)$-Werte von x im Fall des Al_2O_3 beruht auf der Vernachlässigung der Eigenabsorption des Al_2O_3 in diesem Bereich, die einem Reflexionsvermögen von nur etwa 70% entspricht. Sie läßt sich durch die Gl. (V, 17) gut wiedergeben und geht bei Umrechnung auf absolute R_∞-Werte in eine lineare Abhängigkeit über (gestrichelte Gerade). Prinzipiell ist hier diese Umrechnung nicht unbedingt notwendig, wenn man die gekrümmte $F(R'_\infty)$—x-Kurve einfach als photometrische Eichkurve benutzt, um aus ihr die gemessenen zeitabhängigen $F(R'_\infty)$-Werte in Konzentrationen x des entstandenen Stilbens umzurechnen. $\log x$ als Funktion der Zeit t aufgetragen ergibt eine Schar von geradlinigen Isothermen, d. h. die Zerfallsreaktion ist 1. Ordnung;

---

[339] *Kleykamp, H., G.-M. Schwab* u. *R. Sizmann:* Z. Physik. Chem. N. F. **44**, 15 (1965).

[340] *Schlichenmaier, V.:* Diplomarbeit, Tübingen 1962.

log k gegen $1/T$ aufgetragen ergibt ebenfalls eine Gerade, aus deren
Neigung eine Aktivierungsenergie von 23,9 kcal/Mol folgt, die mit den
auf ganz anderem Wege (manometrisch) gefundenen Werten[341] gut
übereinstimmt.

Ausgezeichnete Dienste leistete die Reflexionsspektroskopie für die
Aufklärung der *Piezochromie* und *Thermochromie* des Dehydrodian-
throns und des Bixanthylens[342]. Zunächst konnte nachgewiesen werden,
daß das an geeigneten Adsorbentien wie CaF_2 in molekulardisperser
Form adsorbierte Molekül in seiner Normalform A durch Erwärmung

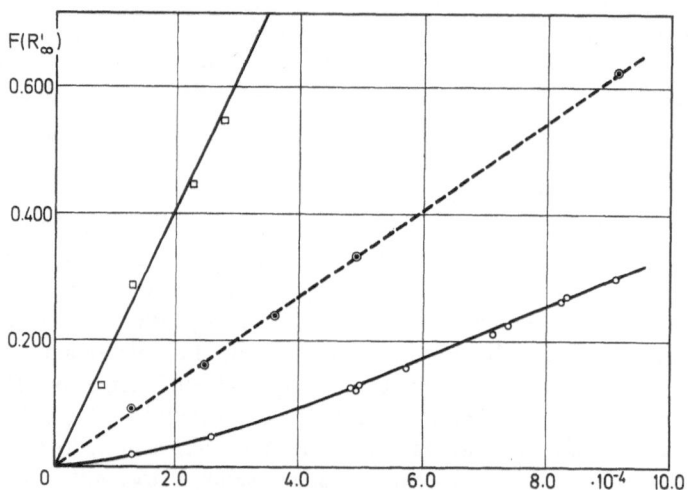

Abb. 133. Konzentrationsabhängigkeit der Kubelka-Munk-Funktion von Stilben,
adsorbiert an aktivem Al_2O_3, bei $32\,500$ cm^{-1} (Bandenmaximum). $x =$ Molenbruch
des Stilbens

sowohl wie durch hohe Drucke in eine grüne konformere Form B übergeht, die eine zusätzliche Absorptionsbande bei $15\,000$ cm^{-1} besitzt. Die
Spektren der thermochromen und der piezochromen Form erwiesen sich
als identisch. Die reversible Umwandlung B → A konnte bei verschiedenen
Temperaturen ebenfalls reflexionsspektroskopisch verfolgt werden. Die
kinetische Auswertung dieser Messungen lieferte die Geschwindigkeits-
konstanten der beiden Umwandlungen A $\overset{k_1}{\underset{k_2}{\rightleftharpoons}}$ B und die zugehörige Aktivierungsenergie $E_1 = 12,5$ kcal/Mol und $E_2 = 1,8$ kcal/Mol. Aus diesen
Werten ließen sich Schlüsse über die Konformations-Isomerie der Mole-
külformen A und B ziehen.

---

[341] *Dohse, H.*, u. *W. Kälberer:* Z. Physik. Chem. B **5**, 131 (1929); **6**, 343 (1930).

[342] Vgl. *Kortüm, G.*, u. *W. Zoller:* Chem. Ber. **100**, 280 (1967) und die dort angegebene Literatur.

d) Spektren von Kristallpulvern

Die „Kristallfeldtheorie" versucht, die Aufspaltung atomarer Energieniveaus von Ionen der Übergangsmetalle, insbesondere von Ionen mit unvollständiger d-Schale, aus den Symmetrieeigenschaften der elektrischen Felder in einem Kristall zu berechnen. Die „Ligandenfeldtheorie" besteht in einem ähnlichen Verfahren, bei dem man annimmt, daß das wirksame Feld nicht vom ganzen Kristall, sondern von den das betreffende Ion unmittelbar umgebenden Liganden (etwa in einem Komplex) aufgebaut ist. Hier können also neben Coulombschen auch kovalente Kräfte wirksam sein. Die anfängliche Hoffnung, die Größe der Aufspaltung der Energieniveaus ebenfalls aus einem einfachen Coulomb-Modell berechnen zu können, hat sich nur teilweise erfüllt. Solche Rechnungen stellen nur grobe Näherungen dar. Man ist deshalb immer noch auf halbempirische Näherungen, d. h. auf spektroskopische Beobachtungen, angewiesen.

Soweit sich diese auf Spektren von Kristallen beziehen, hat die reflexionsspektroskopische Untersuchung von Kristallpulvern eine ganz außerordentliche Bedeutung gewonnen, weil es häufig sehr mühsam und zuweilen sogar unmöglich ist (z. B. bei Oxiden), Einkristalle zu züchten. Aber auch gegenüber der Untersuchung von Lösungen bietet die reflexionsspektroskopische Methode an Pulvern eine ganze Reihe von Vorteilen. Dazu gehören:

Man kann die Liganden in weiten Grenzen variieren.

Man hat im Kristall definierte Verbindungen (im Gegensatz etwa zu Komplexen in Lösungen, bei denen leicht Ligandenaustausch eintritt); dadurch erhält man häufig besser strukturierte Spektren als in Lösung (Beispiel $MnCl_2 \cdot 4H_2O$).

Durch Bestimmung der Kristallstruktur sind die Abstände Zentralion–Ligand genau bekannt.

Man kann die Termaufspaltung bei verschiedener Feldsymmetrie untersuchen, z. B. in oktaedrischer und tetraedrischer Koordination, in tetragonal oder rhombisch verzerrten Oktaedern, bei quadratischer Ligandenanordnung u. a.

Man kann leicht Tieftemperaturspektren aufnehmen.

Man kann die zu untersuchenden Ionen in nichtabsorbierende Wirtsgitter einbauen. Dadurch lassen sich die Abstände Zentralion–Ligand in gewissen Grenzen variieren und ungewöhnliche Symmetrien stabilisieren.

Man kann nicht nur den Einfluß der nächsten Nachbarn, sondern auch den der übernächsten Koordinationssphäre untersuchen.

Aus diesen Gründen haben die reflexionsspektroskopischen Untersuchungen zur Ligandenfeldtheorie in den letzten Jahren ständig zu-

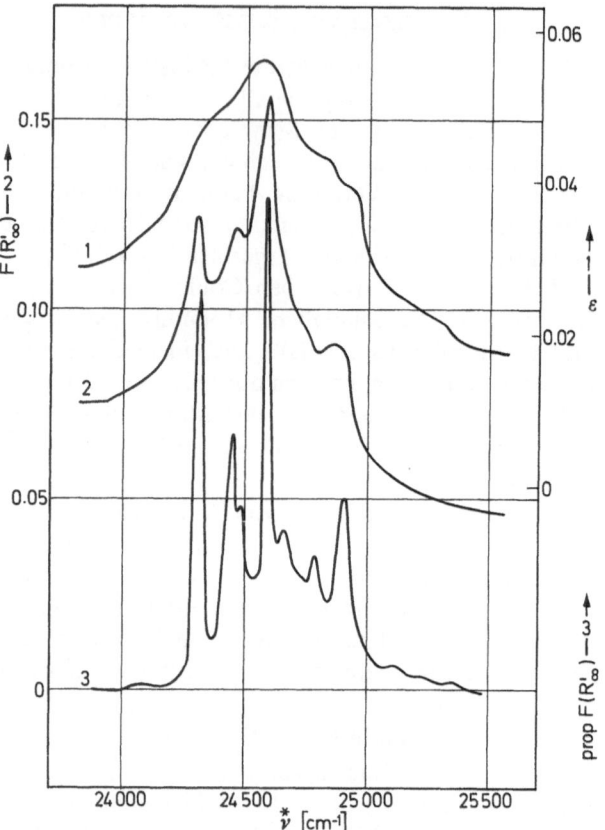

Abb. 134. Reflexionsspektren von $MnCl_2 \cdot 4H_2O$ bei Zimmertemperatur ② und bei 78°K ③ im Vergleich zum Durchsichtsspektrum der gesättigten wäßrigen Lösung ①. Messung mit dem Cary-Spektrometer Modell 14 mit Photometerkugel im Reflexionsansatz

genommen[343]. Da es sich dabei im wesentlichen um die Lage von Absorptionsbanden zur Identifizierung von Elektronen- oder Schwingungsübergängen handelt, bieten die Messungen keine Schwierigkeiten, wenn

[343] Vgl. z. B.: *Asmussen, R. W.*, u. Mitarb.: Acta Chim. Scand. **11**, 745, 1097, 1223, 1331 (1957); — *Schmitz-Du-Mont, O.*, u. Mitarb.: Z. Anorg. Chem. **295**, 7 (1958); **300**, 159 (1959); **312**, 121 (1961); **314**, 260 (1962); Ber. Bunsenges. **63**, 978 (1959); — *Neuhaus, A.*: Z. Krist. **113**, 195 (1960); — *Jørgensen, C. K.*: Mol. Phys. **4**, 231 (1961); **4**, 235 (1961); Acta Chim. Scand. **17**, 1034 (1963); — *Balduin, M. E.*: Spectro chim. Acta **19**, 319 (1963); — *Clark, R. J. H.*: J. Chem. Soc. **1964**, 417; — *Jassie, L. B.*: Spectrochim. Acta **20**, 169 (1964); — *Gans, P.*, u. Mitarb.: Spectrochim. Acta **21**, 1589 (1965); — *Sintra, S. P.*: Spectrochim. Acta **22**, 57 (1966) u. a.

man annehmen kann, daß der Streukoeffizient S in dem untersuchten Spektralbereich nicht extrem wellenlängenabhängig ist (vgl. S. 216). Bei starker Absorption ist eine Verdünnung mit einem inerten Standard aus den früher diskutierten Gründen anzuraten, bei schwachen Banden, wie sie bei den Ligandenfeldbanden meistens vorliegen, kann man auch das reine Kristallpulver z. B. gegen MgO als Standard messen. Auch eine Umrechnung der gemessenen Relativwerte auf absolute Werte (S. 153) ist im allgemeinen nicht notwendig.

Trotz der geringeren Strahlungsausbeute (gegenüber Messungen in Durchsicht) sind die Spektren mit leistungsfähigen Spektrometern gut aufzulösen. Auch Tieftemperaturspektren können ohne größeren experimentellen Aufwand aufgenommen werden (vgl. S. 236). Als Beispiel für die Leistungsfähigkeit der Methode ist in Abb. 134 ein Teil des Reflexionsspektrums von $MnCl_2 \cdot 4 H_2O$ bei Zimmertemperatur und bei 78° K dem Durchsichtsspektrum der wäßrigen Lösung gegenübergestellt[344]. Es handelt sich um die Übergänge

$$^6A_{1g}(^6S) \rightarrow {}^4A_{1g}(^4G) \quad \text{und} \quad {}^6A_{1g}(^6S) \rightarrow {}^4E_g(^4G)$$

im Oktaederfeld. Bei den Spektren bei Zimmertemperatur ist der Extinktionskoeffizient ε bzw. $F(R'_\infty)$, gemessen gegen $BaSO_4$ als Standard, gegen $\tilde{\nu}$ aufgetragen, beim Tieftemperaturspektrum mußte, bedingt durch die Aufnahmetechnik, der Vergleichsstrahlengang geschwächt werden, so daß nur ein zu $F'(R_\infty)$ proportionaler Maßstab verwendet werden konnte. Die schärfere Kontur der Banden im Festkörper gegenüber den Banden in Lösung kommt deutlich zum Ausdruck. Die Auflösung ist vergleichbar mit der des Einkristallspektrums bei 20° K[345]. Die kleinen Banden sind als Kombination der Elektronenübergänge mit den Oktaederschwingungen zu interpretieren, da eine Spin-Bahn-Kopplung oder Spin-Spin-Kopplung nur Aufspaltungen in der Größenordnung von $10\,cm^{-1}$ verursachen sollten. Man findet zwei Bandenabstände von $235\,cm^{-1}$ und $110\,cm^{-1}$, die sich wiederholen.

Als weiteres Beispiel sind in Abb. 135 die Spektren der Mangan(II)-sulfide wiedergegeben, und zwar a) der oktaedrisch koordinierten grünen Modifikation mit NaCl-Struktur und b) der tetraedrisch koordinierten roten Modifikation mit Wurtzit-Struktur[346]. Die elektrostatische Störungsrechnung liefert für die Ligandenfeld-Parameter Δ bei oktaedrischer und tetraedrischer Koordination das Verhältnis Δ_{Td}/Δ_{Od} $= -4/9$, deshalb erhält man für Mn^{2+} bei sonst gleichen Verhältnissen (gleiche Liganden, fast gleiche Abstände Mn–S) beim Oktaeder eine größere Energiedifferenz für die Spaltterme $^4A_1$, ^4E, $^4T_1$ und $^4T_2$, die

[344] *Kortüm, G.*, u. *D. Oelkrug:* Naturwiss. **53**, 600 (1966).
[345] *Pappalardo, R.:* Phil. Mag. **2**, 1397 (1957).
[346] *Oelkrug, D.:* Ber. Bunsenges. **71**, 697 (1967).

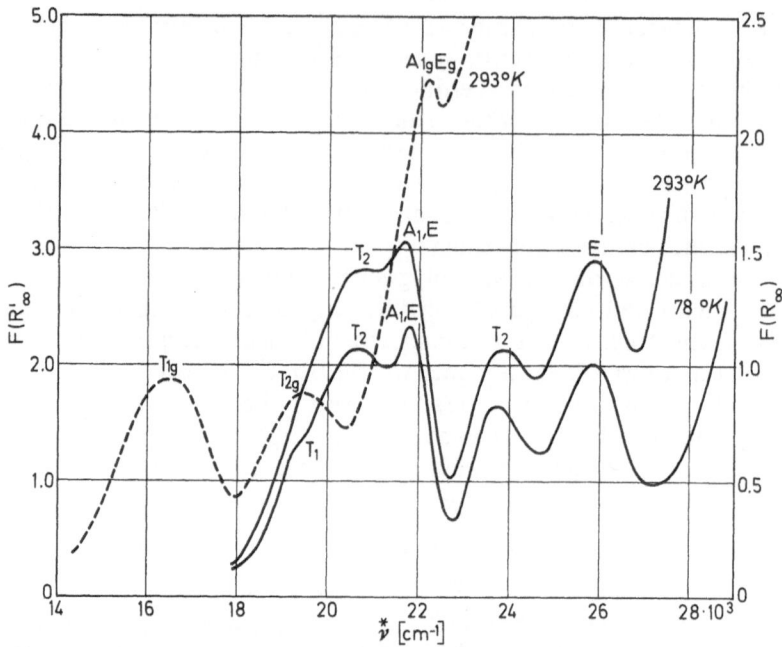

Abb. 135. Reflexionsspektren von grünem MnS (gestrichelte Kurve, linke Ordinate) und rotem MnS (ausgezogene Kurven, rechte Ordinate), unverdünnt gegen $BaSO_4$ als Standard und mit Deckgläsern. Cary-Spektrometer Modell 14

aus dem Term ^4G des freien Ions Mn^{2+} hervorgehen (gestrichelte Kurve), als beim Tetraeder (ausgezogene Kurven), was durch die Messungen bestätigt wird. Im Falle des roten MnS kann der Übergang nach $^4T_1$ erst im Tieftemperaturspektrum als Schulter beobachtet werden[347].

e) „Dynamische" Reflexionsspektroskopie

Außer für die im vorangehenden Abschnitt geschilderten Untersuchungen über Kristallstrukturprobleme aller Art im Zusammenhang mit der Kristallfeld- bzw. Ligandenfeldtheorie kann man die Reflexionsspektroskopie auch häufig mit Vorteil dazu heranziehen, strukturelle Änderungen, thermische Zersetzungen oder Umordnungen von Komplexverbindungen aufzufinden oder zu verfolgen.

Obwohl Ionen oder Molekeln mit S-Grundzuständen vom Kristallfeld unabhängig sind, d. h. keine Termaufspaltung zeigen, findet man beim Übergang in eine allotrope Modifikation in der Regel merkliche Änderungen des Reflexionsspektrums, die umgekehrt den Übergang in ein

---

[347] Die Banden bei 23 800 und 25 800 cm^{-1} gehören zu anderen Übergängen.

anderes Kristallsystem erkennen lassen. Beispiele sind etwa der Übergang des roten HgJ_2 in die gelbe Modifikation[348] bei 127° C oder der Übergang von β- zu α-AgJ bei 145° C. Man erhält unterhalb und oberhalb der Umwandlungstemperatur verschiedene Spektren, die die reversible Umwandlung kennzeichnen.

In neuerer Zeit ist versucht worden, die Reflexionsspektroskopie auch zur Verfolgung thermischer Umwandlungs- oder Zersetzungsreaktionen heranzuziehen, in Ergänzung zu den bekannten Methoden der Thermogravimetrie, der differentiellen thermischen Analyse, der Pyrolyse u. a. Diese als „dynamische" Reflexionsspektroskopie bezeichnete Methode[349] besteht darin, daß man das Reflexionsvermögen einer Verbindung bei gegebener Wellenlänge als Funktion der Temperatur mißt, wobei letztere linear mit der Zeit, z. B. 2° pro Minute, erhöht wird.

Auf diese Weise wurde z. B. der Übergang von Bis-pyridin-Cobalt-(II)chlorid aus der violetten α-Form mit oktaedrischer in die blaue β-Form mit tetraedrischer Struktur untersucht[350]. Das Reflexionsvermögen beginnt bei 100° C zu fallen und wird bei 135° C wieder konstant, ein Ergebnis, das durch die differentielle thermische Analyse bestätigt wird, die im gleichen Temperaturbereich die Umwandlung durch einen endothermen Peak anzeigt. In analoger Weise wurden die Umwandlungen von Cu_2HgJ_4, Ag_2HgJ_4 und AgJ in eine andere Modifikation verschiedener Koordinationszahl[351] oder die Reaktion von $CoCl_2 \cdot 6H_2O$ mit KCl[352] untersucht.

Die Schwierigkeit dieser, wie aller dynamischer Methoden besteht darin, daß man nur bei sehr langsamer Temperaturerhöhung die Übergangstemperaturen einigermaßen sicher erfassen kann, weil die Umwandlungen bzw. Reaktionen stets verzögert in bezug auf die registrierte Temperatur angezeigt werden. Bei der Reflexionsmethode kommt erschwerend hinzu, daß von der reflektierenden Oberfläche bis ins Innere der Probe stets ein Temperaturgradient auftritt, der um so größer ist, je höher die Temperatur wird. Letztere wird in der Regel unmittelbar unterhalb der Probe mittels eines Thermoelements gemessen (vgl. S. 236), die Temperatur der Oberfläche ist jedoch wesentlich niedriger. Daher kommt es, daß z. B. die Umwandlung des AgJ von der β- in die α-Form bei 145° C mit der beschriebenen Methode erst bei 155° angezeigt wird[351].

[348] *Kortüm, G.*: Trans. Faraday Soc. **58**, 1624 (1962).

[349] *Wendlandt, W. W.*: Science **140**, 1085 (1963).

[350] *Wendlandt, W. W.*: Chemist-Analyst **53**, 71 (1964). Vgl. ferner *Wendlandt, W. W.*: Modern aspects of reflectance spectroscopy, p. 53 ff. New York: Plenum Press 1968.

[351] *Wendlandt, W. W.*, and *T. D. George*: Chemist-Analyst **53**, 100 (1964).

[352] *Wendlandt, W. W.*, and *R. E. Cathers*: Chemist-Analyst **53**, 110 (1964).

f) Analytisch-photometrische Messungen

Die mehrfach erwähnte lineare Beziehung zwischen $F(R_\infty)$ bei gegebener Wellenlänge und der Konzentration des absorbierenden Stoffes in verdünnten Systemen (vgl. z. B. Abb. 61 und 62) kann man natürlich dazu benutzen, die unbekannte Konzentration in einer solchen Mischung anhand einer „Eichgeraden" experimentell zu bestimmen, d. h. die Kubelka-Munk-Funktion für photometrische Messungen in Gemischen fester Stoffe heranzuziehen[353]. Auch bei höheren Konzentrationen, wo diese lineare Beziehung nicht mehr gilt, kann eine entsprechende „Eichkurve" für Konzentrationsbestimmungen dienen, wenn sie reproduzierbar ist. Die dazu notwendigen Voraussetzungen seien an einem speziellen Beispiel diskutiert.

Die beiden Titandioxid-Modifikationen Rutil und Anatas besitzen als Weißpigmente erhebliche technische Bedeutung. Rutil besitzt wegen seines höheren Brechungsindex eine bessere Deckfähigkeit und damit ein größeres Aufhellungsvermögen (vgl. S. 115) als Anatas, deshalb besteht Interesse daran, die beiden Stoffe quantitativ analytisch nebeneinander zu bestimmen. Ein photometrisches Verfahren beruht auf den verschiedenen Reflexionsspektren der beiden Stoffe, die in Abb. 136 dargestellt sind[354].

Je nach den vorhandenen Meßgeräten kann man die Analyse auf verschiedene Weisen durchführen. Verdünnt man die zu analysierenden Proben mit einem Verdünnungsmittel wie MgO und mißt relativ zu diesem als Standard das Reflexionsvermögen an der Stelle größter Absorptionsdifferenz der beiden Modifikationen, die nach Abb. 136 bei etwa 26 000 cm^{-1} liegt, so kann man eine annähernd lineare Eichkurve erwarten, wenn man $F(R'_\infty)$ gegen den Molenbruch x_{Rutil} aufträgt. Wegen der Steilheit des Absorptionsanstiegs muß dabei die Meßwellenlänge sehr genau definiert sein[355], d. h. man wird am besten mit einer Gasentladungslampe (Hg) mit Linienspektrum und Interferenzfilter zur Aussonderung einer geeigneten Linie arbeiten.

Mißt man das Reflexionsvermögen des unverdünnten Pulvergemisches gegen die reine, schwächer absorbierende Komponente (Anatas) als Standard, so erhält man eine Art „Absorptionsbande" (Abb. 137), die der Differenz der Absorption der beiden gegeneinander gemessenen Proben entspricht. Die Höhe oder besser die Fläche dieser Bande in Abhängigkeit von dem Molenbruch x der Mischung ergibt

---

[353] Unverständlicherweise wird in manchen Arbeiten [vgl. z. B. *Griffiths, T. R.*: Anal. Chem. **35**, 1077 (1963)] angenommen und experimentell belegt, daß die Extinktion $\log(1/R_\infty)$ der Konzentration proportional sein soll.

[354] *Kortüm, G.*, u. *G. Herzog*: Z. Analyt. Chem. **190**, 239 (1962).

[355] Vgl. *Kortüm, G.*: Kolorimetrie, Photometrie und Spektrometrie, 4. Aufl. Berlin-Göttingen-Heidelberg: Springer 1962.

wieder eine „Eichkurve", die allerdings nicht mehr linear ist, aber gut reproduziert werden kann.

Die Integration über die Fläche der Bande nach Abb. 137 erhält man automatisch, wenn man das Reflexionsvermögen der Proben mit einem Filterphotometer mißt, dessen Filter nur den Spektralbereich

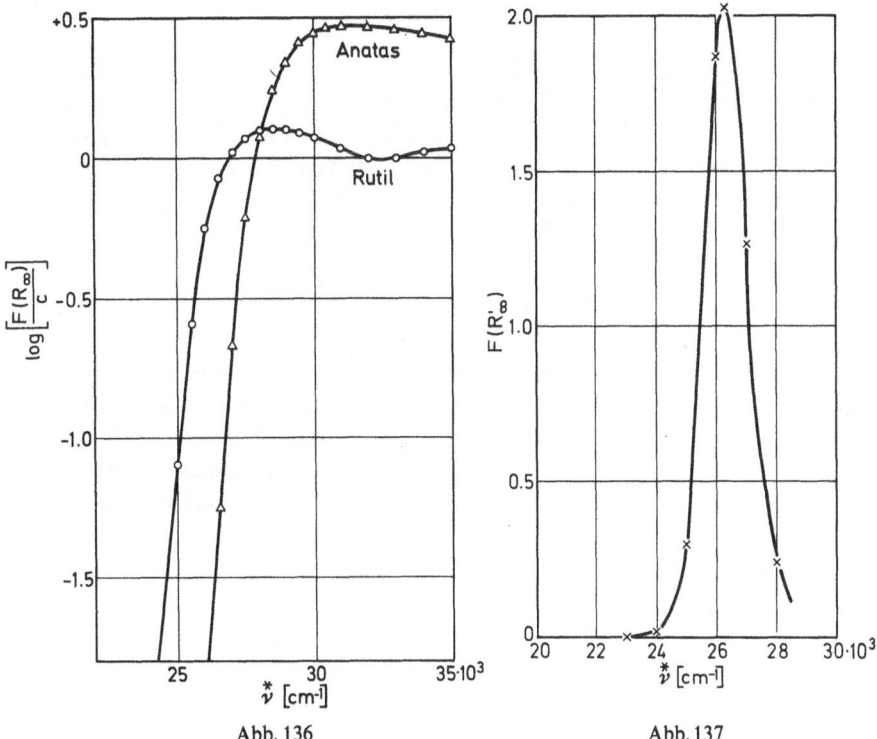

Abb. 136   Abb. 137

Abb. 136. Reflexionsspektren von Rutil und Anatas, gegen NaF als Standard gemessen

Abb. 137. Kubelka-Munk-Funktion einer Rutil-Anatas-Mischung, gemessen gegen reinen Anatas als Standard

durchläßt, in dem die Absorption von Rutil stärker ist als die von Anatas, d. h. von etwa 24 000 bis 27 000 cm^{-1}.

Allgemein lassen sich Pulvergemische aus zwei (oder auch mehr) Komponenten auf diese Weise quantitativ analysieren, wenn jede Komponente in irgendeinem zugänglichen Spektralbereich eine genügend große Eigenabsorption besitzt, die sich von der der übrigen Komponenten stark unterscheidet. Dabei kann unter günstigen Bedingungen eine Genauigkeit von etwa ± 2 % erreicht werden, auch wenn keine lineare

Beziehung zwischen $F(R_\infty)$ und x besteht, wie dies bei stärker absorbierenden Proben in der Regel der Fall ist. Unter Voraussetzung der
Additivität von K und S der einzelnen Komponenten i einer Mischung
kann man allgemein schreiben

$$F(R'_\infty) = \frac{\Sigma c_i K_i}{\Sigma c_i S_i}, \tag{6}$$

worin die c_i die jeweiligen Konzentrationen der einzelnen Komponenten darstellen. Nach den Erfahrungen von Abb. 112 wird diese Voraussetzung in Praxis nur in Gemischen zulässig sein, die ein Verdünnungsmittel in großem Überschuß enthalten, so daß der Streukoeffizient durch
dieses Verdünnungsmittel von vornherein festgelegt ist. Dann gilt für
gegebene Wellenlänge einfacher

$$F(R'_\infty) = \frac{\Sigma c_i K_i}{S} \cong \frac{\Sigma x_i K_i}{S}. \tag{7}$$

d. h. man erhält eine (angenähert) lineare Beziehung zwischen $F(R'_\infty)$ und
der Konzentration der zu bestimmenden Komponente. Man mißt bei
so vielen Wellenlängen wie Komponenten in der Mischung vorhanden
sind, wobei zur Erhöhung der Genauigkeit der Messungen die Wellenlängen so zu wählen sind, daß z. B. für ein binäres Gemisch aus den
Komponenten A und B [356]

$$\frac{K_{A,\lambda_1}}{K_{A,\lambda_2}} \gg \frac{K_{B,\lambda_1}}{K_{B,\lambda_2}}. \tag{8}$$

Im übrigen entspricht dieses Verfahren durchaus dem, das in Lösungen
seit langem üblich ist[357], es ist in neuerer Zeit verschiedentlich für
Pulvergemische benutzt worden[358].
   Ein im Prinzip ähnliches Analysenverfahren ist von *Ringbom*[359] und
von *Giovanelli*[360] angegeben worden. Es beruht auf der aus Abb. 55
hervorgehenden Beobachtung, daß R_∞ selbst im Bereich von 0,2 bis
0,7 eine angenähert lineare Funktion von $\log(a/\sigma)$ ist. Will man lediglich die Konzentration einer Komponente A in einem Gemisch be-

---

[356] Vgl. dazu *Kortüm, G.*: Kolorimetrie, Photometrie und Spektrometrie,
4. Aufl., S. 27 ff. Berlin-Göttingen-Heidelberg: Springer 1962.
   [357] Vgl. *Mayer, F. X.*, u. *A. Luszczak*: Absorptionsspektralanal., Berlin:
1951; — *Davidson, H. R.*, and *J. H. Godlove*: Am. Dyestuff. Rep. **39**, 628 (1950).
   [358] *Everhard, M. E.*, u. Mitarb.: J. Pharm. Sci. **53**, 173 (1964); — *Frei, R. W.*, u.
Mitarb.: Can. J. Chem. **44**, 1945 (1966).
   [359] *Ringbom, A.*: Z. Analyt. Chem. **715**, 332 (1939).
   [360] *Giovanelli, R. G.*: Nature **179**, 621 (1957); — Australian J. Exp. Biol. Med.
Sci. **35**, 143 (1957).

stimmen, wie es speziell bei biochemischen Problemen häufig der Fall ist, und faßt man die Absorption aller übrigen vorhandenen Stoffe in eine Absorptionskonstante a_u des „Untergrundes" zusammen, so kann man das Reflexionsspektrum dieses Untergrundes durch ein Iterationsverfahren abtrennen, indem man die Absorptionsbanden von A eliminiert, deren Lage als angenähert bekannt vorausgesetzt wird. Auf diese Weise ergibt sich ein erstes $\Delta R_{\tilde{\nu}\max}$ im Maximum einer Bande von A und unter Benutzung der Lorentzschen Dispersionskurve[361] die Halbwertsbreite b der Bande in cm^{-1}. Dann gilt für den Absorptionskoeffizienten von A

$$a_A = \frac{kc}{1 + \left(\dfrac{\Delta \overset{*}{\nu}}{b}\right)^2} , \tag{9}$$

worin k eine Zusammenfassung aller physikalischen Konstanten aus der Dispersionstheorie und $\Delta \overset{*}{\nu}$ den Wellenzahlabstand vom Zentrum der Bande bedeutet. Ist $\Delta R_{\tilde{\nu}\max}$ klein, so gilt angenähert im Bereich der Bande

$$\frac{\Delta R_{\tilde{\nu}}}{\Delta R_{\tilde{\nu}\max}} = \frac{1}{1 + \left(\dfrac{\Delta \overset{*}{\nu}}{b}\right)^2} . \tag{10}$$

Man prüft, ob die Differenz ΔR zwischen der eliminierten Untergrund- und der gemessenen Reflexionskurve dieser Beziehung mit genügender Genauigkeit entspricht und muß evtl. die Rechnung mit einer verbesserten Untergrundkurve wiederholen. Ist so $\Delta R_{\tilde{\nu}\max}$ ermittelt, so kann man mit Hilfe der Abb. 55 das a_A/σ bestimmen. Auch hier wird vorausgesetzt, daß σ eine Konstante ist.

Als sehr geeignet zur analytisch-photometrischen Bestimmung von Schwermetallionen haben sich die Reflexionsspektren ihrer Komplexe erwiesen, die an Ionenaustauscherharzen angereichert waren[362]. Durch diese Anreicherung um den Faktor 10^3 bis 10^4 kann man auch sehr geringe Mengen solcher Ionen noch quantitativ erfassen. Man mißt das mit dem Komplex durch Ionenaustausch beladene Harz gegen das gleichbehandelte reine Harz als Vergleichsstandard, korrigiert für die Eigenabsorption des letzteren durch eine zweite Messung gegen aufgerauchtes MgO (vgl. S. 153) und erhält so das absolute Reflexionsvermögen R_∞ des Schwermetallkomplexes. Abb. 138 zeigt die typischen

---

[361] Vgl. z. B. *Kortüm, G.*: Kolorimetrie, Photometrie und Spektrometrie, 4. Aufl. Berlin-Göttingen-Heidelberg: Springer 1962.

[362] *Fujimoto, M.*, u. *G. Kortüm*: Ber. Bunsenges. **68**, 488 (1964).

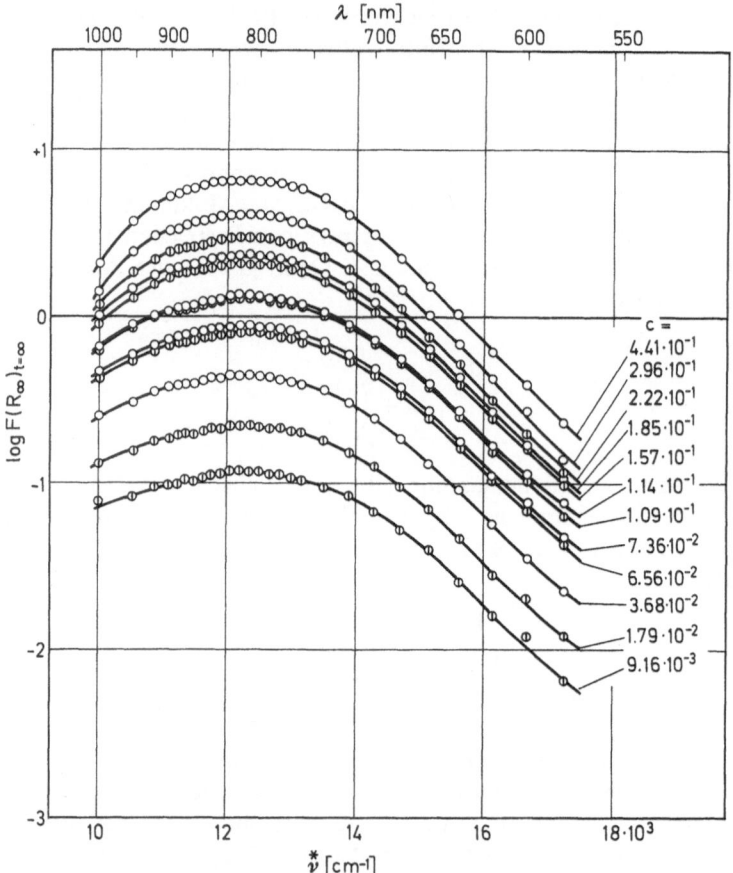

Abb. 138. Typische Farbkurven von $[Cu(H_2O)_4]^{2+}$-Ionen an lufttrockenem Dowex 50 W-X8 (H-Form) angereichert bei verschiedenen Konzentrationen (g Atom Cu^{2+}/g Aequ. Haftgruppen)

Farbkurven der $[Cu(H_2O)_4]^{2+}$-Ionen an lufttrockenem Dowex 50 W–X8 (H-Form) angereichert bei verschiedenen Konzentrationen in g Atom Cu^{2+}/g Äqu. Haftgruppe[363]. Die Eichkurve $F(R_\infty)$ als Funktion von c läuft im Bereich von 0,4–30 % der Austauschkapazität linear, d. h. die Kubelka-Munk-Theorie gilt hier streng innerhalb einer Meßgenauigkeit von $\pm 2\%$. Analoges gilt für den $[Co(II)(NCS)_4]^{2-}$-Komplex an Dowex 1–X8 als Anionenaustauscher.

---

[363] Die $F(R_\infty)$-Werte nehmen zunächst mit der Zeit zu, bis sich durch Diffusion der Komplexe innerhalb der gequollenen Harzkörner die statistische Besetzung der Haftstellen eingestellt hat, und werden dann konstant.

Im nahen *Infrarot* hat man das Reflexionsvermögen verschiedener Stoffe zur quantitativen Bestimmung des Wassergehaltes herangezogen, der eine spezifische Absorption bei 1,93 und 1,7 μ hervorruft, und daraus ein kontinuierliches optisches Feuchtemeßverfahren entwickelt[364]. In Abb. 139 ist eine Reihe derartiger Messungen wiedergegeben, es ist $F(R'_\infty)$ bei 1,93 μ gegen den Feuchtigkeitsgehalt in Prozenten des Trockengewichts aufgetragen, der gravimetrisch bestimmt wurde. Als Vergleichs-

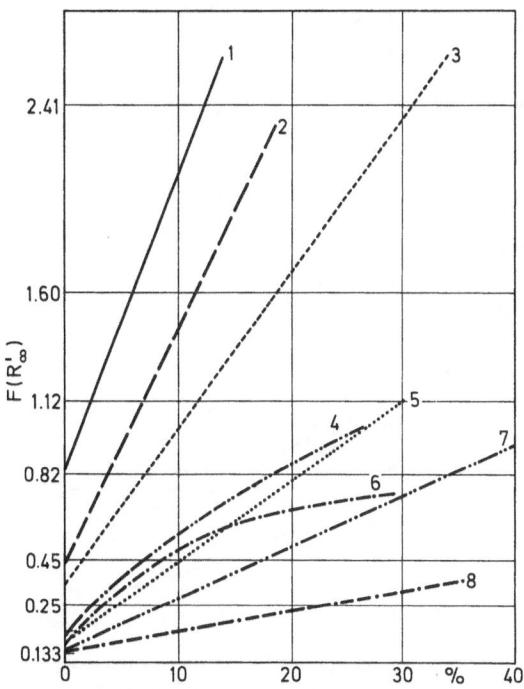

Abb. 139. Kubelka-Munk-Funktion verschiedener Stoffe bei 1,93 μ als Funktion des Wassergehaltes in Prozent des Trockengewichts. 1. Methylcellulose, 2. Gelatine, 3. Wolle, 4. Baumwolle, 5. Stärke, 6. Mehl, 7. Papier, 8. Leder

standard diente Hostaflon TF^R-Pulver, dessen absolutes Reflexionsvermögen in diesem Spektralbereich mehr als 95% betrug. Man erhält in der Mehrzahl der Fälle Geraden, die die Anwendbarkeit der Kubelka-Munk-Theorie bestätigen. Ihre Steigung ist dem Streukoeffizienten der verschiedenen Stoffe umgekehrt proportional. Bei höherem Wassergehalt und bei hydrophoben Stoffen füllen sich allmählich die Hohlräume mit Wasser, was eine Änderung des Streukoeffizienten bedingt.

[364] *Hoffmann, K.:* Chem. Ing. Tech. **35**, 55 (1963).

Derartige Einflüsse ebenso wie Störungen durch Änderung der Ober-
flächenbeschaffenheit und der Packungsdichte kann man dadurch
eliminieren, daß man den Quotienten $Q = R'_{\infty\,1,9_\mu}/R'_{\infty\,1,7_\mu}$ als Funktion
des Wassergehaltes aufträgt. Solche Kurven sind in Abb. 140 wieder-
gegeben. Man sieht, daß die Messung bei sehr geringen Wassergehalten

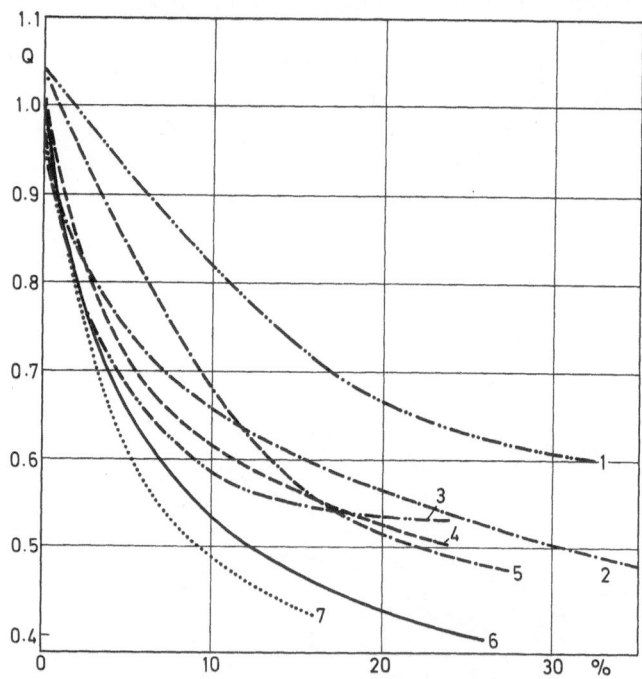

Abb. 140. Quotient $Q = R_{\infty\,1,93_\mu}/R_{\infty\,1,7_\mu}$ als Funktion des Wassergehaltes in Prozent
des Trockengewichts. 1. Leder, 2. Papier, 3. Mehl, 4. Baumwolle, 5. Stärke, 6. Wolle,
7. Gelatine

besonders empfindlich ist, was für die technologische Steuerung von
Trockenanlagen auf optimalen Wirkungsgrad wichtig ist.

Ein besonders aussichtsreiches Anwendungsgebiet der Reflexionsspektroskopie ist die analytische Auswertung von *Dünnschicht-Chromatogrammen*. Es sollte möglich sein, die aufgetrennten Flecken in
der Dünnschicht unmittelbar qualitativ und evtl. auch quantitativ zu
analysieren, ohne daß man sie herausschneidet und extrahiert, wobei
gewöhnlich Verluste auftreten; oder man sollte wenigstens den Extrak-
tionsprozeß einsparen können, indem man die Flecken herausschneidet,
mit zusätzlichem Adsorbens verreibt und das Reflexionsspektrum dieser

Proben aufnimmt bzw. anhand von Eichkurven die getrennten Stoffe quantitativ bestimmt.

Für das letztgenannte Verfahren haben sich die handelsüblichen Adsorbentien der Dünnschicht-Chromatographie im Sichtbaren und im nahen UV als genügend durchlässig erwiesen[365], so daß man die Kubelka-Munk-Funktion für verdünnte Systeme anwenden kann, wobei man das reine Adsorbens als Vergleichsstandard benutzt. Man schneidet den auf übliche Weise (Fluoreszenz, Erwärmung, UV-Absorption, Farbreaktion usw.) lokalisierten Fleck mit Hilfe eines Hohlstichels (Korkbohrer) vollständig heraus, bringt die Probe in einen Achatmörser, verdünnt sie mit dem Adsorbens auf ein bestimmtes Gewicht (z. B. 100 mg), verreibt, bis homogene Mischung erreicht ist, und bestimmt den Gehalt der Probe in Reflexion anhand einer vorher aufgestellten Eichkurve. Diese Manipulationen sind für die Routineanalyse im einzelnen beschrieben[366]. $F(R_\infty)$, gegen die Konzentration aufgetragen, wird nur dann angenähert linear verlaufen, wenn das Reflexionsvermögen des Adsorbens gegen MgO auf Absolutwerte korrigiert ist (vgl. S. 153). Ist dies nicht geschehen, so kann man natürlich auch die gekrümmten Eichkurven direkt benutzen. Es ist zu empfehlen, die Eichkurven häufig nachzuprüfen, da das Reflexionsvermögen der Adsorbentien von Probe zu Probe und häufig (bei längerem Aufbewahren) auch mit der Zeit variiert.

Das zweite Verfahren, die getrennten Flecken auf der Dünnschicht unmittelbar in situ mit Hilfe von Reflexionsmessungen quantitativ zu analysieren[367], macht größere Schwierigkeiten und führt zu ungenaueren Ergebnissen. Dies liegt einmal daran, daß die Eigenabsorption der Adsorbentien besonders im kurzwelligen Teil des Spektrums nicht mehr vernachlässigt werden kann, d. h. man muß sie durch Messung ihres Reflexionsvermögens gegen MgO als Standard eliminieren, indem man nach dem auf S. 153 angegebenen Verfahren auf absolute R_∞-Werte umrechnet. Wenn man dies nicht tut, können schon die „typischen Farbkurven" der adsorbierten Stoffe stark verfälscht werden, z. B. bezüglich der Lage der Absorptionsmaxima. Die zweite wesentlich ernstere Fehlerquelle für *quantitative* Bestimmungen beruht darauf, daß die jeweilige

---

[365] Vgl. z. B. *Frei, R. W.,* u. *M. M. Frodyma:* Anal. Chim. Acta **32**, 501 (1965); — *Stahl, E.:* Proc. Soc. Anal. Chem. **1**, 121 (1964).

[366] *Frodyma, M. M.,* u. Mitarb.: J. Chromatog. **13**, 61 (1964); Anal. Chim. Acta **33**, 639 (1965); — *Frodyma, M. M.,* and *V. T. Lieu:* Modern aspects of reflectance spectroscopy, p. 88ff. New York: Plenum Press 1968.

[367] *Frei, R. W.,* u. Mitarb.: Chimia **20**, 23 (1966); — *Frodyma, M. M.,* and *V. T. Lieu:* Anal. Chem. **39**, 814 (1967); — *Lieu, V. T.,* u. Mitarb.: Anal. Biochem. **19**, 454 (1967); — *Jork, H.:* Cosmo Pharma **3**, 33 (1967); — *Stahl, E.,* u. *H. Jork:* Zeiss-Inform. **16**, 52 (1968).

Größe der Flecke variiert und daß die zu bestimmende Substanz in der Regel nicht homogen in dem jeweiligen Fleck verteilt ist, was zu außerordentlich großen Fehlern führen kann (vgl. S. 309). Schließlich ist auch noch zu berücksichtigen, daß die Dünnschichten häufig nicht dick genug sind, daß nicht die Reflexion des Untergrundes die Ergebnisse verfälschen könnte. Auch wenn der Untergrund „weiß" ist, erhält man bei zu dünnen Schichten beträchtliche Abweichungen von den wahren R_∞-Werten. Das erste Verfahren ist deshalb trotz größeren Arbeitsaufwandes vorzuziehen, wenn man möglichst hohe Genauigkeiten erzielen will.

Dagegen besitzt die unmittelbare *qualitative* Analyse von Dünnschichtchromatogrammen mit Hilfe von Reflexions- und evtl. auch Fluoreszenzmessungen außerordentlich große Vorteile, weil es einmal zur Auffindung der Adsorptionszonen keiner Farbreaktionen oder ähnlicher Maßnahmen mehr bedarf, sondern man auch im UV den Remissionsgrad als Funktion des Ortes leicht messen und mittels eines Schreibers registrieren kann, und weil es danach möglich ist, von den einzelnen Chromatogramm-Flecken „typische Farbkurven" aufzunehmen, anhand deren eine Zuordnung der getrennten Stoffe häufig unmittelbar möglich ist[368]. Mit dem auf S. 232 beschriebenen Chromatogramm-Spektralphotometer lassen sich derartige Messungen routinemäßig und rasch ausführen.

Will man dieses Gerät auch für *quantitative* Bestimmungen heranziehen, so muß man in der Regel Eichsubstanzen bekannter Menge auf der Platte mitlaufen lassen, wobei gleiches Lösungsmittel und gleich große Startzonen (Fleckgrößen) notwendig sind. Auf die Gründe dafür wird weiter unten eingegangen. In solchen Fällen sind Reproduzierbarkeiten von $\pm 3\text{–}4\%$ in den gemessenen Konzentrationen angegeben worden[369].

Es ist mehrfach versucht worden [370], Reflexionsmessungen auch für die quantitative *papierchromatographische Analyse* heranzuziehen, um die Eluierung der getrennten Stoffe zu umgehen. Die wesentliche dabei auftretende Schwierigkeit besteht auch hier darin, daß sich die von der Theorie geforderte homogene Verteilung des absorbierenden

---

[368] Vgl. dazu *Stahl, E.,* u. *H. Jork:* Zeiss-Inform. **16**, 52 (1968) und die dort angegebene Literatur.

[369] *Jork, H.:* J. Chromatog. **33**, 297 (1968).

[370] *Vaeck, S. V.:* Nature **172**, 213 (1953); Analyt. Chim. Acta **10**, 48 (1954); — *Fischer, R. B.,* u. *F. Vratny:* Anal. Chim. Acta **13**, 588 (1955); — *Korte, F.,* u. *H. Weitkamp:* Angew. Chem. **70**, 434 (1958).

Stoffes über die gesamte Meßprobe nicht erreichen läßt[371]. Immerhin hat sich ergeben[372], daß man bei regelmäßiger Verteilung eines Farbstoffes auf angenähert gleich große Farbflecke über einen Hintergrund von 10 Lagen des gleichen Papiers zur Einhaltung der „unendlichen Schichtdicke" reproduzierbare „Eichkurven" erhält, die zur quantitativen Bestimmung des betreffenden Stoffes benutzt werden können. Bei praktisch vorkommenden Papierchromatogrammen werden jedoch in den seltensten Fällen Flecke gleichmäßiger Größe und Form entstehen, so daß diese einfache Methode versagt.

Es läßt sich jedoch zeigen[373], daß man bei Berücksichtigung der Fleckgröße und des Eigenreflexionsvermögens des Papiers zu einer Gleichung gelangen kann, die eine lineare Beziehung zwischen der Kubelka-Munk-Funktion der Meßprobe und der darin enthaltenen Substanzmenge darstellt. Geringe Inhomogenitäten des Flecks wirken sich bei nicht allzu hohem Reflexionsvermögen der Proben nur geringfügig auf die Genauigkeit der Bestimmungen aus.

Das Problem besteht darin, daß für das gemessene Reflexionsvermögen der unregelmäßig geformte Fleck sowohl wie die umgebende Papierumrandung maßgebend ist. Dabei muß der für die Anwendung der Kubelka-Munk-Theorie notwendigen Bedingung der „unendlichen Schichtdicke" dadurch näherungsweise Rechnung getragen werden, daß das Chromatogramm mit vielen Lagen des gleichen Papiers unterschichtet wird, so daß die Durchlässigkeit vernachlässigbar klein wird. Beträgt der angefärbte bzw. mit dem Adsorbat belegte Anteil der Meßfläche $1/n$, die Papierumrandung also $(n-1)/n$ der Gesamtfläche, so ist das gemessene *absolute* mittlere Reflexionsvermögen gegeben durch

$$\bar{R}_\infty = \bar{R}'_\infty \varrho = \frac{n-1}{n} R'_{\infty 1} \varrho + \frac{1}{n} R'_{\infty 2} \varrho , \qquad (11)$$

wenn man mit $R'_{\infty 1}$ und $R'_{\infty 2}$ das *relative* Reflexionsvermögen des umgebenden Papiers bzw. des gefärbten Flecks und mit ϱ das bekannte absolute Reflexionsvermögen von MgO (vgl. S. 151) bezeichnet. Daraus erhält man das gewünschte absolute Reflexionsvermögen

$$R_{\infty 2} = n \varrho \bar{R}'_\infty - (n-1) \varrho R'_{\infty 1} . \qquad (12)$$

---

[371] Man hat deshalb gelegentlich die differentiellen Extinktionen in Durchsicht gemessen, indem man das Papier mit Paraffinöl getränkt, in schmale Streifen zerschnitten und diese einzeln gemessen hat [vgl. z. B. *Block, R. J.*: Science **108**, 608 (1948); — *Bull, B. H.*, u. Mitarb.: J. Am. Chem. Soc. **71**, 550 (1959)]. Dieses Verfahren ist aber als Analysenmethode zu umständlich.

[372] *Kortüm, G.*, u. *J. Vogel*: Angew. Chem. **71**, 451 (1959).

[373] *Braun, W.*, u. *G. Kortüm*: Zeiss-Inform. **16**, 27 (1968); Zeiss-Mitteilg. **4**, 379 (1968).

Nach der Kubelka-Munk-Funktion gilt

$$F(R_{\infty \text{ Ads.}}) = F(R_{\infty 2}) - F(R_{\infty 1}). \tag{13}$$

Setzt man $R_{\infty 2}$ ein, so wird

$$F(R_{\infty \text{ Ads.}}) = \frac{b^2}{2(1-b)} - F(R_{\infty 1}) = \frac{K}{S} = \text{prop. } c. \tag{14}$$

Dabei ist c die Konzentration in Gramm pro Flächeneinheit und

$$b \equiv 1 + (n-1) R'_{\infty 1} \varrho - n \bar{R}'_{\infty} \varrho. \tag{15}$$

Da die mit Adsorbat bedeckte Zone $1/n$ der Gesamtfläche beträgt, muß in (14) $F(R_{\infty \text{ Ads.}})$ mit $1/n$ multipliziert werden, um die Abhängigkeit von der adsorbierten Menge in Gramm zu erhalten:

$$F(R_{\infty \text{ Ads.}}) \cdot \frac{1}{n} = \frac{b^2}{2n(1-b)} - \frac{F(R_{\infty 1})}{n} = \text{prop. } g. \tag{16}$$

Ist die Eigenabsorption des Papiers gering (z. B. $R'_{\infty 1} = 0{,}93$, so daß $F(R_{\infty 1})/n = 0{,}002$), so kann man das letzte Glied in (15) vernachlässigen. Dann gilt vereinfacht

$$F(R_{\infty \text{ Ads.}}) \cdot \frac{1}{n} = \frac{b^2}{2n(1-b)} = \text{prop. } g. \tag{16a}$$

Dies ist jedoch nur im langwelligen Bereich des sichtbaren Spektrums zulässig (bei 400 mµ ist bereits $R'_{\infty 1} \cong 0{,}84$ bei Chromatographie-Papieren). Vernachlässigt man die Eigenabsorption des Papiers ganz, setzt also $R_{\infty 1} = 1$, so erhält man

$$F(R_{\infty \text{ Ads.}}) \cdot \frac{1}{n} = F(\bar{R}_{\infty}) \cdot \frac{n \bar{R}_{\infty}}{n \bar{R}_{\infty} - (n-1)}. \tag{17}$$

Daß jedoch schon eine geringe Eigenabsorption des Papiers zu sehr großen Fehlern führt, zeigt folgendes Beispiel: es sei $n = 2$, $R'_{\infty 1} = 0{,}93$ bzw. $R'_{\infty 1} = 1$. Dann wird nach (16a) $F(R_{\infty \text{ Ads.}}) \cdot \frac{1}{n} = 0{,}506$, nach (17) $F(R_{\infty \text{ Ads.}}) \cdot \frac{1}{n} = 0{,}800$, d. h. der ohne Berücksichtigung der Eigenabsorption des Papiers gewonnene Wert ist um 58 % falsch.

Zur Prüfung der Gl. (16a) muß man die Größe n der Flecke planimetrisch ausmessen, was bei mehrmaliger Wiederholung mit einer Streuung von etwa 2 % möglich ist. $R'_{\infty 1}$ und $\bar{R}'_{\infty}$ werden gemessen, dann kann man $F(R_{\infty \text{ Ads.}}) \cdot \frac{1}{n}$ aus (16a) berechnen. Trägt man dies gegen die vorgegebene Substanzmenge in g auf, so sollte man eine Gerade erhalten. Messungen an Malachitgrün bei $16\,000\ \text{cm}^{-1}$ zeigten, daß die erwartete Proportionalität tatsächlich vorhanden war (Abb. 141). Insbesondere ergaben Proben mit gleicher Substanzmenge und verschiedener Fleckgröße (Pfeile) sehr gut übereinstimmende Werte.

Wie eine weitere Rechnung zeigt, wirkt sich eine nicht allzu starke Inhomogenität der chromatographischen Flecke ($\Delta R < 0{,}1$) nur wenig auf die Meßgenauigkeit aus, wenn das gesamte Reflexionsvermögen $\bar{R}_\infty \leqq 0{,}6$, bei sehr hellen Proben wächst dagegen der Fehler rasch an.

Zahlreiche weitere Literaturangaben über Anwendungsmöglichkeiten der Reflexionsspektroskopie auf analytische Probleme findet man bei *Wendlandt, W.*, and *H. G. Hecht:* Reflectance spectroscopy. New York: Interscience Publ. 1966.

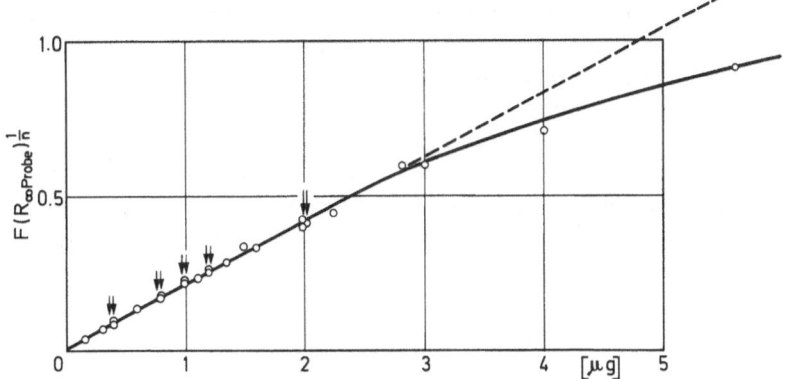

Abb. 141. Abhängigkeit von $F(R_{\infty\,\text{ads.}})/n$ von der vorhandenen Substanzmenge in Papierchromatogrammen

g) Farbmessung und Farbanpassung

Die wichtigste industrielle Anwendung der Reflexionsspektroskopie ist die Messung und Anpassung von „Körperfarben", z. B. in der Textil-, der Lack-, der Pigment-, der Kunststoffindustrie usw. Darüber hat sich in den letzten Jahren ein außerordentlich umfangreiches Schrifttum angesammelt, auf das hier nur auszugsweise hingewiesen werden kann[374].

---

[374] Vgl. vor allem die erschöpfende Darstellung in *Judd, D. B.*, and *G. Wyszecki:* Color in business, science and industry, 2. Ed. New York-London: Wiley & Sons 1963. Ferner: *Wright, W. D.:* The measurement of color, 2nd Ed. New York: Macmillan 1958; — *Evans, R. M.:* An introduction to color. New York: Wiley & Sons 1948; — *Reule, A.:* Zeiss-Mitteilungen 3, 266 (1964); — *Wyszecki, G. W.*, and *W. S. Stiles:* Color science. New York: Wiley & Sons 1967. Zahlreiche Arbeiten in den einschlägigen Zeitschriften: Farbe; J. Soc. Dyers Col.; Am. Dyestuff Rep.; J. Oil Col. Chem. Ass.; Textilpraxis; Z. ges. Textilind. u. a.

Zur Messung von Körperfarben benutzt man am besten ein registrierendes Spektralphotometer, das das Reflexionsvermögen R_∞ der betreffenden Probe als Funktion von λ oder $\overset{*}{v}$ liefert (vgl. S. 232 ff.). Voraussetzung für die Berechnung von Färberezepten ist die Kenntnis des Zusammenhanges zwischen Reflexionsvermögen und Konzentration der färbenden Komponenten. Gilt die Kubelka-Munk-Funktion, so ist dieser Zusammenhang ein linearer. Wie schon die Abb. 57 zeigt, ist diese lineare Abhängigkeit zwischen $F(R_\infty)$ und c nur in „verdünnten Systemen" vorhanden. Weitere Einschränkungen der Gültigkeit der Kubelka-Munk-Theorie können durch Anteile regulärer Oberflächenreflexion, Wellenlängenabhängigkeit des Streukoeffizienten, uneinheitliche Korngröße usw. bedingt sein, Einflüsse, die früher einzeln untersucht wurden. Ferner gilt die Kubelka-Munk-Funktion nur dann, wenn die diffus streuenden Teilchen vom gleichen Medium umgeben sind, aus dem Strahlung auf die Probe auffällt, da sonst an den Phasengrenzen zusätzliche Reflexionen auftreten (vgl. S. 134). Um einerseits einen Anteil $\overset{*}{r}_1$ von Glanz und andererseits die teilweisen Totalreflexion r_2 an der Innenseite der Probe zu berücksichtigen, kann man in Analogie zu den Gleichungen von *Ryde* (IV, 107) und (IV, 108) bei senkrechter und paralleler Einstrahlung das gemessene Reflexionsvermögen $R_{\infty\,\text{exp.}}$ ausdrücken durch[375]

$$R_{\infty\,\text{exp.}} = \frac{(1 - \overset{*}{r}_1)(1 - r_2)\,R_\infty}{1 - r_2\,R_\infty}. \tag{18}$$

Besitzt die Probe im sichtbaren Spektralbereich einen Brechungsindex von etwa 1,5 (z. B. Einbettungsmittel von Pigmenten), so kann $\overset{*}{r}_1$ zu etwa 0,04, r_2 zu etwa 0,59 angenommen werden[376], so daß die Gleichung sich vereinfacht zu

$$R_{\infty\,\text{exp.}} \cong \frac{0,4\,R_\infty}{1 - 0,59\,R_\infty}. \tag{19}$$

Dieser Wert ist in die Kubelka-Munk-Funktion (IV, 32) einzusetzen. Zusammengehörige Werte von $R_{\infty\,\text{exp.}}$ und $F(R_{\infty\,\text{exp.}})$ sind auch tabelliert worden[377]. Eine noch bessere Näherung ist vermutlich die aus den Fresnelschen Gleichungen abgeleitete Gleichung (IV, 113), die ebenfalls für senkrechte Einstrahlung gilt und innerhalb der Meßprobe isotrope Streuverteilung voraussetzt.

Der einfachste Fall, in dem man mit guter Näherung die Gültigkeit der Kubelka-Munk-Funktion voraussetzen kann, ist der einer Mischung

---

[375] *Saunderson, J. L.:* J. Opt. Soc. Am. **32**, 727 (1942).

[376] Vgl. Anm.135, S. 136.

[377] *Duncan, D. R.:* J. Oil Col. Chem. Ass. **45**, 300 (1962).

von farbigen Pigmenten mit einem Überschuß eines Weißpigments, dessen Absorptionskoeffizient man gleich Null setzen kann und dessen Streukoeffizient S die Gesamtstreuung der Mischung bestimmt. Dann läßt sich die Kubelka-Munk-Funktion nach (6) schreiben:

$$F(R'_\infty) = \frac{c_1 K_1 + c_2 K_2 + c_3 K_3 + \cdots}{S} = \frac{\sum_1^n K_i c_i}{S}, \qquad (20)$$

worin K_i den Absorptionskoeffizienten und c_i die Konzentration der einzelnen Farbkomponenten bedeuten. Dieselbe Gleichung kann man z. B. auch auf gefärbte Textilien anwenden, bei denen die Streuung praktisch ausschließlich durch das zu färbende Substrat verursacht wird. Ist der Streukoeffizient S außerdem von der Wellenlänge unabhängig, wie es bei nicht zu kleinen Teilchendurchmessern im sichtbaren Spektralbereich ja häufig mit guter Näherung der Fall ist (vgl. S. 212), so vereinfacht sich die Gleichung weiterhin:

$$F(R'_\infty) \sim \sum_1^n K_i c, \qquad (21)$$

worin K_i dem molaren Extinktionskoeffizienten ε_i proportional ist.

R'_∞ ist das relative Reflexionsvermögen, bezogen auf das Weißpigment bzw. das zu färbende Substrat. Bei merklicher Eigenabsorption der letzteren muß man auf Absolutwerte R_∞ umrechnen, wie es auf S. 153 beschrieben wurde, d. h. Gl. (21) ist abzuändern in

$$F(R_\infty) - F_0(R_\infty) = \sum_1^n K_i c_i, \qquad (22)$$

worin $F_0(R_\infty)$ die Kubelka-Munk-Funktion des Weißpigments bzw. des zu färbenden Substrats darstellt. Zur Berechnung von R_∞ dient die inverse Funktion

$$R_\infty = \varphi(F_0 + K_1 c_1 + K_2 c_2 + \cdots). \qquad (23)$$

Hat man die K_i für eine Reihe von Pigmenten als Funktion der Wellenlänge ermittelt, so kann man das Reflexionsvermögen und damit $F(R'_\infty)$ bzw. $F(R_\infty)$ einer beliebigen Mischung von Pigmenten berechnen, soweit die Additivitätsregel erfüllt ist.

Ist kein Weißpigment im Überschuß vorhanden, so hat man in der Regel keine Additivität der $F(R'_\infty)$-Werte der einzelnen Pigmente mehr, wie schon aus Abb. 112 im Gegensatz zu Abb. 111 hervorging. In solchen Fällen kann man versuchen, empirische Funktionen $\Phi(R'_\infty)$ für jedes einzelne Pigment zu finden, bei denen für gegebenes λ eine eindeutige und reproduzierbare *lineare* Beziehung zwischen Konzentration und Reflexionsgrad existiert. Falls sich die Pigmente nicht gegenseitig beeinflussen und ihre Streukoeffizienten angenähert gleich sind, kann man auf $\Phi(R'_\infty)$ wieder die Additivitätsregel anwenden.

Sind die färbenden Komponenten einer Pigment-Mischung (bzw. die Farbstoffe, mit denen ein Substrat angefärbt wurde) bekannt und kennt man außerdem die Remissionsspektren der Mischung und der einzelnen (verdünnten) Komponenten, so kann man die Gl. (22) dazu benutzen, Färberezepte zu berechnen, wie sie zur sog. *Farbanpassung* notwendig sind. Da sowohl die Eigenschaften der Weißpigmente bzw. der zu färbenden Substrate als auch die der Farbpigmente bzw. Farbstoffe keineswegs konstant sind, sondern stark von den Herstellungsbedingungen abhängen, kann man das ursprüngliche Rezept zur Herstellung einer bestimmten Mischung bzw. Farbe im allgemeinen nicht verwenden, sondern muß die Konzentrationen der benutzten Komponenten jeweils neu bestimmen, um eine gegebene Farbe reproduzieren zu können. Diese für die Technik sehr wichtige Farbanpassung, die früher rein empirisch durch Ausprobieren erreicht wurde, kann man mit Hilfe der Gl. (22) außerordentlich erleichtern, sofern es sich um „verdünnte Systeme" handelt, d. h. sofern die Kubelka-Munk-Funktion angenähert gültig und damit die Additivität der $F(R_\infty)$-Werte erfüllt ist.

Aus (22) ergibt sich für eine Reihe ausgesuchter Wellenlängen das lineare Gleichungssystem

$$F(R_\infty)_{\lambda_1} - F_0(R_\infty)_{\lambda_1} = K_1(\lambda_1)c_1 + K_2(\lambda_1)c_2 + \cdots$$
$$F(R_\infty)_{\lambda_2} - F_0(R_\infty)_{\lambda_2} = K_1(\lambda_2)c_1 + K_2(\lambda_2)c_2 + \cdots \qquad (24)$$
$$F(R_\infty)_{\lambda_3} - F_0(R_\infty)_{\lambda_3} = K_1(\lambda_3)c_1 + K_2(\lambda_3)c_2 + \cdots$$
$$\cdots\cdots\cdots\cdots$$

Man braucht mindestens so viele Wellenlängen, wie Farbstoffe bzw. Pigmente benutzt wurden. Die $F(R_\infty)$- und $F_0(R_\infty)$-Werte entnimmt man den gemessenen Remissionsspektren der Mischung und des Weißpigments bzw. Substrats, die K-Werte den Remissionsspektren der einzelnen (ebenfalls verdünnten) Komponenten der Mischung. Zur Auflösung des Gleichungssystems nach den gesuchten Konzentrationswerten benutzt man heute Analogrechner, die speziell für dieses Problem hergestellt werden[378]. Die Wellenlängen wählt man so aus, daß jedes Pigment (bzw. jeder Farbstoff) bei einem bestimmten λ eine möglichst große Absorption besitzt, während alle anderen Pigmente bei dieser Wellenlänge möglichst wenig absorbieren sollten. Unter diesen Bedingungen sind die Glieder in der Hauptdiagonale der Koeffizientenmatrix $K_i(\lambda_k)$ ausschlaggebend.

---

[378] *Davidson, H. R., H. Hemmendinger,* and *I. L. R. Laudry:* J. Soc. Dyers Col. **79**, 577 (1963).

Man kann dann aus diesen Gliedern erste Näherungswerte der Konzentrationen berechnen, die man in das Gleichungssystem einführt und damit zweite Näherungswerte für die in der Hauptdiagonale stehenden Konzentrationen erhält usw. Dieses Iterationsverfahren wird so lange fortgesetzt, bis sich die Konzentrationen nicht mehr ändern. Auf diese Weise kann man ein Färberezept vorausberechnen. In der gleichen Weise kann man ein vorhandenes Färberezept korrigieren, wenn sich dies wegen der nicht konstanten Eigenschaften der Komponenten oder des Substrats als notwendig erweist. Anstelle von $F_0(R_\infty)$ setzt man dann den vorläufigen Wert ein und anstelle der gesuchten Konzentrationen c_i die entsprechenden Differenzen Δc_i zwischen den zu bestimmenden und den vorläufigen Konzentrationen.

Man muß sich darüber klar sein, daß sich mit diesem Verfahren eine vollkommene Übereinstimmung zwischen dem vorgegebenen $F(R_\infty)$ und dem angepaßten nur für so viele Wellenlängen erreichen läßt, wie man Pigmente bzw. Farbstoffe eingesetzt hat. Das bedeutet also, daß eine Färbung, bei der die Remissionsspektren von Vorlage und Anpassung völlig zusammenfallen, im allgemeinen wegen der erwähnten Unreproduzierbarkeit der Eigenschaften der Komponenten nicht möglich ist. Das gilt im besonderen, wenn man etwa Weißpigmente oder Substrat aus verschiedenem Material in gleicher Weise färben will. Man erhält dann Nachfärbungen, die zwar für das Auge unter einer bestimmten Beleuchtung den gleichen Farbeindruck hervorrufen können, die sich aber trotzdem in ihren Remissionsspektren unterscheiden. Solche Nachfärbungen bezeichnet man als *metamer*, sie stimmen mit der Vorlage auch für das Auge nicht mehr überein, wenn die Beleuchtungsquelle geändert wird. Eine „metamere Anpassung" sollte also für diejenige Beleuchtung erreicht werden, unter der man den betreffenden Gegenstand normalerweise betrachtet.

Hat man mittels des geschilderten Verfahrens angenähert gleiche Remissionsspektren von Vorlage und Nachfärbung gewonnen und möchte eine vollständige Angleichung des Farbeindruckes für das Auge unter gegebener Beleuchtungsart erreichen, so muß man aus den Reflexionsspektren die sog. Normfarbwerte X, Y, Z ermitteln, denn zwei Farben erscheinen dem Auge unter der Beleuchtungsstärke S_λ gegebener Energieverteilung dann als gleich, wenn diese Normfarbwerte gleich sind. Bezeichnet man die Normfarbwerte des energiegleichen Spektrums mit $\bar{x}_\lambda$, $\bar{y}_\lambda$, $\bar{z}_\lambda$ (sog. Normalspektralwerte)[379], so sind die Normfarbwerte

---

[379] Diese sind ebenso wie die spektralen Energieverteilungs-Werte der sog. Standardstrahlungsquellen der Commission Internationale de l'Eclairage (CIE) in den Lehrbüchern der Kolorimetrie tabelliert.

definiert durch

$$X = \int\limits_0^\infty S_\lambda \bar{x}_\lambda R_{\infty\lambda} d\lambda \,,$$

$$Y = \int\limits_0^\infty S_\lambda \bar{y}_\lambda R_{\infty\lambda} d\lambda \,, \tag{25}$$

$$Z = \int\limits_0^\infty S_\lambda \bar{z}_\lambda R_{\infty\lambda} d\lambda \,.$$

Darin ist $S_\lambda \cdot R_{\infty\lambda}$ die reflektierte Strahlungsleistung bei der betreffenden Wellenlänge. Die Farbeindrücke zweier Proben a und b sind also bei gegebener Beleuchtungsart für das Auge gleich, wenn

$$X_a = X_b; \qquad Y_a = Y_b; \qquad Z_a = Z_b \,. \tag{26}$$

Wäre $(R_{\infty\lambda})_a = (R_{\infty\lambda})_b$, d. h. fallen die Reflexionsspektren völlig zusammen, so würde dies für beliebige Beleuchtungsart gelten (isomere Nachfärbung). Praktisch läßt sich dies nicht erreichen, wie oben gezeigt wurde, und man muß sich mit einer (möglichst geringen) Metamerie abfinden, indem man die Farben der Vorlage und der Nachfärbung wenigstens für eine bestimmte Beleuchtungsart einander angleicht.

Entsprechend den drei Bedingungen von Gl. (25) für eine gegebene Beleuchtungsart sollte man mit drei geeigneten Farbstoffen auskommen, um eine bestimmte Farbe zu reproduzieren. Man betrachtet dann die Normfarbwerte X, Y, Z der Vorlage als gegeben und die Konzentrationen c_1, c_2 und c_3 der Nachfärbung als Unbekannte, die aus dem Gleichungssystem zu ermitteln sind. Da letzteres nicht explizit lösbar ist, ersetzt man in der Regel die Integrale näherungsweise durch Summen über gleich große Wellenbereiche im sichtbaren Spektralbereich:

$$X = k \cdot \sum_{\lambda=380}^{770} S_\lambda \bar{x}_\lambda R_{\infty\lambda} \Delta\lambda; \qquad Y = k \cdot \sum_{380}^{770} S_\lambda \bar{y}_\lambda R_{\infty\lambda} \Delta\lambda;$$

$$Z = k \cdot \sum_{380}^{770} S_\lambda \bar{z}_\lambda R_{\infty\lambda} \Delta\lambda \,. \tag{27}$$

Darin ist k ein Normalisierungsfaktor, definiert durch

$$k = \frac{100}{\sum\limits_{380}^{770} S_\lambda \bar{y}_\lambda \Delta\lambda} \,. \tag{28}$$

Damit gibt Y unmittelbar das prozentuale Reflexionsvermögen an, bezogen auf einen ideal reflektierenden Standard unter gleicher Beleuchtung. Nach neueren Messungen mit dem General Electric-Spektralphotometer in 15 verschiedenen Laboratorien an Plastik-Standards bei Beleuchtung C (Tageslicht) konnte Y auf $\pm 1{,}5\%$ genau bestimmt werden. Dabei betrugen die Streuungen bei kurzzeitiger Wiederholung der Messungen nur $\pm 0{,}09\%$, bei Wiederholung innerhalb 14 Monaten $\pm 0{,}62\%$[379a]. Die Größen $S_\lambda x_\lambda$, $S_\lambda y_\lambda$ und $S_\lambda z_\lambda$ für die gebräuchlichen Standardstrahlungsquellen sind für die Wellenlängen-Intervalle von 5 mμ[380] bzw. 10 mμ[381] tabelliert, so daß man die Summen in Gl. (27) leicht aus den Reflexionsmessungen berechnen kann. Auf diese Weise erhält man die Normfarbwerte X, Y, Z einer gegebenen Vorlage und der Nachfärbung, die man auf Grund eines nach den Gln. (24) berechneten Färberezeptes ausgeführt hat. Unterscheiden sich beide um geringe Beträge ΔX, ΔY und ΔZ, so kann man diese in der Form schreiben

$$\Delta X = \frac{\partial X}{\partial c_1}\,\Delta c_1 + \frac{\partial X}{\partial c_2}\,\Delta c_2 + \frac{\partial X}{\partial c_3}\,\Delta c_3\,,$$
$$\Delta Y = \cdots,\tag{29}$$
$$\Delta Z = \cdots.$$

Man kann dann eine vollständige Angleichung durch probeweises Variieren der Konzentrationen erreichen. Man kann jedoch auch aus diesem linearen Gleichungssystem die Δc berechnen, wenn die Koeffizienten $\partial X/\partial c_i \ldots$ bekannt sind. Man erhält sie durch partielle Differentiation der Gln. (25), indem man anstelle von $R_{\infty\lambda}$ nach (23) die Konzentrationen einführt[382]. Für die Einzelheiten der Berechnung muß auf die angegebene Literatur verwiesen werden. Auch diese Berechnung kann mit Hilfe von Analogrechnern ausgeführt werden, die unmittelbar an registrierende Spektralphotometer angeschlossen sind (vgl. S. 238). Voraussetzung solcher Berechnungen ist natürlich stets eine Remissionsfunktion, die linear in den Konzentrationen der Farbkomponente ist, für sog. „verdünnte Systeme" also die Kubelka-Munk-Funktion.

Die angeführten Beispiele für die Anwendung der diffusen Reflexion zur Untersuchung bestimmter Probleme sind willkürlich herausgegriffen und keineswegs erschöpfend, die Anwendungsmöglichkeiten sind wie schon erwähnt fast unbegrenzt. Einige Hinweise mögen noch gegeben werden:

Noch im Anfangsstadium befinden sich Untersuchungen über *biologisches Material*. Erwähnt seien etwa Messungen[383] über die Sättigung des Blutes mit Sauerstoff (Reflexions-Oximetrie), in die die Extinktionskoeffizienten von Oxyhämoglobin und reduziertem Hämoglobin bei zwei Wellenlängen eingehen. Man findet eine lineare Beziehung zwischen

[379a] Vgl. dazu *Billmeyer, F. W.*: J. Opt. Soc. Am. **55**, 707 (1965).

[380] *Smith, T.*, and *J. Guild*: Trans. Opt. Soc. London **33**, 73 (1931).

[381] *Smith, T.*: Proc. Phys. Soc. London **46**, 372 (1934).

[382] Vgl. *Park, R. H.*, and *E. I. Stearns*: J. Opt. Soc. Am. **34**, 112 (1944).

[383] *Polanyi, M. L.*, and *R. M. Hehir*: Rev. Sci. Instr. **31**, 401 (1960).

der Sauerstoffsättigung und dem Reflexionsvermögen bei 805 mμ und
660 mμ. Messungen über das Reflexionsvermögen grüner Blätter[384] im
IR ergaben, daß in der Regel im Bereich von 3–14 μ das Reflexionsvermögen weniger als 5–11% betrug, während im 2–3 μ-Bereich im
allgemeinen höhere Werte gefunden wurden. Minima bei 2, 3, 6 und 15 μ
sind auf die Absorption von Wasser zurückzuführen. Längere Trocknung
erhöht das Reflexionsvermögen im gesamten Spektrum, obwohl die
Absorptionsbanden ausgeprägt bleiben. Blätter reflektieren teils regulär,
teils diffus, wie die gemessene Winkelverteilung der remittierten Strahlung
ergab, wobei häufig die reguläre Komponente mit zunehmender Wellenlänge stärker hervortritt.

In einer neueren Arbeit[385] wurde das Absorptionsspektrum ein-
zelliger Algen in wäßriger Suspension in streuender Transmission
gemessen. Dabei wurde die schon theoretisch vorausgesagte[386] Erkennt-
nis bestätigt, daß der Streukoeffizient im Bereich eines Absorptionsmaximums eine ähnliche Dispersion besitzt wie der Brechungsindex, also
sehr stark wellenlängenabhängig ist. Diese Überlagerung von Absorption
und Streuung läßt bei Durchsichtsmessungen das Absorptionsmaximum
bei größeren, bei Reflexionsmessungen bei kleineren Wellenlängen
erscheinen. Es wurde ein Verfahren ausgearbeitet, Absorption und
Streuung aus mehreren Meßwerten zu berechnen und so die genaue
Lage des Absorptionsmaximums von Chlorophyll in der lebenden Zelle
zu bestimmen.

Ein weiteres und sehr vielversprechendes Anwendungsgebiet diffuser
Reflexionsmessungen ist die Untersuchung der Haltbarkeit bzw. Reaktionsfähigkeit pulverförmiger *pharmazeutischer Präparate* unter dem
Einfluß von Licht bzw. in Abhängigkeit von der Zeit. Auch hier liegt
schon eine Reihe von Untersuchungen vor[387].

Geophysikalische Probleme sind ebenfalls schon mit Hilfe diffuser
Reflexionsmessungen untersucht worden. So ist z. B. das diffuse Reflexionsvermögen von Wüsten-Oberflächen verschiedenen Typs im
Bereich von 400–650 mμ gemessen worden[388] aus Höhen von 1,5–200 m
über dem Erdboden. Es steigt in dem genannten Spektralbereich mit

---

[384] *Wong, C. L.,* u. *W. R. Blevin:* Australian J. Biol. Sci. **20**, 501 (1967) und die
dort angegebene Literatur.

[385] *Hagemeister, V.:* Dissertation, Tübingen 1968.

[386] Vgl. z. B. *Charney, E.,* u. *F. S. Brackett:* Arch. Biochem. Biophys. **92**, 1
(1961); — *Latimer, P.:* Plant Physiol. **34**, 193 (1959).

[387] Vgl. z. B. *Everhard, M. E.,* and *F. W. Goodhart:* J. Pharm. Sci. **52**, 281 (1963);
— *Lochmann, L.,* u. Mitarb.: Am. Pharm. Ass. J. **49**, 163 (1960); **50**, 141, 145 (1961).

[388] Vgl. *Ashburn, E. V.,* and *R. G. Weldon:* J. Opt. Soc. Am. **46**, 583 (1956) und
die dort angegebene Literatur.

zunehmender Wellenlänge etwa auf das Doppelte an außer bei Basaltlava, die Absolutwerte variieren zwischen 3 und 74%. Das Lambertsche Cosinusgesetzt gilt nicht, was bedeutet, daß auch hier, wie zu erwarten ist, reguläre Reflexionsanteile mitgemessen werden. Das gleiche gilt für Schnee in verschiedenen Ablagerungsformen[389], der bei großen Einfallswinkeln der Strahlung hohe Anteile regulärer Reflexion zeigt. Auf die mögliche Beeinflussung des Reflexionsvermögens von Schnee in der Antarktis durch vulkanischen Staub hat *Bloch*[390] eine Theorie gegründet, nach der Änderungen der Meereshöhe in historischen Zeiten mit Vulkanausbrüchen parallel gehen: Die Absorption der Staubpartikel im IR soll lokale Erwärmung, damit eine Rekristallisation zu größeren Kristallen und Erhöhung der Eindringtiefe der Strahlung bewirken, was wiederum zu stärkerer Absorption in den IR-Banden des Wassers führt und so einen sich selbst beschleunigenden Schmelzprozeß hervorruft.

[389] *Middleton, W. E. K.*, and *A. G. Mungall:* J. Opt. Soc. Am. **42**, 572 (1952).
[390] *Bloch, M. R.:* Palaeogeogr. Palaeoclimatol. Palaeoecol. **1**, 127 (1965); — *Lamb, H. H.:* Palaeogeogr. Palaeoclimatol. Palaeoecol. **4**, 219 (1968).

Kapitel VIII. Reflexionsspektren aus geschwächter Totalreflexion

a) Bestimmung der optischen Konstanten n und $\varkappa$

Wie die Überlegungen in Kap. II, c gezeigt haben, ist es zwar prinzipiell möglich, die optischen Konstanten n und $\varkappa$ eines Stoffes als Funktion von λ, d. h. also auch sein Absorptionsspektrum, aus regulären Reflexionsmessungen zu ermitteln. Dazu sind je zwei Messungen, z. B. von $R_\perp$ bei zwei verschiedenen Einfallswinkeln α oder von $R_{\text{reg.}(\alpha = 0)}$ und der Phasenverschiebung δ, notwendig, und es bedarf umständlicher rechnerischer oder graphischer Verfahren, um aus diesen Messungen n und $\varkappa$ zu ermitteln. Die Genauigkeit der so gewonnenen Werte ist außerdem nicht sehr befriedigend. Dies gilt bereits für Metalle, deren $\varkappa$-Werte sehr groß sind (Tab. 2). Bei den meisten, insbesondere organischen, Stoffen sind dagegen die $\varkappa$-Werte sehr viel kleiner, auch im Infrarot, und die Brechungsindizes liegen zwischen 1 und 2. In diesem Fall lassen sich einigermaßen zuverlässige $\varkappa$-Werte aus derartigen Reflexionsmessungen nur dann ermitteln, wenn $\varkappa > 0{,}2$, wie *Fahrenfort*[391] gezeigt hat. Da $\varkappa = 0{,}2$ aber schon sehr hohen Extinktionskoeffizienten entspricht (vgl. Anm. 14, S. 21), kann man von den meisten Stoffen mit dieser Methode keine optischen Konstanten gewinnen.

Wie ebenfalls *Fahrenfort* angegeben hat, erhält man jedoch sehr viel bessere Resultate, wenn man für die Reflexion nicht die Phasengrenzfläche Luft/Probe, sondern die Phasengrenzfläche zwischen einem Dielektrikum höheren Brechungsvermögens n_1 und der Probe n_2 benutzt. Wie S. 13 ff. gezeigt wurde, wird die aus dem dichteren Medium kommende Strahlung bei Einfallswinkeln $\alpha > \alpha_g$ total reflektiert. Absorbiert die Probe nicht ($\varkappa = 0$), so wird im Zeitmittel keine Strahlungsenergie in das dünnere Medium überführt, obwohl hier infolge von Beugungserscheinungen eine quergedämpfte Oberflächenwelle verläuft, deren Energiefluß jedoch in beiden Richtungen durch die Phasengrenze hindurch gleich groß ist. Ist dagegen $\varkappa \neq 0$, so gleichen sich diese Energietransporte nicht mehr aus, weil ein Teil der überführten Energie absorbiert wird, d. h. die Reflexion ist nicht mehr total. Die Absorption ist am stärksten in der unmittelbaren Nähe des Grenzwinkels α_g und hängt natürlich von der Größe des Absorptionsindex $\varkappa$ ab. Es zeigt sich, daß diese *Schwächung der Totalreflexion* (Attenuated Total Reflectance, ATR)

---

[391] *Fahrenfort, J.*: Spectrochim. Acta 17, 698 (1961).

schon bei sehr kleinen $\varkappa$-Werten (0,1–0,0001) meßbar ist, so daß sich hieraus eine weitere unabhängige Methode zur Ermittlung von optischen Konstanten aus Reflexionsmessungen ergeben hat, die sich vor allem im Infrarot außerordentlich bewährt hat.

Man kann das Reflexionsvermögen $R_\perp$ und $R_{\parallel}$ in Abhängigkeit von $\varkappa$ berechnen, indem man in die Gln. (II, 30) und (II, 31) einen komplexen Brechungsindex nach Gl. (II, 43) einführt. Dadurch werden die Fresnelschen Gleichungen sehr kompliziert und lassen sich nur mit Hilfe elektronischer Rechenmaschinen bequem lösen. Sie lauten für dicke Proben des Mediums 2 und einfallende Strahlungsleistung $I_0 = 1$:

$$R_\perp = \left[\frac{n_1 \cos\alpha - [(n_2 - i\varkappa_2)^2 - n_1^2 \sin^2\alpha]^{1/2}}{n_1 \cos\alpha + [(n_2 - i\varkappa_2)^2 - n_1^2 \sin^2\alpha]^{1/2}} \right]^2 \tag{1}$$

$$R_{\parallel} = \left[\frac{(n_2 - i\varkappa_2)^2 \cos\alpha - n_1 [(n_2 - i\varkappa_2)^2 - n_1^2 \sin^2\alpha]^{1/2}}{(n_2 - i\varkappa_2)^2 \cos\alpha + n_1 [(n_2 - i\varkappa_2)^2 - n_1^2 \sin^2\alpha]^{1/2}} \right]^2 . \tag{2}$$

Indem man in den reellen und den imaginären Teil zerlegt, erhält man jeweils zwei Gleichungen, aus denen man n_2 und $\varkappa_2$ aus Messungen z. B. von $R_\perp$ bei zwei verschiedenen α berechnen kann. Ein Beispiel[392] für das berechnete Reflexionsvermögen $R_\perp$ bzw. $R_{\parallel}$ in Abhängigkeit vom Einfallswinkel α bei verschiedenen Werten des Extinktionsmoduls $m_{n,2} = 4\pi\, n\varkappa/\lambda_0$ als Parameter (vgl. Anm. 14, S. 21) gibt Abb. 142. Man erkennt, daß für senkrechten Einfall ($\alpha = 0$) selbst ein $m_{n,2} = 10^4$ bzw. $n_2\varkappa = 0,25$ das äußere Reflexionsvermögen kaum beeinflußt, daß aber im Gebiet der Total-Reflexion und besonders in der Nähe des kritischen Winkels α_g die Reflexionsverluste sehr groß werden, und zwar für $R_{\parallel}$ größer als für $R_\perp$, und daß der kritische Winkel α_g seine Bedeutung verliert, indem die $R - \alpha$-Kurven um so flacher ansteigen, je größer $m_{n,2}$ wird.

Die Empfindlichkeit dieser „geschwächten Totalreflexion" gegen Änderungen von $\varkappa$ geht ferner aus Abb. 143 hervor, in der die Werte von $R_\perp$ für senkrecht zur Einfallsebene polarisierte Strahlung und von $R = \frac{1}{2}(R_\perp + R_{\parallel})$ für unpolarisierte Strahlung als Funktion des Einfallswinkels in der Nähe des Grenzwinkels α_g (45°) bei verschiedenen Werten von $\varkappa$ als Parameter wiedergegeben sind[393].

Zur Ermittlung der optischen Konstanten n und $\varkappa$ als Funktion von λ bedarf es natürlich auch hier zweier Messungen der geschwächten Totalreflexion $R_\perp$ oder $R_{\parallel}$ bei zwei verschiedenen Einfallswinkeln, aus denen sich die gewünschten Konstanten graphisch ermitteln lassen. Dabei erwies es sich als notwendig, Kurvenscharen zu berechnen, die R als Funktion von n bei verschiedenen Einfallswinkeln in der Nähe von α_g und

[392] *Harrick, N. J.*: Ann. N. Y. Acad. Sci. **101**, 928 (1963).
[393] Nach *Fahrenfort, J.*: l. c.

bei verschiedenen $\varkappa$ als Parameter wiedergeben. Ein gemessenes R bei gegebenem α_1 bzw. α_2 liefert dann je eine Reihe möglicher $n - \varkappa$-Kombinationen in Form einer Kurve in der $n - \varkappa$-Ebene. Der Schnittpunkt der beiden Kurven liefert die gewünschten Werte von n und $\varkappa$ bei der betreffenden Wellenlänge. Da dieses Verfahren recht langwierig ist, sind

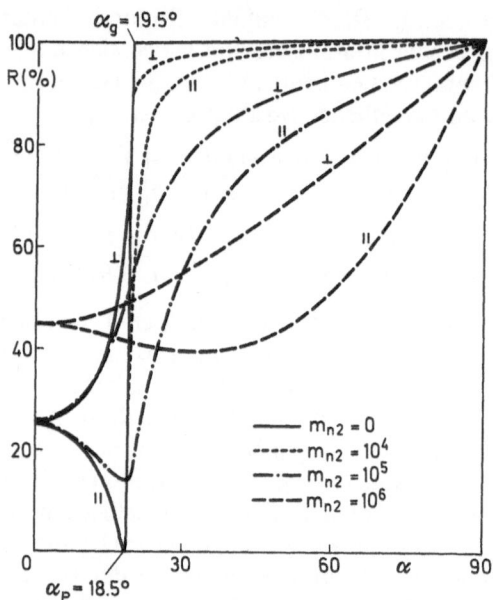

Abb. 142. Inneres Reflexionsvermögen einer Phasengrenze mit $n_2/n_1 = 0,333$ als Funktion des Einfallswinkels α bei $\lambda = 400 \, m\mu$ und verschiedenen Werten des Extinktionsmoduls m_{n2} als Parameter

neuerdings Formeln entwickelt worden[394], die eine explizite Lösung der Gleichung für n und $\varkappa$ ermöglichen. n ist dabei gleich n_2/n_1, wobei n_1 der Brechungsindex des dichteren Mediums ist, dessen Dispersion bekannt sein muß. Als Beispiel für eine derartige Auswertung der Reflexionsmessungen sind in Abb. 144 die experimentellen Reflexionsspektren (a) und die daraus berechneten Werte von n (b) und $\varkappa$ (c) der 1035 cm^{-1}-Bande des flüssigen Benzols[395] wiedergegeben. Man entnimmt der Ab-

[394] *Fahrenfort, J.,* u. *W. M. Visser:* Spectrochim. Acta **18**, 1103 (1962); — *Hansen, W. N.:* Spectrochim. Acta **21**, 209, 815 (1965); — *Fahrenfort, J.,* u. *W. M. Visser:* Spectrochim. Acta **21**, 1433 (1965).

[395] Weitere Messungen zur Bestimmung der optischen Konstanten n und $\varkappa$, z. B. bei *Clifford, A. A.,* u. *B. Crawford Jr.:* J. Phys. Chem. **70**, 1536 (1966); — *Gilby, A.,* u. Mitarb.: J. Phys. Chem. **70**, 1525 (1966); — *Hansen, W. N.:* Spectrochim. Acta **21**, 209 (1965); ISA Trans. **4**, 263 (1965); Anal. Chem. **37**, 1142 (1965).

bildung, daß Reflexionsmessungen, die erheblich oberhalb des Grenzwinkels α_g gemacht sind, den $n\varkappa$-Kurven ähnlich sind, während Messungen unmittelbar unterhalb des Grenzwinkels etwa dem Spiegelbild der
Dispersionskurve gleichen. Dieses zunächst merkwürdig erscheinende
Ergebnis konnte von *Fahrenfort* und *Visser* anhand einer eingehenden

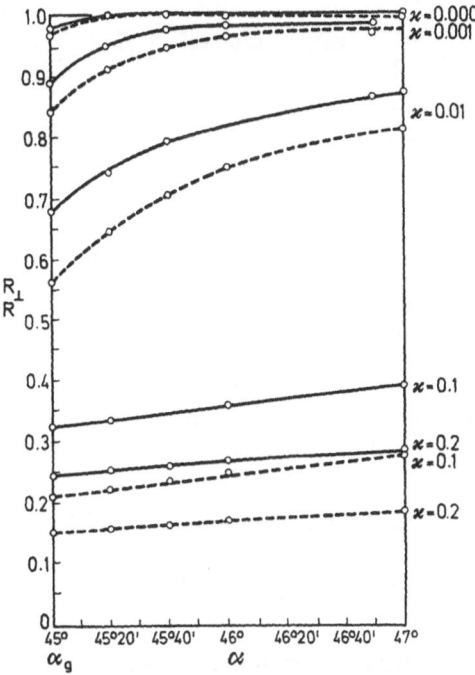

Abb. 143. Abschwächung der Totalreflexion an der Grenzfläche dichteres Me-
dium/dünneres Medium mit $n_2/n_1 = 0{,}707$ in Abhängigkeit vom Einfallswinkel
bei verschiedenem Absorptionsindex $\varkappa$ des dünneren Mediums als Parameter.
$R_\perp$ ————; R - - - - - - -; Grenzwinkel $\alpha_g = 45°$

Fehlerdiskussion erklärt werden. Die genauesten $\varkappa$-Werte erhält man aus
Messungen bei zwei α-Winkeln auf beiden Seiten von α_g im Bereich
$0{,}1 > \varkappa > 0{,}02$ bei $\varDelta\alpha = 10°$; der relative Fehler in $\varkappa$ beträgt dann bei
einem Fehler von $\pm 0{,}005$ in R nur etwa $\pm 5\%$ über einem relativ großen
α-Bereich, der Fehler in n unter gleichen Bedingungen nur $0{,}04$–$0{,}6\%$.
    Auch zur Bestimmung der optischen Konstanten von *Metallen* läßt
sich die Methode mit Vorteil heranziehen, da durch das Dielektrikum
das sehr hohe Reflexionsvermögen des Metalls herabgesetzt wird und
deshalb die Differenz zu 100% der Totalreflexion genauer gemessen
werden kann. In erster Näherung ist das Reflexionsvermögen der Di-

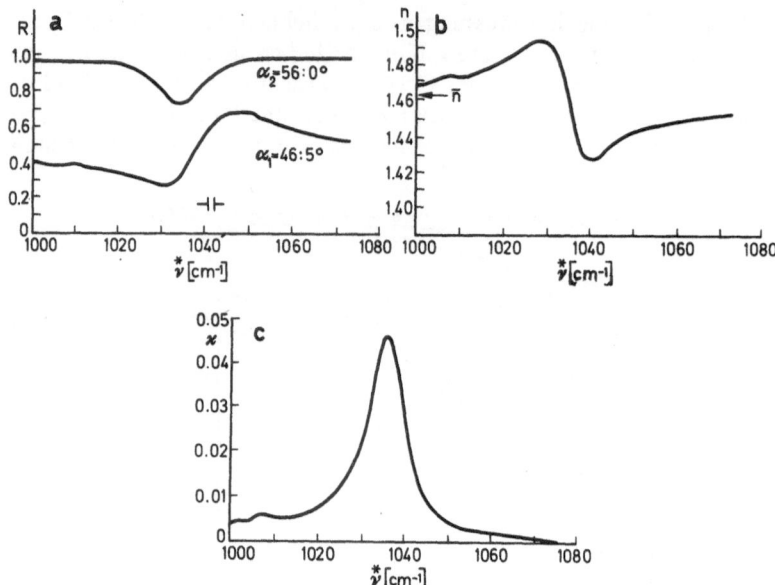

Abb. 144. Spektrum (a) aus geschwächter Totalreflexion der 1035 cm⁻¹-Bande von flüssigem Benzol und die daraus berechneten optischen Konstanten n (b) und $\varkappa$ (c)

elektrikum-Metall-Phasengrenze gegeben durch[396]

$$R = 100 - 2{,}1 \cdot 10^{-4} \left(\frac{\varepsilon}{\lambda \sigma} \right)^{1/2}, \tag{3}$$

worin ε die Dielektrizitätskonstante des Dielektrikums und σ die spezifische Leitfähigkeit des Metalls bedeuten. Nach Messungen von *Hansen*[397] stimmen die gewonnenen Werte mit denen früherer sorgfältiger Messungen nach den klassischen Methoden gut überein.

b) Innere Reflexionsspektroskopie

In weitaus den meisten Fällen hat man sich bei der Anwendung der ATR-Methode darauf beschränkt, die scheinbaren Extinktionen bzw. Durchlässigkeiten der untersuchten Proben als Funktion der Wellenlänge oder Wellenzahl aufzutragen bzw. unmittelbar zu registrieren, ohne die etwas mühsame Ermittlung der optischen Konstanten n und $\varkappa$ aus den gemessenen Reflexionswerten vorzunehmen und ohne sich um den

[396] *Harrick, N. J.*: J. Opt. Soc. Am. **49**, 376 (1959).

[397] *Hansen, W. N.*: ISA Trans. **5**, 263 (1965).

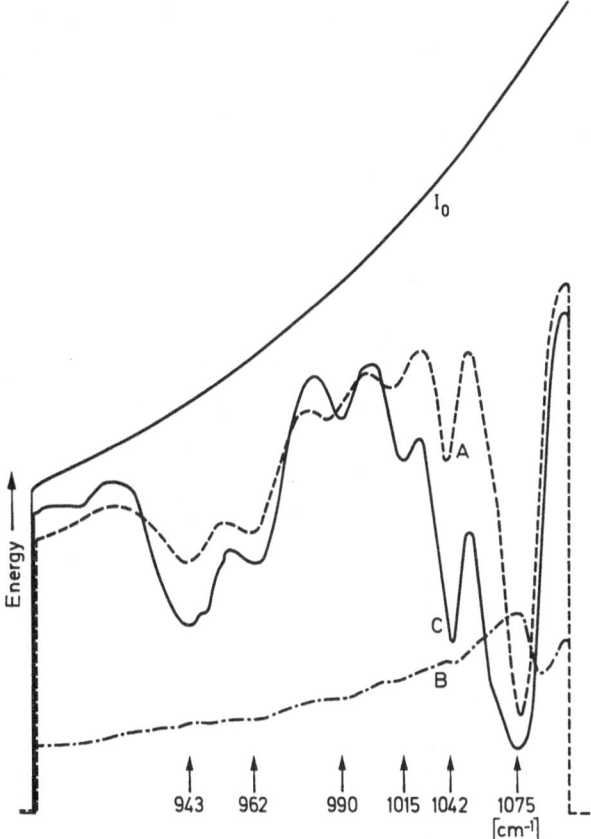

Abb. 145. Vergleich der IR-Spektra von flüssigem Dibutyl-phthalat unter gleichen äußeren Bedingungen, (*A*) in Transmission, (*B*) in normaler Reflexion, (*C*) in geschwächter Totalreflexion mit AgCl als dichterer Phase

Polarisationszustand der benutzten Strahlung zu kümmern. Diese, auch als „innere Reflexionsspektroskopie" (Internal Reflection Spectroscopy, ITR) bezeichnete Methode ist neuerdings in einer Monographie[398] ausführlich dargestellt worden, so daß wir uns hier auf das Wesentliche beschränken können. Einen sehr instruktiven Beweis für die Leistungsfähigkeit dieser Methode zeigt Abb. 145. Hier sind die in Durchsicht (A), in normaler Reflexion (B) und in geschwächter Totalreflexion unter Benutzung von AgCl als dichtere Phase (C) unter sonst gleichen Be-

---

[398] *Harrick, N. J.:* Internal reflection spectroscopy. New York: Interscience Publ. 1967; siehe auch: Modern aspects of reflectance spectroscopy. Hrsg.: *W. W. Wendlandt.* New York: Plenum Press 1968.

dingungen aufgenommenen Spektren von Dibutylphthalat in flüssiger Phase miteinander verglichen[399], Auflösung und Intensität der Banden sind im Fall (C) außerordentlich viel besser als im Fall der normalen Reflexionskurve (B), und die Spektren von (A) und (C) sind sehr ähnlich.

Es erhebt sich nun die Frage, wie weitgehend die so gewonnenen „Spektren" mit den wahren Spektren übereinstimmen, d. h. die Frage nach dem Zusammenhang der gemessenen scheinbaren Extinktion mit

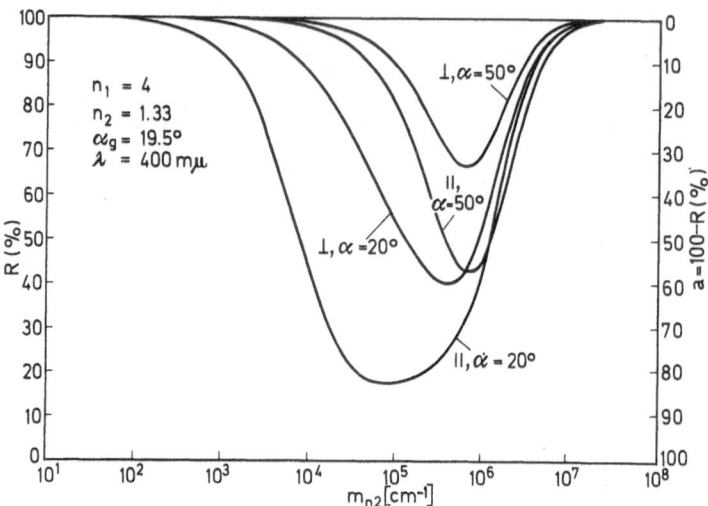

Abb. 146. Berechnete Abhängigkeit des inneren Reflexionsvermögens R bzw. des Absorptionsparameters $a = 100\text{-}R$ vom Extinktionsmodul des optisch dünneren Mediums bei zwei verschiedenen Einfallswinkeln. $\lambda = 400$ mµ; $n_2/n_1 = 0,333$

dem Absorptionskoeffizienten und der Eindringtiefe der Strahlung in das optisch dünnere Medium. Wie schon aus Abb. 142 hervorgeht, hängt R vom Einfallswinkel ab und ist für ∥-Polarisation kleiner als für ⊥-Polarisation. Infolgedessen muß auch der Absorptionsparameter a, definiert durch

$$a = (100 - R)\% \qquad (4)$$

eine Funktion dieser Größen sein. Trägt man R bzw. a, berechnet aus den Fresnelschen Gleichungen (1) und (2), gegen den Extinktionsmodul m_n auf, so erhält man die komplizierten Kurven der Abb. 146. Der Absorptionsparameter wächst von Null für nichtabsorbierende Medien zunächst an, erreicht ein Maximum und nimmt schließlich für sehr stark absorbierende Stoffe (Metalle) wieder auf Null ab. Eine vollständige Absorption läßt sich also bei einmaliger Reflexion überhaupt nicht

---

[399] Nach *Fahrenfort, J.*: l. c.

erreichen, auch wenn m_n beliebig groß ist. Dies gilt für halbunendliche Medien, in denen man das Absorptionsvermögen durch Änderung der Konzentration eines absorbierenden Stoffes verändern kann.

Nach der Maxwellschen Theorie bilden sich senkrecht zur total reflektierenden Oberfläche stehende Wellen aus, die Welle dringt in das optisch dünnere nicht absorbierende Medium ein, wobei die Amplitude des elektrischen Feldes exponentiell mit dem Abstand von der Phasengrenze abfällt[400]:

$$\vec{E} = \vec{E}_0 \cdot \exp\left[\frac{-x}{d_p}\right]. \tag{5}$$

Die Eindringtiefe d_p, definiert durch den Abstand, innerhalb dessen $\vec{E}$ auf $1/e$ absinkt, läßt sich berechnen[401] zu

$$d_p = \frac{\lambda_1}{2\pi(\sin^2\alpha - (n_2/n_1)^2)^{1/2}}; \quad \alpha > \alpha_g, \tag{6}$$

sie ist der Wellenlänge λ_1 im optisch dichteren Medium proportional. Zeigt das dünnere Medium gleichzeitig Absorption, so wird die eindringende Welle geschwächt. Im Fall der Transmission gilt *bei geringer Absorption* ($m_n < 0,1$)

$$\frac{I}{I_0} = e^{-m_n d} \cong 1 - m_n d. \tag{7}$$

In analoger Weise kann man für das Reflexionsvermögen bei geringer Absorption schreiben

$$R \cong 1 - m_n d_e, \tag{8}$$

worin d_e als die „*effektive Schichtdicke*" bezeichnet wird; sie hängt mit dem nach (4) definierten Absorptionsparameter a zusammen nach $d_e = a/m_n$ bei einmaliger Reflexion. Bei mehrmaliger (*N*-facher) Reflexion gilt entsprechend

$$R^N = (1 - m_n d_e)^N. \tag{9}$$

Die „effektive Schichtdicke" stellt also diejenige Schichtdicke dar, die notwendig wäre, bei Transmissionsmessungen die gleiche Extinktion zu erhalten wie bei einer einmaligen Reflexion an der Phasengrenze zu einem halbunendlichen optisch dünneren Medium[402]. d_e ist im allgemeinen eine komplizierte Funktion der verschiedenen möglichen Variablen, für geringe Absorption aber unabhängig von m_n; sie läßt sich

[400] *Harrick, N. J.*: J. Opt. Soc. Am. **55**, 851 (1965).

[401] *Harrick, N. J.*: Ann. N. Y. Acad. Sci. **101**, 928 (1963).

[402] *Harrick, N. J.*, and *F. K. du Pré*: Appl. Opt. **5**, 1739 (1966).

unter Benutzung von (5) aus der Änderung der Amplitude des elektrischen Feldes im dünneren nicht-absorbierenden Medium durch die Absorption berechnen[403]:

$$d_e = \frac{n_2/n_1}{\cos\alpha} \int_0^\infty E^2\,dx = \frac{(n_2/n_1)\,E_0^2\,d_p}{2\cos\alpha}\,. \tag{10}$$

Dabei ist angenommen, daß die Feldamplitude der einfallenden Welle im dichteren Medium den Wert 1 besitzt. Die relative effektive Schichtdicke hängt danach von der Eindringtiefe d_p ab, die ihrerseits mit zunehmendem Einfallswinkel α abnimmt und für $\|$- bzw. $\perp$-Polarisation gleich ist, ferner von der Probenfläche, die proportional zu $1/\cos\alpha$ ist, von dem Verhältnis n_2/n_1, das unabhängig ist von α, und schließlich von E_0^2, das größer ist für $\|$-Polarisation als für $\perp$-Polarisation. Die Amplitude $\vec{E}_0$ des elektrischen Feldes im optisch dünneren Medium an der Phasengrenze wurde von *Harrick* berechnet. Sie hat im einfachsten Fall senkrechter Polarisation den Betrag

$$\vec{E}_{0\perp} = \frac{2\cos\alpha}{[1 - (n_2/n_1)^2]^{1/2}}\,. \tag{11}$$

Setzt man (6) und (11) in (10) ein, so wird

$$\frac{d_{e\perp}}{\lambda_1} = \frac{(n_2/n_1)\cos\alpha}{\pi(1 - (n_2/n_1)^2)\,(\sin^2\alpha - (n_2/n_1)^2)^{1/2}}\,. \tag{12}$$

Entsprechend erhält man für $\|$-Polarisation

$$\frac{d_{e\|}}{\lambda_1} = \frac{(n_2/n_1)\cos\alpha(2\sin^2\alpha - (n_2/n_1)^2)}{\pi(1 - (n_2/n_1)^2)\,[(1 - (n_2/n_1)^2)\sin^2\alpha - (n_2/n_1)^2]\,(\sin^2\alpha - (n_2/n_1)^2)^{1/2}}\,. \tag{13}$$

Alle diese Faktoren bewirken insgesamt, daß die Wechselwirkung der eindringenden Welle mit dem absorbierenden Medium und damit auch d_e mit zunehmendem α abnimmt, und zwar verschieden stark für $\|$- und $\perp$-Polarisation. In Abb. 147 sind die in λ_1-Einheiten gemessene relative Eindringtiefe d_p und die relativen effektiven Schichtdicken $d_{e\|}$ und $d_{e\perp}$ als Funktion von α dargestellt für $n_2/n_1 = 0{,}423$ und $\alpha_g = 25°$. Für Einfallswinkel, die sich dem kritischen Grenzwinkel α_g nähern, wird d_e unbestimmt groß, bei streifendem Einfall geht es gegen Null, weil auch

---

[403] *Harrick, N. J.,* u. *F. K. du Pré:* Appl. Opt. **5,** 1739 (1966).

E_0 bei $\alpha = 90°$ verschwindet. Bei $\alpha = 45°$ ist die mittlere effektive Dicke $(d_{e\perp} + d_{e\parallel})/2$ etwa gleich der Eindringtiefe d_p.

Da d_p der Wellenlänge proportional ist, wächst auch d_e mit λ an. Das ist der Grund, weshalb in den inneren Reflexionsspektren halbunendlicher Medien längerwellige Banden relativ stärker sind als in Transmissionsspektren. Die stärkere Absorption auf der langwelligen Flanke einer

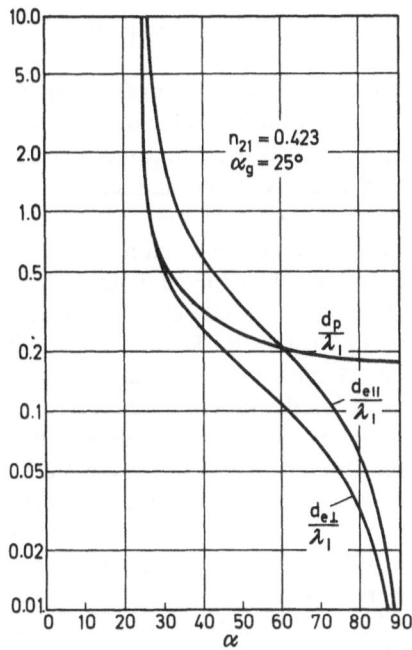

Abb. 147. Relative Eindringtiefe und effektive Schichtdicken der ins optisch dünnere Medium eindringenden Welle in Abhängigkeit vom Einfallswinkel α auf die Phasengrenze

Bande bewirkt zusätzlich auch eine Deformation der Bande gegenüber ihrer Form in Transmission.

Gl. (10) gilt streng nur für geringe Absorption, läßt sich aber über einen großen Bereich von Extinktionsmoduln mit guter Näherung verwenden je nach der Größe von α. Bei $\alpha = 50°$ ist sie z. B. auch für $m_n = 10^5$ brauchbar.

Benutzt man als optisch dünneres Medium keine halbunendliche Schicht, sondern *dünne Filme*, deren Dicke $d < d_e$, so kann man das elektrische Feld als konstant über die Filmdicke betrachten, und die

„effektive Schichtdicke" ist gegeben durch

$$d_e = \frac{(n_2/n_1)\,E_0^2\,d}{\cos\alpha},\tag{14}$$

wobei für senkrechte Polarisation die Amplitude E_0 innerhalb des Films nunmehr gegeben ist durch

$$E_{0\perp} = \frac{2\cos\alpha}{[1-(n_3/n_1)^2]^{1/2}}.\tag{15}$$

Hier hängt also die Feldstärke noch vom Brechungsindex n_3 des Untergrundes des Films ab. Die „effektive Schichtdicke" wird von der Eindringtiefe und damit auch von der Wellenlänge unabhängig und der Dicke des Films proportional. Weitere Vorteile sind, daß d_e nicht undefiniert groß wird, wenn α sich dem Grenzwinkel α_g nähert, für den jetzt gilt $\sin\alpha_g = n_3/n_1$, und daß wegen der λ-Unabhängigkeit sowohl die relative Intensität wie die Form verschiedener Banden sich ähnlich verhalten wie bei Messungen in Transmission, was bei halbunendlichen Medien nicht der Fall ist. Aus diesem Grund sind Messungen an dünnen Filmen denen an halbunendlichen Medien vorzuziehen, um so mehr als auch ein weiterer Bereich von Einfallswinkeln α zur Verfügung steht, weil nicht mehr der Brechungsindex des dünnen Films den Winkelbereich vorschreibt, sondern der Grenzwinkel α_g durch das Verhältnis n_3/n_1 gegeben ist. Selbst wenn $n_2 > n_1$, kann man noch Totalreflexion erhalten, sofern nur $n_3 < n_1$.

Die abgeleiteten Gleichungen für d_e gelten nur für geringe Absorption; ihr Geltungsbereich kann aber erweitert werden, indem man zwar große Einfallswinkel α wählt, bei denen die Absorption gering ist, dafür aber mehrfach reflektieren läßt und so trotzdem einen genügend großen Kontrast der Spektren erhält. Notwendig ist ferner ein guter optischer Kontakt zwischen den beiden Medien, da sonst Bandenintensitäten und Bandenprofile nicht mehr mit denen in Transmission vergleichbar sind. Diese Bedingung erschwert häufig die Gewinnung zuverlässiger ATR-Spektren von festen oder pulverförmigen Stoffen.

Eine weitere Fehlerquelle bei Messungen innerer Reflexionsspektren ist schließlich die *Dispersion* des optisch dünneren Mediums, die ja gerade innerhalb von Absorptionsbanden „anomal" ist und bei schmalen und intensiven Banden sehr starke Änderungen von n_2 hervorrufen kann. Während die dadurch bedingten Reflexionsänderungen an den Phasengrenzen bei Transmissionsmessungen durch Benutzung zweier Schichtdicken annähernd eliminiert werden können (vgl. S. 1), so daß man „wahre" Durchlässigkeiten ermitteln kann, findet man bei inneren Reflexionsspektren in der Nähe des kritischen Grenzwinkels eine

Deformation und Verschiebung der Banden nach längeren Wellen gegenüber den in Transmission gemessenen, die durch die anomale Dispersion von n_2 bedingt ist[404]. Um diese Fehlerquellen möglichst klein zu machen, muß man in größerem Abstand von α_g einstrahlen, was andererseits allerdings einen Verlust an Kontrast (geringe Absorption) bedeutet. Auch in diesem Fall sind die Fehler geringer bei der Messung von dünnen Filmen als bei der Messung halbunendlicher Medien und ebenso geringer für $\perp$-Polarisation als für $\parallel$-Polarisation.

c) Methodik

Wie im letzten Abschnitt gezeigt wurde, ist die „effektive Schichtdicke" d_e maßgebend für die Stärke der Absorption und damit den Kontrast in einem „inneren Reflexionsspektrum". d_e wird um so größer, je kleiner der noch zulässige Brechungsindex n_1 des total reflektierenden Elements und je kleiner der Einfallswinkel α auf die total reflektierende Fläche ist, wobei es allerdings wegen der störenden Bandenverschiebungen und -deformationen eine obere Grenze für d_e gibt. Man kann jedoch bei zu kleinem d_e den Kontrast des Spektrums durch mehrmalige Reflexion erhöhen (Gl. 9). Man unterscheidet danach zwischen *einfach* und *mehrfach* reflektierenden Elementen und bei beiden nochmals zwischen solchen mit *festem* und mit *variablem* Einfallswinkel.

Für die Bestimmung der optischen Konstanten n und $\varkappa$ ist die Messung bei zwei verschiedenen Einfallswinkeln notwendig, die möglichst genau (bis auf wenige Minuten) definiert bzw. gemessen werden müssen. *Fahrenfort*[405] benutzte AgCl- bzw. KRS-5-Kristalle in Form eines Halbzylinders, dessen waagerecht liegende Schnittfläche als totalreflektierende Phasengrenze dient, während die Strahlung durch die gekrümmte Oberfläche einfällt und austritt. Fokussiert man das Strahlenbündel auf die Mitte des Zylinders (Abb. 148), so tritt es ungebrochen durch den Zylinder durch, aber der Einfallswinkel variiert über den Querschnitt; fokussiert man es außerhalb des Zylinders in der Entfernung $R_1 = R/(n-1)$, so erhält man angenähert parallele Strahlung mit besser definiertem Einfallswinkel. Der Vorteil dieser Anordnung besteht darin, daß man den Einfallswinkel im Bereich zwischen 15° und 85° variieren

---

[404] Die Frage, ob die in Transmission oder mittels innerer Reflexion gemessenen Bandenlagen der wahren Frequenz des Oscillators entsprechen, ist von *Clifford, A. A.*, u. *B. Crawford Jr.*: J. Phys. Chem. **70**, 1536 (1966), sowie von *Young, E. F.*, and *R. W. Hannah*: Modern aspects of reflectance spectroscopy, p. 218 ff. New York: Plenum Press 1968, diskutiert worden. Die letzteren Autoren weisen darauf hin, daß auch bei Transmissionsmessungen die Bandenlage durch das Material der Küvettenfenster beeinflußt werden kann.

[405] *Fahrenfort, J.*: Spectrochim. Acta **17**, 698 (1961).

und mit Hilfe einer Winkelmeßeinrichtung auf 3′ genau ablesen kann. In Abb. 149 ist die abgeänderte Form eines Halbzylinders nach *Fahrenfort* für eine 5 fache Reflexion dargestellt. Die Zahl der Reflexionen hängt von dem Verhältnis b/h ab. Ist dieses eine ganze Zahl m, so wird die Zahl der Reflexionen gleich $2m + 1$ und unabhängig vom Einfallswinkel innerhalb bestimmter Grenzen α_{max} und α_{min}, wenn das einfallende Bündel

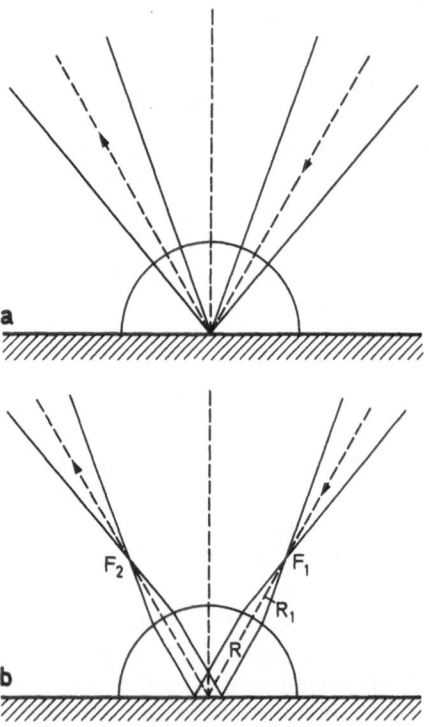

Abb. 148. Halbzylinder nach *Fahrenfort* zur Messung der geschwächten Totalreflexion mit variablem Einfallswinkel

gegen die Achse des Zylinders gerichtet ist. Eine Weiterentwicklung dieses Prinzips zeigt Abb. 150 nach *Harrick*[406], eine Platte mit zwei aufgesetzten Viertelzylindern, die entweder als Einweg- oder Doppelweg-Zellen benutzt werden können. Für die Fokussierung des einfallenden Strahlenbündels gelten die zu Abb. 148 angegebenen Überlegungen.

    Für die Messung innerer Reflexionsspektren (ohne getrennte Ermittlung von n und $\varkappa$) begnügt man sich häufig mit Reflexionselementen mit festen Einfallswinkeln, die einfacher herzustellen sind. Zahlreiche

[406] *Harrick, N. J.*: Anal. Chem. **36**, 188 (1964).

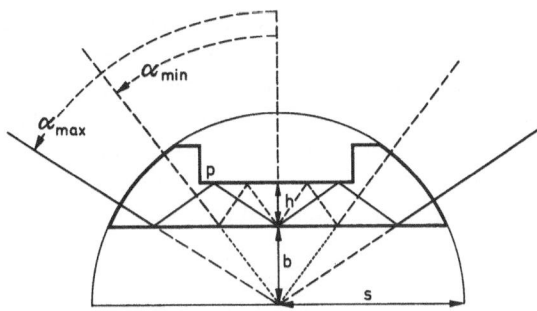

Abb. 149. Halbzylinder für 5fache Reflexion nach *Fahrenfort* mit variablem Einfallswinkel

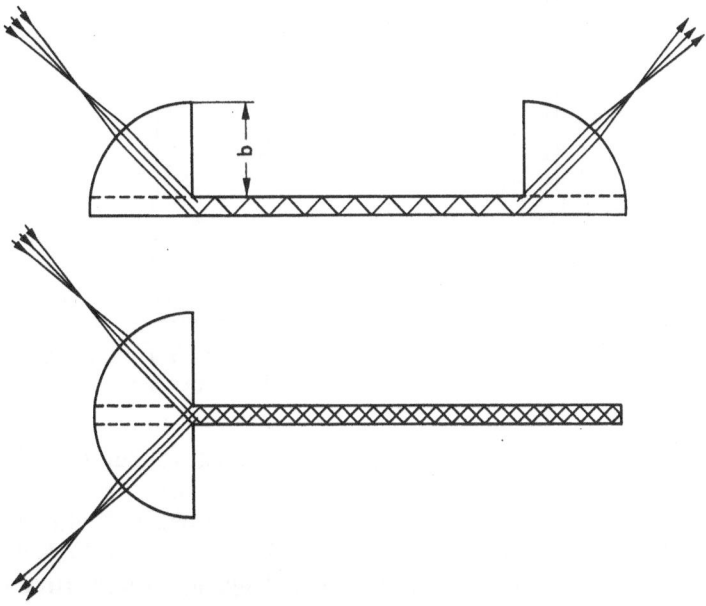

Abb. 150. Platten nach *Harrick* für vielfache innere Reflexion mit variablem Einfallswinkel (einfacher und doppelter Durchgang)

Typen sind angegeben worden[407] für einfache und vielfache Reflexion sowie als Einweg- und Doppelwegzellen, vom einfachen gleichseitigen bis zu komplizierten achromatischen Prismen. Am häufigsten benutzt werden trapez- oder parallelogrammförmige Platten (Abb. 152) ver-

---

[407] Vgl. z. B.: *Hansen, W. N.,* and *J. A. Horton:* Anal. Chem. **36**, 783 (1964); — *Hansen, W. N.:* Anal. Chem. **35**, 783 (1964).
Siehe auch die S. 325 angegebene Monographie von *N. J. Harrick.*

schiedener Dicke, deren abgeschrägte Flächen die Apertur darstellen. Am besten ist es, wenn ein paralleles Strahlenbündel senkrecht durch die Apertur ein- bzw. ausfällt, so daß keine Änderung des Polarisationszustandes eintritt und der Einfallswinkel gut definiert ist. Häufig benutzt man jedoch auch schwach konvergente Strahlung, die man auf die Mitte der Platte fokussiert, so daß die Strahlung divergent austritt. Dann hat man natürlich einen mehr oder weniger breiten fixierten Be-

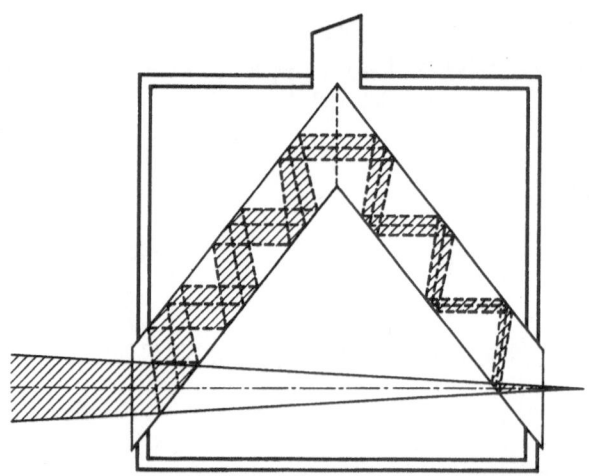

Abb. 151. V-förmiges Element für innere Reflexion nach *Harrick*, das keine Defokussierung oder Versetzung des Strahlenbündels hervorruft

reich von Einfallswinkeln und kann diese nicht mehr willkürlich variieren, wie es zur Veränderung der „effektiven Schichtdicke" notwendig ist.

Doppelzellen haben mehrere Vorteile: Bei gegebener Zell-Länge ist die Zahl der Reflexionen doppelt so groß wie bei einer Einfachwegzelle; die Einfügung in den optischen Strahlengang eines Spektrometers ist sehr viel einfacher; bei der Untersuchung von Flüssigkeiten oder Pulvern kann man die Stärke der Absorption einfach dadurch variieren, daß man die Zelle mehr oder weniger tief in die zu untersuchende Probe eintaucht. Dem steht der Nachteil gegenüber, daß außer beim Einfallswinkel $\alpha = 45°$ der Einfallswinkel am flachen unteren Ende der Zelle den Betrag $(90° - \alpha)$ hat. Man kann diesen Nachteil dadurch eliminieren, daß man den Boden der Zelle mit einer aufgedampften Metallschicht versieht. Während bei einer Einfachwegzelle der Einfallswinkel zwischen α_g und 90° variieren kann, ist hier nur eine Variation zwischen α_g und $(90° - \alpha_g)$ möglich. Für die Grenzfläche Ge–H_2O z. B. liegt dieser Bereich immer noch zwischen 18,5 und 71,5°.

Spezielle Konstruktionen sind u. a.: Das V-förmige Element[408], das den Vorteil besitzt, daß das Strahlenbündel bei geeigneter Wahl von Einfallswinkel und Dimensionen bzw. Neigung der beiden Arme des Elements nicht defokussiert wird und daß das austretende Bündel mit dem eintretenden koaxial ist (Abb. 151), so daß es einfach in den Strahlengang eines Spektrometers eingefügt werden kann. Ferner die *Rosette*[409], ein Element, mit dessen Hilfe das Strahlenbündel durch Spiegel mehrfach hintereinander auf den gleichen Punkt der Probenoberfläche gelenkt wird, so daß auch sehr kleine Proben (z. B. Mikrokristalle) untersucht werden können.

Für noch kleinere Proben (z. B. adsorbierte Mengen in der Größenordnung von 10^{-9} g) kann man sich die Vorteile der sog. „*Interferenzspektroskopie*" zunutze machen, wie sie z. B. im Fabry-Perot-Etalon verwendet wird[410]. Das Prinzip der Methode beruht auf folgendem: Läßt man ein paralleles Strahlenbündel oberhalb des kritischen Grenzwinkels auf einen sehr dünnen Film fallen, so erhält man eine sehr große Anzahl von inneren Reflexionen bereits im Bereich des Durchmessers des Bündels, da die Strahlung, wie früher gezeigt, auch in den Film eindringt und dort ein quergedämpftes elektrisches Feld hervorruft. Infolge der Mehrfachreflexion tritt unter geeigneten Bedingungen Interferenz auf. Wenn die Phasendifferenz zwischen den einzelnen reflektierten Komponenten

$$\delta = \frac{4\pi \, n \, d \cos\alpha}{\lambda_0} = 2\pi \, m \tag{16}$$

beträgt, wobei d die Dicke des Films, n sein Brechungsindex, λ_0 die Vakuumwellenlänge und m eine ganze Zahl bedeutet, so wird das Reflexionsvermögen eines solchen Films im Idealfall gleich Null, d. h. die gesamte Strahlung wird durchgelassen. Besitzt der Film bzw. ein hinter dem Film liegendes Medium ein schwaches Absorptionsvermögen, so wird trotzdem wegen der Resonanz innerhalb des Films eine große Feldamplitude und damit eine hohe Verstärkung der Absorption eintreten.

Die Anforderungen an die Elemente für innere Reflexion sind naturgemäß außerordentlich hoch, sowohl was das Material (Durchlässigkeit,

---

[408] *Harrick, N. J.:* Phys. Rev. Letters **4**, 224 (1960); Anal. Chem. **36**, 188 (1964).

[409] *Harrick, N. J.:* l. c.; — *Hirschfeld, T.:* Appl. Opt. **6**, 715 (1967).

[410] Vgl. *Kortüm, G.:* Kolorimetrie, Photometrie und Spektrometrie, 4. Aufl. S. 80, 117. Berlin-Göttingen-Heidelberg: Springer 1962; — *Harrick, N. J.:* Internal reflection spectroscopy. New York: Interscience Publ. 1967; — *Berz, F.:* Brit. J. Appl. Phys. **16**, 1733 (1965); — *Harrick, N. J.,* u. Mitarb.: J. Opt. Soc. Am. **56**, 533 A (1966).

Brechungsindex und seine Dispersion, Härte, chemische Beständigkeit, Verunreinigungen usw.) wie die geometrische Form (Präzision der gewünschten Dimensionen und Winkel, Oberflächeneigenschaften usw.) betrifft. Da sich die Methode vorwiegend für das infrarote Spektralgebiet bewährt hat, hat man vor allem Elemente mit großer Durchlässigkeit im IR hergestellt. Die Materialien reichen vom Diamant bis zum CsJ, am häufigsten benutzt werden KRS-5 ($n = 2,4$), Si ($n = 3,4$), Ge ($n = 4$), AgCl ($n = 2$) für das IR, Quarz ($n = 1,5$), NaCl ($n = 1,5$), Flintglas ($n = 1,7$), Al_2O_3 ($n = 1,8$); MgO ($n = 1,8$) für das Sichtbare und UV. Durchlässigkeiten [411] und Dispersionen [412] sind graphisch oder tabellarisch angegeben.

Besondere Sorgfalt erfordert die Politur der optischen Flächen, damit jede diffuse Reflexion vermieden wird, die bei einer Vielzahl von Reflexionen die Strahlungsleistung sehr schnell herabsetzen würde. Am besten werden Einkristalle verwendet, die man so schneidet oder spaltet, daß die total reflektierenden Flächen mit definierten Kristallebenen zusammenfallen. Weiche Materialien, wie CsJ, KRS-5, AgCl usw., werden in die gewünschten Formen gepreßt. Bei den meist benutzten Platten bestimmt das Verhältnis l/d von Länge zu Dicke die Zahl der Reflexionen, wenn der Einfallswinkel vorgegeben ist. Dieses l/d muß so gewählt werden, daß das Strahlenbündel geschlossen aus der Austrittsapertur austritt und nicht etwa aufgespalten wird. Zwei solche Fälle sind für parallele bzw. fokussierte Strahlung in Abb. 152 dargestellt. Ebenso müssen die Winkel der Aperturflächen und die Parallelität der total reflektierenden Flächen sehr exakt eingehalten werden, damit das austretende Strahlenbündel nicht seitlich abgelenkt wird [413].

Zur Untersuchung fester Stoffe (Kristalle, Pulver usw.) muß guter, wenn möglich optischer Kontakt zwischen dem Reflexionselement und der Probe hergestellt werden, damit man kontrastreiche und reproduzierbare Spektren erhält. Dazu ist es notwendig, die Proben unter Druck anzupressen, wozu spezielle hydraulische Pressen entwickelt worden sind, die den Druck unter Zwischenlage von Gummi gleichmäßig verteilen. Einfacher ist es häufig, optischen Kontakt durch eine nichtabsorbierende Flüssigkeit von genügend hohem Brechungsindex herzustellen. Im IR kann dazu etwa CS_2 ($n_D = 1,627$) dienen, das abgesehen

---

[411] *McCarthy, K. A.*, and others: Am Inst. of Physics Handbook, 2. Aufl. New York: McGraw-Hill 1963; — *Landolt-Börnstein:* 6. Aufl. 1, S. 4. Berlin-Göttingen-Heidelberg: Springer 1955

[412] *Wolfe, W. L.*, and others: Am. Inst. of Physics Handbook, 2. Aufl. New York: McGraw-Hill 1963; — *Landolt-Börnstein:* 6. Aufl., Bd. 8, S. 2 Berlin-Göttingen-Heidelberg: Springer 1962.

[413] Weitere Einzelheiten siehe bei *Harrick, N. J.:* Internal reflection spectroscopy. New York: Interscience Publ. 1967.

von einzelnen Banden im Bereich von 0,35–13 μ durchlässig ist, im Sichtbaren und nahen UV auch s-Tetrabromäthan ($n_D = 1,638$).

Für die Bestimmung der optischen Konstanten n und $\varkappa$ empfiehlt sich die Benutzung linear *polarisierter Strahlung*, da dann die Berechnung mit Hilfe der Fresnelschen Formeln einfacher ist. Abgesehen davon ist die Strahlung in Spektrometern, speziell in Gitter-Spektrometern ohnehin teilweise polarisiert, so daß man für quantitative Messungen den Polarisationszustand ohnehin bestimmen muß. Es ist deshalb vorzuziehen, von vornherein vollständig polarisierte Strahlung zu verwenden.

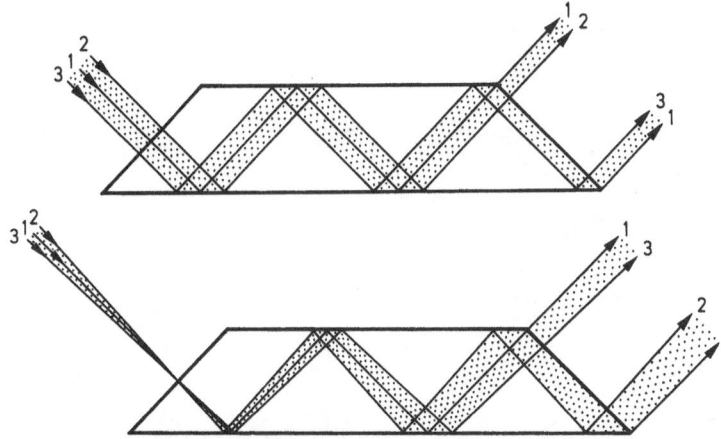

Abb. 152. Wichtigkeit des Verhältnisses *l/d* von Länge zu Dicke einer Platte für interne Reflexion für parallele bzw. fokussierte Strahlung

Polarisatoren für das Sichtbare und UV sowohl wie für das IR und ihre Wirkungsweise sind ausführlich in der Literatur beschrieben worden[414].

Auch für den *Einbau der Reflexionselemente in ein Spektralphotometer* ist die Frage entscheidend, ob man die optischen Konstanten n und $\varkappa$ bestimmen oder ob man sich auf die Messung innerer Reflexionsspektren beschränken will. Im ersten Fall bedarf es einerseits möglichst streng paralleler Strahlung zur bestmöglichen Festlegung des Einfallswinkels und andererseits einer sehr genauen Meßeinrichtung für diesen Winkel, der möglichst auf wenige Minuten genau bestimmt werden sollte. Bisher gibt es anscheinend keine käuflichen Zusatzgeräte zu den im Handel befindlichen Spektrometern, die diese Bedingungen erfüllen, und es sind nur wenige Konstruktionen beschrieben worden, in denen sie berücksichtigt sind.

[414] *Kortüm, G.*: Kolorimetrie, Photometrie und Spektrometrie, 4. Aufl. Berlin-Göttingen-Heidelberg: Springer 1962; — *Shurcliff, W. A.*: Polarized light. Cambridge, Mass.: Harward Univ. Press 1962.

An Abb. 153 ist der Strahlengang der von *Fahrenfort* und *Visser*[415] angegebenen Anordnung schematisch dargestellt. Als reflektierendes Element dient ein Halbzylinder für ein- oder mehrfache Reflexion. Der Spiegel *A* und der Halbzylinder sind um eine gemeinsame feste Achse drehbar, ihre reflektierenden Flächen stehen stets senkrecht

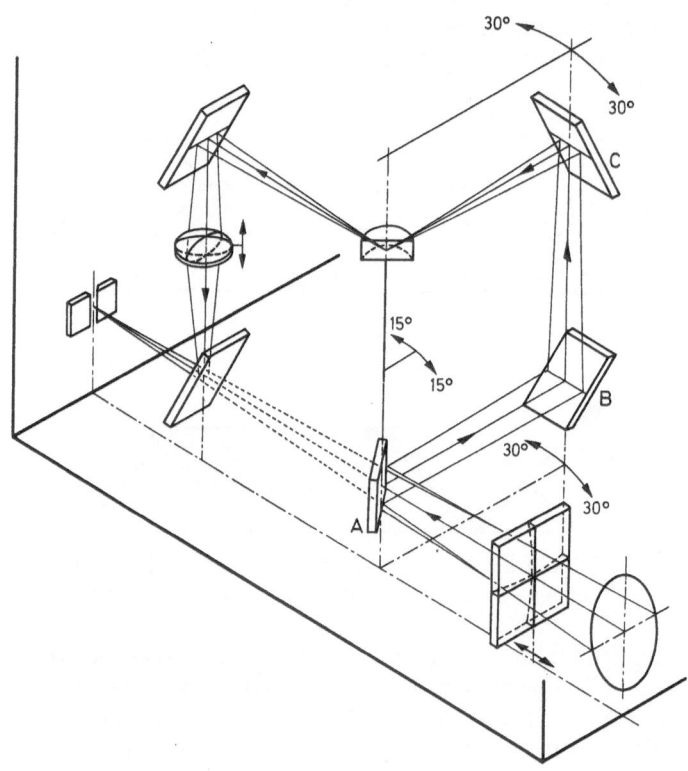

Abb. 153. Zusatzgerät für geschwächte Totalreflexion nach *Fahrenfort* zur Bestimmung der optischen Konstanten *n* und $\varkappa$

aufeinander. Auch die beiden fest verbundenen Spiegel *B* und *C* können zusammen um die gleiche Achse rotiert werden. *A* und das Reflexionselement sind mechanisch mit *B* und *C* gekoppelt, so daß der Einfallswinkel zwischen 30 und 63° variiert werden kann. Die Genauigkeit der Winkeleinstellung beträgt 3′. Ein mechanisches System sorgt dafür, daß bei Änderung von α die Fokussierung des Strahlenbündels er-

---

[415] *Fahrenfort, J.*, u. *W. M. Visser:* Spectrochim. Acta **18**, 1103 (1962).

halten bleibt. Der Halbzylinder ist in eine Platte aus Epoxidharz eingelassen, deren Unterseite mit der Basis des Zylinders bündig ist. Für die Messung flüssiger Proben befindet sich in dem darunter befindlichen Block ein Hohlraum, der mit dem Zylinder bedeckt wird, und mit der Flüssigkeit mittels einer Kapillare gefüllt wird. Feste Stoffe und Filme werden auf eine bewegliche Platte aufgebracht, die nach oben verschoben werden kann, bis optischer Kontakt eintritt, der evtl. durch eine dünne Schicht einer hochbrechenden, nichtabsorbierenden Flüssigkeit verbessert werden kann. Das ganze Gerät kann in den Zellkasten eines Doppelstrahl-Spektrometers (Beckman oder Perkin-Elmer) eingebaut werden.

Auch das von *Gilby* u. Mitarb.[416] angegebene Gerät benutzt einen Halbzylinder als Reflexionselement. Das Strahlenbündel ist auch hier möglichst parallel gemacht, doch beträgt die Öffnung des Bündels etwa 1°. Der dadurch bewirkte Fehler in den Meßergebnissen wird berechnet. Die Reproduzierbarkeit der Winkeleinstellung beträgt 0,5′, bei der Kalibrierung läßt sich eine Genauigkeit von 5′ erreichen. Der einstellbare Bereich des Einfallswinkels variiert von 11–75°.

Zusatzgeräte zu kommerziellen Spektralphotometern für die Messung innerer Reflexionsspektren sind von zahlreichen Firmen entwickelt und in den Handel gebracht worden[417]. Im einfachsten Fall bestehen sie lediglich aus einem geeigneten Reflexionselement, das ohne zusätzliche Optik anstelle einer Küvette in den Strahlengang eines Spektrometers gebracht wird. Für parallelen Strahlengang kann dieses etwa ein achromatisches Prisma, für konvergente Strahlung ein *V*-förmiges Element (Abb. 151) sein. Man muß allerdings in diesem Fall auf die Möglichkeit verzichten, den Einfallswinkel variieren zu können.

Für den Fall, daß man auf die Variationsmöglichkeit des Einfallswinkels nicht verzichten, gleichwohl aber den Küvettenraum eines handelsüblichen Spektralphotometers für den Einbau des Reflexionselementes benutzen möchte, muß man eine zusätzliche optische Einrichtung entwickeln, wie sie in dem Zusatzgerät von *Fahrenfort* und *Visser* bereits beschrieben wurde (Abb. 152). Hier bestehen vielseitige Variationsmöglichkeiten in der Kombination verschiedener Reflexionselemente mit optischen und mechanischen Elementen zur Strahlenführung, was zur Entwicklung einer großen Zahl von Zusatzgeräten zu den üblichen Spektralphotometern geführt hat. Man unterscheidet dabei wieder zwischen den beiden Gruppen mit variablem bzw. festem Einfallswinkel auf das Reflexionselement, das seinerseits für Einfach- oder

---

[416] *Gilby, A. C.*, u. Mitarb.: J. Phys. Chem. **70**, 1520, 1525 (1966).

[417] Zum Beispiel: Barnes Engng. Stanford, Conn.; Beckman Instr. Fullerton, Calif.; Perkin-Elmer Corp.; Norwalk, Conn.; Research and Industrial Instr. Comp. London; Wilks Scientific Corp. South Norwalk, Conn.

Mehrfachreflexion vorgesehen sein kann. Da bei diesen Geräten in der Regel nicht an die Ermittlung optischer Konstanten gedacht ist, ist sowohl die Definition des Einfallswinkels wie seine Messung nicht allzu genau, was aber für die Zwecke der Aufnahme innerer Reflexionsspektren völlig ausreicht. Als Beispiel ist in Abb. 154 der Strahlengang in dem Zusatzgerät Modell 9 der Wilks Scientific Corp. für Vielfachreflexion bei festem Einfallswinkel schematisch wiedergegeben.

Für *spezielle Untersuchungen*, z. B. bei hohen oder tiefen Temperaturen, reicht der Probenraum der üblichen Spektralphotometer nicht aus, um das Reflexionselement nebst Zusatzoptik, Ofen, Dewar usw. darin unterzubringen. In solchen Fällen ist eine Neukonstruktion der optischen Anordnung vor Eintritt in den Monochromator oder hinter dem

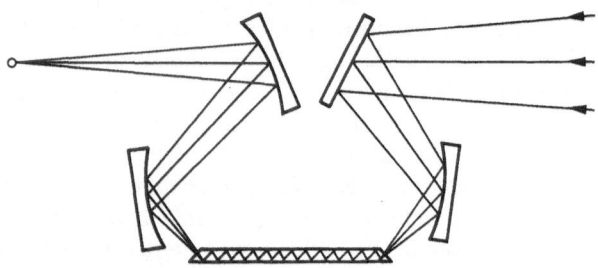

Abb. 154. Zusatzgerät Modell 9 der Firma Wilks Scientific Corp. zum Einbau in den Probenraum eines Spektralphotometers. Trapezförmiges Element für Vielfachreflexion und fixierten Einfallswinkel

Austritt aus dem Monochromator notwendig. Eine solche Anordnung hat weiter den Vorteil, daß die Oberfläche des Reflexionselements leichter zugänglich ist, was für die Untersuchung verschiedenartiger Proben (Filme, Flüssigkeiten, Pulver) von Nutzen ist. Verschiedene Beispiele für derartige Anordnungen sind angegeben worden[418].

Nach Möglichkeit wird man *Doppelstrahl-Spektrometer* benutzen und unter diesen solche bevorzugen, die nach dem Einzellenflimmerverfahren mit optischem Abgleich arbeiten, da sie die sichersten Resultate gewährleisten[419]. Für die Doppelstrahlmethode braucht man zwei möglichst gleiche Reflexionselemente für das Meß- und Vergleichsstrahlenbündel zur Kompensation der Strahlenverluste, analog wie zwei gleiche Küvetten bei Transmissionsmessungen.

[418] *Harrick, N. J.:* Appl. Opt. **4**, 1664 (1965); Anal. Chem. **36**, 188 (1964); — *Becker, G. E.,* and *G. W. Gobeli:* J. Chem. Phys. **38**, 2942 (1963).

[419] Vgl. dazu *Kortüm, G.:* Kolorimetrie, Photometrie und Spektrometrie, 4. Aufl. Berlin-Göttingen-Heidelberg: Springer 1962.

d) Anwendungen

Die Anwendungsmöglichkeiten dieser Methode sind wie die der diffusen Reflexion nahezu unbegrenzt. Gegenüber Durchsichtsmessungen bietet auch sie in manchen Fällen besondere Vorteile. Da die Eindringtiefe der Strahlung in die optisch dünnere Phase äußerst klein ist, kann man auch sehr dünne Oberflächenschichten untersuchen. Ist umgekehrt die Dicke dieser Schicht größer als etwa 5 μ, so hängt das gewonnene Spektrum von der Schichtdicke der Probe nicht mehr ab, wie dies bei Durchsichtsmessungen der Fall ist. Wasserlösliche oder wasserhaltige Stoffe, die im IR in Durchsicht schwer zu messen sind, können leicht untersucht werden, ebenso Zwei-Phasen-Systeme wie Suspensionen, Emulsionen, Kolloide usw., so daß diese Methode sich speziell auch für die Untersuchung biochemischer Probleme (Spektren von Aminosäuren, Polypeptiden usw.) eignet. Zahlreiche Beispiele für die vielseitige Anwendbarkeit der Methode sind in der Monographie von *Harrick* angegeben, so daß wir uns hier auf einige Beispiele beschränken können, bei denen die Vorteile der Methode etwa gegenüber Transmissionsmessungen besonders gut zu erkennen sind.

Wie mit der diffusen Reflexion lassen sich *feste Stoffe* mit Hilfe der inneren Reflexion besonders einfach untersuchen, ohne daß die Herstellung der Proben große Vorbereitungen erfordert. Bei plastischen Materialien wie manchen Kunststoffen oder Gummi erhält man ausreichenden Kontakt zur reflektierenden Oberfläche leicht durch bloßes Andrücken, bei harten Stoffen muß man die Oberfläche evtl. durch einige Tropfen einer hochbrechenden Flüssigkeit wie CS_2 verbessern. Selbst wenn diese nachträglich wieder verdampft, bleibt ausreichender Kontakt meistens erhalten. In Abb. 155 sind als Beispiel die Spektren eines festen Epoxidharzes, nach der KBr-Methode in Durchsicht und nach der Methode der inneren Reflexion einander gegenübergestellt[420]. Man erkennt die früher diskutierten (S. 331) Bandenverschiebungen und -deformationen, jedoch sind die Spektren einander weitgehend ähnlich, so daß sie in analoger Weise anhand von IR-Spektren-Sammlungen (Sadtler-Kartei) zur Identifizierung von Gruppenschwingungen benutzt werden können. Für qualitative Messungen geben selbst rauhe Oberflächen noch genügend Kontakt, so daß sie – jedenfalls bei mehrfacher Reflexion – gut aufgelöste Spektren liefern.

Selbst die Spektren *pulverförmiger Stoffe* lassen sich mit dieser Methode gewinnen[421]. Wie zu erwarten ist, hängen die gemessenen Extinktionen, d. h. der Kontrast der Spektren, von der Korngröße der Teilchen ab[422]:

---

[420] *Fahrenfort, J.:* Spectrochim. Acta **17**, 698 (1961).

[421] Vgl. *Lyon, R. J. P:* Infrared analysis. New York: Encycl. Earth Sci. 1967.

[422] *Harrick, N. J.,* u. *B. H. Riederman:* Spectrochim. Acta **21**, 2135 (1965).

Mit zunehmendem Teilchendurchmesser nimmt die Extinktion ab, was auf die variable Packungsdichte zurückgeführt wird. Dagegen sollen im allgemeinen keine Streuverluste der Strahlung auftreten. Ob Form und Intensität der Banden von der Korngröße unabhängig sind, scheint nicht eindeutig geklärt zu sein.

Besondere Vorteile bietet die Methode zur Untersuchung *anisotroper Materialien*, weil man die Richtung des elektrischen Vektors der eindringenden Welle durch Wahl von Polarisation und Einfallswinkel festlegen

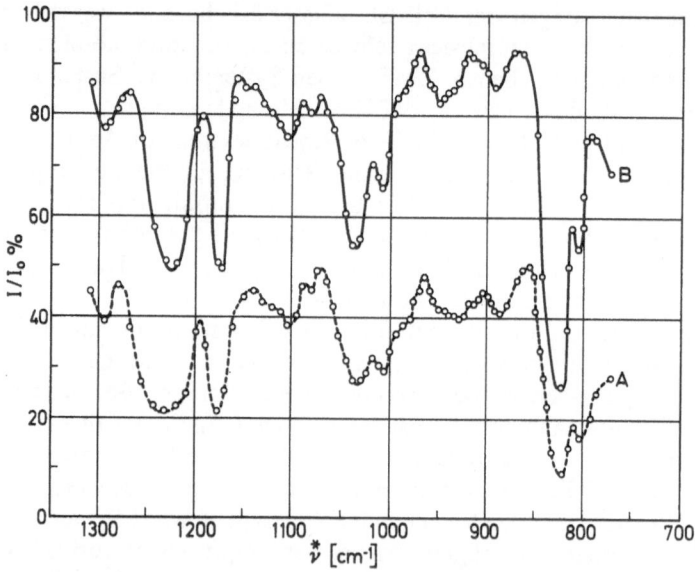

Abb. 155. Vergleich eines Transmissionsspektrums (*A*) nach der KBr-Methode und eines Reflexionsspektrums aus Messungen der geschwächten Totalreflexion (*B*) eines festen Epoxidharzes

kann. Man kann auf diese Weise die Extinktionsmoduln in den verschiedenen Raumrichtungen bzw. die Polarisationsabhängigkeit einzelner Banden unmittelbar messen[423].

Zur Untersuchung der *Oberflächenadsorption* eignet sich die Methode der inneren Reflexion besser als die der diffusen Reflexion, wenn es sich etwa um die Adsorption an bestimmten orientierten Kristallebenen handelt. Selbst wenn es sich um monomolekulare Schichten oder sogar um nur teilweise bedeckte Oberflächen handelt, kann man durch Vielfachreflexion genügend große Extinktionen erreichen, um eine qualitative Analyse der Oberflächenschicht zu erhalten. Als Beispiel ist in Abb. 156

[423] *Flournoy, P. A.,* u. *W. J. Schaffers:* Spectrochim. Acta **22**, 5, 15 (1966); — *Fraser, R. D. B.:* J. chem. Phys. **21**, 1511 (1953); **24**, 89 (1956).

das Oberflächenspektrum einer pollierten Si-Platte wiedergegeben, die der Atmosphäre ausgesetzt war. Bei $\alpha = 45°$ und 165facher Reflexion treten zwei Banden bei 2,9 und 3,4 μ hervor, die man OH- bzw. C–H-Valenzschwingungen adsorbierter Moleküle zuordnen kann. Für quantitative Messungen, etwa zum Nachweis einer Langmuir-Isotherme ist die Methode der diffusen Reflexion vorzuziehen (vgl. S. 281). Auch bietet dort die relativ einfache Vorbehandlung des Adsorbens durch Erhitzen im Vakuum (Entfernung adsorbierten Wassers, Rekristallisation usw.) zusätzliche Untersuchungsmöglichkeiten.

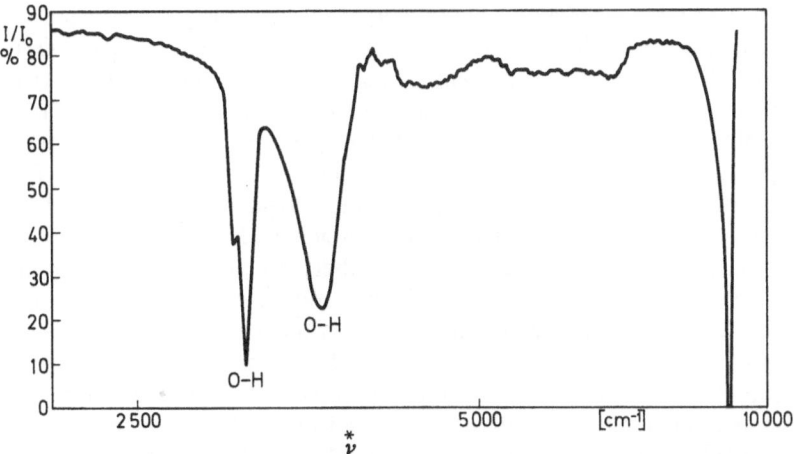

Abb. 156. Oberflächenspektrum einer polierten Si-Platte mittels interner Reflexion; $N = 165$; $\alpha = 45°$. OH- bzw. C–H-Valenzschwingung adsorbierter Moleküle

Gerade die Möglichkeit, mit Hilfe innerer Reflexion sehr dünne Oberflächenschichten zu untersuchen, macht diese Methode geeignet, *Oberflächenreaktionen* wie Oxydationen, Reduktionen, Bildung von Zwischenverbindungen (Katalyse), Elektrodenoberflächen-Reaktionen[424] usw. zu verfolgen. Besonders geeignet hierfür sind Halbleiter, da diese für infrarote Strahlung weitgehend durchlässig sind und außerdem hohe Brechungsindizes besitzen. Da ferner die in den Halbleiter-Raumladungsrandschichten befindlichen freien Elektronen oder Löcher infrarote Strahlung absorbieren, kann man unter geeigneten Bedingungen die Zahl dieser freien Träger und ihre Änderung durch Bestrahlung in Abhängigkeit von der Wellenlänge messen[425].

[424] *Hansen, W. N.:* Modern aspects of reflectance spectroscopy, S. 182ff. New York: Plenum Press 1968.

[425] Vgl. *Harrick, N. J.:* Phys. Rev. **125**, 1165 (1962); — *Beckmann, K. H.:* Angew. Chem. **80**, 213 (1968).

Neuerdings wird auch zur Untersuchung *gaschromatographischer Fraktionen* die innere Reflexionsspektroskopie herangezogen[426], wobei man das heiße Gas unmittelbar durch eine Kapillarzelle leitet, die man von der Seite her mit Hilfe des Peltier-Effektes kühlt, so daß sich die betreffende Fraktion auf der Oberfläche des Reflexionselements absetzt. In ähnlicher Weise kann man mittels *Pyrolyse* Proben zersetzen, flüchtige Komponenten auffangen und reflexionsspektroskopisch analysieren[426].

Daß die Methode der geschwächten Totalreflexion sich auch mit gutem Erfolg auf das sichtbare und ultraviolette Spektralgebiet übertragen läßt, haben Messungen von *Hansen*[427] an wäßrigen Lösungen von Eosin-Y im Bereich von 430–660 mµ gezeigt, wobei ein einfaches Glasprisma für einmalige innere Reflexion benutzt wurde. Die ATR-Spektren von 5 verschiedenen Lösungen (relative Konzentrationseinheit 50 g/l) bei $\alpha = 55°$ und Polarisation parallel zur Einfallsebene sind in Abb. 157a wiedergegeben. Als Ordinate ist die scheinbare Extinktion $E = \log(I_0/I)$ aufgetragen. Der Brechungsindex n_1 des Prismas variierte von 1,816 bis 1,781 in dem angegebenen Spektralbereich. Dieses „innere Reflexionsspektrum" bei einem Einfallswinkel oberhalb des kritischen Grenzwinkels α_g zeigt die charakteristische Bandenverschiebung gegenüber dem Durchsichtsspektrum, die im wesentlichen durch die anomale Dispersion des Brechungsindex n_2 der Lösungen im Absorptionsgebiet bedingt ist (S. 330). Auch die relative Intensitätsänderung der beiden Banden mit zunehmender Konzentration ist darauf zurückzuführen.

Wählt man den Einfallswinkel $\alpha < \alpha_g$, so erhält man Kurven, die den Dispersionskurven ähnlich sind (Abb. 157c). Auch hier ist die scheinbare Extinktion gegen die Wellenlänge aufgetragen; der Einfallswinkel betrug 45°, er sollte wesentlich kleiner sein als α_g, damit das Reflexionsvermögen sich nicht mehr so stark mit α ändert, daß Fehler durch die Unsicherheit von α eingeschleppt werden. Aus Messungen bei $\|$-Polarisation und zwei verschiedenen Einfallswinkeln wurden mit Hilfe der Fresnelschen Gleichungen auch die optischen Konstanten n_2 und m_n der Eosinlösungen berechnet, sie sind in den Abb. 157b und 157d wiedergegeben.

Hansen[428] hat ferner durch Reihenentwicklung der Fresnelschen Formeln für $R_\perp$ und $R_\|$ Näherungsgleichungen abgeleitet, die bei $\alpha > \alpha_g$ und $\varkappa < 1$ die Extinktion in Abhängigkeit von $\varkappa$ bzw. dem Extinktionsmodul m_n und damit auch von der Konzentration der Lösungen wiedergeben. Da die Extinktion unmittelbar gemessen wird, kann man auf

[426] *Wilks, P. A.:* Modern aspects of reflectance spectroscopy, S. 192ff. New York: Plenum Press 1968.

[427] *Hansen, W. N.:* Anal. Chem. 37, 1142 (1965).

[428] *Hansen, W. N.:* Spectrochim. Acta 21, 815 (1965).

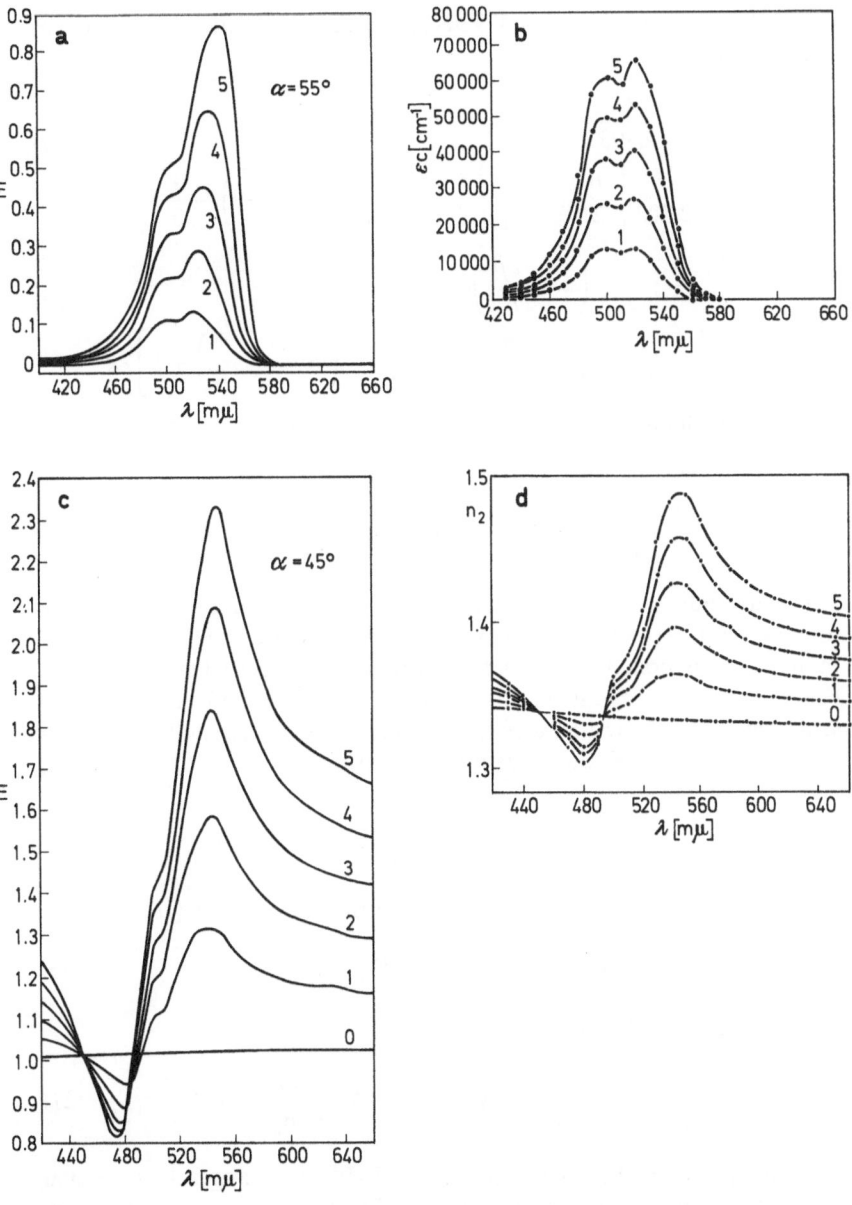

Abb. 157. ATR-Spektren von wäßrigen Eosin-Y-Lösungen (Konzentrationseinheit 50 g/l) bei $\alpha > \alpha_g$ bzw $\alpha < \alpha_g$ und ||-Polarisation sowie die daraus berechneten $\varkappa$- und n-Werte

diese Weise Experiment und Theorie leicht miteinander vergleichen. Man erhält:

$$E_\perp \equiv log \frac{1}{R_\perp} = \frac{2P}{2,303}\varkappa$$

$$-\frac{2P}{2,303}\left[\frac{n^2}{2\beta}\left(1+\frac{n^2}{\beta}\right)+\frac{n^2}{1-n^2}\left(1+\frac{2n^2}{\beta}\right)-\frac{1}{3}P^2\right]\varkappa^3 + \cdots \qquad (17)$$

$$E_\| \equiv log \frac{1}{R_\|} = \frac{2Q}{2,303}\left(1+\frac{2\beta}{n^2}\right)\varkappa$$

$$-\frac{2}{2,303}\left\{\frac{n^2}{2\beta}\left(\frac{n^2}{\beta}-1\right)+\frac{n^2+2\beta}{n^4\cos^2\alpha+\beta}\left[2n^2\left(\cos^2\alpha+\frac{1}{\beta}\right)+1\right]\right\}\varkappa^3 + \cdots. \qquad (18)$$

Dabei bedeuten

$$n \equiv n_2/n_1 ; \qquad \beta \equiv \sin^2\alpha - n^2 ;$$

$$P \equiv \frac{2n^2\cos\alpha}{(1-n^2)\,\beta^{1/2}} ; \qquad Q \equiv \frac{2n^4\cos\alpha}{\beta^{1/2}(n^4\cos^2\alpha+\beta)} .$$

Die Entwicklung enthält nur Glieder mit ungeraden Potenzen von $\varkappa$ und konvergiert sehr schnell, wenn $\varkappa/(\sin^2 - n^2) \ll 1$. Häufig braucht man nur den ersten Term der Entwicklung zu berücksichtigen, was bedeutet, daß $E_\perp$ bzw. $E_\|$ in diesem Bereich eine lineare Funktion von $\varkappa$ sein sollte. In Abb. 158 ist dies für $\perp$-Polarisation dargestellt. Da nun $\varkappa$ dem dekadischen Extinktionsmodul m proportional ist (vgl. S. 21)

$$\varkappa = \frac{2,303\lambda_0\varepsilon c}{4\pi n_2} , \qquad (19)$$

erhält man unter Benutzung des ersten Terms von (17) bzw. (18)

$$E_\perp = \varepsilon b_\perp c \quad \text{bzw.} \quad E_\| = \varepsilon b_\| c , \qquad (20)$$

d. h. das Bouguer-Beersche Gesetz, wobei

$$b_\perp \equiv \frac{P\lambda_0}{2\pi n_2} \quad \text{bzw.} \quad b_\| \equiv \frac{Q(1+2\beta/n^2)\lambda_0}{2\pi n_2} \qquad (21)$$

als „effektive Schichtdicke" für das ATR-Element angesehen werden kann. Dies gilt für einmalige Reflexion. Da Extinktionen additiv sind, gilt für N-fache Reflexion

$$E_\perp = N\varepsilon b_\perp c \quad \text{bzw.} \quad E_\| = N\varepsilon b_\| c . \qquad (22)$$

In Abb. 159 sind die bei Eosin-B-Lösungen beobachteten Extinktionen

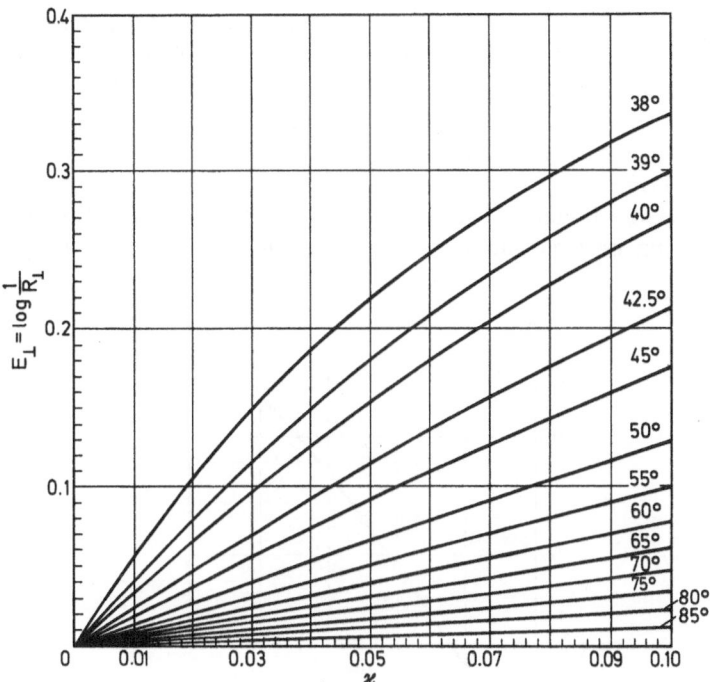

Abb. 158. Die Extinktion $E_\perp \equiv \log \dfrac{1}{R_\perp}$ als Funktion des Absorptionsindex $\varkappa$ bei verschiedenen Einfallswinkeln. $n_2/n_1 = 0,6$

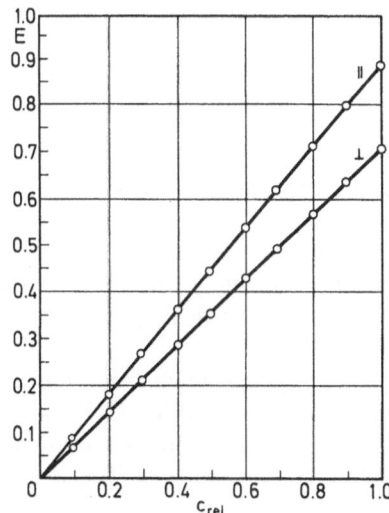

Abb. 159. Extinktionen $E_\perp$ und $E_\parallel$ einer wäßrigen Lösung von Eosin B als Funktion der Konzentration. Konzentrationseinheit 4,9 g/l; $n_{1D} = 1,516$; $\alpha = 72,8°$; $N = 11$

$E_\perp$ und $E_\parallel$ bei 11facher Reflexion als Funktion der Konzentration bei $\lambda = 4950\ \text{Å}$ dargestellt (Konzentrationseinheit 4,9 g/l). n_2 ist bei diesen verdünnten Lösungen konzentrationsunabhängig. Das Bouguer-Beersche Gesetz ist also gut erfüllt. Bei höheren Konzentrationen (Abb. 160) treten dagegen deutliche Abweichungen auf, d. h. hier reichen die jeweils ersten Terme der Gln. (17) und (18) nicht aus. Für Werte von $\varkappa < 0{,}05$ brauchen die höheren Terme im allgemeinen nicht berücksichtigt zu werden, im übrigen hängt die Grenze auch von n_1 und α ab. *Hansen*

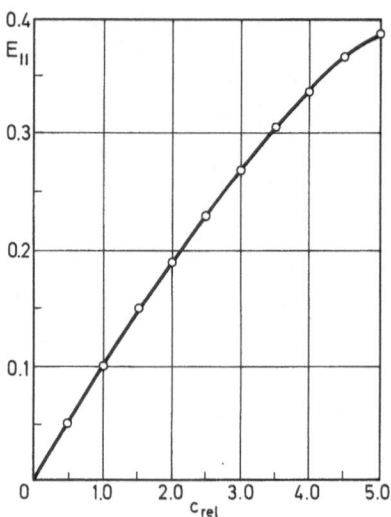

Abb. 160. Extinktion $E_\parallel$ einer wäßrigen Eosin B-Lösung bei höheren Konzentrationen als Funktion von c. $N = 1$

hat auch die Fälle durchgerechnet, in denen die Strahlung natürlich oder teilweise polarisiert ist, wie es häufig bei Spektrometern der Fall ist. Da jedoch der Polarisationsgrad mit der Wellenlänge variiert, ist es vorzuziehen, von vornherein mit $\perp$- bzw. $\parallel$-Polarisation zu arbeiten. Für natürliche Strahlung ergibt sich $E_{\text{nat.}}$ in etwa gleicher Weise mit $\varkappa$ ansteigend wie in Abb. 158.

Im Geltungsbereich der abgeleiteten Näherungsgleichungen können diese natürlich auch anstelle der exakten Gleichungen zur Berechnung der optischen Konstanten n und $\varkappa$ benutzt werden. Aus (17) und (18) folgt unter Vernachlässigung der höheren Terme

$$\frac{E_\parallel}{E_\perp} = \frac{2\sin^2\alpha - n^2}{(1 + n^2)\sin^2\alpha - n^2}, \tag{23}$$

und aufgelöst nach n

$$n \equiv \frac{n_2}{n_1} = \left[\frac{(2 - E_\parallel/E_\perp) \sin^2\alpha}{1 - \cos^2\alpha(E_\parallel/E_\perp)} \right]. \tag{24}$$

Setzt man n z. B. in (17) ein, so wird

$$\varkappa = \frac{2{,}303}{2P} \cdot E_\perp. \tag{25}$$

Man kann die Genauigkeit der so berechneten Konstanten noch verbessern, indem man die nach (24) und (25) berechneten Werte benutzt, um die $\varkappa^3$-Terme auszurechnen. Diese werden dann von E abgezogen und die korrigierten $E_\perp$- und $E_\parallel$-Werte in (24) und (25) benutzt, um ein korrigiertes n und $\varkappa$ zu erhalten.

Anhang

I. Tabellen der Kubelka-Munk-Funktion

R_∞	$F(R_\infty)$	$\log F(R_\infty)$	R_∞	$F(R_\infty)$	$\log F(R_\infty)$
0,0010	499,00	+2,6981	0,0020	249,00	+2,3962
0,0030	165,67	+2,2192	0,0040	124,00	+2,0934
0,0050	99,003	+1,9956	0,0060	82,336	+1,9156
0,0070	70,432	+1,8478	0,0080	61,504	+1,7889
0,0090	54,560	+1,7369	0,0100	49,005	+1,6902
0,0110	44,460	+1,6480	0,0120	40,673	+1,6093
0,0130	37,468	+1,5737	0,0140	34,721	+1,5406
0,0150	32,341	+1,5098	0,0160	30,258	+1,4808
0,0170	28,420	+1,4536	0,0180	26,787	+1,4279
0,0190	25,325	+1,4036	0,0200	24,010	+1,3804
0,0210	22,820	+1,3583	0,0220	21,738	+1,3372
0,0230	20,751	+1,3170	0,0240	19,845	+1,2977
0,0250	19,013	+1,2790	0,0260	18,244	+1,2611
0,0270	17,532	+1,2438	0,0280	16,871	+1,2271
0,0290	16,256	+1,2110	0,0300	15.682	+1,1954
0,0310	15,145	+1,1803	0,0320	14,641	+1,1656
0,0330	14,168	+1,1513	0,0340	13,723	+1,1374
0,0350	13,303	+1,1240	0,0360	12,907	+1,1108
0,0370	12,532	+1,0980	0,0380	12,177	+1,0855
0,0390	11,840	+1,0734	0,0400	11,520	+1,0615
0,0410	11,216	+1,0498	0,0420	10,926	+1,0385
0,0430	10,649	+1,0273	0,0440	10,386	+1,0164
0,0450	10,134	+1,0058	0,0460	9,8926	+0,9953
0,0470	9,6618	+0,9851	0,0480	9,4407	+0,9750
0,0490	9,2286	+0,9651	0,0500	9,0250	+0,9554
0,0510	8,8294	+0,9459	0,0520	8,6414	+0,9366
0,0530	8,4605	+0,9274	0,0540	8,2863	+0,9184
0,0550	8,1184	+0,9095	0,0560	7,9566	+0,9007
0,0570	7,8004	+0,8921	0,0580	7,6497	+0,8836
0,0590	7,5041	+0,8753	0,0600	7,3633	+0,8671

I. (Fortsetzung)

R_∞	$F(R_\infty)$	$\log F(R_\infty)$	R_∞	$F(R_\infty)$	$\log F(R_\infty)$
0,0610	7,2272	+0,8590	0,0620	7,0955	+0,8510
0,0630	6,9680	+0,8431	0,0640	6,8445	+0,8353
0,0650	6,7248	+0,8277	0,0660	6,6088	+0,8201
0,0670	6,4962	+0,8127	0,0680	6,3869	+0,8053
0,0690	6,2809	+0,7980	0,0700	6,1779	+0,7908
0,0710	6,0778	+0,7837	0,0720	5,9804	+0,7767
0,0730	5,8858	+0,7698	0,0740	5,7938	+0,7630
0,0750	5,7042	+0,7562	0,0760	5,6169	+0,7495
0,0770	5,5320	+0,7429	0,0780	5,4493	+0,7363
0,0790	5,3686	+0,7299	0,0800	5,2900	+0,7235
0,0810	5,2133	+0,7171	0,0820	5,1386	+0,7108
0,0830	5,0656	+0,7046	0,0840	4,9944	+0,6985
0,0850	4,9249	+0,6924	0,0860	4,8570	+0,6864
0,0870	4,7906	+0,6804	0,0880	4,7258	+0,6745
0,0890	4,6625	+0,6686	0,0900	4,6006	+0,6628
0,0910	4,5400	+0,6571	0,0920	4,4808	+0,6514
0,0930	4,4228	+0,6457	0,0940	4,3661	+0,6401
0,0950	4,3107	+0,6345	0,0960	4,2563	+0,6290
0,0970	4,2031	+0,6236	0,0980	4,1510	+0,6182
0,0990	4,1000	+0,6128	0,1000	4,0500	+0,6075
0,1010	4,0010	+0,6022	0,1020	3,9530	+0,5969
0,1030	3,9059	+0,5917	0,1040	3,8597	+0,5866
0,1050	3,8144	+0,5814	0,1060	3,7700	+0,5763
0,1070	3,7264	+0,5713	0,1080	3,6836	+0,5663
0,1090	3,6417	+0,5613	0,1100	3,6005	+0,5564
0,1110	3,5600	+0,5515	0,1120	3,5203	+0,5466
0,1130	3,4813	+0,5417	0,1140	3,4430	+0,5369
0,1150	3,4053	+0,5322	0,1160	3,3683	+0,5274
0,1170	3,3320	+0,5227	0,1180	3,2963	+0,5180
0,1190	3,2612	+0,5134	0,1200	3,2267	+0,5088
0,1210	3,1927	+0,5042	0,1220	3,1594	+0,4996
0,1230	3,1265	+0,4951	0,1240	3,0943	+0,4906
0,1250	3,0625	+0,4861	0,1260	3,0313	+0,4816
0,1270	3,0005	+0,4772	0,1280	2,9703	+0,4728
0,1290	2,9405	+0,4684	0,1300	2,9112	+0,4641
0,1310	2,8823	+0,4597	0,1320	2,8539	+0,4554
0,1330	2,8259	+0,4512	0,1340	2,7983	+0,4469
0,1350	2,7712	+0,4427	0,1360	2,7445	+0,4385
0,1370	2,7181	+0,4343	0,1380	2,6922	+0,4301
0,1390	2,6666	+0,4260	0,1400	2,6414	+0,4218

I. (Fortsetzung)

R_∞	$F(R_\infty)$	$\log F(R_\infty)$	R_∞	$F(R_\infty)$	$\log F(R_\infty)$
0,1410	2,6166	+0,4177	0,1420	2,5921	+0,4137
0,1430	2,5680	+0,4096	0,1440	2,5442	+0,4056
0,1450	2,5208	+0,4015	0,1460	2,4977	+0,3975
0,1470	2,4749	+0,3936	0,1480	2,4524	+0,3896
0,1490	2,4302	+0,3856	0,1500	2,4083	+0,3817
0,1510	2,3868	+0,3778	0,1520	2,3655	+0,3739
0,1530	2,3445	+0,3700	0,1540	2,3238	+0,3662
0,1550	2,3033	+0,3624	0,1560	2,2831	+0,3585
0,1570	2,2632	+0,3547	0,1580	2,2436	+0,3509
0,1590	2,2242	+0,3472	0,1600	2,2050	+0,3434
0,1610	2,1861	+0,3397	0,1620	2,1674	+0,3359
0,1630	2,1490	+0,3322	0,1640	2,1308	+0,3285
0,1650	2,1128	+0,3249	0,1660	2,0950	+0,3212
0,1670	2,0775	+0,3175	0,1680	2,0602	+0,3139
0,1690	2,0431	+0,3103	0,1700	2,0262	+0,3067
0,1710	2,0095	+0,3031	0,1720	1,9930	+0,2995
0,1730	1,9767	+0,2959	0,1740	1,9606	+0,2924
0,1750	1,9446	+0,2888	0,1760	1,9289	+0,2853
0,1770	1,9134	+0,2818	0,1780	1,8980	+0,2783
0,1790	1,8828	+0,2748	0,1800	1,8678	+0,2713
0,1810	1,8529	+0,2679	0,1820	1,8383	+0,2644
0,1830	1,8237	+0,2610	0,1840	1,8094	+0,2575
0,1850	1,7952	+0,2541	0,1860	1,7812	+0,2507
0,1870	1,7673	+0,2473	0,1880	1,7536	+0,2439
0,1890	1,7400	+0,2405	0,1900	1,7266	+0,2372
0,1910	1,7133	+0,2338	0,1920	1,7002	+0,2305
0,1930	1,6872	+0,2272	0,1940	1,6743	+0,2238
0,1950	1,6616	+0,2205	0,1960	1,6490	+0,2172
0,1970	1,6366	+0,2139	0,1980	1,6243	+0,2107
0,1990	1,6121	+0,2074	0,2000	1,6000	+0,2041
0,2010	1,5881	+0,2009	0,2020	1,5762	+0,1976
0,2030	1,5646	+0,1944	0,2040	1,5530	+0,1912
0,2050	1,5415	+0,1880	0,2060	1,5302	+0,1847
0,2070	1,5190	+0,1815	0,2080	1,5078	+0,1784
0,2090	1,4968	+0,1752	0,2100	1,4860	+0,1720
0,2110	1,4752	+0,1688	0,2120	1,4645	+0,1657
0,2130	1,4539	+0,1625	0,2140	1,4434	+0,1594
0,2150	1,4331	+0,1563	0,2160	1,4228	+0,1531
0,2170	1,4126	+0,1500	0,2180	1,4026	+0,1469
0,2190	1,3926	+0,1438	0,2200	1,3827	+0,1407

I. (Fortsetzung)

R_∞	$F(R_\infty)$	$\log F(R_\infty)$	R_∞	$F(R_\infty)$	$\log F(R_\infty)$
0,2210	1,3729	+0,1377	0,2220	1,3633	+0,1346
0,2230	1,3537	+0,1315	0,2240	1,3441	+0,1284
0,2250	1,3347	+0,1254	0,2260	1,3254	+0,1223
0,2270	1,3161	+0,1193	0,2280	1,3070	+0,1163
0,2290	1,2979	+0,1132	0,2300	1,2889	+0,1102
0,2310	1,2800	+0,1072	0,2320	1,2712	+0,1042
0,2330	1,2624	+0,1012	0,2340	1,2538	+0,0982
0,2350	1,2452	+0,0952	0,2360	1,2366	+0,0922
0,2370	1,2282	+0,0893	0,2380	1,2198	+0,0863
0,2390	1,2116	+0,0833	0,2400	1,2033	+0,0804
0,2410	1,1952	+0,0774	0,2420	1,1871	+0,0745
0,2430	1,1791	+0,0716	0,2440	1,1712	+0,0686
0,2450	1,1633	+0,0657	0,2460	1,1555	+0,0628
0,2470	1,1478	+0,0599	0,2480	1,1401	+0,0570
0,2490	1,1325	+0,0541	0,2500	1,1250	+0,0512
0,2510	1,1175	+0,0483	0,2520	1,1101	+0,0454
0,2530	1,1028	+0,0425	0,2540	1,0955	+0,0396
0,2550	1,0883	+0,0367	0,2560	1,0811	+0,0339
0,2570	1,0740	+0,0310	0,2580	1,0670	+0,0282
0,2590	1,0600	+0,0253	0,2600	1,0531	+0,0225
0,2610	1,0462	+0,0196	0,2620	1,0394	+0,0168
0,2630	1,0326	+0,0139	0,2640	1,0259	+0,0111
0,2650	1,0193	+0,0083	0,2660	1,0127	+0,0055
0,2670	1,0062	+0,0027	0,2680	0,9997	−143.47
0,2690	0,9932	−0,0029	0,2700	0,9869	−0,0057
0,2710	0,9805	−0,0085	0,2720	0,9742	−0,0113
0,2730	0,9680	−0,0141	0,2740	0,9618	−0,0169
0,2750	0,9557	−0,0197	0,2760	0,9496	−0,0225
0,2770	0,9436	−0,0252	0,2780	0,9376	−0,0280
0,2790	0,9316	−0,0308	0,2800	0,9257	−0,0335
0,2810	0,9199	−0,0363	0,2820	0,9140	−0,0390
0,2830	0,9083	−0,0418	0,2840	0,9026	−0,0445
0,2850	0,8969	−0,0473	0,2860	0,8913	−0,0500
0,2870	0,8857	−0,0527	0,2880	0,8801	−0,0555
0,2890	0,8746	−0,0582	0,2900	0,8691	−0,0609
0,2910	0,8637	−0,0636	0,2920	0,8583	−0,0663
0,2930	0,8530	−0,0691	0,2940	0,8477	−0,0718
0,2950	0,8424	−0,0745	0,2960	0,8372	−0,0772
0,2970	0,8320	−0,0799	0,2980	0,8269	−0,0826
0,2990	0,8217	−0,0853	0,3000	0,8167	−0,0880

I. (Fortsetzung)

R_∞	$F(R_\infty)$	$\log F(R_\infty)$	R_∞	$F(R_\infty)$	$\log F(R_\infty)$
0,3010	0,8116	−0,0906	0,3020	0,8066	−0,0933
0,3030	0,8017	−0,0960	0,3040	0,7967	−0,0987
0,3050	0,7918	−0,1014	0,3060	0,7870	−0,1040
0,3070	0,7822	−0,1067	0,3080	0,7774	−0,1094
0,3090	0,7726	−0,1120	0,3100	0,7679	−0,1147
0,3110	0,7632	−0,1174	0,3120	0,7586	−0,1200
0,3130	0,7539	−0,1227	0,3140	0,7494	−0,1253
0,3150	0,7448	−0,1280	0,3160	0,7403	−0,1306
0,3170	0,7358	−0,1332	0,3180	0,7313	−0,1359
0,3190	0,7269	−0,1385	0,3200	0,7225	−0,1412
0,3210	0,7181	−0,1438	0,3220	0,7138	−0,1464
0,3230	0,7095	−0,1491	0,3240	0,7052	−0,1517
0,3250	0,7010	−0,1543	0,3260	0,6967	−0,1569
0,3270	0,6926	−0,1595	0,3280	0,6884	−0,1622
0,3290	0,6843	−0,1648	0,3300	0,6802	−0,1674
0,3310	0,6761	−0,1700	0,3320	0,6720	−0,1726
0,3330	0,6680	−0,1752	0,3340	0,6640	−0,1778
0,3350	0,6600	−0,1804	0,3360	0,6561	−0,1830
0,3370	0,6522	−0,1856	0,3380	0,6483	−0,1882
0,3390	0,6444	−0,1908	0,3400	0,6406	−0,1934
0,3410	0,6368	−0,1960	0,3420	0,6330	−0,1986
0,3430	0,6292	−0,2012	0,3440	0,6255	−0,2038
0,3450	0,6218	−0,2064	0,3460	0,6181	−0,2090
0,3470	0,6144	−0,2115	0,3480	0,6108	−0,2141
0,3490	0,6072	−0,2167	0,3500	0,6036	−0,2193
0,3510	0,6000	−0,2218	0,3520	0,5965	−0,2244
0,3530	0,5929	−0,2270	0,3540	0,5894	−0,2296
0,3550	0,5860	−0,2321	0,3560	0,5825	−0,2347
0,3570	0,5791	−0,2373	0,3580	0,5756	−0,2398
0,3590	0,5723	−0,2424	0,3600	0,5689	−0,2450
0,3610	0,5655	−0,2475	0,3620	0,5622	−0,2501
0,3630	0,5589	−0,2527	0,3640	0,5556	−0,2552
0,3650	0,5524	−0,2578	0,3660	0,5491	−0,2603
0,3670	0,5459	−0,2629	0,3680	0,5427	−0,2654
0,3690	0,5395	−0,2680	0,3700	0,5364	−0,2706
0,3710	0,5332	−0,2731	0,3720	0,5301	−0,2757
0,3730	0,5270	−0,2782	0,3740	0,5239	−0,2808
0,3750	0,5208	−0,2833	0,3760	0,5178	−0,2858
0,3770	0,5148	−0,2884	0,3780	0,5118	−0,2909
0,3790	0,5088	−0,2935	0,3800	0,5058	−0,2960

I. (Fortsetzung)

R_∞	$F(R_\infty)$	$\log F(R_\infty)$	R_∞	$F(R_\infty)$	$\log F(R_\infty)$
0,3810	0,5028	−0,2986	0,3820	0,4999	−0,3011
0,3830	0,4970	−0,3037	0,3840	0,4941	−0,3062
0,3850	0,4912	−0,3087	0,3860	0,4883	−0,3113
0,3870	0,4855	−0,3138	0,3880	0,4827	−0,3164
0,3890	0,4798	−0,3189	0,3900	0,4771	−0,3214
0,3910	0,4743	−0,3240	0,3920	0,4715	−0,3265
0,3930	0,4688	−0,3290	0,3940	0,4660	−0,3316
0,3950	0,4633	−0,3341	0,3960	0,4606	−0,3367
0,3970	0,4579	−0,3392	0,3980	0,4553	−0,3417
0,3990	0,4526	−0,3443	0,4000	0,4500	−0,3468
0,4010	0,4474	−0,3493	0,4020	0,4448	−0,3519
0,4030	0,4422	−0,3544	0,4040	0,4396	−0,3569
0,4050	0,4371	−0,3595	0,4060	0,4345	−0,3620
0,4070	0,4320	−0,3645	0,4080	0,4295	−0,3670
0,4090	0,4270	−0,3696	0,4100	0,4245	−0,3721
0,4110	0,4220	−0,3746	0,4120	0,4196	−0,3772
0,4130	0,4172	−0,3797	0,4140	0,4147	−0,3822
0,4150	0,4123	−0,3848	0,4160	0,4099	−0,3873
0,4170	0,4075	−0,3898	0,4180	0,4052	−0,3924
0,4190	0,4028	−0,3949	0,4200	0,4005	−0,3974
0,4210	0,3981	−0,4000	0,4220	0,3958	−0,4025
0,4230	0,3935	−0,4050	0,4240	0,3912	−0,4076
0,4250	0,3890	−0,4101	0,4260	0,3867	−0,4126
0,4270	0,3845	−0,4151	0,4280	0,3822	−0,4177
0,4290	0,3800	−0,4202	0,4300	0,3778	−0,4227
0,4310	0,3756	−0,4253	0,4320	0,3734	−0,4278
0,4330	0,3712	−0,4304	0,4340	0,3691	−0,4329
0,4350	0,3669	−0,4354	0,4360	0,3648	−0,4380
0,4370	0,3627	−0,4405	0,4380	0,3606	−0,4430
0,4390	0,3585	−0,4456	0,4400	0,3564	−0,4481
0,4410	0,3543	−0,4506	0,4420	0,3522	−0,4532
0,4430	0,3502	−0,4557	0,4440	0,3481	−0,4583
0,4450	0,3461	−0,4608	0,4460	0,3441	−0,4633
0,4470	0,3421	−0,4659	0,4480	0,3401	−0,4684
0,4490	0,3381	−0,4710	0,4500	0,3361	−0,4735
0,4510	0,3341	−0,4761	0,4520	0,3322	−0,4786
0,4530	0,3303	−0,4812	0,4540	0,3283	−0,4837
0,4550	0,3264	−0,4862	0,4560	0,3245	−0,4888
0,4570	0,3226	−0,4913	0,4580	0,3207	−0,4939
0,4590	0,3188	−0,4964	0,4600	0,3170	−0,4990

23*

Anhang

I. (Fortsetzung)

R_∞	$F(R_\infty)$	$\log F(R_\infty)$	R_∞	$F(R_\infty)$	$\log F(R_\infty)$
0,4610	0,3151	−0,5016	0,4620	0,3133	−0,5041
0,4630	0,3114	−0,5067	0,4640	0,3096	−0,5092
0,4650	0,3078	−0,5118	0,4660	0,3060	−0,5143
0,4670	0,3042	−0,5169	0,4680	0,3024	−0,5195
0,4690	0,3006	−0,5220	0,4700	0,2988	−0,5246
0,4710	0,2971	−0,5271	0,4720	0,2953	−0,5297
0,4730	0,2936	−0,5323	0,4740	0,2919	−0,5348
0,4750	0,2901	−0,5374	0,4760	0,2884	−0,5400
0,4770	0,2867	−0,5425	0,4780	0,2850	−0,5451
0,4790	0,2833	−0,5477	0,4800	0,2817	−0,5503
0,4810	0,2800	−0,5528	0,4820	0,2783	−0,5554
0,4830	0,2767	−0,5580	0,4840	0,2751	−0,5606
0,4850	0,2734	−0,5632	0,4860	0,2718	−0,5657
0,4870	0,2702	−0,5683	0,4880	0,2686	−0,5709
0,4890	0,2670	−0,5735	0,4900	0,2654	−0,5761
0,4910	0,2638	−0,5787	0,4920	0,2623	−0,5813
0,4930	0,2607	−0,5839	0,4940	0,2591	−0,5865
0,4950	0,2576	−0,5891	0,4960	0,2561	−0,5917
0,4970	0,2545	−0,5943	0,4980	0,2530	−0,5969
0,4990	0,2515	−0,5995	0,5000	0,2500	−0,6021
0,5010	0,2485	−0,6047	0,5020	0,2470	−0,6073
0,5030	0,2455	−0,6099	0,5040	0,2441	−0,6125
0,5050	0,2426	−0,6151	0,5060	0,2411	−0,6177
0,5070	0,2397	−0,6203	0,5080	0,2383	−0,6230
0,5090	0,2368	−0,6256	0,5100	0,2354	−0,6282
0,5110	0,2340	−0,6308	0,5120	0,2326	−0,6335
0,5130	0,2312	−0,6361	0,5140	0,2298	−0,6387
0,5150	0,2284	−0,6414	0,5160	0,2270	−0,6440
0,5170	0,2256	−0,6466	0,5180	0,2243	−0,6493
0,5190	0,2229	−0,6519	0,5200	0,2215	−0,6546
0,5210	0,2202	−0,6572	0,5220	0,2189	−0,6598
0,5230	0,2175	−0,6625	0,5240	0,2162	−0,6651
0,5250	0,2149	−0,6678	0,5260	0,2136	−0,6705
0,5270	0,2123	−0,6731	0,5280	0,2110	−0,6758
0,5290	0,2097	−0,6784	0,5300	0,2084	−0,6811
0,5310	0,2071	−0,6838	0,5320	0,2058	−0,6864
0,5330	0,2046	−0,6891	0,5340	0,2033	−0,6918
0,5350	0,2021	−0,6945	0,5360	0,2008	−0,6972
0,5370	0,1996	−0,6998	0,5380	0,1984	−0,7025
0,5390	0,1971	−0,7052	0,5400	0,1959	−0,7079

I. (Fortsetzung)

R_∞	$F(R_\infty)$	$\log F(R_\infty)$	R_∞	$F(R_\infty)$	$\log F(R_\infty)$
0,5410	0,1947	−0,7106	0,5420	0,1935	−0,7133
0,5430	0,1923	−0,7160	0,5440	0,1911	−0,7187
0,5450	0,1899	−0,7214	0,5460	0,1888	−0,7241
0,5470	0,1876	−0,7268	0,5480	0,1864	−0,7295
0,5490	0,1852	−0,7322	0,5500	0,1841	−0,7350
0,5510	0,1829	−0,7377	0,5520	0,1818	−0,7404
0,5530	0,1807	−0,7431	0,5540	0,1795	−0,7459
0,5550	0,1784	−0,7486	0,5560	0,1773	−0,7513
0,5570	0,1762	−0,7541	0,5580	0,1751	−0,7568
0,5590	0,1740	−0,7596	0,5600	0,1729	−0,7623
0,5610	0,1718	−0,7651	0,5620	0,1707	−0,7678
0,5630	0,1696	−0,7706	0,5640	0,1685	−0,7733
0,5650	0,1675	−0,7761	0,5660	0,1664	−0,7789
0,5670	0,1653	−0,7816	0,5680	0,1643	−0,7844
0,5690	0,1632	−0,7872	0,5700	0,1622	−0,7900
0,5710	0,1612	−0,7928	0,5720	0,1601	−0,7955
0,5730	0,1591	−0,7983	0,5740	0,1581	−0,8011
0,5750	0,1571	−0,8039	0,5760	0,1561	−0,8067
0,5770	0,1551	−0,8095	0,5780	0,1541	−0,8123
0,5790	0,1531	−0,8151	0,5800	0,1521	−0,8180
0,5810	0,1511	−0,8208	0,5820	0,1501	−0,8236
0,5830	0,1491	−0,8264	0,5840	0,1482	−0,8293
0,5850	0,1472	−0,8321	0,5860	0,1462	−0,8349
0,5870	0,1453	−0,8378	0,5880	0,1443	−0,8406
0,5890	0,1434	−0,8435	0,5900	0,1425	−0,8463
0,5910	0,1415	−0,8492	0,5920	0,1406	−0,8520
0,5930	0,1397	−0,8549	0,5940	0,1388	−0,8578
0,5950	0,1378	−0,8606	0,5960	0,1369	−0,8635
0,5970	0,1360	−0,8664	0,5980	0,1351	−0,8693
0,5990	0,1342	−0,8722	0,6000	0,1333	−0,8751
0,6010	0,1324	−0,8780	0,6020	0,1316	−0,8809
0,6030	0,1307	−0,8838	0,6040	0,1298	−0,8867
0,6050	0,1289	−0,8896	0,6060	0,1281	−0,8925
0,6070	0,1272	−0,8954	0,6080	0,1264	−0,8984
0,6090	0,1255	−0,9013	0,6100	0,1247	−0,9042
0,6110	0,1238	−0,9072	0,6120	0,1230	−0,9101
0,6130	0,1222	−0,9131	0,6140	0,1213	−0,9160
0,6150	0,1205	−0,9190	0,6160	0,1197	−0,9219
0,6170	0,1189	−0,9249	0,6180	0,1181	−0,9279
0,6190	0,1173	−0,9309	0,6200	0,1165	−0,9339

I. (Fortsetzung)

R_∞	$F(R_\infty)$	$\log F(R_\infty)$	R_∞	$F(R_\infty)$	$\log F(R_\infty)$
0,6210	0,1157	−0,9368	0,6220	0,1149	−0,9398
0,6230	0,1141	−0,9428	0,6240	0,1133	−0,9458
0,6250	0,1125	−0,9488	0,6260	0,1117	−0,9519
0,6270	0,1109	−0,9549	0,6280	0,1102	−0,9579
0,6290	0,1094	−0,9609	0,6300	0,1087	−0,9640
0,6310	0,1079	−0,9670	0,6320	0,1071	−0,9701
0,6330	0,1064	−0,9731	0,6340	0,1056	−0,9762
0,6350	0,1049	−0,9792	0,6360	0,1042	−0,9823
0,6370	0,1034	−0,9854	0,6380	0,1027	−0,9884
0,6390	0,1020	−0,9915	0,6400	0,1013	−0,9946
0,6410	0,1005	−0,9977	0,6420	0,0998	−1,0008
0,6430	0,0991	−1,0039	0,6440	0,0984	−1,0070
0,6450	0,0977	−1,0101	0,6460	0,0970	−1,0133
0,6470	0,0963	−1,0164	0,6480	0,0956	−1,0195
0,6490	0,0949	−1,0227	0,6500	0,0942	−1,0258
0,6510	0,0935	−1,0290	0,6520	0,0929	−1,0321
0,6530	0,0922	−1,0353	0,6540	0,0915	−1,0385
0,6550	0,0909	−1,0416	0,6560	0,0902	−1,0448
0,6570	0,0895	−1,0480	0,6580	0,0889	−1,0512
0,6590	0,0882	−1,0544	0,6600	0,0876	−1,0576
0,6610	0,0869	−1,0608	0,6620	0,0863	−1,0641
0,6630	0,0856	−1,0673	0,6640	0,0850	−1,0705
0,6650	0,0844	−1,0738	0,6660	0,0838	−1,0770
0,6670	0,0831	−1,0803	0,6680	0,0825	−1,0835
0,6690	0,0819	−1,0868	0,6700	0,0813	−1,0901
0,6710	0,0807	−1,0934	0,6720	0,0800	−1,0967
0,6730	0,0794	−1,0999	0,6740	0,0788	−1,1033
0,6750	0,0782	−1,1066	0,6760	0,0776	−1,1099
0,6770	0,0771	−1,1132	0,6780	0,0765	−1,1165
0,6790	0,0759	−1,1199	0,6800	0,0753	−1,1232
0,6810	0,0747	−1,1266	0,6820	0,0741	−1,1300
0,6830	0,0736	−1,1333	0,6840	0,0730	−1,1367
0,6850	0,0724	−1,1401	0,6860	0,0719	−1,1435
0,6870	0,0713	−1,1469	0,6880	0,0707	−1,1503
0,6890	0,0702	−1,1537	0,6900	0,0696	−1,1572
0,6910	0,0691	−1,1606	0,6920	0,0685	−1,1640
0,6930	0,0680	−1,1675	0,6940	0,0675	−1,1709
0,6950	0,0669	−1,1744	0,6960	0,0664	−1,1779
0,6970	0,0659	−1,1814	0,6980	0,0653	−1,1849
0,6990	0,0648	−1,1884	0,7000	0,0643	−1,1919

I. (Fortsetzung)

R_∞	$F(R_\infty)$	$\log F(R_\infty)$	R_∞	$F(R_\infty)$	$\log F(R_\infty)$
0,7010	0,0638	−1,1954	0,7020	0,0633	−1,1989
0,7030	0,0627	−1,2025	0,7040	0,0622	−1,2060
0,7050	0,0617	−1,2096	0,7060	0,0612	−1,2131
0,7070	0,0607	−1,2167	0,7080	0,0602	−1,2203
0,7090	0,0597	−1,2239	0,7100	0,0592	−1,2275
0,7110	0,0587	−1,2311	0,7120	0,0582	−1,2347
0,7130	0,0578	−1,2384	0,7140	0,0573	−1,2420
0,7150	0,0568	−1,2456	0,7160	0,0563	−1,2493
0,7170	0,0559	−1,2530	0,7180	0,0554	−1,2567
0,7190	0,0549	−1,2603	0,7200	0,0544	−1,2640
0,7210	0,0540	−1,2678	0,7220	0,0535	−1,2715
0,7230	0,0531	−1,2752	0,7240	0,0526	−1,2790
0,7250	0,0522	−1,2827	0,7260	0,0517	−1,2865
0,7270	0,0513	−1,2902	0,7280	0,0508	−1,2940
0,7290	0,0504	−1,2978	0,7300	0,0499	−1,3016
0,7310	0,0495	−1,3054	0,7320	0,0491	−1,3093
0,7330	0,0486	−1,3131	0,7340	0,0482	−1,3170
0,7350	0,0478	−1,3208	0,7360	0,0473	−1,3247
0,7370	0,0469	−1,3286	0,7380	0,0465	−1,3325
0,7390	0,0461	−1,3364	0,7400	0,0457	−1,3403
0,7410	0,0453	−1,3442	0,7420	0,0449	−1,3482
0,7430	0,0444	−1,3522	0,7440	0,0440	−1,3561
0,7450	0,0436	−1,3601	0,7460	0,0432	−1,3641
0,7470	0,0428	−1,3681	0,7480	0,0424	−1,3721
0,7490	0,0421	−1,3762	0,7500	0,0417	−1,3802
0,7510	0,0413	−1,3843	0,7520	0,0409	−1,3883
0,7530	0,0405	−1,3924	0,7540	0,0401	−1,3965
0,7550	0,0398	−1,4006	0,7560	0,0394	−1,4048
0,7570	0,0390	−1,4089	0,7580	0,0386	−1,4131
0,7590	0,0383	−1,4172	0,7600	0,0379	−1,4214
0,7610	0,0375	−1,4256	0,7620	0,0372	−1,4298
0,7630	0,0368	−1,4341	0,7640	0,0365	−1,4383
0,7650	0,0361	−1,4426	0,7660	0,0357	−1,4468
0,7670	0,0354	−1,4511	0,7680	0,0350	−1,4554
0,7690	0,0347	−1,4597	0,7700	0,0344	−1,4641
0,7710	0,0340	−1,4684	0,7720	0,0337	−1,4728
0,7730	0,0333	−1,4772	0,7740	0,0330	−1,4816
0,7750	0,0327	−1,4860	0,7760	0,0323	−1,4904
0,7770	0,0320	−1,4948	0,7780	0,0317	−1,4993
0,7790	0,0313	−1,5038	0,7800	0,0310	−1,5083

I. (Fortsetzung)

R_∞	$F(R_\infty)$	$\log F(R_\infty)$	R_∞	$F(R_\infty)$	$\log F(R_\infty)$
0,7810	0,0307	$-1,5128$	0,7820	0,0304	$-1,5173$
0,7830	0,0301	$-1,5219$	0,7840	0,0298	$-1,5264$
0,7850	0,0294	$-1,5310$	0,7860	0,0291	$-1,5356$
0,7870	0,0288	$-1,5402$	0,7880	0,0285	$-1,5449$
0,7890	0,0282	$-1,5495$	0,7900	0,0279	$-1,5542$
0,7910	0,0276	$-1,5589$	0,7920	0,0273	$-1,5636$
0,7930	0,0270	$-1,5684$	0,7940	0,0267	$-1,5731$
0,7950	0,0264	$-1,5779$	0,7960	0,0261	$-1,5827$
0,7970	0,0259	$-1,5875$	0,7980	0,0256	$-1,5923$
0,7990	0,0253	$-1,5972$	0,8000	0,0250	$-1,6021$
0,8010	0,0247	$-1,6070$	0,8020	0,0244	$-1,6119$
0,8030	0,0242	$-1,6168$	0,8040	0,0239	$-1,6218$
0,8050	0,0236	$-1,6268$	0,8060	0,0233	$-1,6318$
0,8070	0,0231	$-1,6368$	0,8080	0,0228	$-1,6418$
0,8090	0,0225	$-1,6469$	0,8100	0,0223	$-1,6520$
0,8110	0,0220	$-1,6571$	0,8120	0,0218	$-1,6623$
0,8130	0,0215	$-1,6674$	0,8140	0,0213	$-1,6726$
0,8150	0,0210	$-1,6778$	0,8160	0,0207	$-1,6831$
0,8170	0,0205	$-1,6883$	0,8180	0,0202	$-1,6936$
0,8190	0,0200	$-1,6990$	0,8200	0,0198	$-1,7043$
0,8210	0,0195	$-1,7097$	0,8220	0,0193	$-1,7151$
0,8230	0,0190	$-1,7205$	0,8240	0,0188	$-1,7259$
0,8250	0,0186	$-1,7314$	0,8260	0,0183	$-1,7369$
0,8270	0,0181	$-1,7424$	0,8280	0,0179	$-1,7480$
0,8290	0,0176	$-1,7536$	0,8300	0,0174	$-1,7592$
0,8310	0,0172	$-1,7649$	0,8320	0,0170	$-1,7705$
0,8330	0,0167	$-1,7762$	0,8340	0,0165	$-1,7820$
0,8350	0,0163	$-1,7877$	0,8360	0,0161	$-1,7935$
0,8370	0,0159	$-1,7994$	0,8380	0,0157	$-1,8052$
0,8390	0,0154	$-1,8111$	0,8400	0,0152	$-1,8171$
0,8410	0,0150	$-1,8230$	0,8420	0,0148	$-1,8290$
0,8430	0,0146	$-1,8351$	0,8440	0,0144	$-1,8411$
0,8450	0,0142	$-1,8472$	0,8460	0,0140	$-1,8534$
0,8470	0,0138	$-1,8595$	0,8480	0,0136	$-1,8657$
0,8490	0,0134	$-1,8720$	0,8500	0,0132	$-1,8783$
0,8510	0,0130	$-1,8846$	0,8520	0,0129	$-1,8909$
0,8530	0,0127	$-1,8973$	0,8540	0,0125	$-1,9038$
0,8550	0,0123	$-1,9103$	0,8560	0,0121	$-1,9168$
0,8570	0,0119	$-1,9233$	0,8580	0,0118	$-1,9299$
0,8590	0,0116	$-1,9366$	0,8600	0,0114	$-1,9433$

I. (Fortsetzung)

R_∞	$F(R_\infty)$	$\log F(R_\infty)$	R_∞	$F(R_\infty)$	$\log F(R_\infty)$
0,8610	0,0112	−1,9500	0,8620	0,0110	−1,9568
0,8630	0,0109	−1,9636	0,8640	0,0107	−1,9705
0,8650	0,0105	−1,9774	0,8660	0,0104	−1,9843
0,8670	0,0102	−1,9913	0,8680	0,0100	−1,9984
0,8690	0,0099	−2,0055	0,8700	0,0097	−2,0127
0,8710	0,0096	−2,0199	0,8720	0,0094	−2,0271
0,8730	0,0092	−2,0344	0,8740	0,0091	−2,0418
0,8750	0,0089	−2,0492	0,8760	0,0088	−2,0567
0,8770	0,0086	−2,0642	0,8780	0,0085	−2,0718
0,8790	0,0083	−2,0794	0,8800	0,0082	−2,0872
0,8810	0,0080	−2,0949	0,8820	0,0079	−2,1027
0,8830	0,0078	−2,1106	0,8840	0,0076	−2,1186
0,8850	0,0075	−2,1266	0,8860	0,0073	−2,1347
0,8870	0,0072	−2,1428	0,8880	0,0071	−2,1510
0,8890	0,0069	−2,1593	0,8900	0,0068	−2,1676
0,8910	0,0067	−2,1761	0,8920	0,0065	−2,1845
0,8930	0,0064	−2,1931	0,8940	0,0063	−2,2018
0,8950	0,0062	−2,2105	0,8960	0,0060	−2,2193
0,8970	0,0059	−2,2281	0,8980	0,0058	−2,2371
0,8990	0,0057	−2,2461	0,9000	0,0056	−2,2553
0,9010	0,0054	−2,2645	0,9020	0,0053	−2,2738
0,9030	0,0052	−2,2832	0,9040	0,0051	−2,2927
0,9050	0,0050	−2,3022	0,9060	0,0049	−2,3119
0,9070	0,0048	−2,3217	0,9080	0,0047	−2,3315
0,9090	0,0046	−2,3415	0,9100	0,0045	−2,3516
0,9110	0,0043	−2,3618	0,9120	0,0042	−2,3721
0,9130	0,0041	−2,3825	0,9140	0,0040	−2,3930
0,9150	0,0039	−2,4036	0,9160	0,0039	−2,4144
0,9170	0,0038	−2,4252	0,9180	0,0037	−2,4362
0,9190	0,0036	−2,4474	0,9200	0,0035	−2,4586
0,9210	0,0034	−2,4700	0,9220	0,0033	−2,4816
0,9230	0,0032	−2,4933	0,9240	0,0031	−2,5051
0,9250	0,0030	−2,5170	0,9260	0,0030	−2,5292
0,9270	0,0029	−2,5415	0,9280	0,0028	−2,5539
0,9290	0,0027	−2,5665	0,9300	0,0026	−2,5793
0,9310	0,0026	−2,5923	0,9320	0,0025	−2,6054
0,9330	0,0024	−2,6188	0,9340	0,0023	−2,6323
0,9350	0,0023	−2,6460	0,9360	0,0022	−2,6599
0,9370	0,0021	−2,6741	0,9380	0,0020	−2,6884
0,9390	0,0020	−2,7030	0,9400	0,0019	−2,7179

I. (Fortsetzung)

R_∞	$F(R_\infty)$	$\log F(R_\infty)$	R_∞	$F(R_\infty)$	$\log F(R_\infty)$
0,9410	0,0018	$-2,7329$	0,9420	0,0018	$-2,7482$
0,9430	0,0017	$-2,7638$	0,9440	0,0017	$-2,7796$
0,9450	0,0016	$-2,7957$	0,9460	0,0015	$-2,8121$
0,9470	0,0015	$-2,8288$	0,9480	0,0014	$-2,8458$
0,9490	0,0014	$-2,8632$	0,9500	0,0013	$-2,8808$
0,9510	0,0013	$-2,8988$	0,9520	0,0012	$-2,9172$
0,9530	0,0012	$-2,9359$	0,9540	0,0011	$-2,9551$
0,9550	0,0011	$-2,9746$	0,9560	0,0010	$-2,9946$
0,9570	0,00097	$-3,0150$	0,9580	0,00092	$-3,0359$
0,9590	0,00088	$-3,0573$	0,9600	0,00083	$-3,0792$
0,9610	0,00079	$-3,1016$	0,9620	0,00075	$-3,1246$
0,9630	0,00071	$-3,1483$	0,9640	0,00067	$-3,1725$
0,9650	0,00064	$-3,1974$	0,9660	0,00060	$-3,2230$
0,9670	0,00056	$-3,2494$	0,9680	0,00053	$-3,2766$
0,9690	0,00050	$-3,3046$	0,9700	0,00046	$-3,3336$
0,9710	0,00043	$-3,3635$	0,9720	0,00040	$-3,3944$
0,9730	0,00038	$-3,4264$	0,9740	0,00035	$-3,4596$
0,9750	0,00032	$-3,4942$	0,9760	0,00030	$-3,5301$
0,9770	0,00027	$-3,5675$	0,9780	0,00025	$-3,6065$
0,9790	0,00022	$-3,6474$	0,9800	0,00020	$-3,6902$
0,9810	0,00018	$-3,7352$	0,9820	0,00016	$-3,7826$
0,9830	0,00015	$-3,8327$	0,9840	0,00013	$-3,8858$
0,9850	0,00011	$-3,9423$	0,9860	0,00010	$-4,0027$
0,9870	0,00008	$-4,0675$	0,9880	0,00007	$-4,1374$
0,9890	0,00006	$-4,2134$	0,9900	0,00005	$-4,2967$
0,9910	0,00004	$-4,3886$	0,9920	0,00003	$-4,4914$
0,9930	0,00002	$-4,6078$	0,9940	0,00002	$-4,7421$
0,9950	0,00001	$-4,9009$	0,9960	0,00001	$-5,0952$
0,9970	0,00000	$-5,3455$	0,9980	0,00000	$-5,6981$
0,9990	0,00000	$-6,3006$			

II. Tabellen von Ar sinh x; Ar cosh x; Ar ctgh x

x	Ar sinh x	Ar cosh x	Ar ctgh x	x	Ar sinh x	Ar cosh x	Ar ctgh x
0,00	0,0000			**0,50**	0,4812		
0,01	0,0100			0,51	0,4901˙		
0,02	0,0200			0,52	0,4990˙		
0,03	0,0300			0,53	0,5079.		
0,04	0,0400			0,54	0,5167		
0,05	0,0500.			0,55	0,5255.		
0,06	0,0600.			0,56	0,5342˙		
0,07	0,0699˙			0,57	0,5429˙		
0,08	0,0799			0,58	0,5516		
0,09	0,0899.			0,59	0,5602˙		
0,10	0,0998˙			**0,60**	0,5688˙		
0,11	0,1098.			0,61	0,5774.		
0,12	0,1197			0,62	0,5859		
0,13	0,1296˙			0,63	0,5944.		
0,14	0,1395˙			0,64	0,6028˙		
0,15	0,1494˙			0,65	0,6112˙		
0,16	0,1593˙			0,66	0,6196		
0,17	0,1692			0,67	0,6279		
0,18	0,1790˙			0,68	0,6362		
0,19	0,1889.			0,69	0,6445.		
0,20	0,1987			**0,70**	0,6527.		
0,21	0,2085			0,71	0,6608˙		
0,22	0,2183.			0,72	0,6690.		
0,23	0,2280˙			0,73	0,6771.		
0,24	0,2378			0,74	0,6851˙		
0,25	0,2475			0,75	0,6931˙		
0,26	0,2572			0,76	0,7011˙		
0,27	0,2668˙			0,77	0,7091		
0,28	0,2765.			0,78	0,7170.		
0,29	0,2861.			0,79	0,7248˙		
0,30	0,2957.			**0,80**	0,7327.		
0,31	0,3052˙			0,81	0,7405.		
0,32	0,3148.			0,82	0,7482		
0,33	0,3243			0,83	0,7559˙		
0,34	0,3338.			0,84	0,7636		
0,35	0,3432˙			0,85	0,7712˙		
0,36	0,3526˙			0,86	0,7788˙		
0,37	0,3620˙			0,87	0,7864		
0,38	0,3714			0,88	0,7939˙		
0,39	0,3807˙			0,89	0,8014		
0,40	0,3900˙			**0,90**	0,8089.		
0,41	0,3993			0,91	0,8163.		
0,42	0,4085˙			0,92	0,8237.		
0,43	0,4177˙			0,93	0,8310		
0,44	0,4269			0,94	0,8383		
0,45	0,4360˙			0,95	0,8456.		
0,46	0,4452.			0,96	0,8528		
0,47	0,4542˙			0,97	0,8600		
0,48	0,4633.			0,98	0,8672.		
0,49	0,4722˙			0,99	0,8743		
0,50	0,4812			**1,00**	0,8814.		

II. (Fortsetzung)

x	Ar sinh x	Ar cosh x	Ar ctgh x	x	Ar sinh x	Ar cosh x	Ar ctgh x
1,00	0,8814.	0,0000 ⌇	∞ ⌇	**1,50**	1,1948.	0,9624˙	0,8047˙
1,01	0,8884˙	0,1413 ⌇	2,652.	1,51	1,2003	0,9713	0,7968
1,02	0,8954˙	0,1997.⌇	2,308.⌇	1,52	1,2058	0,9801	0,7891
1,03	0,9024˙	0,2443˙⌇	2,107˙⌇	1,53	1,2113	0,9888	0,7815˙
1,04	0,9094.	0,2819 ⌇	1,966 ⌇	1,54	1,2167˙	0,9974.	0,7742.
1,05	0,9163	0,3149˙⌇	1,857.⌇	1,55	1,2222.	1,0059.	0,7670.
1,06	0,9232.	0,3447 ⌇	1,768 ⌇	1,56	1,2276	1,0143.	0,7599
1,07	0,9300	0,3720˙⌇	1,693˙⌇	1,57	1,2330.	1,0226.	0,7530
1,08	0,9368˙	0,3974.⌇	1,629 ⌇	1,58	1,2383˙	1,0308	0,7463.
1,09	0,9436	0,4211˙⌇	1,573.⌇	1,59	1,2437.	1,0389˙	0,7396˙
1,10	0,9503˙	0,4436.	1,522˙	**1,60**	1,2490.	1,0470.	0,7332.
1,11	0,9571.	0,4648˙	1,477	1,61	1,2543.	1,0549˙	0,7268˙
1,12	0,9637˙	0,4851˙	1,436	1,62	1,2595˙	1,0628˙	0,7206
1,13	0,9704.	0,5045˙	1,398˙	1,63	1,2648.	1,0706˙	0,7145
1,14	0,9770	0,5232.	1,363˙	1,64	1,2700	1,0784.	0,7085˙
1,15	0,9836.	0,5411	1,331˙	1,65	1,2752	1,0860	0,7027.
1,16	0,9901	0,5584	1,301˙	1,66	1,2804.	1,0936	0,6969˙
1,17	0,9966˙	0,5751˙	1,273˙	1,67	1,2855	1,1011	0,6913.
1,18	1,0031	0,5913˙	1,247	1,68	1,2906˙	1,1086.	0,6857˙
1,19	1,0096.	0,6071.	1,222˙	1,69	1,2957˙	1,1159˙	0,6803
1,20	1,0160.	0,6224.	1,199	**1,70**	1,3008˙	1,1232˙	0,6750.
1,21	1,0224.	0,6372˙	1,177.	1,71	1,3059.	1,1305.	0,6697˙
1,22	1,0287	0,6517˙	1,156.	1,72	1,3109˙	1,1376˙	0,6646.
1,23	1,0350˙	0,6659.	1,136	1,73	1,3159˙	1,1448.	0,6595
1,24	1,0413˙	0,6797.	1,117.	1,74	1,3209˙	1,1518˙	0,6545˙
1,25	1,0476	0,6931˙	1,099.	1,75	1,3259	1,1588	0,6496˙
1,26	1,0538˙	0,7063˙	1,081˙	1,76	1,3308˙	1,1657˙	0,6448˙
1,27	1,0600˙	0,7192˙	1,065.	1,77	1,3358.	1,1726˙	0,6401
1,28	1,0662	0,7319.	1,049.	1,78	1,3407	1,1794˙	0,6355.
1,29	1,0723˙	0,7443.	1,033˙	1,79	1,3456.	1,1862	0,6309.
1,30	1,0785.	0,7564˙	1,018˙	**1,80**	1,3504˙	1,1929	0,6264.
1,31	1,0845˙	0,7684.	1,004˙	1,81	1,3553	1,1996.	0,6220.
1,32	1,0906	0,7801.	0,9905	1,82	1,3601	1,2062.	0,6176
1,33	1,0966	0,7916.	0,9773.	1,83	1,3649˙	1,2127˙	0,6133
1,34	1,1026	0,8029.	0,9645.	1,84	1,3697	1,2192˙	0,6091.
1,35	1,1086.	0,8140	0,9521˙	1,85	1,3745.	1,2257.	0,6049˙
1,36	1,1145	0,8249˙	0,9402.	1,86	1,3792	1,2321.	0,6008˙
1,37	1,1204˙	0,8357	0,9286.	1,87	1,3839˙	1,2384˙	0,5968
1,38	1,1263	0,8463	0,9173˙	1,88	1,3886˙	1,2447˙	0,5928
1,39	1,1322.	0,8567˙	0,9065.	1,89	1,3933˙	1,2510.	0,5889
1,40	1,1380.	0,8670	0,8959.	**1,90**	1,3980	1,2572	0,5850˙
1,41	1,1438.	0,8771˙	0,8856	1,91	1,4026˙	1,2634.	0,5812˙
1,42	1,1496.	0,8871˙	0,8756˙	1,92	1,4073.	1,2695	0,5775.
1,43	1,1553.	0,8970	0,8659˙	1,93	1,4119	1,2756.	0,5738
1,44	1,1610	0,9067	0,8565	1,94	1,4165.	1,2816	0,5701˙
1,45	1,1667	0,9163	0,8473	1,95	1,4210˙	1,2876	0,5665˙
1,46	1,1724.	0,9258.	0,8383˙	1,96	1,4256˙	1,2935˙	0,5630
1,47	1,1780	0,9351	0,8296˙	1,97	1,4301˙	1,2995.	0,5595
1,48	1,1836˙	0,9443	0,8211	1,98	1,4347.	1,3053˙	0,5561.
1,49	1,1892	0,9534˙	0,8128	1,99	1,4392.	1,3112.	0,5527.
1,50	1,1948.	0,9624˙	0,8047˙	**2,00**	1,4436˙	1,3170.	0,5493

II. (Fortsetzung)

x	Ar sinh x	Ar cosh x	Ar ctgh x	x	Ar sinh x	Ar cosh x	Ar ctgh x
2,00	1,4436˙	1,3170.	0,5493	**2,50**	1,6472˙	1,5668	0,4236˙
2,01	1,4481	1,3227	0,5460	2,51	1,6509˙	1,5712.	0,4218.
2,02	1,4525˙	1,3284˙	0,5427˙	2,52	1,6546˙	1,5755	0,4199.
2,03	1,4570.	1,3341	0,5395	2,53	1,6583	1,5798	0,4180
2,04	1,4614.	1,3397˙	0,5363˙	2,54	1,6620	1,5841	0,4162.
2,05	1,4658.	1,3454.	0,5332.	2,55	1,6656˙	1,5884.	0,4143˙
2,06	1,4702.	1,3509˙	0,5301.	2,56	1,6693	1,5926˙	0,4125˙
2,07	1,4745	1,3565.	0,5270	2,57	1,6729˙	1,5969.	0,4107˙
2,08	1,4789.	1,3620.	0,5240	2,58	1,6765˙	1,6011.	0,4090.
2,09	1,4832.	1,3674˙	0,5210	2,59	1,6801˙	1,6053.	0,4072
2,10	1,4875.	1,3729.	0,5180˙	**2,60**	1,6837˙	1,6094˙	0,4055.
2,11	1,4918.	1,3783.	0,5151˙	2,61	1,6873˙	1,6136	0,4037.
2,12	1,4960˙	1,3836˙	0,5123.	2,62	1,6909	1,6177˙	0,4020˙
2,13	1,5003.	1,3890.	0,5094	2,63	1,6945.	1,6219.	0,4003˙
2,14	1,5045˙	1,3943.	0,5066	2,64	1,6980	1,6260.	0,3986˙
2,15	1,5088.	1,3995˙	0,5038˙	2,65	1,7015˙	1,6300˙	0,3970.
2,16	1,5130.	1,4048.	0,5011.	2,66	1,7051.	1,6341	0,3953˙
2,17	1,5172.	1,4100.	0,4984.	2,67	1,7086.	1,6382.	0,3937
2,18	1,5214.	1,4152.	0,4957	2,68	1,7121.	1,6422.	0,3921.
2,19	1,5255	1,4203	0,4930˙	2,69	1,7156.	1,6462	0,3904˙
2,20	1,5297.	1,4254˙	0,4904	**2,70**	1,7191.	1,6502	0,3889.
2,21	1,5338	1,4305	0,4878˙	2,71	1,7225˙	1,6542	0,3873.
2,22	1,5379	1,4356.	0,4853.	2,72	1,7260.	1,6581˙	0,3857
2,23	1,5420	1,4406	0,4827˙	2,73	1,7294˙	1,6621.	0,3841˙
2,24	1,5461	1,4456	0,4802˙	2,74	1,7329.	1,6660	0,3826
2,25	1,5502.	1,4506.	0,4778.	2,75	1,7363.	1,6699˙	0,3811.
2,26	1,5542	1,4555˙	0,4753	2,76	1,7397	1,6738	0,3796.
2,27	1,5583.	1,4604˙	0,4729	2,77	1,7431	1,6777	0,3780˙
2,28	1,5623.	1,4653˙	0,4705	2,78	1,7465.	1,6816.	0,3766.
2,29	1,5663	1,4702	0,4681˙	2,79	1,7499.	1,6854	0,3751.
2,30	1,5703.	1,4750˙	0,4658.	**2,80**	1,7532˙	1,6892˙	0,3736
2,31	1,5743.	1,4799.	0,4635.	2,81	1,7566.	1,6931.	0,3722.
2,32	1,5782˙	1,4846˙	0,4612.	2,82	1,7599˙	1,6969.	0,3707
2,33	1,5822.	1,4894	0,4589	2,83	1,7633.	1,7006˙	0,3693.
2,34	1,5861	1,4942.	0,4567.	2,84	1,7666	1,7044	0,3679.
2,35	1,5900˙	1,4989.	0,4544˙	2,85	1,7699	1,7082.	0,3664˙
2,36	1,5939˙	1,5036.	0,4522˙	2,86	1,7732˙	1,7119	0,3650˙
2,37	1,5978˙	1,5082˙	0,4501.	2,87	1,7765	1,7156˙	0,3637.
2,38	1,6017˙	1,5129.	0,4479	2,88	1,7798	1,7193˙	0,3623.
2,39	1,6056	1,5175	0,4458.	2,89	1,7831.	1,7230˙	0,3609
2,40	1,6094˙	1,5221.	0,4437.	**2,90**	1,7863˙	1,7267	0,3596.
2,41	1,6133.	1,5267.	0,4416.	2,91	1,7896.	1,7304.	0,3582˙
2,42	1,6171	1,5312.	0,4395	2,92	1,7928˙	1,7340˙	0,3569.
2,43	1,6209	1,5357˙	0,4374˙	2,93	1,7961.	1,7377.	0,3556.
2,44	1,6247	1,5402˙	0,4354	2,94	1,7993	1,7413	0,3542˙
2,45	1,6285	1,5447	0,4334	2,95	1,8025	1,7449	0,3529˙
2,46	1,6323.	1,5492.	0,4314	2,96	1,8057˙	1,7485	0,3516˙
2,47	1,6360˙	1,5536	0,4294˙	2,97	1,8089˙	1,7521.	0,3504.
2,48	1,6398.	1,5580˙	0,4275	2,98	1,8121	1,7556˙	0,3491
2,49	1,6435	1,5624˙	0,4256.	2,99	1,8153.	1,7592	0,3478˙
2,50	1,6472˙	1,5668	0,4236˙	**3,00**	1,8184˙	1,7627˙	0,3466.

II. (Fortsetzung)

x	Ar sinh x	Ar cosh x	Ar ctgh x	x	Ar sinh x	Ar cosh x	Ar ctgh x
3,00	1,8184˙	1,7627˙	0,3466.	**3,50**	1,9657˙	1,9248˙	0,2939
3,01	1,8216	1,7663.	0,3453˙	3,51	1,9685.	1,9278˙	0,2930
3,02	1,8248.	1,7698	0,3441	3,52	1,9712	1,9308	0,2921˙
3,03	1,8279	1,7733	0,3429.	3,53	1,9739˙	1,9338.	0,2913.
3,04	1,8310˙	1,7768	0,3416˙	3,54	1,9767.	1,9367	0,2904.
3,05	1,8341˙	1,7803.	0,3404˙	3,55	1,9794.	1,9396˙	0,2895˙
3,06	1,8373.	1,7837˙	0,3392˙	3,56	1,9821.	1,9426.	0,2887.
3,07	1,8404.	1,7872.	0,3380˙	3,57	1,9848.	1,9455	0,2878
3,08	1,8434˙	1,7906	0,3369.	3,58	1,9875.	1,9484	0,2870.
3,09	1,8465˙	1,7940˙	0,3357	3,59	1,9902.	1,9513	0,2861
3,10	1,8496	1,7975.	0,3345˙	**3,60**	1,9928˙	1,9542	0,2853.
3,11	1,8527.	1,8009.	0,3334.	3,61	1,9955	1,9571	0,2844˙
3,12	1,8557˙	1,8042˙	0,3322˙	3,62	1,9982.	1,9600.	0,2836
3,13	1,8588.	1,8076˙	0,3311.	3,63	2,0008˙	1,9628˙	0,2828
3,14	1,8618	1,8110	0,3299˙	3,64	2,0035	1,9657	0,2820.
3,15	1,8648˙	1,8143˙	0,3288˙	3,65	2,0061˙	1,9686.	0,2812.
3,16	1,8679.	1,8177	0,3277	3,66	2,0088.	1,9714	0,2803˙
3,17	1,8709.	1,8210˙	0,3266	3,67	2,0114	1,9742˙	0,2795˙
3,18	1,8739.	1,8243˙	0,3255	3,68	2,0140˙	1,9771.	0,2787˙
3,19	1,8769.	1,8276˙	0,3244	3,69	2,0166˙	1,9799	0,2779˙
3,20	1,8799.	1,8309˙	0,3233	**3,70**	2,0193.	1,9827	0,2772.
3,21	1,8828˙	1,8342˙	0,3222˙	3,71	2,0219.	1,9855	0,2764.
3,22	1,8858	1,8375	0,3212.	3,72	2,0245.	1,9883	0,2756
3,23	1,8888.	1,8408.	0,3201	3,73	2,0271.	1,9911.	0,2748
3,24	1,8917˙	1,8440	0,3190˙	3,74	2,0296˙	1,9939.	0,2740˙
3,25	1,8947.	1,8472˙	0,3180	3,75	2,0322˙	1,9966˙	0,2733.
3,26	1,8976	1,8505.	0,3170.	3,76	2,0348	1,9994	0,2725
3,27	1,9005˙	1,8537	0,3159˙	3,77	2,0374.	2,0021˙	0,2717˙
3,28	1,9035.	1,8569	0,3149	3,78	2,0399˙	2,0049	0,2710
3,29	1,9064.	1,8601	0,3139.	3,79	2,0425.	2,0076˙	0,2702˙
3,30	1,9093.	1,8633.	0,3129.	**3,80**	2,0450˙	2,0104.	0,2695
3,31	1,9122.	1,8665.	0,3118˙	3,81	2,0476.	2,0131	0,2688.
3,32	1,9151.	1,8696˙	0,3108˙	3,82	2,0501	2,0158	0,2680˙
3,33	1,9179˙	1,8728.	0,3098˙	3,83	2,0526.	2,0185	0,2673
3,34	1,9208	1,8759	0,3089.	3,84	2,0552.	2,0212˙	0,2666.
3,35	1,9237.	1,8790˙	0,3079.	3,85	2,0577.	2,0239	0,2658˙
3,36	1,9265˙	1,8822.	0,3069	3,86	2,0602	2,0266	0,2651
3,37	1,9294.	1,8853.	0,3059˙	3,87	2,0627	2,0293.	0,2644
3,38	1,9322˙	1,8884.	0,3050.	3,88	2,0652	2,0319˙	0,2637.
3,39	1,9351.	1,8915.	0,3040˙	3,89	2,0677.	2,0346	0,2630.
3,40	1,9379.	1,8946.	0,3031.	**3,90**	2,0702.	2,0373.	0,2623.
3,41	1,9407.	1,8976˙	0,3021˙	3,91	2,0727.	2,0399	0,2616.
3,42	1,9435.	1,9007	0,3012	3,92	2,0751˙	2,0426.	0,2609.
3,43	1,9463.	1,9037˙	0,3003.	3,93	2,0776	2,0452	0,2602.
3,44	1,9491	1,9068	0,2993˙	3,94	2,0801.	2,0478˙	0,2595.
3,45	1,9519	1,9098˙	0,2984	3,95	2,0825	2,0504˙	0,2588
3,46	1,9547.	1,9128˙	0,2975	3,96	2,0850.	2,0531.	0,2581
3,47	1,9574˙	1,9159.	0,2966	3,97	2,0874	2,0557.	0,2574˙
3,48	1,9602	1,9189.	0,2957.	3,98	2,0899.	2,0583.	0,2568.
3,49	1,9630.	1,9219.	0,2948	3,99	2,0923	2,0609.	0,2561.
3,50	1,9657˙	1,9248˙	0,2939	**4,00**	2,0947	2,0634˙	0,2554

II. (Fortsetzung)

x	Ar sinh x	Ar cosh x	Ar ctgh x	x	Ar sinh x	Ar cosh x	Ar ctgh x
4,00	2,0947	2,0634˙	0,2554	**4,50**	2,2093˙	2,1846˙	0,2260
4,01	2,0971˙	2,0660	0,2547˙	4,51	2,2115	2,1869˙	0,2255.
4,02	2,0996.	2,0686	0,2541	4,52	2,2137.	2,1892	0,2250.
4,03	2,1020.	2,0712.	0,2534˙	4,53	2,2158˙	2,1915.	0,2244˙
4,04	2,1044.	2,0737	0,2528.	4,54	2,2180	2,1937˙	0,2239˙
4,05	2,1068.	2,0763.	0,2521˙	4,55	2,2201˙	2,1960.	0,2234˙
4,06	2,1092.	2,0788	0,2515.	4,56	2,2223.	2,1982˙	0,2229˙
4,07	2,1116.	2,0813˙	0,2508˙	4,57	2,2244˙	2,2005.	0,2224
4,08	2,1139˙	2,0839.	0,2502	4,58	2,2266.	2,2027	0,2219
4,09	2,1163	2,0864	0,2496.	4,59	2,2287	2,2049˙	0,2214
4,10	2,1187	2,0889˙	0,2489˙	**4,60**	2,2308	2,2072.	0,2209
4,11	2,1211.	2,0914˙	0,2483	4,61	2,2329˙	2,2094	0,2204˙
4,12	2,1234	2,0939˙	0,2477.	4,62	2,2351.	2,2116˙	0,2199˙
4,13	2,1258.	2,0964˙	0,2470˙	4,63	2,2372.	2,2138˙	0,2194˙
4,14	2,1281˙	2,0989˙	0,2464	4,64	2,2393.	2,2160˙	0,2190.
4,15	2,1305.	2,1014	0,2458	4,65	2,2414.	2,2182˙	0,2185.
4,16	2,1328	2,1039	0,2452.	4,66	2,2435.	2,2204˙	0,2180.
4,17	2,1351˙	2,1064.	0,2446.	4,67	2,2456.	2,2226˙	0,2175
4,18	2,1375.	2,1088˙	0,2440.	4,68	2,2477.	2,2248˙	0,2170˙
4,19	2,1398	2,1113	0,2434.	4,69	2,2498.	2,2270	0,2165˙
4,20	2,1421	2,1137˙	0,2428.	**4,70**	2,2518˙	2,2292	0,2161.
4,21	2,1444˙	2,1162	0,2422.	4,71	2,2539˙	2,2314.	0,2156
4,22	2,1467˙	2,1186˙	0,2416.	4,72	2,2560	2,2335˙	0,2151˙
4,23	2,1490˙	2,1211.	0,2410.	4,73	2,2581.	2,2357	0,2147.
4,24	2,1513˙	2,1235	0,2404.	4,74	2,2601˙	2,2379.	0,2142
4,25	2,1536˙	2,1259˙	0,2398	4,75	2,2622	2,2400˙	0,2137˙
4,26	2,1559	2,1283˙	0,2392	4,76	2,2643.	2,2422.	0,2133.
4,27	2,1582	2,1308.	0,2386˙	4,77	2,2663	2,2443˙	0,2128
4,28	2,1605.	2,1332.	0,2380˙	4,78	2,2684.	2,2465.	0,2123˙
4,29	2,1627˙	2,1356.	0,2375.	4,79	2,2704	2,2486	0,2119.
4,30	2,1650˙	2,1380.	0,2369	**4,80**	2,2724˙	2,2507˙	0,2114˙
4,31	2,1673.	2,1403˙	0,2363˙	4,81	2,2745.	2,2529.	0,2110.
4,32	2,1695˙	2,1427˙	0,2358.	4,82	2,2765	2,2550.	0,2105˙
4,33	2,1718	2,1451	0,2352	4,83	2,2785˙	2,2571˙	0,2101.
4,34	2,1740˙	2,1475.	0,2346˙	4,84	2,2806.	2,2592	0,2096˙
4,35	2,1763.	2,1498˙	0,2341.	4,85	2,2826	2,2613˙	0,2092
4,36	2,1785˙	2,1522	0,2335	4,86	2,2846	2,2634˙	0,2087˙
4,37	2,1808.	2,1546.	0,2330.	4,87	2,2866˙	2,2655˙	0,2083
4,38	2,1830.	2,1569	0,2324	4,88	2,2886˙	2,2676˙	0,2079.
4,39	2,1852	2,1592˙	0,2319.	4,89	2,2906˙	2,2697	0,2074˙
4,40	2,1874˙	2,1616.	0,2313	**4,90**	2,2926˙	2,2718	0,2070
4,41	2,1896˙	2,1639	0,2308.	4,91	2,2946˙	2,2739	0,2066.
4,42	2,1918˙	2,1662˙	0,2302˙	4,92	2,2966˙	2,2760.	0,2061˙
4,43	2,1940˙	2,1686.	0,2297	4,93	2,2986˙	2,2780˙	0,2057
4,44	2,1962˙	2,1709.	0,2292.	4,94	2,3006	2,2801	0,2053.
4,45	2,1984˙	2,1732.	0,2286˙	4,95	2,3026	2,2822.	0,2048˙
4,46	2,2006˙	2,1755	0,2281	4,96	2,3046.	2,2842˙	0,2044
4,47	2,2028˙	2,1778.	0,2276.	4,97	2,3065˙	2,2863	0,2040
4,48	2,2050	2,1801.	0,2270˙	4,98	2,3085	2,2883˙	0,2036.
4,49	2,2072.	2,1824.	0,2265	4,99	2,3105.	2,2904	0,2032.
4,50	2,2093˙	2,1846˙	0,2260	**5,00**	2,3124˙	2,2924˙	0,2027˙

II. (Fortsetzung)

x	Ar sinh x	Ar cosh x	Ar ctgh x	x	Ar sinh x	Ar cosh x	Ar ctgh x
5,0	2,3124˙	2,2924˙	0,2027˙	7,5	2,7125.	2,7036.	0,1341˙
5,1	2,3319.	2,3126˙	0,1987.	7,6	2,7256	2,7169˙	0,1323˙
5,2	2,3509˙	2,3324˙	0,1947˙	7,7	2,7386.	2,7301˙	0,1306
5,3	2,3696˙	2,3518˙	0,1910.	7,8	2,7514.	2,7431˙	0,1289
5,4	2,3880	2,3709.	0,1873˙	7,9	2,7640	2,7560.	0,1273.
5,5	2,4061.	2,3895˙	0,1839.	**8,0**	2,7765.	2,7687.	0,1257.
5,6	2,4238	2,4078˙	0,1805	8,1	2,7888	2,7812.	0,1241
5,7	2,4412˙	2,4258˙	0,1773.	8,2	2,8010.	2,7935˙	0,1226.
5,8	2,4584.	2,4435	0,1742.	8,3	2,8130	2,8058.	0,1211.
5,9	2,4752	2,4608˙	0,1711˙	8,4	2,8249	2,8178˙	0,1196
6,0	2,4918.	2,4779	0,1682˙	8,5	2,8367.	2,8297˙	0,1182
6,1	2,5081	2,4946˙	0,1654˙	8,6	2,8483.	2,8415	0,1168
6,2	2,5241˙	2,5111˙	0,1627	8,7	2,8598.	2,8532.	0,1155.
6,3	2,5399˙	2,5273˙	0,1601	8,8	2,8711	2,8647.	0,1141˙
6,4	2,5555	2,5433	0,1575˙	8,9	2,8823˙	2,8760˙	0,1128˙
6,5	2,5708	2,5590.	0,1551.	**9,0**	2,8934˙	2,8873.	0,1116.
6,6	2,5859	2,5744˙	0,1527	9,1	2,9044˙	2,8984	0,1103˙
6,7	2,6008.	2,5896˙	0,1504.	9,2	2,9153	2,9094	0,1091˙
6,8	2,6154˙	2,6046˙	0,1481˙	9,3	2,9260˙	2,9203.	0,1079˙
6,9	2,6299.	2,6194.	0,1460.	9,4	2,9367.	2,9310	0,1068
7,0	2,6441˙	2,6339	0,1438˙	9,5	2,9472	2,9417.	0,1057.
7,1	2,6582.	2,6482˙	0,1418	9,6	2,9576	2,9522	0,1045˙
7,2	2,6720	2,6624.	0,1398	9,7	2,9679˙	2,9626	0,1035.
7,3	2,6857.	2,6763	0,1379.	9,8	2,9781˙	2,9729	0,1024
7,4	2,6992.	2,6900˙	0,1360.	9,9	2,9882˙	2,9831˙	0,1014.
7,5	2,7125.	2,7036.	0,1341˙	**10,0**	2,9982˙	2,9932˙	0,1003˙

Sachverzeichnis